湖南省第七届生态文明论坛浏阳年会
暨湘赣边区域生态合作共建研讨会论文集

生态文明论丛

湖南省生态文明研究与促进会　主编

湘潭大学出版社

图书在版编目（CIP）数据

生态文明论丛 / 湖南省生态文明研究与促进会主编
. -- 湘潭 : 湘潭大学出版社，2022.7
　ISBN 978-7-5687-0818-0

　Ⅰ．①生…　Ⅱ．①湖…　Ⅲ．①生态文明—中国—文集
Ⅳ．① X321.2-53

中国版本图书馆 CIP 数据核字（2022）第 126589 号

生态文明论丛

SHENGTAI WENMING LUNCONG

湖南省生态文明研究与促进会　主编

责任编辑： 丁立松
封面设计： 张丽莉
出版发行： 湘潭大学出版社
社　　址： 湖南省湘潭大学工程训练大楼
电　　话： 0731-58298960 0731-58298966（传真）
邮　　编： 411105
网　　址： http://press.xtu.edu.cn/
印　　刷： 长沙理工印务有限公司
经　　销： 湖南省新华书店
开　　本： 787 mm×1092 mm 1/16
印　　张： 23.5
字　　数： 586 千字
版　　次： 2022 年 7 月第 1 版
印　　次： 2023 年 1 月第 1 次印刷
书　　号： ISBN 978-7-5687-0818-0
定　　价： 69.80 元

前　言

建设生态文明，是党中央作出的重大决策部署，是中华民族永续发展的千年大计，功在当代，利在千秋。

为深入学习贯彻习近平生态文明思想，认真开展生态文明建设理论与实践研究，推动湘赣边区域生态合作共建，湖南省生态文明研究与促进会于 2021 年 12 月在浏阳市举办了"湖南省第七届生态文明论坛浏阳年会暨湘赣边区域生态合作共建研讨会"。围绕本次年会开展的以"红色引领·绿色发展"为主题的征文活动，得到了广大专家学者和社会各界的积极响应和大力支持，共收到全国各地作者投稿论文 141 篇，经专家组多轮评审和查重剔除，评选出获奖论文 79 篇。

现将部分获奖论文汇编成《生态文明论丛》出版，全书共分生态文明理论研究、生态文明制度研究、碳达峰碳中和研究、生态环境治理研究、生态经济与绿色发展研究、湘赣边区域生态合作研究等 6 个篇章，收录了 34 篇论文。限于篇幅，另外对 27 篇论文收录了摘要。

纵观全书，《生态文明论丛》坚持以习近平生态文明思想为指导，既有近年来生态文明建设的经验总结，也有对生态文明建设重点、难点、热点问题的研究和思考。全书既涵盖了生态文明建设理论和实践的主要领域，又突出了湘赣边区域生态合作研究这个特色和亮点，对于读者学习研究习近平生态文明思想、拓展生态文明建设路径和实践模式的认识，将起到积极的帮助作用。

编　者

2022 年 7 月

|目 录|

生态经济与绿色发展研究

湘赣边区域生态合作研究

生态文明理论研究

十九大以来社会主义生态文明观研究综述

叶锦华[1]

（南京大学马克思主义学院　江苏南京　210000）

摘　要：十九大提出的"社会主义生态文明观"是奠基于"生态文明"研究之上、聚焦中国特色社会主义制度的关于人与自然关系的总的看法和根本观点。目前已经取得了丰富的研究成果。主要论域集中在以下三个方面，一是关于社会主义生态文明观内涵的阐释；二是关于社会主义生态文明观思想的演进；三是关于社会主义生态文明观与习近平生态文明思想关系的厘清。在研究内容上呈现出宏大叙述与微观分析相结合，实践与理论相结合，多学科视角相结合的特点。未来的研究方向在于：进一步推进多学科协同研究；针对最新论述中的概念做出学理性阐释；完善社会主义生态文明建设主体研究；积极扩大社会主义生态文明观的全球影响力；避免过度解读。

关键词：十九大；社会主义生态文明观；生态文明；研究综述

生态文明建设不仅是关乎中华民族永续发展的根本大计，而且关乎全球人类未来的生存与发展。党的十七大首次提出"建设生态文明"，十八大首次将"生态文明建设"提升至中国特色社会主义事业"五位一体"总布局的高度，十九大强调"牢固树立社会主义生态文明观"。随着生态文明路线、方针和政策不断推出，国内学者对生态文明的研究大幅升温。生态文明研究呈现出内容广、跨度大、学科多、理论丰富、实践性强的特征。学界在阐明社会主义生态文明观的内涵，梳理社会主义生态文明观的历史演进，厘清社会主义生态文明与习近平生态文明思想之间的关系等方面取得了重要的成果。[2]

一、社会主义生态文明观的内涵

社会主义生态文明观是指根植中国制度和中国文化之中，具有中国特色的生态文明观，重点突出"社会主义"与"生态文明"之间的关系。目前学界关于"社会主义生态文明观"的概念内涵尚处于百家争鸣阶段，不同专业背景学者对此各有解读，缺乏统一、明

　1　叶锦华，福建漳州人，博士研究生。主要研究方向为社会主义生态文明思想。

　2　本文研究对象为十九大提出的新概念"社会主义生态文明观"，文章内容主要集中在十九大之后学界的研究成果，同时兼及十九大之前与"社会主义生态文明观"直接相关的理论成果。

晰的定义。对社会主义生态文明观内涵的研究呈现紧扣社会主义特色、多维探析的特点。

（一）"社会主义"与"生态文明"的关系

当前，针对社会主义生态文明观的内涵研究学界始终紧扣一条主线，即从社会主义制度前提出发，将生态文明当成社会主义建设的应有之义。"社会主义"与"生态文明"的关系阐析中存在两种不同向度，一是阐明"社会主义"与"生态文明"的内在通约性，二是批判"资本主义"与"生态文明"的内在矛盾性，以此力证社会主义生态文明观的价值合理性与存在合法性。

1. "社会主义"与"生态文明"的内在通约性

学界在多年的讨论中基本形成了一个重要的共识，即"社会主义"与"生态文明"具有内在通约性。郇庆治认为"社会主义生态文明观的定义是：一方面，未来的社会主义必须是生态文明的，或绿色的；另一方面，生态文明建设的方向和性质，只能是社会主义的。"二者互为题中之义。郭剑仁断言：社会主义是解决生态危机的唯一出路。"社会主义"与"生态文明"在学者们的论述下呈现出一体两面的内在联系。将生态文明置于社会主义本质之中，通过批判资本主义的生产方式和消费方式，进一步推进了社会主义生态文明观的讨论，具有重要的时代意义。

2. "资本主义"与"生态文明"的内在矛盾性

资本主义生产生活方式的反生态性受到不少学者的批判。代表性论述有陈学明的文章《资本逻辑与生态危机》，将生态危机归结为社会制度问题。他揭示了生态危机的根源在于生态与资本的关系，资本由于其"效用原则"，必然在有用性的意义上看待和理解自然界，使之成为工具；资本由于其"增殖原则"，决定了它对自然界的利用和破坏是无止境的。资本按其本性是反生态的。资本主义因其实现资本增值的方式，对人、自然界的"物化"，以及不断刺激放大人们欲望的内在本质在生态文明时代显得愈发不合时宜，被不少学者所诟病，提醒我们要警惕和防范资本主义无序扩张带来的生态危害。

（二）社会主义生态文明观的内容

用张云飞教授的话来说，生态文明就是一个囊括一切与生态环境问题相关的实践成就和理论成果的"大口袋"。生态文明所含内容博大精深、来源丰富。既涉及了人与自然关系的哲学思考，亦有现实生活中实际环境问题的对策探讨，事关政治、经济、文化等多个方面。"社会主义生态文明观"是建立在"生态文明"之上具有中国特色的生态思想与实践的总和，内容承袭生态文明研究而来，具备丰富的内涵和独特的世界意义。

1. "三重维度说"

针对社会主义生态文明观的内容，就理解角度而言，张伟娟等认为社会主义生态文明观可以从全人类共同追求、明确其社会属性和体现中国特色三个维度进行理解。就核心内容而言，张云飞认为明确了党的领导、人民当家作主、社会主义制度三者构成了社会主义生态文明观最核心的内容。就理论解析角度而言，张芮菱从人性、社会、发展三个向度来解析社会主义生态文明观。

2."多种观点说"

社会主义生态文明观的内容包罗万象，关乎国计民生、社会治理、历史与现实和道德与法律等多个维度。学界的研究倾向于紧扣中国国情，进行宏观的、多样化的研究，试图勾勒完整的社会主义生态文明观的图景。其中多有不免存在观点的重复，理论与实践相杂的情况，目前尚未形成统一、科学的研究范式。

多数学者以系统论和全局观力图描绘社会主义生态文明观的全貌。学者们从世界观、政治观、价值观、民生观、伦理观、历史观、自然观、发展观、消费观、治理观、制度观、政绩观、全球观、行动观、法治观、经济观、社会观等多重视角阐释社会主义生态文明观的内涵。

民生观是社会主义生态文明观微观研究的关键视角。余谋昌认为：超越工业文明"以资本为本"的社会，建设生态文明"以人为本"的社会。这是建设生态文明的政治目标。"以人为本"是社会主义生态文明的主要政治特征。社会主义生态文明观不变的逻辑是坚持党的领导，是中国共产党人对生态文明建设的理论自觉，社会主义生态文明观始终坚持以人民为中心的初心，做到生态为民、生态利民。

除了宏观研究，学者还聚焦于某一具体内容进行研究。万希平则从代内公平、代际公平、国际公平以及人与自然的公平四个方面论述了公平的社会主义生态文明观的基本内涵。微观研究有助于挖掘社会主义生态文明观研究的新角度。

总体看来，社会主义生态文明观的相关研究更强调完整内涵的勾勒、宏大体系的建构，取得了重要的理论成果，彰显了我国社会主义制度的优越性。社会主义生态文明既需要我们宏观上的把握，同时也要结合微观的理解。目前的研究呈现出宽度有余，深度不足；共性有余，争论不足；热度有余，思考不足等问题。下一步研究应在宏观论述的基础上实现深度探索。

3.社会主义生态文明观的理论来源

社会主义生态文明观的理论来源基于生态文明观的理论框架进行探索，主要有四个方面的理论来源，马克思主义生态文明理论、西方生态哲学思想、中国传统生态思想以及中国特色社会主义建设经验的总结。基于这四种观点的分析，既有全面性的宏观论述，也有重点式抽样分析。目前已出版的专著有龙睿赟的《中国特色社会主义生态文明思想研究》（2017），牛文浩的《生态思想维度中的社会主义生态文明研究》（2019）等。以上著作均对社会主义生态文明观的理论来源问题进行了整体性的梳理，在此不赘述。

社会主义生态文明观承袭生态文明观的研究范式，也有部分创新。在社会主义制度优势方面取得较多的研究进展。总体上没有突破生态文明研究框架，导致较多的内容重复。目前研究的继续开展，一方面需要注重正本清源，合理地思考哪些理论是属于生态文明的范畴。另一方面需要继续开疆扩土，吸纳中国传统文化、马克思主义理论、西方的生态思想中的精华部分，在研究资料和研究视角方面有所突破，及时吸纳新时代生态文明建设新举措，在研究内容和研究方法上实现创新，以丰富社会主义生态文明建设体系。

二、社会主义生态文明观的演进

社会主义生态文明观的演进研究力图在思想史的视域下把握社会主义生态文明观的历史性发展。生态文明观的演进主要基于两个维度展开，一是按照历史的线索进行全景式呈现；二是以思想的演进为线索进行重点式分析。

（一）通过历史线索展开全景式呈现

对于社会主义生态文明观的演进历史研究，第一，以新中国的成立为社会主义生态文明研究的起点。第二，以改革开放为社会主义生态文明研究的起点。邱芬等认为改革开放后生态文明思想经历了环保理念、可持续发展战略推广、社会主义和谐社会的构建再到社会主义生态文明的确立等过程。焦冉对生态文明发展进程进行梳理。他认为改革开放后，生态文明经历了以下四个阶段：环境保护道路提出；可持续发展战略的贯彻；科学发展观的落实到将生态文明融入总布局的构建；绿色发展理念的提出。这种划分的方式基本与社会发展的重大阶段相匹配，符合生态文明发展的时间逻辑。第三，以国家领导人执政时间梳理社会主义生态文明建设。该观点基本上以毛泽东、邓小平、江泽民、胡锦涛、习近平为中心，梳理了生态文明建设相关政策方针的变化。

历史分析式的研究采取了史论结合的方式，在生态文明建设的阐释中揭示了历史与现实接轨的可能性与现实性。其目的在于通过客观梳理中国特色社会主义生态文明建设的发展和变化的历史脉络。这种研究路向着意的是每个历史时期的生态思想的刻画，呈现的是"局部的整体"，对每个时期的分析缺乏思想的升华，对问题的把握亦缺乏理论深度。

（二）通过思想线索阐发生态文明观的演进

通过思想线索分析的研究路向具体有两种类型：第一，从逻辑层面分析生态文明观的演进。张天勇等阐明了中国生态文明建设道路演进的逻辑转换。思维逻辑方面，从"主体—客体"思维模式走向"主体—客体—主体"思维模式。价值逻辑方面，从人类中心走向生态中心。认识逻辑方面，从生态保护走向生态支持，从生态的民族视界走向人类命运共同体。这种哲学层面的思考突出了体系结构的内在机理，有助于深入探索社会主义生态文明观的内在演进逻辑。

第二，从理性与实践的层面分析生态文明观的演进。高冉等从以下五个方面说明中国特色社会主义生态文明观的自觉演进：由自为到自觉阶段；由人与自然的根本关系到新时代的主动性关系；由局部到整体耦合；实践活动由被动到主动状态；演化过程由天人合一至和谐共生的高级阶段。以不同视域作为研究的进路，使社会主义生态文明观丰富的内在层次得以展现，立体化了社会主义生态文明观的内容。

以上内容对中国特色社会主义生态思想的历史流变和现代价值研究作出了一定的贡献。但现有的文献中关于社会主义生态文明观的历史演进研究，较多停留在历史角度进行政策梳理，具有一定的重复性。当前的任务在于达成划分共识。在研究方法上偏重于史、疏忽于思，导致缺乏深层次的规律总结。只有对内在规律的深入探索，才能科学预测、精准指导未来社会主义生态文明观的发展方向。

三、社会主义生态文明观与习近平生态文明思想

2018年5月18日至19日，全国生态环境保护大会在北京召开，会上确立了"习近平生态文明思想"。习近平生态文明思想是中国特色社会主义思想的重要组成部分，具有丰富的内涵和外延。郇庆治认为社会主义生态文明观是我国生态文明及其建设理论或话语体系的一个核心性概念或范畴。习近平生态文明思想不仅是"社会主义生态文明观"的直接性理论来源，而且很有可能是它的某种形式表述或阐释。因此具有极大的关联性，学界对习近平生态文明思想的研究主要也是宏观建构和微观探析并存。

（一）宏观角度构建习近平生态文明思想的理论框架

习近平生态文明思想的研究，在宏观层面上主要是对习近平生态文明思想的时代背景、理论渊源、主要内容、理论特色、发展历程、科学方法、理论创新、时代意义、实践路径等方面进行了论述。张云飞总结了习近平生态文明思想的话语体系，绿色化、绿色发展、坚持人与自然和谐共生、生态文明概念为其基本范畴，社会主义生态文明概念为其核心范畴。内容宏伟，无一不值得进一步研究。

（二）微观角度多领域展开讨论习近平生态文明思想

在微观层面上就习近平生态文明思想的具体领域展开学理研究，成果显著。《党的十八大以来习近平生态文明思想研究述评》较为系统地总结了2012年至2018年习近平生态文明思想研究的现状，在此不进行赘述。最近三年中，研究习近平生态文明思想的新成果不断涌现，主要表现为理论与实践并进、深度与情怀共存、历史与现实结合的研究特征。相关研究主要集中在以下几个方面：全面加深理论体系建构和逻辑推演、以马克思理论为主，多角度多学科阐发、从基础理论上升至情怀高度、通过分析案例将理论与实际相结合、国内研究与国外研究相结合等方面。

习近平生态文明思想与社会主义生态文明观之间具有相互阐释，相互补充的关系。在二者思想的建构过程中，中国传统生态是重要的精神资源，西方生态文明思想是有益的补充，马克思主义生态观是着重关注的内容，中国特色社会主义生态文明实践是宝贵经验。四者在传统与现代、中国与域外的思想互动中形成多元统一的关系。

四、总体述评

自"社会主义生态文明观"提出之后，学界的研究已经取得了颇为丰富的学术成果。在内涵上，更加突出"中国特色社会主义"的特点。在生态文明建设话语体系上，从谋求生存时代的"跟着讲"到谋求发展时代的"接着讲"再到谋求现代化的"领着讲"。全面提升了中国在世界生态文明建设中的话语影响力。近几年，学界还关注了习近平自身学术背景和事业经历，挖掘他的生态思想的形成过程以及高尚的人民情怀。呈现出全方位的研究视角和体系完整、思路清晰的研究路径，形成较为成熟完备的研究范式和话语体系。

世界生态危机日渐严峻。站在中国特色社会主义新时代，面对新问题的不断涌现，目

前的研究虽然已经体系化，但仍然存在以下不足，值得继续研究。

第一，社会主义生态文明观仍然有待多学科更加深入的协同研究。生态文明在现实中的建设仍然有赖于科学技术的发展，比如清洁能源的循环使用技术，垃圾的可循环使用技术，可降解塑料袋、可降解吸管的使用。这不仅需要思想层面的觉醒，制度上的合理制定，更需要科学技术的强劲支持。近期学界侧重于政府的宏观政策的文本解读，逻辑探索，未能对社会主义生态文明观具体途径加以深入的阐释与展开。

第二，最新论述仍有待做出学理性阐释和研究。比如随着"碳中和""碳达峰""环境权""生态法"观念的提出，我国的社会主义生态文明观如何做出回应，如何将最新的思想纳入生态文明观的体系中，并将此转化为实际指导人们生产生活的行为准则，仍然需要跟紧热点，深入研究。

第三，社会主义生态文明建设主体研究有待完善。所谓的社会主义生态文明建设是一个个体、社会组织和政府、国家之间的多向互动过程，目前的研究多在国家宏观调控层面和个体思想道德培育的层面来完善社会主义生态文明的建设，缺少了社会组织的视角。

第四，积极扩大全球影响力。社会主义生态文明观是极具中国特色、中国智慧，针对全球生态破坏气温升高提出的中国方案，证明社会主义制度的生产方式在生态保护方面具有资本主义制度无可比拟的优越性。我国将生态文明作为执政方略之一，具有前瞻性及科学性。如何向世界介绍中国生态文明建设经验，在国际上形成具有影响力的中国生态文明话语体系，有待学者的进一步努力。

第五，避免过度解读。可以预见的是，关于社会主义生态文明观的研究将是一个持续的话题。在"生态文明"研究的热现象之下，还需学者们的冷静思考，避免过度解读传统文化、马克思主义和西方关于生态论述中的内容。如秦宣提醒研究者们，不要过度解读中国传统文化中的生态思想。儒家文化中的天人合一简单地解释成人和自然的和谐，是一种工具性理解，不符合历史唯物主义，因为古代儒家讲"天人合一"的"天"首先是天子，其次是天道，第三才是自然。如果只求一味应和，未免强为其难。相反，研究的路向应是在强烈的问题意识引导下，对"真问题"的解决。

参考文献

[1] 郇庆治. 社会主义生态文明观与"绿水青山就是金山银山" [J]. 学习论坛，2016，32（5）：42-45.

[2] 王雨辰. 生态文明与绿色发展研究报告 [M]. 北京：中国社会科学出版社，2020：27-42.

[3] 陈学明. 资本逻辑与生态危机 [J]. 中国社会科学，2012（11）：4-23.

[4] 本刊记者. 国外马克思主义生态文明理论研究—张云飞教授访谈 [J]. 国外理论动态，2007（12）：1-5＋15.

[5] 张伟娟，陈永森. 全面理解"社会主义生态文明观"的三重维度 [J]. 湖南科技大学学报（社会科学版），2020，23（5）：82-89.

[6] 张云飞. 习近平社会主义生态文明观的三重意蕴和贡献 [J]. 中国人民大学学

报，2021，35（2）：34-44.

[7] 张芮菱. 社会主义生态文明观的三向度解析 [J]. 中共四川省委党校学报，2018（1）：97-101.

[8] 方世南，周心欣. 社会主义生态文明观：内涵、价值、培育与践行 [J]. 南京工业大学学报（社会科学版），2018（03）：1-9.

[9] 朱冬香. 全方位把握社会主义生态文明观 [J]. 人民论坛，2019（24）：120-121.

[10] 余谋昌. 生态文明人类社会的全面转型 [M]. 北京：中国林业出版社，2020：69.

[11] 李国兴，魏成芳. 中国特色社会主义生态文明观的三维向度 [J]. 中国特色社会主义研究，2013（3）：28-30.

[12] 万希平. 论新时代社会主义生态文明建设的公正意蕴 [J]. 天津行政学院学报，2018，20（6）：82-88.

[13] 张天勇，季海波. 70年来生态文明中国道路的演进历程及其历史经验 [J]. 理论探讨，2019（6）：11-16.

[14] 邱芬，张孟奇，何娇，尚屹，韩季奇. 社会主义生态文明观发展历程及其当代价值 [J]. 环境与可持续发展，2019，44（6）：77-79.

[15] 焦冉. 论中国特色社会主义生态文明道路的历史演进 [J]. 广西社会科学，2017（12）：33-38.

[16] 杨卫军，冯芊芊. 中国共产党生态文明观的历史演进 [J]. 湖北工程学院学报，2021，41（4）：38-43＋48.

[17] 张天勇，季海波. 70年来生态文明中国道路的演进历程及其历史经验 [J]. 理论探讨，2019（6）：11-16.

[18] 高冉，王国坛. 中国特色社会主义生态文明观的自觉演进 [J]. 理论探索，2019（1）：48-53.

[19] 习近平. 推动我国生态文明建设迈上新台阶 [J]. 奋斗，2019（3）：1-16.

[20] 郇庆治. 社会主义生态文明观阐发的三重视野 [J]. 北京行政学院学报，2018（4）：63-70.

[21] 刘经纬，吕莉媛. 习近平生态文明思想演进及其规律探析 [J]. 行政论坛，2018，25（2）：5-10.

[22] 张云飞，李娜. 习近平生态文明思想对21世纪马克思主义的贡献 [J]. 探索，2020（2）：5-14.

[23] 周杨. 党的十八大以来习近平生态文明思想研究述评 [J]. 毛泽东邓小平理论研究，2018（12）：13-19＋104.

[24] 华启和，陈冬仿. 中国生态文明建设话语体系的历史演进 [J]. 河南社会科学，2019（6）：24-28.

[25] 李红梅主编. 中国特色社会主义生态文明建设理论与实践研究 [M]. 北京：人民出版社，2017：5.

中国共产党生态文明思想的发展历程及经验研究

张　丽[1]

（中共天津市滨海新区区委党校　天津市滨海新区 300480）

摘　要：中国共产党在革命及社会主义现代化建设的百年进程中，历来重视思考人与自然的关系，积极探索人类经济社会与自然生态可持续发展的和谐之路。经历了生态文明思想的萌芽探索期、丰富发展期、成熟完善期，中国共产党对于生态文明思想的认识与实践越来越深入，总结我党百年生态文明思想的发展历程及经验，有利于推动我国生态文明建设迈上新台阶，应对新的机遇和挑战，探索一条适合中国国情的绿色高质量发展之路。

关键词：中国共产党；生态文明思想；历程；经验；绿色发展

中国共产党生态文明思想是在继承和发展马克思主义生态观、吸收和借鉴中国传统文化中朴素的生态智慧以及批判和创新西方可持续发展理论的基础上，结合中国国情，不断发展和完善的。在百年的探索与实践中，中国共产党的生态文明思想逐步系统化，形成了众多宝贵的经验，为我们开创生态文明的新时代，推进美丽中国建设，实现中国发展的绿色转型提供了思想指引和行动遵循。

一、中国共产党生态文明思想的发展历程

1. 萌芽探索期

新中国在成立初期，新中国面临一穷二白的境地，百废待兴，急切的需要解放、发展生产力。保障和巩固政权、尽快建立社会主义制度、提高人们基本生活水平是当时主要的社会任务，相对来说人们此时对于自然环境的关注比较少，因为缺乏自然保护的经验，对于人与自然的关系认识还不够深入，也提出了一些欠缺科学性的口号，比如"人定胜天""向大自然开战"等，反映了人们迫切想要解放发展生产力的美好愿望，但是有些急于求成，忽视了客观规律，这些我们要结合当时的时代背景来考虑。到了 20 世纪 50 年代，生态环境的问题逐渐引起领导人的关注。这个时期的环境保护工作，主要包括这样几个方面：绿化祖国、兴修水利，以及对于人口数量的控制上。1956 年毛泽东同志提出了"绿

1　张丽，河北衡水人，助理讲师，法学硕士。主要研究方向为马克思主义中国化、生态文明建设。

化祖国"的伟大号召，提出"要在一切可能的地方，按照规格种起树来，要使祖国的山河全部绿化起来，达到园林化，到处都很美丽，自然面貌改变过来"[1]，开始了植树造林、绿化祖国的工作。另外，这个时期为了保证农业生产，应对自然灾害，中国共产党还领导人民进行了很多兴修水利、防洪抗旱的工作，开展对江河湖泊的治理，修建大型的水利枢纽工程等等，这些工作在客观上也起到了改善和保护环境的作用。另外一个重要的方面就是对人口数量的控制上。新中国成立以后，没有了大规模的战争，人口自然增长率迅速提高，一段时期我们还提倡"人多力量大"，但是现实是急剧增加的人口对于资源以及环境的承载能力造成很大的冲击，越来越成为经济社会发展的负担，这种情况引起了党中央的关注。1971年，国务院正式转发了《关于做好计划生育工作的报告》，开始对人口数量进行控制。1972年，经周恩来总理建议，毛泽东同志派代表参加了在瑞典举办的人类第一次关于环境保护的国际会议。1973年，我国也召开了第一次全国环境保护会议，中国环境保护事业的大幕就此拉开。

2. 丰富发展期

十一届三中全会以后，中国共产党领导全国人民以经济建设为中心，实行改革开放，中国进入一个迅速发展的新时期，当然这个时期我们面临的资源紧缺、环境污染的问题也越来越严重，党中央开始注重协调生态环境与经济发展的关系，而且注重从法律法规的层面进行规范。1978年2月，《中华人民共和国宪法》规定：国家保护环境和自然资源，防治污染和其他公害。这是新中国历史上首次在宪法中对环境保护做出明确规定。1979年9月，通过《中华人民环境保护法（试行）》，这是我国第一部环境保护法。1981年全国人大明确将3月12日作为我国的义务植树节，植树造林是一项功在当代、利在千秋的伟业，党的历任领导人经常亲自参加义务植树，推动全社会形成积极植树造林的社会风气。1983年底，第二次全国环境保护会议召开，国务院宣布环境保护是我国的一项基本国策，把环境保护工作提到很高的位置。随着环境保护越来越得到全世界的认同，在联合国的推动下，可持续发展的概念越来越受到世界各国认同，我国也提出将可持续发展战略作为中国现代化建设的核心战略，同时还提出了要探索一条经济效益好、资源消耗低、环境污染少的新型工业化发展道路。在纪念中国共产党成立80周年大会上，江泽民同志指出"要促进人和自然的协调与和谐，使人们在优美的生态环境中工作和生活"[2]，同时我们还积极参与国际上的环境保护合作，加入了20多项国际环保公约。后来，我们党明确提出了科学发展观，2005年党中央提出要发展循环经济，建立资源节约型、环境友好型的"两型"社会；在2007年党的十七大报告中明确提出了"生态文明"这个概念，并且再一次强调"两型社会"的重要地位，强调要加强资源节约和环境保护，之后进一步提出了生态文明建设的一系列具体目标，提出要大力发展环保产业以及低碳循环经济，党的生态文明的思

1　毛泽东文集：第七卷［M］. 北京：人民出版社，1999.

2　国家环境保护总局，中国中央文献研究室. 新时期环境保护重要文献选编［M］. 北京：中央文献出版社，2001.

想有了很大的丰富和发展。

3. 成熟完善期

在前几代共产党人积极探索的基础上，习近平同志对于生态文明建设进行了更加深刻系统的思考，最终形成了内涵丰富、体系完整的习近平生态文明思想。习近平同志对于生态文明建设既有丰富的理论储备，更有大量的实践支撑，在梁家河的时候，他就积极思考如何改善当地生态的问题，很早就意识到过度的人类活动会对自然生态带来很大的破坏，一定要将人类活动控制在资源环境可以承载的范围内，在梁家河他亲自带领群众，利用秸秆、杂草等修建了陕西省第一座沼气池，沼气池里清出来的废料还可以给庄稼上肥。这是发展农村循环经济、解决农村生态环境问题的生动实践。他还积极改善农村的人居环境，带头修建了梁家河第一个男女分开的厕所。在福建的 17 年，习近平同志走遍了福建的山山水水，提出把福建建设成生态省的战略构想，进行了福建历史上规模最大的环境资源调查。之后到浙江，习近平同志亲自启动了以改善农村的生态、生产、生活环境为核心的"千村示范、万村整治"工程，推动浙江整个生态面貌发生了巨大变化。成为党和国家领导人后，习近平同志在全国积极推动和部署生态文明建设，在党的十八大上明确提出将生态文明建设纳入中国特色社会主义"五位一体"的总体布局中，提出"美丽中国"奋斗目标，在党的十八届四中全会上提出要用严格的法律制度保护生态环境；2018 年 5 月 18 日，在全国生态环境保护大会上，习近平同志做了重要讲话，对我们为什么要建设生态文明、什么是生态文明、怎样建设生态文明做了系统的论述，标志着习近平生态文明思想正式形成。在党的十九大报告中进一步提出"坚持人与自然和谐共生"，在《党章》修订中增加了"增强绿水青山就是金山银山的意识"等内容，在十九届五中全会上，对于我国十四五时期的生态文明建设也进行了新的部署。习近平生态文明思想具有丰富的理论体系，生态兴则文明兴、生态衰则文明衰的生态历史观，良好的环境是最公平的民生福祉的基本民生观，人与自然和谐发展的科学自然观，这三个方面从认识论的层面上来回答我们为什么要建设生态文明；绿水青山就是金山银山的绿色发展观、全球共谋生态文明出路的全球共赢观，从价值论的角度来回答我们要建设一个什么样的生态文明；山水林田湖草是生命共同体的整体系统观、用最严密的法律制度保护环境的严密法治观以及全社会共建共享的全民参与观，是从方法论的层面来解答我们怎样推动生态文明建设。习近平生态文明思想已经具备了科学、完备的内容体系，是我们党生态文明思想发展的最新成果，是我们党对于生态文明思想认识的重大的理论和实践创新，为我们开创新时代生态文明建设的新局面提供了根本的方向指引。

二、中国共产党生态文明思想的经验总结

中国共产党在百年的发展历程中，经过逐步摸索总结，对于生态文明思想的理解也越来越深刻，也积累了越来越多的生态文明建设的经验，我们正在从原来全球生态文明建设的参与者一步步成长为引领者，为全球的环境保护与环境治理工作提供中国的绿色方案与智慧。

（一）必须要坚持党对生态文明各项工作的全面领导

总结我国历史上生态文明建设的经验教训，我们党认识到必须要充分加强党对生态环境保护各项工作的领导责任，规定各个地方的党委以及当地政府的主要领导是其区域内生态环境的第一责任人，对其负责管辖区域内的生态质量负总责。生态环境问题具有很长的潜伏期，有些需要十年、几十年的时间才会暴露出来，我们现在实行生态环境损害终身责任追究制。这就给各级领导在做决策的时候加了一个生态环境保护的"紧箍咒"，必须要过"生态关"。各级人大及其常委会要把生态文明建设作为重点工作领域，定期听取并审议同级政府的工作情况报告。习近平总书记在 2018 年 5 月 18 日全国生态环境保护大会讲话中单独列了一章来讲生态文明建设要加强党委的领导，落实党委的领导责任，各个部门要担负起生态文明建设的政治责任，将生态环境考核结果作为各级领导班子和领导干部奖惩和提拔的重要依据，要实施最严格的考核问责。一段时期内社会上存在一个怪现象，有的地方生态环境问题多次被群众举报，被新闻媒体曝光，当地相关干部也几次被约谈，但是当地的主要领导不但没有得到处罚反而升迁。当前我们的经济社会要由高速增长向高质量发展过渡，环境破坏和污染是必须要正视的一个难题，这个时候我们必须要统一思想，咬紧牙关，保持定力，不动摇、不松劲、不开口子，落实好党委第一责任，不要为今后发展埋下更大的后患。

（二）必须要处理好经济发展和环境保护之间的关系

在我国经济社会发展的过程中，很长一段时期内我们总是把环境保护跟经济发展对立起来，认为发展经济必然要以牺牲环境为代价，而进行环保工作必然会带来经济上的损失，为了经济有所发展，很少考虑到环境成本，用巨大的环境代价去换取微薄的经济利润，给我们带来了很多惨痛的教训。比如我国在 2008 年、2009 年、2012 年分三批确定了六十多个资源枯竭型城市名单，这些城市因为富有某种资源，可以一夜之间崛起，但是这种发展很多都是粗放的、不可持续的，因为很多资源是不可再生的，当资源开发进入末期，当地的经济社会发展就难以为继。总结中西方历史上的经验教训，我们认识到必须要处理好经济发展和环境保护的关系，才能够实现中华民族的永续发展。习近平总书记创造性地提出了"绿水青山就是金山银山"这一重要的发展理念，指出绿水青山作为一种自然生态财富，它是可以转化成为经济和社会财富的，这应该成为我们之后经济社会发展的重要思路，要探索如何结合每个地方的特色，把每个地方的生态优势转化成生态产业，让人们看到绿水青山可以带来切切实实的福利。我们保护自然环境其实也是在保护生产力，改善自然环境其实就是在提高生产力，是为了让经济和社会的发展更有潜力和后劲，经济发展的底线是不能以牺牲环境为代价，不能再像过去一样先污染后治理或者边污染边治理，一定要从根本上扭转认识，保护生态环境本身就是在发展经济，要算好"绿色 GDP"这笔账，发展经济和保护环境是可以协调统一的。

（三）必须运用系统思维处理环境保护和环境治理工作

总结中外历史教训，我们越来越认识到，大自然的各个部分之间都是相互依存的，自然生态是一个紧密相连的完整体系，习近平总书记在 2018 年 5 月 18 日全国生态环境保护大会讲话中进行了一个形象的表述："山水林田湖草是一个生命共同体，人的命脉在田，田的命脉在水，水的命脉在山，山的命脉在土，土的命脉在林和草。"[1] 山水林田湖草共同构成的生命共同体就是支撑人类社会延续的物质基础。运用"命脉"这个词把人类跟山水林田湖草这些自然要素联系起来，把人与自然这种唇齿相依的紧密关系很好地展现了出来，这也要求我们在环境保护和环境治理的过程中必须要眼光长远，从大局出发。过去在环境治理和保护的问题上我们存在头痛医头，脚痛医脚，相互掣肘等问题，比如黄土高原地区曾经出现的"小老头树"，当地林业部门为了改善水土流失的状况开展了一系列退耕还林、植树造林的工程，但是造林以后出现了树木生长衰弱、主干矮小、分枝多、根系发育不良等情况，当地人就把这些树称作"小老头树"。"小老头树"的产生，一个重要原因就是我们在生态治理过程中缺少系统性、整体性的规划，没有考虑各个生态要素之间的联系，"种树的只管种树"，没有考虑当地自然灾害频发、水资源不足等情况，不仅没有改善生态，还浪费了大量的人力物力财力。随着我们对生态系统的认识越来越深入，我们更要意识到整个生态系统是相互联系的，我们必须遵循这种规律，整体施策，全盘考虑，统筹各种自然要素。比如要治理好水污染，保护水环境，就需要全面统筹上游下游、地表和地下、陆地和水上、河流左右两岸等各方面，达到一个最佳的治理效果，从系统工程和全局角度寻求新的环境治理之道。

（四）必须提供良好的生态环境满足变化发展的民生需求

生态文明建设事关党的使命宗旨，党的使命宗旨就是全心全意为人民服务。良好的生态环境是最普惠的公共产品，大家都可以享受到，环境也是民生重要的组成部分，蓝天就是幸福。随着生产力水平的提高，人们的生活也显著改善，人民群众对于美好生活的向往和需求呈现出多样化、多层次的特点，以前我们是为了解决温饱问题，现在我们越来越追求优美的环境、清新的空气、优质的水源等，对于美好生活环境的需求越来越迫切。我们发展经济是为了民生，现在保护环境同样也是为了民生，为了满足人民群众变化提高了的新要求，共产党代表着最广大人民群众的利益，是以人民为中心的，所以我们要把人民的需要放在心上，要把解决突出的特别是损害人民群众健康的生态环境问题作为优先发展的民生领域。我们不能一边向全世界宣告建成了全面小康社会，一边人们还是生活在雾霾之下，喝着不干净的水，吃不上放心的蔬菜，看不到蓝天白云，这样的小康不能说是全面的，不会被群众和历史认可。虽然现在我们在生态环境保护方面取得了很大的成绩，但是客观地讲，生态环境现在还是我们经济社会发展过程中的一个短板，有很多需要解决的问

1　习近平. 推动我国生态文明建设迈上新台阶 [J]. 求是，2019，（3）：4-19.

题。比如北方的冬季，虽然没有过去那么严重的雾霾，但是还是有很多重污染天气影响人们对美好生活的感受。当前民众对于美好生活环境的需求和向往越来越迫切，每次全国两会召开的时候，关于生态、自然、环境方面的提案数量都非常多。共产党必须坚持以人民为中心，解决人民群众关心的生态环境问题，提供优美的生态环境，不断提升人民群众的幸福感。

三、回顾百年生态历程，总结思想经验，坚定不移走绿色高质量发展之路

回顾中国共产党百年生态历程，总结我们已经取得的经验，更坚定了我们要在新时期开辟探索一条绿色发展道路的信心和决心。绿色发展是高质量发展必不可少的一个环节，生态环境的问题归根到底是生产方式和生活方式的问题，我们要从这两个方面下大力气，让绿色生产和绿色生活成为社会的新风尚，为十四五时期经济社会高质量发展保驾护航。

从生产方式来说，我们要注重源头防控，从源头上把污染物排放降下来，这样生态环境的质量才能上得去。具体来说，我们要摒弃原来粗放的大规模生产、消耗的生产模式，加快调整产业结构、优化产业布局，对于一些重大的产业布局开展之前必须要进行环保测评，优化对国土空间的开发布局，减少过剩和落后的产能，增加新的增长动能。同时要培育壮大节能环保产业，调整能源结构，减少煤炭消费比重，发展清洁能源，如风能、太阳能、地热能、天然气等等。从生活方式来说，我们提倡建立一种低碳绿色、健康文明的生活方式。特别是新冠肺炎疫情，又给我们敲响了一个警钟，人类不是无所不能的，必须要尊重、敬畏自然。日常生活中鼓励我们重新拎回布袋子、菜篮子，减少使用一次性日用品，减少快递等产品的过度包装，学校和社区要定期组织环保宣传活动，提高公众的环保意识。另外，还要发展城市公共交通，如公交、地铁、轻轨、共享单车等等，特别是在重污染天气下，我们要主动减少使用私家车，反对奢侈浪费和不合理的消费，扎扎实实做好垃圾分类各项工作，全社会齐心协力共创生态文明新时代。

参考文献

[1] 习近平. 坚持节约资源和保护环境基本国策努力走向社会主义生态文明新时代 [N]. 人民日报，2013-05-25，（01）：2.

[2] 习近平. 像保护眼睛一样保护生态环境，像对待生命一样对待生态环境 [N]. 人民日报，2016-03-11.

[3] 高吉喜. 生态安全是国家安全的重要组成部分 [J]. 求是，2015，（24）：43-44.

[4] 习近平关于社会主义生态文明建设论述摘编 [M]. 北京：中央文献出版社，2017.

[5] 胡鞍钢. 全球气候变化与中国绿色发展 [J]. 中共中央党校学报，2010，（2）：5-10.

习近平的生态生产力理念探析

化　锚[1]　张永红

（湖南工业大学马克思主义学院　湖南株洲　412007）

摘　要：习近平的生态生产力理念是对马克思主义生产力思想的继承与发展。其一，马克思的生产力思想中内含了自然生产力与社会生产力的辩证统一，体现了人类与自然界的和谐性，是生态生产力理念的理论渊源。其二，生态生产力的核心理念是生态良好与生产发展的相互溶融，以"人的需要"为视角对生态生产力理念做深入解读顺应了人民对美好生活的殷切期盼。其三，保持生态生产力生机与活力的现实路径，一要创新生态文明理念的教育形式，二要推动生产生活方式的绿色转型，三要积极提升生态科技的撑持强度。

关键词：生产力；生态生产力；生态需要；美好生活需要

生产力属于社会历史范畴，人们对生产力的认识也会随着时代和条件的变化而不断变化。习近平提出，"要牢固树立保护生态环境就是保护生产力、改善生态环境就是发展生产力的理念"[1]，以及"生态环境保护和经济发展是辩证统一、相辅相成的……走出一条生产发展、生活富裕、生态良好的文明发展道路"[2]等重要论述，是习近平对生产力的新认知，是对马克思主义生产力理论的进一步创新。深入探寻习近平生态生产力理念的理论渊源、核心理念、践行路径，对推进生态文明建设定有裨益。

一、理论渊源——马克思生产力思想中的生态意蕴

习近平的生态生产力理念有着深厚的理论基础，马克思在论述生产力理论时，从人与自然关系角度出发，阐明了自在自然的主体力量以及自然规律应有的先在性，蕴含了辩证的生态思维。马克思认为，"劳动和自然界在一起才是一切财富的源泉，自然界为劳动提供材料，劳动把材料转变为财富"[3]。劳动是人类要素，属于社会生产力，自然界是物质要素，属于自然生产力，二者辩证统一，构成了"生产力"。

1　[基金项目]本文系国家社科基金后期资助项目"新时代生态文明建设理论构建及其现实践履"（项目编号：20FKSB038）和湖南省哲学社会科学基金项目"习近平生态文明思想的世界意义研究"（项目编号：19YBA130）阶段性成果。

[第一作者]化锚，2020级硕士研究生，主要研究方向为马克思主义基本原理。

1. 自然生产力：自然界生产力的自发性

马克思的"自然生产力"由两部分组成，第一部分是自然界的自然力，包括太阳、水源、土壤等，自然力发挥作用时，自然界的生产力得以呈现，这是整个自然界状态更替的动力源，也是一切生命体生存的基础要素。第二部分是自然界的生产力，这是生产力缓慢增长的过程，表现为自然界的自然力发挥作用时所呈现的状态，此种状态意味着生命体的生存和发展有了推动力。自然界的自然力是自然界生产力的基础条件，自然界的生产力则能够推动自然界状态在一定时期有质的飞跃，这是整个自然界生产力自然性的体现，也是社会生产力的基础。此外，自然界的自然力被动的自发性与自然界的生产力能动的现实性相区别，自然界的自然力是无意识的物质状态，在人类有意识地开发自然界之前就已经存在，是一种自发性的生产力，只有当自然界的自然力得到人类的开发利用时，自然力才会转换为现实的生产力。

马克思的"自然生产力"除了两部分基本内涵外，还包括以下特点：首先，自然生产力具有自发性特点，一切运转系统有其特有的规律性和客观性，不以外力为更迭。人类的实践活动，可以改变自然界的自然力发生的某些条件或者形式，但人类实践活动的一切基础要素都源于自然界，对自然生产力的利用也要遵循基本的客观规律，把握"度"的平衡性，不能抵触也不能超越。其次，自然生产力与破坏力不兼容性特点。自然界的自然力有两种表现形式，一种是自然界的生产力，推动生产力的进阶；另外一种就是自然界的破坏力，分为源生的自然破坏力，如地震、飓风等，还有伴生破坏力，因人类的不合理生产活动而产生，如温室效应、臭氧层受损等。源生破坏力的强度往往因人类无节制的生产活动或者过度的攫取自然资源而加剧，致使自然界破坏力的危害更大，程度更深。最后，自然生产力是社会生产力等其他生产力形式的前提，自然生产力即"在无机界发现的生产力"，无机界中先天生成的自然资源是人类生存、发展的物质基础，自然环境中的水、空气、土壤等对人类的生存居住环境至关重要，良好的生态环境是整个自然生态系统最重要的一环。自然生产力就是一个整体性的生态系统，人类社会、自然资源以及生态环境等各个子系统链条环环相扣，相互制约，起决定作用的子系统当属于人类，人类对自然界整体的认知、利用和改造，都会对整个生态系统产生影响，因此生产活动必须控制在合理范围内，不能突破自然资源承载能力，保持生态系统基本的循环和稳定。

2. 社会生产力：生产能动性下的受动性

相对于自然生产力的自发性，社会生产力更强调"人"这一系统的改造性与能动性。社会物质生产的能动性应有如下表现：发挥能动性以遵循自然规律为前提，即自然生产力是社会生产力的先决条件。马克思曾指出："没有自然界，没有感性的外部世界，工人什么也不能创造。"[4]自然界为社会物质生产活动提供生产的场所和原料，生产力中囊括的劳动资料和劳动对象都源于自然界，是人类生产与再生产实践活动的前提。社会生产力始终与自然要素相连接，人与自然界之间进行的物质交换活动，不是单向索取、征服自然以及破坏环境的过程，而是二者相互影响，相互依存的双向交流过程，生产活动不能完全取决于人的主观意志。

社会生产力能动性的体现，不应仅限于生产领域，保护自然环境，合理利用自然资源既是能动方式的体现，也能带动生产力质量和生产效率提高。此外，社会物质生产的能动性会受到自然因素的约束，马克思曾指出，"劳动生产率是同自然条件相联系的"[5]。优良的自然环境，丰富的自然资源与生产效率呈正向关系，自然条件归根到底就是人类生产、生活资料的富源，若自然资源条件匮乏，生产资料缺位，生产活动则难以开展。另一制约因素与地域性的自然条件密切相关，尤其是地域性的自然环境，会使生产过程的连续性受到气候性、季节性的影响而中断，正如马克思曾论述的，"在播种和收获之间，劳动过程几乎完全中断。在造林方面，播种和必要的准备工作结束以后，也许要过 100 年，种子才变为成品"[6]。随着生产力水平的提高，某些技术手段可以缩减农作物的成熟时间，出现反季节的农产品和水果，但过渡的催生"反"季节作物的出现，只会过早的竭尽土地的肥力，影响自然环境的整体状态，因此人的能动性并不能完全"主观能动"，要受到自然规律的制约。

3. 社会生产力与自然生产力相统一：人类与自然界的和谐性

马克思的生产力理论中蕴含了人与自然和谐共生的思维，人类的生产活动是自然因素和社会因素同时发生作用的过程，即自然生产力和社会生产力是一对辩证统一的范畴，囊括了自然界发展的"人化"过程，以及人类社会发展的"自然化"过程，归根到底就是把自然界与人类发展的和谐性有机地统一起来。人类生产活动对自然界的利用体现在以下两方面：

首先，社会生产力对自然生产力的开发要合乎尺度。自然生产力作为社会生产力的基础，为人类提供生活、生产资料的延续，自然资源的上限决定了追求短期经济效益而大规模消耗资源的方式不可取，超过自然环境承载的尺度会导致自然生产力的衰竭和生态环境恶化。马克思在《资本论》中明确指出，"自然条件的丰饶度往往随着社会条件所决定的生产率的提高而相应地降低"[7]。人类过去生产效率的提高往往伴随着自然条件富源程度的降低，其实质是生态理念缺失背景下资本扩张无限性与自然资源有限性之间的强烈对冲，而随着环境问题的日渐显现，必须从根本上变革传统生产力理论中生态尺度失衡的状况。

其次，社会生产力对自然生产力的利用需合乎秩序。自然生产力是一种自发性的生产力，但其作为自然界中潜在的生产能力有着客观的运行秩序。秩序的制定由自然界本身的运行规律所决定，人类利用自然资源、自然条件要以合乎秩序为基本遵循才能将自然生产力的利用效率最大化，且不会造成自然环境的破坏。若违背或忽视自然生产力运行秩序，不仅会导致利用效率低下，造成资源的浪费，而且带来的诸多环境问题会危害人类自身。良好的生态环境、自然条件不仅仅是社会发展的"润滑剂"，更是"定海针"，毕竟"劳动的不同的自然条件使同一劳动量在不同的国家可以满足不同的需要量"[8]，同一劳动力在优劣有别的自然条件下所展现的生产效率是有差别的，要在生产活动过程中牢固树立秩序意识，人类社会与自然界是共生共鸣的，一荣俱荣，一损俱损。

马克思生产力理论中的生态意蕴，是自然生产力与社会生产力的辩证统一，二者共同作用，创造了社会物质财富，既跳出了人和自然的单向性关系，也强调人与自然的辩证统一，是生态生产力的渊源，也是习近平生态生产力理念的理论来源。

二、核心维度——生态良好与生产发展相互溶融

过去相当长的一段时期内，社会矛盾聚焦于"人民日益增长的物质文化需要同落后的社会生产之间的矛盾"，提高物质、文化产品的供给力度和供给质量，提升国家综合国力，增强国际地位提升话语权，都需借助社会生产力的"飞跃"发展。在此过程中，部分地区采取了以牺牲生态环境为代价换取经济增长的粗放式发展方式，对生态环境造成了不可逆的严重破坏。实践已经证明了依靠"绿水青山换金山银山"的发展方式短期能行得通，但从根本上来说走不远。习近平就推进生态文明建设和发展生产力的关系作出科学论断："环境就是民生，青山就是美丽，蓝天就是幸福，绿水青山就是金山银山"[9]，"保护生态环境就是保护自然价值和增值自然资本，就是保护经济社会发展潜力和后劲"[10]，将生产发展与生态良好熔融一体，是习近平生态生产力理念的核心维度。

当今学界就习近平生态生产力理念的研究主要有三种思路：第一种是以马克思主义的当代生产力发展为主视野，对习近平生态生产力理念进行层次性解读，进而丰富和拓展马克思主义生产力理论。第二种通过分析"两山论"理念，研究"绿水青山"的时代价值及其所蕴藏的巨大潜在生产力。第三种研究习近平生态生产力理念的丰富内涵，重大意义，强调"生态生产力"在当今社会发展进程的必要性和合理性。

上述三种研究路径基本以研究习近平生态生产力理念的时代价值，理论逻辑，丰富内涵等方面出发，鲜有学者以"人的需要"视角对习近平生态生产力做深入思考。习近平指出，"生态环境保护和经济发展是辩证统一、相辅相成的……走出一条生产发展、生活富裕、生态良好的文明发展道路"[11]。生产发展，是人民满足生存和发展的物质前提，为基本生存需要。生态良好是在生产力发展到一定阶段，人民对于良好生态环境需要的意识觉醒。生活富裕，包含了新时代人民生活与精神的双重富裕需求，是美好生活需要。人民是历史的创造者，从人民需要的视角来解读习近平生态生产力理念，既能以人民视域来认识历史遗留的生态环境问题，也可以避免走进"绿水青山就是金山银山"只是一种对自然的"原始"复归或者任何事物只服务于社会生产力的单向思维，真正贯彻了"发展为了人民"理念。

1. **生产发展：金山银山显现民众基本需要**

需要作为人的本性，在很大程度上支配着人的行为活动，其中衣食住行作为人类最基本也是最强烈的生理需要，是其他一切需要的前提，即第一需要。人类历史任何阶段的第一个活动一定是与满足生理需要相契合的活动，对习近平生态生产力理念的研究也要从人的第一需要着手。

工业时代促成生产力水平的极大提升，使人类不再"屈服"于自然界的"压迫"，开始反抗自然的"束缚"，由过往面对自然规律的"顺从"转向对自然界无所顾忌的滥取、

强取，自然与人类的关系已经难以再维持在平等的境域中。在此过程中，尽管自然力仍展现于整个人类社会的生产运作，但对其利用方式已经不再是简单的依附、依赖关系，也不再是随自然演进规律的循道而为，而是转化为由人类主观需要或发展需求对自然力的改造利用。工业时代推动社会生产力的目的建立在"人的自由发展"之上，基本的生存，技能培训，娱乐活动等都是其表现形式，满足人类自由发展的前提则需要借助于物质财富的力量，也就是要不断地将自然力转换为社会向前发展的"动力"，这也是对过往"金山银山"的定义之一。

对"金山银山"的理解不能仅仅局限于单向视角，习近平提到的"金山银山"是已经融合了生态理念的生态力发展模式，不是推崇粗放的发展模式。如果"绿水青山"是推动社会生产发展的巨大潜在力，那么"金山银山"代表了整个社会现有的生产能力，其通过对自然力的合理改造利用，是一种推进社会发展以及人的全面发展的物质实在力量。

追求"金山银山"是人类生存、发展的基本需要，但若追求的方式无节制，无底线，那么会严重破坏人与自然之间的代谢平衡，导致双方关系的失衡。新中国成立后的一段时期内，由于生产力的落后，人民最基本的温饱也难以保障，在推动生产力发展的过程中，出现了一些以生态环境换经济发展的粗放式做法，但面对人民吃不饱，穿不暖的情况，当时思考生态环境则会显得有些"不切实际"。习近平也指出："过去由于生产力水平低，为了多产粮食不得不毁林开荒、毁草开荒、填湖造地，现在温饱问题稳定解决了，保护生态环境就应该而且必须成为发展题中的应有之义。"[12]新时代生产力的进步依然是人民发展的需要，但要兼顾对生态环境的保护和对自然力规律合理利用，这也是对"金山银山"应该秉持的正确态度。

2. 生态良好：绿水青山彰显民众生态需要

为了解决过去在发展过程中部分地区出现的牺牲生态环境换取经济发展的生态后遗症问题，习近平强调："从资源环境约束看，过去，能源资源和生态环境空间相对较大，可以放开手脚大开发、快发展。现在，环境承载能力已经达到或接近上限，难以承载高消耗、粗放型的发展了。人民群众对清新空气、清澈水质、清洁环境等生态产品的需求越来越迫切，生态环境越来越珍贵。"[13]中国特色社会主义已进入新时代，用"绿水青山"换取"金山银山"的旧路已不能再走下去了。对"绿水青山"的期盼流露着人民对于生态良好的真切需要，生态需要的本质就是人与自然关系平衡基础上的人的生存发展需要。

马克思主义认为，需要始终是人类社会发展的牵引动力。推动社会发展，历史前进的主体是人，需要作为人有意识的活动贯穿始终，人感受到的某种需要的牵引也必然引导着人向这种需要运动。马克思指出，"整个历史也无非是人类本性的不断改变而已"[14]。生态需要也是人类在不断实践中逐渐生成的生态意识，这既是社会生产力进步的体现，也是人性的真实需要。新时代人民幸福生活指数的提升受到了生态环境问题的限制，人民对于生态环境问题的关注度日益上涨，环保意识、生态意识也在渐次觉醒，良好的生态环境成为人们的显性、刚性需要。习近平生态生产力理念的提出和践行，也是为了根本改善生态环境存在的缺陷，提高人民群众的生活质量。

生态需要也有其根源性和时代性。生态需要是一种通过自然界获取生活资料的基础物质性活动，人对自然界存在着依赖性，此种依赖性不会减弱也不会消亡。马克思曾指出："人靠自然界生活。"[15]凝练指明自然界是人类生存的最基本条件，没有自然界作基础支撑，人与自然进行互动以及能量交换的行为就会难以维持，因此自然生态环境是人最基本的物质性需要。此外，生态需要在不同时期有不同的新内涵，新时代中国的生态需要就是人民现阶段最真切，最实际的需要。马克思指出："需要是同满足需要的手段一同发展的，并且是依靠这些手段发展的"[16]。人的生态需要与社会实际的发展状况相一致，与生产力水平相挂钩，不同历史时期人的生态需要各有特点，"绿水青山"则恰当反映了当代人民对生态需要的真情流露。同时人民对于生态需要呈现出的增长态势超过了过往的任何时期，出现此种特点的原因有两点：人民对于基本物质需要的满足感推动了对生态需要的渴望感，以及生态环境问题与人的关系对立加速了人民生态意识的觉醒。另外一个特点就是人民群众的享受性、发展性的需求增多。人追求生态需要的过程，就是人类与自然和谐共生的动态过程，人的全面发展过程就是人的生态需要不断得到满足且不断产生新需要的过程。

3. 相互溶融：生态生产力以满足人民的美好生活需要为旨归

党的十九大报告指出，我国社会主要矛盾已经转换为人民日益增长的美好生活需要和不平衡不充分的发展之间的矛盾，美好生活所代表的需要水平层次更高，需要内容更加丰富，是生存和精神满足的双重富裕，是物质文明和精神文明的辩证统一。

生产力发展的根本目的就是为了满足人类的需要，而良好生态环境作为美好生活的纵向贯穿性因素，在人民群众需要结构中的地位日渐凸显，人民对于美好生活的需要是既要生态又要发展的真实需要，因此新时代生产力的发展趋向是带有生态维度特点的生产力，也就是发展生态生产力。习近平指出，"经济发展不能以破坏生态为代价，生态本身就是经济，保护生态就是发展生产力"[17]。这是习近平关于生态生产力的直接表述，生态生产力恰恰是生态优先、多方和谐、要素均衡的生产力。[18]这既是推动生产力趋于"生态化"发展，维持人类与自然界关系平衡的科学论断，也是满足人民美好生活需要的重要举措。

美好生活需要与生态生产力是一对辩证统一的范畴。需要作为推进生产力发展的动力源之一，人类的某种需要会致使相关的生产活动得以显现。人的需要是丰富且多变的，所以生产活动也处于复杂且不断进步的状态中，但需要不会无根据的变化，其依托于现有的生产力水平在有限的领域内蔓延，所以人民的真切需要也引导着社会前进的方向。人民对美好生活需要的愿景，就是推动生态生产力前进的强大动力。当然，人的需要并不是决定生产力走向的完全力量，需要是思维活动，生产力是行动，二者有本质区别。人类所具有的能动实践性并不等于肯定性，单纯的需要本身不能够产生任何生产力，只有带着需要的引导去带动劳动者进行生产活动，生产力才会进步发展，新时代人民群众的美好生活需要，寄希望于良好的生态环境下个人自由全面的发展，美好生活需要本身无法改变环境问题的现状，在此种真实需要下必须深入贯彻习近平的生态生产力理念，走好生态生产力的时代新路，美好生活才能实现，因此，推动生态生产力的发展是大势所趋，这也是生态生产力发展的必然逻辑。

三、践行路径——创新方式、多方互动形成合力

生态生产力理念是契合生态文明建设，顺应人民需要的发展理念。生态生产力作为一种先进的生产力形式，生态化的目标既符合社会发展的实际状况，也凝练了丰富的理论底蕴以及可拓展的实践路径，是促进人与自然关系和谐的一处发力点。如何将习近平生态生产力理念践行到底，这是一个需多方努力形成合力的过程，至少需要从以下三个方面发力。

1. 创新生态文明观念的教育形式

实现人与自然关系的动态平衡，解决二者之间存在的矛盾，要通过创新教育的方式，让人民从思想上认同人与自然的同等地位，树立保护环境的自觉性，养成正确的生态观念，推动人与自然和谐共生。针对不同人群，要有不同特点的教育方式，过往对生态观念的教育方式针对性不强。不同的群体对于"生态养分"吸收的程度不够，对生态观念认知不充分。必须创新生态观念的教育形式，教育的方式要有针对性、适应性、合理性，人民听得懂、看得清，生态行动才能走下去。

企业是践行生态生产力理念的主体，也是实现生产方式绿色转型、建设生态文明的重要组成部分。要使生态生产力理念在企业生产中得到贯彻落实，需要法律法规、地方政策发挥规范和引导作用，也必须让生态文明观念深入企业的各个阶层，这就需要宣传教育工作做到位。将企业决策者、管理者以及员工作为主要教育对象，将推动企业绿色低碳发展、循环发展，实现企业整体的绿色转型等作为宣传教育的目标，把企业生产经营过程中的节能减排、生态能源、清洁能源等知识、技能作为教育的主要内容。教育形式可以组织统一进行，也可以针对某一技术领域有目的地实施，对教育开展的时间和开展的形式进行系统规划，保证宣传教育的有序进行。企业管理层可以依托各级党校、社会主义学院、地方大学等作为生态教育学习的主场所，通过观摩模范生态企业进行学习，积累经验，也可设置奖惩机制激励员工的学习动力，积极投身于企业生态理念践行的实践中。通过教育，要让企业的决策者、管理者和员工深刻理解生态生产力理念的要义，树立绿色发展的观念，在追求经济效益的同时兼顾生态效益，承担起企业该尽的社会责任和生态责任。

对待不同人群要有不同的生态教育方式，成年人接触的就是手机和互联网，可以从这两方面入手，政府可以引导媒体将生态环境破坏严重国家或经典反面案例进行宣传，引起人们的反思。同时借助自媒体的力量，在抖音等自媒体当中鼓励优质博主将一些生态性的知识置于小视频当中，各方面促成民众生态思维的建立，形成保护自然，爱护环境的生态意识。此外，儿童接触电子产品的趋势逐渐早龄化，对儿童所接触的动画等内容，可以融入一些保护森林，爱护自然等教育内容，逐步带动儿童生态意识的养成。

教育指引未来的发展方向，提升人民的生态文明观念首先要从教育抓起，而创新教育的方式特点不仅是生态时代的需要，更是推进人这一主体与自然共生共荣，和谐发展的责任与担当。

2. 推动生产生活方式的绿色转型

传统的生产方式是建立在资源与能源高消耗、废气高排放、环境高污染基础上的单向模式，即生产过程中资源的单向投入，自然资源在经过加工后，保留有价值的部分，剩余部分则成为"废料"被丢弃。生产系统与生活系统是息息相关的，过往在生活中实际存在的不合理的浪费行为，破坏环境行为，奢靡的消费行为都应该被摒弃。因此，推动生产生活方式的绿色转型是对传统生产生活方式的积极扬弃，让生产低碳化、让生活适度化。

生产方式的绿色化转型要把握系统性思维，转换单向思维，将生产的各个层面加以整体性把握。传统工业企业可以就节能减排制定合理方案，在资源和能源的选择上，减少对传统化石能源的使用，转为对清洁能源，以及太阳能、风能、潮汐能等生态能源的开发利用，减轻化石能源对环境的污染与破坏，降低废气排放量甚至实现零排放。对于企业某些生态能源无法大规模替代不可再生能源的生产领域，加大科技研发的投入力度，改进能源的利用方式，提升对不可再生资源的利用效率，也是可选择的现实路径之一。此外，就"废料"而言，马克思曾指出："即所谓的生产废料再转化为同一个产业部门或另一个产业部门的新的生产要素。"[19] 就自然系统而言，其内部的能量、要素在时刻互相发生作用，在维持自然界系统的平衡性的过程中，循环性是其最重要的环节。习近平也指出："保住绿水青山要抓源头，形成内生动力机制。"[20] "废料"的处理也可以遵守自然界的内部循环机制，企业可以加强各部门之间的资源循环利用，充分挖掘资源的多元价值，建立关联生态产业链，在上一生产部门所不能利用的"废料"，可应用在下一环节的生产部门当中，形成资源与废料的良性循环与转换，提高资源利用效率。

绿色的生活方式是生态生产力健康发展的风向标，人民健康、绿色的生态消费会引导产品的生态化，一定程度上推动生产方式的绿色转型。在日常生活中，要鼓励理性消费、绿色消费，加大对文化产品、精神产品的供给力度，主张人民丰富精神生活，减少对物质产品的惯性依赖。倡导人民养成节约资源，适度需求的生态习惯，将保护环境的生态行为常态化。加大对环保行为的宣传推广，对拥有良好生态素质的公民要树立典型，起到示范作用。还可以培养人民的垃圾分类意识，打包自觉意识，以及对支付宝中的低碳出行得"能量"，积攒能量可栽种真树等绿色公益活动予以支持，方方面面树立起人民的保护意识、环境意识、人与自然共同体意识等，让生活方式绿色化、让思维生态化。

3. 积极提升生态科技的撑持强度

劳动资料是人们在劳动过程中对劳动对象进行改造和影响的一切物质资料和物质条件，在生产力的发展过程中占重要地位。生产力的进步往往首先以劳动资料的发展为基础，劳动资料包括了生产工具、土地、道路等，其中生产工具不仅是劳动资料要素的核心，而且是一定经济社会阶段发展的标志。目前人民的殷切期盼是生态环境良好与生产力合理发展的平衡，也就是劳动资料的发展方向要侧重于对生态环境的改善，与生态生产力的发展模式相协调。

科技作为第一生产力的劳动资料，若欠缺生态思维而只追求利益最大化的发展路径，带来的一定是某个节点的生态缺陷,束缚生产力的进步以及影响人外部生存环境的体感。因此科技的发展要内含有生态维度,在科技进步的同时要关注到可持续发展,了解生态价值,考虑资源节约等方面,让科技生态化。而推动生态生产力践行的劳动资料就是生态科技,生态科技是指在满足基本生存、发展需要前提下实现资源节约,合理利用和保护生态环境的相关科学和技术。

对生态科技的定义要有正确认知,先进的科学技术是生态科技的前提,生态生产力追求的是社会、经济和生态效益的三者统一,生产技术和科技手段则更具复杂性。例如,要实现对诸多品质资源的充分利用,对排污、排气技术层面的进步,对新能源材料的发现与开发。将人与自然关系维持到"平衡"这一定点上,都要以更为先进的科学技术体系作为支撑,生态科技并不是一味重生态而轻科技。此外,对科技的运用要有秩序性,人民的价值选择在很大程度上决定了科技的应用方向,对有利于生态环境良好又推进生产力进步的科技要持积极态度,不考虑生态效益的科技要逐渐摒弃。习近平总书记指出的壮大节能环保产业、清洁生产产业、清洁能源产业等具体方案都对生态科技的发展方向作了正确指引,对生态科技的应用要"趋利避害",趋向生态良好,避开生态破坏。

其次,将生态思维的核心理念,即系统性思维应用于生态科技发展中,树立科学的系统观,可跨领域联合,多领域融合,各技术体系贯彻相通,更好适应生态生产力的发展要求。例如,将生物工程技术渗透于工业、农业以及生活的各个方面,将新能源技术与信息技术相融,提高新能源技术的信息化水平,更好满足人民需求,还有航空航天技术体系,海洋生物技术体系,新材料的开发技术体系等,都是生态生产力发展的重要科技支撑。

参考文献

[1] 习近平. 习近平谈治国理政:第1卷 [M]. 北京:外文出版社,2014:209.

[2] 习近平. 习近平在中共中央政治局第二十九次集体学习时强调保持生态文明建设战略定力努力建设人与自然和谐共生的现代化 [N]. 人民日报,2021-05-02 (1).

[3] 马克思,恩格斯. 马克思恩格斯文集:第9卷 [M]. 北京:人民出版社,2009:550.

[4] 马克思,恩格斯. 马克思恩格斯文集:第1卷 [M]. 北京:人民出版社,2009:158.

[5] 马克思,恩格斯. 马克思恩格斯文集:第5卷 [M]. 北京:人民出版社,2009:586.

[6] 马克思,恩格斯. 马克思恩格斯文集:第6卷 [M]. 北京:人民出版社,2009:266.

[7] 马克思,恩格斯. 马克思恩格斯文集:第7卷 [M]. 北京:人民出版社,2009:289.

[8] 马克思,恩格斯. 马克思恩格斯文集:第5卷 [M]. 北京:人民出版社,2009:588.

[9] 习近平. 习近平谈治国理政:第2卷 [M]. 北京:外文出版社,2017:209.

[10] 习近平. 习近平谈治国理政:第3卷 [M]. 北京:外文出版社,2020:361.

[11] 习近平. 习近平在中共中央政治局第二十九次集体学习时强调保持生态文明建设战略定力努力建设人与自然和谐共生的现代化 [N]. 人民日报,2021-05-02 (1).

[12] 习近平. 习近平谈治国理政:第2卷 [M]. 北京:外文出版社,2017:392.

[13] 习近平. 习近平谈治国理政：第 2 卷 [M]. 北京：外文出版社，2017：232.

[14] 马克思，恩格斯. 马克思恩格斯文集：第 1 卷 [M]. 北京：人民出版社，2009：632.

[15] 马克思，恩格斯. 马克思恩格斯文集：第 1 卷 [M]. 北京：人民出版社，2009：161.

[16] 马克思，恩格斯. 马克思恩格斯文集：第 5 卷 [M]. 北京：人民出版社，2009：586-586.

[17] 习近平. 统筹推进疫情防控和经济社会发展工作 奋力实现今年经济社会发展目标任务 [N]. 人民日报，2020-04-02 (1).

[18] 于天宇. 新时代生态生产力发展的理论逻辑与实践路径 [J]. 学习与探索，2019 (09)：39-45＋191.

[19] 马克思，恩格斯. 马克思恩格斯文集：第 7 卷 [M]. 北京：人民出版社，2009：94.

[20] 习近平. 习近平谈治国理政：第 2 卷 [M]. 北京：外文出版社，2017：243.

以人为本生态伦理观的路径探究

路雪莲[1]

(华中师范大学马克思主义学院 湖北武汉 430070)

摘 要：随着科学技术与社会经济的发展，人类的实践活动范围进一步扩大，人们对自然生态环境的破坏问题也日益严重。

面临着风险社会的常态化，人们在反思以往的以物为本和人类中心主义的伦理观念的基础上提出自然生态伦理观念，但由此陷入了脱离人的主体性地位的纯粹道德层面上价值的探讨，从而造成生态伦理观念上的虚无主义，这无益于生态观念的践行。在新时代中国特色社会主义建设中，应该看到人是社会关系的主体，凡是某种关系都是为我而存在的，动物与自然环境对他物的关心不是作为关系存在的，人类通过实践活动将生态自然纳入人类社会发展关系的网格中，人与生态环境同处于生命共同体中。只有发挥人的主观能动性、突出人的道德理性能力才能将生态伦理观念付诸实际行动，以寻求生态伦理构建的路径。

关键词：以人为本；生态伦理；实践路径；生命共同体

以人为本的生态伦理观是基于以物为本、人类中心主义和自然生态伦理观基础上的反思，它破除以往对生态道德层面上价值的简单评价。以人为本的生态伦理观并不是简单的宣扬人的中心地位，而是侧重于发挥人的理性精神与实践能力，完成对生态伦理的价值构建到实践路径生成的转化过程。随着全球生态问题的日益加剧，比如全球气候变暖、全球范围内恶劣天气的频发与全球化的疫情的传播等等，让人们认识到人类并不是自然界的掌控者，人类经济社会的发展受制于自然界，人类应该积极主动寻求与自然的和平相处。在风险社会发展的进程中，西方伦理学家曾提出构建自然伦理学，将道德主体的地位赋予自然界或是动物，但最终陷入道德价值主体上的虚无性，自然界并不能向人们传达出具体的话语内涵，而且人类社会的发展是以"人"的话语体系构建的，将道德主体范围扩展到自然界的范围是无益于解决自然生态问题。在新时代，构建生态伦理观应该发挥人的生态理性，在界定人类角色生态位的基础上，努力构建生态命运共同体。

---

1 路雪莲，河北衡水人，在读硕士研究生。主要研究方向为生态伦理学、经济伦理学。

一、以人为本生态伦理观的路径选择

以人为本的生态路径的选择不是一蹴而就的，而是在具体社会生产实践活动中，依据人类社会与自然生态环境的矛盾变化而逐渐形成的。以人为本的生态伦理是基于人类的主体地位，以寻求人与自然和谐相处、构建生态命运共同体的新型生态伦理观的路径选择。

（一）对以往生态伦理观的反思

在农耕文明时期，由于生产水平低下，人们对自然现象以及对自然规律缺乏科学的认识，此时的人们对自然界的万物抱有崇敬且神秘的信仰。人们认为世间万物皆有灵性，自然现象的发生是由于当权者的所作所为，例如我国西汉时期董仲舒所提出的"天人感应"一说。在西方哲学思想中，由于人类活动的狭隘性，人们也存在着对自然的神秘崇拜，认为万事万物都存在灵魂，普遍流行着"物活论""泛灵论""泛神论"等思想，费希特也曾表述出，"即使是树木也有意识"的物活论观点。

随着人类社会生产力的普遍提高，人们的交往范围的日益扩大，人们在物质生产活动中掌握了一定的自然规律，对自然的运行规律形成了一定的科学认识，人们通过对象化物质生产实践活动制造出大量的原先自然世界中不存在的东西。资本主义经济的快速发展使得人们对自然环境的破坏进一步加剧，一方面，资本家为了满足市场所需而毫无节制地开采自然资源，用于生产资料生产活动中；另一方面，生产资料所满足的生活资料生产会进一步扩大对某种新型的消费产品的需求，进而增加对原材料的需求。随着机械大工业的普遍化与人民生活水平的普遍提高，工业废物与生活垃圾的排放进一步加剧生态环境的恶化程度。"在资本主义私有制下形成的自然观是对自然界的真正蔑视和实际贬低"[1]。此外，生态环境越来越成为资本主义生产方式所必备的条件，甚至是将生态自然资本化，以纳入市场经济交易的范畴中，不断将自然转化成金钱或抽象的交换，资本化的自然在全球投资体制控制下日复一日地自我生产，通过穿越时空的价格体系的神奇作用，一切都纳入生产和交换的理性计算。生态环境逐渐成为资本家投资于市场经济的砝码。人们高扬奴役自然界、战胜自然界，甚至于完全摆脱自然因果链的束缚，比如近些年来人们在基因编辑、生物克隆与人工智能等技术取得的突破性进展一次次地挑战人类的道德底线。随着社会生产力的发展与科学技术水平的提升，"人类中心主义"逐渐占据生态伦理思想的主导地位。

由于人们片面地追求经济的高速发展，不断地挖掘、破坏自然资源从而对自然生态环境造成了巨大伤害，尤其是在疫情时代，人们更加思考人与自然生态的关系。以自然资源为代价换取的高质量生活水平，到底是在进一步服务于人民大众还是更加恶化人类生活环境？这是人们需要思考的问题。近些年来一些通过科学技术水平的发展来实现对自然环境的修复的呼声日益高涨，但是这并不能解决人与生态环境所产生的矛盾，即人类不仅只是运用科学技术手段去修复生态环境，更主要的是人们意识到保护自然就是维护人类自身的

1　中共中央马克思恩格斯列宁斯大林著作编译局. 马克思恩格斯文集：第一卷［M］北京：人民出版社，2009.

发展的权益，要从根本上减少对生态环境的破坏。因此，通过科学技术的手段去改善生态环境只会陷入"破坏—改善—破坏"的恶性循环中。

随着生态危机问题日益突出，人与自然的关系成为伦理学主要的研究对象，20 世纪 70 年代末以来，生态学马克思主义作为一个理论体系初步形成，人们开始从哲学、伦理学的层面对人与生态环境的关系进行思考。"非人类中心主义"伦理观逐渐进入人们的视野，一般来说持有"非人类中心主义"伦理观的学者认为自然物不仅能作为道德关怀的对象，甚至它们本身就是道德行为主体。他们主要从功利主义伦理学、动物或自然物的理性能力和自我意识、天赋权利、内在价值论等角度去论证自然物也和人类同样拥有着道德权利。不仅人类具有内在价值，生物与自然环境也具有一样的内在价值。"非人类中心主义"伦理学将道德目光从人类世界转向自然世界，重视生态环境的问题，这抓住了人与自然之间矛盾的聚焦点，但是这一理论思想没有把握人与自然矛盾问题的根源，即没有突出解决这一矛盾问题的主体性力量。

（二）突出人的生态理性

20 世纪 70 年代以来，随着资本主义市场经济的全球化发展，在世界范围内机器大工业的发展以及科学技术的进步，人们对生态自然界的认识进一步拓展，进而人类对生态自然界的开发程度越来越深入。伴随着科学技术，尤其是基因技术、神经科学技术与人工智能技术的迅猛发展，呈现出对人类社会以及对自然环境的渗透性影响，由于经济发展所需自然原材料的增长以及科学技术对人类社会关系所造成的不稳定性因素，这些都会给人类的生存、人与自然的可持续性发展带来挑战，使得人类对未来社会发展的走向处于难以预估的风险中。贝克曾在《世界风险社会》一书中提出随着人类经济社会的发展，工业文明面临着巨大的生存风险，是人们"生活在现代文明的火山口"[1]。人类取得一定程度上的科技进步与社会经济的发展，必然会伴随着由于科学技术的滥用而造成的社会伦理冲突与新型事物出现所引发的新的伦理问题，使得社会关系的不稳定性因素增加。风险社会不仅仅是一种社会现象更是一种社会意识，我们所处的社会各个领域都存在一定的风险，尤其是经济全球化的今天，生态风险的破坏力与影响力能够超越时间与空间的限制，造成全球性的生态问题。

人们应该发挥人的生态理性，来面对生态危机的挑战，人们应正确认识人与自然的关系，认识到自然生态环境与动物植物应是人们道德关怀的对象，而它们自身不具有道德意识，不是道德主体。普通的花、草、树、木、猪、狗、羊等不会对人们产生怜悯、慈爱、关怀等道德品质，它们所具有的是本能而不具有认知与实践意识。它们本身不能意识到它们与人类的关系，不能提出相应的道德理论，更不会为此付诸实践行动。在人类的话语体系的构建过程中，人类无疑是占据话语权的主导地位，也是由于人类的理性思维才能提出相应的伦理思想，并由人们的实践能力借以施展。现代生态伦理学对自然生态问题的反

1　［德］乌尔里希·贝克. 世界风险社会［M］. 吴英姿、孙淑敏译. 南京：南京大学出版社，2004：24.

思，不能仅仅停留在道德价值层面上的讨论，不能拘泥于认识论的维度简单化地将生态伦理问题分为主客体问题，将生态伦理的问题悬置于价值层面的讨论中。解决生态问题的路径就需要发挥人的主观能动性，看到现实生活中的"人"是变革社会生产关系的决定性力量。以人为本的生态伦理学不仅是生态伦理学研究的逻辑起点，也是生态伦理学践行的实践需求。

（三）对"人类中心主义"生态伦理观的修正

以往的"人类中心主义"生态伦理观高扬人类对生态自然的征服，主张将生态环境纳入市场经济发展逻辑中来。由此导致的问题一方面是自然环境的恶化，另一方面是随着资本主义经济的快速发展，机器（技术）的运用使得工人在劳动进程中产生了异化。[1]此外，消费主义的盛行使得人们偏执于对物质产品的追求，从而对生态环境造成了更严重的破坏。

生态伦理问题产生于人们现实的实践活动，而解决人与生态环境之间的矛盾也需要发挥人的主观能动性。马克思认为，人不仅通过物质生产实践满足自己的需要，同时也在物质生产实践过程中丰富和发展自己。在人与生态环境的交往中，人类以自身的话语体系与生存方式界定于生态环境，人们在物质生产活动与社会关系交往中具有积极的创造性与能动性。"非人类中心主义"生态伦理学，就是把人与人之间的生态道德考虑和人与自然之间的生态道德关系并列起来，并把价值的焦点定位于自然实体和过程的一种现代生存伦理学[2]，但是，它只停留在对道德责任、道德主体的主观界定中，并没有将实践性的角度引入现实生活，往往会造成生态环境治理的空虚。

针对"人类中心主义"生态伦理观，我们需要对此概念进行进一步的界定与修正，在此基础上提出"以人为本"的生态伦理观，这并不是说将人类的价值凌驾于生态自然的价值，不是主张人类对自然环境的绝对征服与绝对利用，而是高扬人的生态理性，发挥人构建生命共同体的主导因素，使人们认识到人与生态自然的和谐可持续的关系，是一种修正式"人类中心主义"生态伦理观，有些学者将其界定为"现代人类中心主义"生态伦理观，它吸收了"近代人类中心主义"伦理观与"非人类中心主义"伦理思想中的合理内核。"以人为本"的生态伦理观（"现代人类中心主义"生态伦理观）认为人类活动的目标是实现人类社会的可持续性发展，并且道德观念的提出以及实践活动的推动都是由人的主体性力量进行的，其在本质上是没有脱离人的活动范围，实质上还是一种人类中心主义的框架，是一种合理形态的人类中心主义。修正式的"人类中心主义"生态伦理观更加突出人的主体性地位，要求以人为本，经过人类生态理性的拓展来把握人与自然生态的关系，寻求人与自然和谐相处的实践路径，从而"理性"地开发、利用自然物。此外，这里的

1　叶冬娜. 以人为本的生态伦理自觉 [J]. 道德与文明，2020（6）：44-51.

2　叶平. 生态伦理学 [M]. 哈尔滨：东北林业大学出版社，1994.

"人类"包括当代人和后代人，既强调代内公平，也强调代际公平。[1]

二、以人为本生态伦理观的实践价值导向

以人为本的生态伦理观不仅体现在人们对生态环境的控制力与利用力上，更体现在人们面对生存危机时积极地对其背后问题的思考以及人们在解决生态环境问题中的主体性、能动性。以人为本就是突出现代"人类中心主义"在生态伦理观上的实践性的作用，强调人作为社会实践活动的主体对生态自然的保护与修复主体性作用。

（一）重视自然价值，构建生态命运共同体

以往的动物伦理主义或生态中心主义都是强调道德价值主体上的建构，都是将道德主体性从人类扩展到动物、植物，乃至整个自然生态环境的范围上，即是将道德关怀的主体扩展到自然界中一切有生命特征、有苦乐感觉的生命体，甚至是赋予没有生命特征的物质以道德主体的地位，从而使人们普遍地尊重自然世界中一切的存在物。以往的生态价值观顺应了人们对自然环境破坏污染后的反思需求，一方面通过道德主体的生态性、动物性的拓展使人们重视自然环境的价值，提倡保护自然、爱护自然、尊重生命的价值观；另一方面，人们在科学技术生活中，对基因编辑技术、动物实验以及工业化工厂养殖中，将人们的道德关怀拓展到对其他生物上，使人们敬畏自然、尊重生命，在社会实践活动中践行生命共同体的理念。

以往的生态伦理观在保护生态环境、敬畏生命上取得一定意义的促进作用，但是将道德主体性价值拓展到自然世界，会造成道德实践意义的虚无，因为其他生物不能提出相应的道德理论，不能产生一定的实践活动，更不会构建人与生态自然和谐相处的生命共同体，可见，单纯地将道德主体性拓展道德自然世界是缺乏实践意义的，因而只有人才能将生态伦理思想付诸实际行动。归根到底，生态逻辑上的道德拓展，最终诉求的还是人类主体的能动性。

现代"人类中心主义"生态伦理观是以人为本的生态伦理观，是基于人类的功利性利益需要建构理论，但主张保护生态环境、节约自然资源、反对过度浪费以及发展生态科技等生态实践方式的变革，与传统人类中心主义有着根本不同。[2] 现代"人类中心主义"生态伦理观在一定程度上弱化了传统的人类中心主义中的人对生态环境单向度的奴役性并吸取了生态中心主义的一定合理因素，将人类的道德范围从人类自身拓展到生态自然环境中，认识到保护自然环境就是维护人自身生存发展的权益，通过对自然生命的价值探讨，学会敬重自然，敬重生命。

坚持以人为本并不是确立人对自然生态环境所具有的剥削性，而是基于人与自然双向的互动关系上，强调人与自然的和谐统一，人类不仅在自然的开发与利用上具有主体地

1　付洪，宋扬. 生态伦理视角下完善国家生态治理体系的多维路径探究 [J]. 广西社会科学，2020（6）：46-51.
2　王继创. 生态伦理学的实践价值取向与路径生成 [J]. 天府新论，2020（4）：84-91.

位，更在于对自然环境的保护上、养育上与修复上具有主体地位。自然本身是不会脱离人的主体性而自行调节和控制生态平衡，在人与自然共存的生命权中，人类属于灵长类动物，人类能够意识到自身发展生存所需的利益，具有其他生物所不及的主体性特征。因此，主体与"主义性"不能脱离生态伦理领域，需要始终在场。"以人为本"的生态伦理观源于对现代社会发展问题的反思，通过将道德关怀拓展到自然界，并确立人对于构建生命共同的主体地位来探寻人与自然和谐相生的实践路径。[1] "以人为本"的生态伦理观通过人类的道德关怀向自然的延伸，唤起人们保护自然的意识；与此同时，也拓展了人文精神的内涵。

（二）由生态启蒙导向人类社会的生态理性

自 20 世纪 70 年代以来，随着科学技术与经济社会的发展对自然生态环境的影响越来越大，人类与生态环境的矛盾越来越突出，人们开始思考生态危机背后的原因。面对风险社会的常态化，生态启蒙运动逐渐在世界范围内开展，生态启蒙运动首先表现在政治层面，生态启蒙认为风险社会是一种政治的自然、文化的自然所导致的。生态启蒙从一开始的思想理论运动转变为政治层面的运动，尤其是随着欧洲绿党的发展，作为一种政治上的生态伦理理论的践行得到了广泛的关注。通过对生态启蒙中的理性因素的认识，进一步协调人与生态的关系，在生态理性的促进下，人类从自然客体上升到了能动的主体，使人类意识到人与生态环境的矛盾，需要发挥人的主体能动性，构建"以人为本"的生命共同体。

生态理性是生态启蒙运动的内核。人与自然的关系并不是以人的主宰性力量为其根本，而是在人类社会与自然世界的相互依存的基础上人类社会得到发展，人类应该视自然世界为其生存的伙伴。法国左翼思想家安德烈·高兹认为："生态理性可以归结为一句口号'更少但更好'，它的目标是建立一个我们在其中生活得更好而劳动和消费更少的社会。"经过生态理性的逻辑深入，此时人们对自然万物的崇拜已经不是原始社会意义上的盲目崇拜，而是在对自然现象与自然规律充分了解的基础之上，人们逐渐认识到人类自身对自然所造成的破坏。人们逐渐意识到人对自然的破坏其实就是损害人类自身生存与发展的权益，对生态环境的迫害的实质就是阻碍人的自由全面的发展。

在经历了对自然的盲目崇拜、人类中心主义观、生态中心主义、动物中心主义等形态的生态伦理观念的发展过程中，人们经过对生态问题的反思，通过对道德关怀的拓展，将生态正义拓展到生态环境世界，同时也认识到人对于改善自然环境的决定性力量。人类的生态理性使我们意识到人是自然的一部分：一方面，人的生存发展离不开自然世界给予人类物质生产活动所需的原材料，另一方面，自然环境的好坏直接影响到人们日常的物质生产活动乃至是人类的生存发展活动。人们意识到过高的估计人类的力量是人类中心主义的思想的偏倚，是无助于生态问题的解决。人们要从道德层面超越人类本身发展的困境，要

1　叶冬娜. 以人为本的生态伦理自觉 [J]. 道德与文明，2020（6）：44-51.

将生态正义拓展到与人相依为存的自然世界。在面对生态环境时，人们应该树立一种整体的生态平等观，在保护生态环境的同时注重关注社会公正，自觉维护生态正义观不仅是保护代内各阶层的人平等地享受生态环境的生存与发展的权益，这也是维护后代人发展对生态环境需求的权利。

（三）重视人的价值，促进人全面发展

生态理性使人们意识到促进人与自然关系的和谐，其实就是维护人类自身发展的权益。正如习近平总书记所言，"保护生态环境就是保护生产力，改善生态环境就是发展生产力。"[1] 西方马克思主义生态学派的代表者之一奥康纳认为，马克思的生产条件包括三种类型：第一，个人条件或人的劳动能力（人力资本）；第二，外在性的条件或广义的环境（自然资本）；第三，一般性的公共条件或城市的基础社会和城市空间。[2] 奥康纳还认为，生态学应该关注资本主义生产关系与资本主义生产条件之间的矛盾。如果忽视生产条件而导致生产能力遭到破坏的话，那么所引起的危机将不仅仅局限于经济领域，而且将会是一场全国范围内的政治危机。生态环境的恶化，使得资本主义国家将重污染的企业转移到发展中国家来，使得发展中国家的环境受到严重的破坏，也剥夺了发展中国家的人民对美好生态环境的生存权利。

以人为本的生态伦理观将人的主动性与自然世界价值意义结合起来，自然世界不仅有着自身存在的意义，而且其对于人类社会的发展有着不可替代的作用。从这一层面上说，以人为本的生态理性是旨在保护自然，但同时也在保护人类自身生存与发展的权益。一方面，以人为本的生态伦理观重视生态环境的保护，也就是保护了马克思所谓的第二种生产条件，继而维持现代生产力与人类自身的发展；另一方面，以人为本的生态伦理观将道德关怀拓展到自然世界，丰富与扩充了人类人文关怀的范围，将人文伦理与生态伦理结合起来，对于完善人类本身的道德责任感与人文思想具有重要意义。

以人为本的生态伦理观不仅注重自然环境本身的价值，强调人与生态自然的生命共同体，而且也认识到人对于和谐社会与自身完善性的追求。以人为本的生态伦理观是生态理性与经济理性的辩证统一，是物的尺度与人的尺度的有机统一。尤其是在疫情时代，我们要注重社会经济的发展与生态环境保护的协调性，一方面，要将人类社会视为包含生态自然世界在内的生命共同体的一部分，社会经济的发展离不开生态环境的支持；另一方面，创新性地把人与自然和谐共生的价值理论融合于经济发展，把握好经济理性与生态理性的辩证关系，加快将道德主体对自然的善转化为国家政策支持。

以人为本的生态伦理重视对生态环境的实践意义层面的保护，对生态环境的保护，也是完善人自身的德性，提升人类的生态德性。对自然环境的保护也是维护人们对美的享受

1　中共中央党史和文献研究院. 习近平关于总体国家安全观论述摘编［M］. 北京：中央文献出版社，2018.

2　［美］詹姆斯·奥康纳. 自然的理由：生态学马克思主义研究. 唐正东、藏佩洪译. 南京：南京大学出版社，2003.

的权益，自然世界有着丰富的自然风景和美学价值，对生态环境的保护一方面是保护人自身发展、促进经济社会发展与提升人类生态德性的必然要求；另一方面也是挖掘人文意蕴、对自然美学价值的尊崇。以人为本的生态理性不仅对人本身具有规范性的伦理意蕴，更重要的是激发内源性发展需要的自我满足，填补外在性发展需要对"物化"生活过度追逐所造成的"内在空虚"，提升人获得真实幸福感的道德能力。正如生态心理学所讲，保护生态环境其实就是塑造人类的生态心理，塑造人的心理世界。

"以人为本"的生态伦理观就是重视人的存在价值，实现人的自由全面发展。马克思对近代以来人类社会出现的现代化危机做出了深刻的洞察，随着资本主义经济的发展，人的内在本质不断地对象化并以物质产品的输出为其标志，人本身在资本主义经济社会发展的进程中产生异化，物的价值是人的价值的一种表征。在机器大生产的时代，"劳动用机器代替了手工劳动，但是使一部分工人回到野蛮的劳动，并使另一部分工人变成 机器。"[1]以人为本的生态伦理观再次高举人本主义的大旗，重视人自身存在的价值，强调人类在处理人与生态关系中的主导性与主体性地位，并在道德伦理层面拓展了人的道德关怀的范围。

三、以人为本生态伦理路径的生成

以人为本的生态伦理观的实践选择是基于生态理性的价值导向以及以人为本的实践导向。生态伦理观如果只停留在理论层面，那它仅仅就是道德上的虚无，只有付诸实践行动的道德理论才能促进人类社会的发展，增强人们的道德力量。以人为本的生态伦理观体现出，我国在生态文明建设的过程中，对其研究范式的转变，我们不再拘泥于西方的生态中心主义与人类中心主义单纯性主体性价值观的探讨，而是深入生态与人类间的矛盾，由理论研究转入到立足中国的现代化实践，探索中国形态的生态文明理论。在借鉴西方马克思主义生态学的基础上，立足于唯物史观，反思当前我国的社会制度与生产方式，使得生态理性与经济理性取得协同发展，共同致力于我国经济文明的建设之中。我国的生态理论建设在于将实现社会制度和生态价值观的双重变革，要认识到生态环境问题的改善依托于人，也要看到人的利益与生态环境的利益相互依存，对生态环境的爱护就是维护自身的利益。正如习近平总书记所说，"金山银山就是绿水青山"，阐明生态环境保护与经济发展之间的关系，揭示出保护生态环境就是保护生产力、发展生产力，[2]为我国的生态文明建设提出了新思路。

（一）守好生态位界限

生态位是生态学上的一种概念，是指一个种群在生态系统中，在时间、空间上所占据的位置及其与相关种群之间的功能关系与作用。人类、动物及其植物等物种都在时间与空

1　马克思. 1844 年经济学哲学手稿［M］. 北京：人民出版社，2000.

2　习近平. 习近平谈治国理政：第 3 卷［M］. 北京：外文出版社，2020：361.

间占据一定的位置，它们在共同所处的生命圈内进行相互作用，并且具有不同的功能属性。生态位的划定实际上给人类的活动空间实施了限制，即人们不能过度地开采利用自然环境以获取经济的发展。以人为本的生态伦理观注重人们对生态环境的保护，人们意识到人与自然社会是相互共存的，人类社会的发展绝不能以牺牲生态环境为代价。人类在进行社会生产生活实践中要把握一定的限度，坚守好人类自身的生态位。

守好人类社会的生态位，需要从人类社会发展的实际出发，认识到人类社会在生物圈中的位置，认识到人与自然世界是处在和谐发展的共同体中，人类不能随意僭越物种的范围而过度地开采自然资源或猎取不符合人类生存发展的生物。人们意识到自然界的生物与人类是处在同一生命圈内，人类与其他生物保持一定的生物平衡中，过分地剥夺某一物种的生命，会造成生态圈的失衡，最终损失的还是人类本身生存发展的权益。尤其是在疫情时代，人们更应该注意到其他物种的生命也具有重要的价值，人类和野生动物之间要保持合理的限度。人类活动是有意识指导的实践活动，"人懂得按照任何一个种的尺度来进行生产。"[1]

人类坚守生态位需要认识到自己的生态伦理责任，一是"补偿性责任"，人类应该认识到自身对生态环境的破坏，并对已经遭到破坏的生态环境进行修复。另一个是"前瞻性责任"，人们树立风险社会常态化的意识，对现有科学技术与经济的发展作出合理的评估以及对其未来所造成生态破坏作出科学合理的预测，而预先性地进行保护工作，比如推动生产生活方式的绿色转化、大力发展清洁技术、将保护环境的具体措施立法等措施。人类坚守生态位就是坚持空间限度的原则，生态系统是一个具有多样物种共同生存的有机系统，它是以一定空间和环境作为承载力的，恪守一定的空间限度是万物得以和谐发展的条件。人类的实践活动不应该过度地剥削其他物种生存的空间位置，保持生态物种的空间限度，也是保障以人为本的生态伦理的需要。

（二）加强生态美育建设

以人为本的生态伦理观重视人自身生态品质的提升，促进人们生态德性的提升。一方面需要硬实力，将生态环境的保护纳入法律制度规范层面；另一方面要用软实力，即对人们进行生态启蒙教育，拓展人的生态理性，其中就包含着对人的生态美育的加强。生态美育旨在激发出人类对生态环境在美学层面上的欣赏与敬畏，进而催使人对生态环境的依恋之情，从而唤醒人们对生态环境的责任意识。

生态环境包含着丰富的自然风景，具有重要的美学价值，随着人类社会实践范围的扩大，自然世界逐渐进入到人类实践范围内，自然世界越来越多的呈现出人类本质力量对象化的印记。由此，生态环境可以划分为自在自然环境，即人类实践活动还未触及的自然环境和人文的自然环境，作为人造物的自然环境也保留了一部分自然本身的特色，兼具审美性与艺术性。生态美育包括生态自然美与人为自然美两个方面的培育。对生态美育的培

1　徐嵩龄. 环境伦理学进展：评论与阐述［M］. 北京：社会科学文献出版社，1999.

养，使人们意识到自身存在的生态环境之美好，人类与自然环境是共生的，唤醒人类对生态环境欣赏进而完成传统美学的价值转向。

随着科学技术与社会经济的发展，人们生活逐渐"物化"，人类精神世界的虚无性是现代社会面临的主要问题。通过对人们生态美育的强化，用自然环境的瑰丽秀美渲染着人、丰富着人们的精神世界，促使人们形成相应的生态觉悟与生态德性，生态觉悟是人格形塑的必然品质，开展生态美育是激发人类保护生态环境责任意识的内在要求。开展生态美育，实现人的自由而全面的发展，离不开人类品格的整体性，其中就包含人类对生态环境的责任意识即生态品质。生态品质不是虚无的人性观，而是具有实践内涵的，生态人格的形成是基于感性现实的人，通过对人与生态环境之间关系的认识，清醒地认识到保护自然就是维护人类自身的权益。人的生态德性的形成不是一蹴而就的，而是经历着从自发到自觉的过程，这需要生态美育的渲染。人们在进行生态美育建设的同时应贯彻以人为本的基本原则，实现自然之美与人类实际需求相结合，维护人类对生态环境享受的权益。[1] 从社会生活实际出发，以实践哲学的视野深层反思现代生态危机的实践根源，培育公民生态道德意识，形塑生态觉悟，进而达到生态伦理自觉，确立"人与自然和谐共生"的伦理文化价值和生活方式。

（三）构建生态生命共同体

随着经济社会的发展，生态问题日益突出，人们逐渐意识到人与自然世界同处在生命共同体中，生态环境是人类生存发展的基础条件。人类必须以自然为根，发挥人的主体性，学会尊重自然、顺应自然与保护自然。2017 年 10 月 18 日，习近平在中国共产党第十九次全国代表大会上的报告中指出"人与自然是生命共同体"。坚持"人与自然是生命共同体"的理念，不仅是我国对生态环境保护的决心与意念，更是体现出我国对人民群众以及对子孙后代高度负责的态度和责任。促进人与自然的和谐相处，构建生命共同体是我国推动生态文明建设，保障人民生存发展的权益的重大工程。

自然不仅是外在于人类社会的自在自然，而且也是人们对象化力量的发挥领地，其中有一部分是已形成人类本质力量对象化的"属人"自然，自然世界并不是完全孤立人类生存世界之外的东西，而是与人类社会一起构成了生命共同体。马克思在《1844 年经济学哲学手稿》中揭示了人类的社会生产实践体现着人与自然之间的对象性关系，认为"一个存在物如果在自身之外没有自己的自然界，就不是自然的存在物，就不能参加自然的活动，一个存在物如果在自身之外没有对象，就不是对象性的存在"。[2] 人类社会与自然世界是相互依存而得以发展的共同体。人类应该发挥生态理性的价值导向，将道德关怀拓展到自然世界，这种道德层面的拓展并不是将道德主体地位简单地赋予自然世界，并不是将内在价值简单赋予一切有苦乐感受性的自然界，而是以人为本，发挥人类的生态德性将自然

1　龙静云，崔晋文. 生态美育：重要价值与实施路径 [J]. 中州学刊，2019（11）：95-101.
2　马克思. 1844 年经济学哲学手稿 [M]. 北京：人民出版社：2000.

世界纳入人类社会发展的整体性中。

首先，人与自然是生命共同体蕴含着人的生态德性、生态品质的提升。生命共同体理念的提出与其具体构建的策略是由人发挥主体性实施的，生态伦理观念的提出是人文精神的拓展。构建生命共同体一方面需要将对环境的保护、绿色发展的需求纳入制度规范层面上；另一方面，需要人们的美德德性的提高，自觉将生态德性纳入提高自身品质、实现自身全面发展的需求之中。其次，人与自然是生命共同体，蕴含着人文生态与自然生态的和谐发展。实现人与自然和谐相处的生命共同体的建构，就是以承认自然世界的价值为前提，自然世界是人类社会发展的基础，生命共同体的构建以经济社会与自然社会的辩证统一为基础。在这一层次上，共同体也给人类的物质生产实践活动划限，人类在进行社会活动时要有所为有所不为，不能以破坏生态环境为代价换取社会经济的发展。最后，人与自然是生命共同体蕴含着自然规律的客观性和人的主体性的高度统一。人作为自然存在物，依赖于自然界，自然界为人类提供赖以生存的生产资料和生活资料。人与自然是一种共生关系，人类发展活动必须尊重自然、顺应自然、保护自然，这是人类生产生活需要遵循的客观规律。生命共同体的构建是发挥人的生态德性将道德关怀拓展到自然环境，旨在维护生态环境、改善人类生存环境。生命共同体是建立在人类生态命运休戚与共的生态觉悟，人类必须坚持绿色、环保的生产生活方式，自觉承担起生态治理、生态维护的责任与义务。

生命共同体呈现出以人为本，以自然为根的特征。构建生命共同体我们需要追溯人的本质。恩格斯指出："人本身是自然界的产物，是在自己所处的环境中并且和这个环境一起发展起来的。"[1] 人的生存发展离不开自然环境给我们提供的物质基础，自然是人类的生身之"母"，自然是人类的生存之"根"。[2] 以人为本的生态伦理观既注重保护生态环境的紧迫性又强调人的生态理性与实践力量的主导性，从实践维度揭示出人是解决生态问题的主导力量，从价值维度揭示出人与自然和谐发展、唇齿相依的关系。

以人为本的生态伦理观，立足于处在现实生产实践活动中的主体，是理性的、道德的、无阶级区分的人，在最普遍的意义上是处在"无知之幕"下的个体，为了保证自身的权益，维护生态环境所作出的选择。以人为本的生态伦理观，既强调从人的主体性出发，在生态环境的保护中认识到保护自然环境其实也是保护人类的生态需求、生态权利，也突出生态环境对人类社会发展的价值，是现代"人类中心主义"生态伦理学价值观的凝练，是探索新时代生态文明建设的实践智慧。

参考文献

[1] 中共中央马克思恩格斯列宁斯大林著作编译局. 马克思恩格斯文集：第一卷

1　马克思，恩格斯. 马克思恩格斯选集：第3卷［M］. 北京：人民出版社，2012.
2　龙静云，吴涛. 论以自然为根的绿色发展伦理［J］. 伦理学研究 2020（3）：108-114.

［M］北京：人民出版社，2009.

［2］［德］乌尔里希•贝克. 世界风险社会［M］. 吴英姿、孙淑敏译. 南京：南京大学出版社，2004：24.

［3］叶冬娜. 以人为本的生态伦理自觉［J］. 道德与文明，2020（6）：44-51.

［4］叶平. 生态伦理学［M］. 哈尔滨：东北林业大学出版社，1994.

［5］付洪，宋扬. 生态伦理视角下完善国家生态治理体系的多维路径探究［J］. 广西社会科学，2020（6）.

［6］王继创. 生态伦理学的实践价值取向与路径生成［J］. 天府新论，2020（4）：84-91.

［7］叶冬娜. 以人为本的生态伦理自觉［J］. 道德与文明，2020（6）：44-51.

［8］中共中央党史和文献研究院. 习近平关于总体国家安全观论述摘编［M］. 北京：中央文献出版社，2018.

［9］［美］詹姆斯•奥康纳. 自然的理由：生态学马克思主义研究. 唐正东、藏佩洪译. 南京：南京大学出版社，2003.

［10］马克思. 1844年经济学哲学手稿［M］. 北京：人民出版社，2000.

［11］习近平：《习近平谈治国理政》第3卷，北京：外文出版社，2020：361.

［12］徐嵩龄. 环境伦理学进展：评论与阐述［M］. 北京：社会科学文献出版社，1999.

［13］龙静云，崔晋文. 生态美育：重要价值与实施路径［J］. 中州学刊，2019（11）.

［14］马克思. 1844年经济学哲学手稿［M］. 北京：人民出版社，2000.

［15］马克思，恩格斯. 马克思恩格斯选集：第3卷［M］. 北京：人民出版社，2012.

［16］龙静云，吴涛. 论以自然为根的绿色发展伦理［J］. 伦理学研究，2020（3）：108-114.

生态文明制度研究

《湖南省环境保护工作责任规定》实施评估研究

陈　勇[1]　李国强　魏　巍　彭丽娟　刘佳婷

（长沙环境保护职业技术学院　湖南长沙　410004）

摘　要：论文在实地调研、收集资料、评估论证等基础上，重点对 2018 年颁布的《湖南省环境保护工作责任规定》实施效果进行了评估。在总结法规实施以来取得成绩和经验的基础上，坚持问题导向，注重研究和分析法规本身及其实施过程中存在的问题和原因。评估显示，实施近 3 年来，湖南各级各部门"绿水青山就是金山银山"的理念不断强化，环保工作责任进一步压实，大环保格局加快形成，成效显著。但实施中还存在思想认识不到位、配套制度不完善、责任落实有差距等问题，法规本身也存在一些不足。建议加快修订完善法规，加大宣传贯彻力度，强化监督执行。

关键词：责任规定；实施效果；评估；建议

党的十八大以来，以习近平同志为核心的党中央高度重视生态文明建设和生态环境保护工作，坚持和完善包括国家法律制度体系和党内法规制度体系在内的生态文明制度体系。[1]湖南深入贯彻习近平生态文明思想，2018 年 1 月印发《湖南省环境保护工作责任规定》（湘发〔2018〕4 号，以下简称《责任规定》），以党内法规形式明确全省各级各部门生态环境保护工作责任，为推动构建齐抓共管"大环保"格局筑牢制度保障。开展《责任规定》实施效果进行评估，总结经验，梳理问题，分析原因，提出完善建议，对于进一步修订《责任规定》，推进我省生态文明制度建设具有重要意义。

一、《责任规定》执行情况和实施效果

《责任规定》对各级党委和政府、省直 41 个部门的环境保护工作责任进行了明确，为推动我省生态环保大格局有效形成，促进生态环境质量持续改善，推进生态文明建设和生态环保工作，助力污染防治攻坚战提供了坚实的法治保障。"一分部署，九分落实"，就党内法规的实施而言，一个重要方面的内容在于增强党内法规的执行力，而执行主要的路径是学习、践行和监督。[2]

1　[第一作者]陈勇，湖南安乡人，副教授，环境法律服务中心副主任，硕士研究生。主要研究方向为环境与资源保护法学。

1. 执行情况

一是加强学习宣传，全面贯彻习近平生态文明思想。省委、省政府始终坚持以习近平新时代中国特色社会主义思想为指引，全面贯彻习近平生态文明思想。省委常委会、省委理论学习中心组多次专题学习习近平生态文明思想以及习近平总书记对湖南提出的关于生态环境保护的重要指示，并纳入各级党委（党组）理论学习中心组学习重要内容。下发《湖南省2019—2022年干部教育培训规划》等文件，把生态文明建设、生态环境保护作为党政领导干部和公务员教育培训的重要内容。2020年9月习近平总书记在湖南考察期间，要求我省牢固树立绿水青山就是金山银山的理念，在生态文明建设上展现新作为，省委召开全会，全面学习贯彻总书记的一系列讲话精神。各级各部门把学深悟透抓实总书记重要讲话精神当成头等大事和首要政治任务，以党组（委）会、党组（委）理论中心组学习、专题民主（组织）生活会、支部理论学习等不同形式，推动学习往深里走、往心里走、往实里走。省委、省政府主要同志连续3年在《湖南日报》头版发表联合署名文章，呼吁全社会共同守护美丽湖南的碧水蓝天，有效扭转部分干部群众思想上存在的"靠山吃山、靠水吃水"的老思维。加强生态文明和生态环境保护宣传教育，建设10个省生态文明宣传教育基地和16个环境教育基地。《责任规定》出台后，组织湖南日报、湖南卫视、三湘都市报、红网、华声在线等省内主要媒体，协调人民日报、中国日报、新华网、光明网等国家主流媒体进行了广泛宣传。各地采取多种形式广泛宣传发动，岳阳市、湘潭市、邵阳市等地通过市委常委会、市政府常务会议等形式传达学习。

二是完善政策法规，切实加强生态环保制度保障。落实《责任规定》"建立系统完整的生态环境保护制度体系""推动建立健全本行政区域环境保护法规和制度"等要求，不断完善生态环保地方性法规和政策措施。2018年以来，省级层面先后修订《湖南省环境保护条例》《湖南省地质环境保护条例》，制定《湖南省实施〈中华人民共和国固体废物污染环境防治法〉办法》《湖南省实施〈中华人民共和国土壤污染防治法〉办法》，修改《湖南省长株潭城市群生态绿心地区保护条例》《湖南省湘江保护条例》《湖南省东江湖水环境保护条例》《湖南省实施〈中华人民共和国水土保持法〉办法》等一批地方性法规，编制出台《湖南省农村生活污水处理设施水污染物排放标准》《湖南省绿色矿山标准（试行）》等一批地方生态环境标准，出台《湖南省污染防治攻坚战三年行动计划（2018—2020年）》《关于全面推行河长制的实施意见》《湖南省洞庭湖水环境综合治理规划（2018—2025年）》《湖南省流域生态保护补偿机制实施方案（试行）》《湖南省国家重点生态功能区转移支付办法》《湖南省绿色矿山建设三年行动方案（2020—2022年）》《关于创新体制机制推进农业绿色发展的实施意见》等一批制度措施，形成了《湖南省重大环境问题（事件）责任追究办法》（以下简称《责任追究办法》）《湖南省污染防治攻坚战考核暂行办法》及考核细则等一批考核问责制度。各市州先后制定《岳阳市东洞庭湖国家级自然保护区条例》等37件地方性法规。郴州、衡阳、株洲、湘潭、邵阳、娄底、湘西等7市州，宁乡、湘阴、桑植、芷江等35个县市区根据《责任规定》要求，制定本地区配套实施细则，共同构建"源头严防、过程严管、后果严惩"的生态环保制度体系。

三是强化责任落实，坚决扛起生态环保政治担当。省委、省政府加强对生态环境保护的组织领导。制定出台《关于坚持生态优先绿色发展深入实施长江经济带发展战略大力推动湖南高质量发展的决议》，制定印发《关于全面加强生态环境保护坚决打好污染防治攻坚战的实施意见》等一系列政策文件。省委常委会会议、省政府常务会议多次研究部署生态文明建设和生态环境突出问题整改，抓好污染防治攻坚战、生态环境保护督察等重点工作的统筹协调和落实落地。成立由省委书记任组长的省突出环境问题整改工作领导小组、由省长任主任的省生态环境保护委员会、由常务副省长任组长的省环境保护督察工作领导小组，全面加强组织领导和靠前指挥。

省委有关工作机构主动履职。省委组织部加强对党政领导干部生态环保工作绩效考核，树立干部选用"风向标"，真正让建设生态敢抓敢管、保护环境能防能治的干部有作为；省委宣传部加大习近平生态文明思想和习近平总书记考察湖南时的一系列讲话精神的宣传，在全社会营造"生态优先、绿色发展"良好氛围；省委编办认真贯彻省以下生态环境机构监测监察执法垂直管理制度改革要求，为生态环保领域改革提供了坚强的组织保障。

省政府有关部门各司其职。省生态环境厅推动建立健全生态环境保护制度，统筹协调和监督管理重大环境问题，监督管理环境污染防治，指导、协调、监督生态保护工作；省发改委着力完善污水、垃圾、固废危废处理收费价格机制，以价格为杠杆推动绿色发展；省工信厅积极开展"散乱污"企业整治和沿江化工企业搬迁改造，推动产业转型升级；省公安厅指导各级公安机关侦办破坏环境资源保护类案件343起，移送571人，办理环境违法案件552起，治安拘留655人，形成了打击环境违法犯罪的高压态势；省自然资源厅开展湘江流域和洞庭湖生态保护修复试点工程，推动山水林田湖草系统治理；省住建厅全面推进污水处理、垃圾治理等重点工程，不断夯实生态环保硬件基础；省财政厅2017—2019年统筹财政生态环保支出1130.61亿元，年均增速8.37％，为生态环保提供资金保障；省交通厅开展44个港口码头、3 028艘货船环保设施安装和62个船舶污染物收集点建设，打好交通领域污染治理攻坚战；省教育厅创建省级生态文明示范学校283所，发挥先进典型的引领辐射作用；省科技厅加大对环保科技支持力度，支持建设2家省级重点实验室，14家省级工程技术研究中心，不断提升生态环保科技创新能力；省司法厅核准登记两家环境损害司法鉴定机构，提高打击环境违法犯罪行为的证据支撑能力；省水利厅有序推进河湖长制、水土保持和节水工作，完成4 344个河湖"四乱"问题销号；省农业农村厅大力实施重点水域禁捕退捕，推进全省规模养殖场粪污处理设施装备配套率达到95.9％，创建化肥减量示范区1137个、农药绿色防控示范区201个，推动绿色农业发展；省商务厅推动油品升级、油气回收治理和地下油罐污染防治；省卫健委抓好医疗废物废水管理；省审计厅对6市43个县市区98名党政主要领导干部实施自然资源资产离任（任中）审计；省应急厅加强尾矿库安全综合监督管理和危险化学品安全生产监督管理；省林业局完成营造林面积4 715万亩，推进长江岸线湖南段等3个省级生态廊道试点建设。省民政厅、省人社厅、省文旅厅、省国资委、省市场监管局、省广电局、省统计局、省气象局、长沙海关、省税务局、人行长沙中心支行、省银保监局等部门凝心聚力，齐抓共管，形成的环保工作强大合力。

湖南省纪委监委机关严肃查处党政干部在突出生态环境问题中的违纪违规行为。2016年以来，全省各级法院依法审理各类生态环境资源案件 14737 件，审理环境公益诉讼 225件；各级检察机关着力开展"一江一湖四水"生态环境资源保护、饮用水水源地环境污染整治、江河湖泊非法矮围整治专项检察行动，共立案 6 090 件，发出诉前检察建议和诉前公告 4 889 件，提起诉讼 321 件，督促恢复治理面积 98 122 亩，索赔生态环境损害赔偿金 9 657 万元，依法严厉打击破坏生态环境类违法犯罪。

四是严格执纪问责，倒逼生态环保工作责任落实。将生态环境保护目标任务、中央及省级生态环境保护督察整改情况、领导干部自然资源资产离任（任中）审计结果列为巡视巡察的重要内容，纳入领导班子和领导干部政治建设考察、干部考察、年度考核工作的重要方面，督促各级领导干部切实履行自然资源资产管理和生态环境保护责任。深挖彻查洞庭湖下塞湖矮围问题；认真办理中央环保督察交办的 15 个生态环境损害责任追究案件和中央生态环境保护督察"回头看"交办的 5 个生态环境损害责任追究案件；对洞庭湖流域的岳阳、常德、益阳及大通湖生态环境治理开展调研督导，督促整改洞庭湖区生态环境问题 303 个；对自然保护区违规审批的 17 个水电站进行清理；对 171 件违建别墅问题清查整治。2018 年以来，全省生态环保领域共有 3 942 名党员干部被追责，其中诫勉 589 人，组织处理 30 人，党纪政务处理 678 人，移送司法机关 23 人。通过从严执纪，形成震慑，倒逼生态环境保护责任落实。

2. 实施效果

一是推动生态环保大格局有效形成。全省各级党委、政府认真贯彻落实《责任规定》，做好制度统筹，确保自然资源管理制度、生态环境保护制度、目标责任和约束性指标科学合理；做好工作统筹，细化部门分工，细分层级责任，形成工作合力。省直各有关部门依法履职，加强协作，共同做好各项工作。各市州全面加强生态环保工作的组织领导和督导落实，建立了市州、县市区两级生态环境委员会，生环委办与蓝天办、河长办、整改办统筹协调，共同推进污染防治攻坚、突出问题整改等工作。全省生态环境保护"党政同责、一岗双责"和"三管三必须"总要求得到进一步贯彻和压实，党委领导、政府主导、部门齐抓共管、社会共同参与的大环保格局有效形成。

二是促进生态文明体制改革不断深化。各级各部门落实《责任规定》"深化生态文明体制改革"要求，深入推动生态文明体制改革。构建跨省和省内流域横向生态补偿机制，先后与重庆市、江西省分别建立了酉水、渌水两个跨省流域横向生态补偿机制，省内横向生态补偿机制全面铺开，12 个市州、73 个县（市、区）签订了流域横向生态补偿协议。积极推进生态环境损害赔偿改革工作，建立湖南省生态环境损害赔偿制度改革工作领导小组联席会议制度和联络员制度，着力开展生态环境损害赔偿案例实践工作。完成自然资源统一确权登记试点各项任务，形成一系列自然资源确权登记制度成果。实施生态保护红线制度，划定生态保护红线面积 4.28 万 km^2，占全省面积的 20.23%。精准编制"三线一单"，构建覆盖全省的分区环境管控体系。持续推进领导干部自然资源资产离任（任中）

审计，促进各级领导干部牢固树立绿色发展的理念，切实履行自然资源资产管理和生态环境保护的责任。完成省级生态环境保护工作职责划转和省级机构改革；推动生态环境保护综合执法改革，综合执法能力正在逐步形成。

三是推动生态环境质量明显改善。落实《责任规定》"对本行政区域环境质量负责"的要求，推动全省生态环境质量明显改善。水环境质量稳步提升，2019 年，我省 345 个地表水监测评价断面中，达到或优于Ⅲ类水质标准的断面比例由 2017 年的 93.6% 提高到95.4%；14 个设区城市 29 个饮用水水源地中，水质达标率由 2017 年的 93.1% 提高到96.6%；长江干流和湘资沅澧四水水质总体为优；洞庭湖湖体总磷浓度为 0.066 mg/L，比2017 年下降 9.9%，接近三类水质标准。大气环境质量明显改善。2017 年至 2019 年，全省空气环境质量优良天数比例从 81.4% 提升到 83.7%；$PM_{2.5}$ 年均浓度从 46 $\mu g/m^3$ 下降到 41$\mu g/m^3$；2018 年，郴州、张家界、娄底、益阳、湘西 5 个市（州）达到国家二级标准，实现零的突破，2019 年，郴州、湘西、张家界 3 个城市稳定达到国家二级标准。土壤环境安全可控。截至 2020 年 9 月底，全省安全利用耕地面积 597.1 万亩，严格管控面积完成了 33.85 万亩。生态环境状况总体稳定。全省自然保护区面积 150.9 万公顷，其中，国家级自然保护区23 个，省级自然保护区 30 个。全省森林覆盖率 59.9%，居全国前列；湿地保护率达75.8%，为全国第一；54 个国家重点生态功能区县域生态环境总体保持稳定。

四是服务经济高质量发展成效显著。《责任规定》实施近三年来，各级党委政府及省直相关部门扎实推进生态环保领域工作，与推动经济高质量发展的本质要求高度契合。推动节水节能减排，为经济高质量发展留出环境容量。截至 2019 年底，我省化学需氧量、氨氮、二氧化硫、氮氧化物总体排放量较 2015 年分别下降 11.35%、15.51%、25.6%、14.7%。2018 以来，万元 GDP 用水量累计下降 12.84%；农田灌溉水有效利用系数上升3.88%；万元 GDP 能耗累计下降 9.19%，工业节能提前完成工信部下达的单位规模工业增加值能耗"十三五"期间累计下降 18% 的目标任务。淘汰落后产能，为经济高质量发展腾出空间。2018 年以来，全省淘汰 336 条造纸生产线，取缔"地条钢"企业 24 家，涉及粗钢产能 500 万吨，累计淘汰黏土砖企业 2 107 家，淘汰非法石灰土窑企业 80 家，关停取缔"散乱污"企业 5 310 家。推进绿色发展，为经济高质量发展注入活力。2018 年以来，全省共有 72 家企业获批国家绿色工厂，6 家园区获批国家绿色园区。加快绿色矿山建设，公布第一批 67 家省级绿色矿山。淘汰高排放公交车 2582 台，老旧柴油车 572 台，推广新能源汽车 40 776 辆。畜禽粪污资源化利用率达到 85.98%，秸秆综合利用率、农膜回收率分别达到 86%、80%；化肥、农药使用量较 2017 年分别下降 2.64%、5.61%。夯实基础设施，为经济高质量发展提供支撑。2018 年以来，全省新增污水管网 1 559 km，新增雨水管网 2 383 km。全省县以上城市生活污水处理厂达到 160 座，县以上城市污水处理率由2017 年的 93% 提升到 97.4%；421 个乡镇建成（接入）污水处理设施。县以上城镇生活垃圾无害化处理率达到 99.5%；已建成乡镇垃圾中转站 1 079 座，2.17 万个行政村农村生活垃圾得到有效治理，占比 91.8%。设市城市公共供水普及率平均为 96.5%，县城公共供水普及率平均为 90.7%，建成各类农村供水工程 74 477 处，有效保障农村饮用水源安全。

二、存在的主要问题

1.《责任规定》实施中存在的主要问题

一是思想认识不到位。一些地方和部门"党政同责、一岗双责""三管三必须"意识不强，没有完全从政治的高度、全局和长远的角度认识生态文明建设和生态环保工作，落实生态环保工作责任的意识不强，抓生态环保工作的自觉性和主动性不够，有的甚至以一些历史的、客观的理由作为回避矛盾的"挡箭牌"。少数党政领导干部生态优先、绿色发展意识树得不牢，强调经济增长多、考虑生态保护少，重发展轻保护，在研究一些建设项目时还存在生态环保为经济发展让路的思想意识。

二是配套制度不完善。《责任规定》第二十五条明确规定，"各市州、县市区党委、政府应当根据国家有关法律法规和本规定，对本行政区域各级各部门各单位的环境保护工作职责作出相应规定。"截至 2020 年 9 月，全省还有 7 个市、87 个县市区尚未制定出台相关的配套制度文件。

三是责任落实有差距。有的地方和部门落实生态环保工作责任避重就轻，合意的就执行，不合意的就不执行；应该本级本部门负责落实的交办基层完成，应当加强的工作层层递减。如"夏季攻势"上报完成整治任务 132 个项目中，经现场核查有 20 个达不到整治标准；乡镇污水处理设施覆盖率仅为 29%；城镇污水管网不配套、雨污分流不彻底问题没有得到解决；中央环保督察整改任务中反馈重金属污染、矿山遗留问题治理等问题整改滞后；工业园区环境问题仍然突出等等。

四是督查机制不健全。从各级各部门自查自纠报告和实地调研反映，很多单位对《责任规定》执行情况的督查力度还不够，有些单位没有建立相关的督查制度，也没有具体方案，督查工作没有开展；有些单位虽然有督查部署，但督查内容、督查重点和督查结果运用等不具体不明确，推动工作落实的效果不好。

五是问责追责不精准。近三年来，虽然全省因生态环保问题有近 4 000 名党员干部受到处理，但大多是因为中央环保督察及"回头看"、长江经济带生态环境警示片等问题移交或领导批示而追责，依据《责任规定》、按照《责任追究办法》进行问责的情况极少。有些还因为法规规定不完善等原因，致使问责追责不精准。如在对花垣太丰冶炼公司虚假整改案的调查处理中，由于责任追究调查程序不规范、调查与问责衔接不紧密等问题，影响了制度作用的发挥。

六是宣贯教育不深入。一些地方和单位对《责任规定》的宣传贯彻力度不够，几年来未召开有关会议传达学习，也未组织相关培训。调研中发现，部分党员干部还不知道有这个党内法规，知道的对主要内容也不是很清楚。有的地方虽然配套制定了相应制度措施，但仍停留在文件上，抓宣贯、抓培训、抓落实不够，宣传效果不明显。

2.《责任规定》本身需完善的问题

一是机构改革对部门生态环保工作职责做了新的调整。随着党和国家机构改革的深化，我省调整并新组建了省自然资源厅等一批行政主管部门，许多部门的职能职责发生了大的变化。如省发改委的应对气候变化和减排职责、省水利厅的排污口管理职责、水功能区水质监测职责、地下水污染防治职责，省农业委的监督指导农业面源污染职责，目前已调整至省生态环境厅。2020 年 3 月 4 日，《中央和国家机关有关部门生态环境保护责任清单》印发，对中央和国家机关有关部门的生态环境保护责任进行了明确。《责任规定》规定的工作责任与新的职责规定不相符合，需要进行调整。

二是新的法律法规对部门生态环保工作职责作出新的规定。2018 年以来，国家制定施行了《土壤污染防治法》，修订了《固体废物污染环境防治法》等法律。我省修订了《湖南省环境保护条例》，制定了《湖南省实施〈中华人民共和国土壤法〉办法》等地方性法规，编制施行了一批地方环境保护标准，印发了《湖南省污染防治攻坚战三年行动计划（2018—2020 年）》等一系列制度措施，对相关部门生态环境保护工作责任进行了具体明确，但《责任规定》还没有做出相应调整。

三是实践工作中对部门生态环保工作职责有新分工新需求。对法律法规没有规定的一些工作责任，有的我省在具体的实践工作中予以了分工和确定，如黑臭水体、生活污水治理方面，《责任规定》明确城镇的由住建行政主管部门负责，实践中，农村的是由生态环境行政主管部门负责；有的我省还没有明确，如生态环境损害赔偿、环境社会风险防范与化解等。对这样的工作责任，需要在《责任规定》修订中进行明确，增强法规的规范性。

三、评估结论及建议

《责任规定》是湖南深入贯彻落实习近平生态文明思想取得的一项丰硕成果，是把党的政治和组织优势转化为生态文明优势，以党内法规建设强化生态环境保护工作责任，推进生态文明建设的重大创举。实施近三年来，全省各级各部门绿水青山就是金山银山的理念不断强化，生态环保工作责任进一步落地落实，大环保格局加快形成，成效显著。但也存在思想认识不到位、配套制度不完善、责任落实有差距、督查机制不健全、问责追责不精准、宣贯教育不深入等问题，一定程度上影响了法规执行效果。为进一步强化工作责任，规范工作程序，增强法规效力，提出如下建议：

一是持续贯彻实施。思想是行动的先导，党员干部只有加强对党内法规制度建设的思想认识，才会自觉做到学规、守规、用规。[3]各级各部门要加强法规学习，将法规的贯彻落实纳入"谁执规谁普法"责任制内容，同部署、同检查、同考核，纳入党校（行政学院）、干部学院培训计划和内容，同安排、同组织、同落实，充分发挥广播、电视、报刊等传统媒介和微博、微信公众号等新媒体，提高公众知晓度。市县两级党委、政府要加强配套制度建设，乡镇党委、政府（街道党工委、办事处）要根据实际进一步细化落实。

二是加快进行修订。建议明确四条原则予以修改。第一条原则，对中央清单明确的直接认领。如省发改委负责推动构建市场导向的绿色技术创新体系，负责统筹平衡行业管理部门提出的生态环保领域使用中央和省级财政性建设资金项目的规模、方向和资金安排的意见等；省工信厅负责拟定并组织实施工业通信业的节能、节水；省水利厅指导地下水超采区综合治理。第二条原则，对原法规中有明确规定且无调整的继续保留。如关于专项规划环评，建议明确专项规划编制部门负责组织对专项规划进行环境影响评价；关于畜禽养殖监管，建议明确省农业厅配合省生态环境厅开展畜禽养殖禁养区、限养区、适养区的划定工作，组织做好畜禽养殖禁养区养殖场、养殖小区、养殖专业户淘汰、退出工作，负责对畜禽养殖户进行日常监管；关于秸秆禁烧，建议明确省农业农村厅负责指导农村禁止露天焚烧秸秆工作。第三条原则，对法律法规政策规定和部门新三定方案明确的予以确认。如关于城管行政处罚职责问题，建议根据《湖南省城市综合管理条例》"城市管理部门可以实施规定范围内法律法规规定的行政处罚权有关的行政强制措施""城市管理部门的责任单位和责任人应当开展日常巡查"的规定，明确城管部门负责餐饮服务业油烟污染等行政处罚工作及相关的行政检查、行政强制等工作。根据《关于深化生态环境保护综合行政执法改革的指导意见》，生态环境综合执法队伍依法统一行政处罚权以及与行政处罚相关的行政检查、行政强制权等执法职能。[4]第四条原则，对生态环保工作实践中的新分工新需求予以明确。如黑臭水体、生活污水处理工作，《责任规定》只明确了住建部门负责城镇的，实践中农村的由生态环境主管部门负责。落实生态环境部门统一监管责任和行业部门的主体责任，明确生态环境损害赔偿、环境社会风险防范与化解等工作的职责分工。同时，修改《责任追究办法》，进一步规范和细化重大生态环境问题（事件）的调查工作，实现调查与问责的有机衔接，确保科学问责，严格问责，精准问责。关于条文结构，建议参照浙江等省的做法，采用规定正文＋附件清单的形式，立法目的、各级党委、人大、政府等作为一般规定放在正文部分，省直单位职责单独作为附件，既保留《责任规定》体例，又对标中央要求。关于责任主体，考虑到党内法规主要对党的组织、党的工作和党员干部作出规定，公民、企业单位在环保法律法规中做了规定，建议公民、企事业单位不做规定。

三是强化监督执行。建议建立健全督查工作机制，把法规贯彻执行情况纳入督查内容，开展定期督查、专项督查。[5]各级党委和纪委监委既要带头落实法规，也要担负起监督执行的责任，把纪律挺在前面，做到"守土有责、守土尽责"。既要实施严格问责，又要加强对全体党员干部的警示教育，做到"既见树木，又见森林"。不断拓宽人民群众监督渠道，将监督纳入制度化轨道，做到有监督必有回应。

参考文献

[1] 常纪文. 加快完善党内法规　增强生态环境治理能力 [J]. 环境经济，2019（23）：28-31.

[2] 武汉大学党内法规研究中心. 中国共产党党内法规制度建设年度报告（2016）[M]. 人民出版社，2017：24.

[3] 武汉大学党内法规研究中心. 中国共产党党内法规制度建设年度报告（2017）[M]. 人民出版社，2018：200.

[4] 生态环境部行政体制与人事司. 生态环境保护综合执法的职责调整 [N]. 中国环境报，2019-3-14（3）.

[5] 欧爱民，何静. 党内法规的执行构成及其要素优化 [J]. 环境经济，2020，28（8）：11-19.

新时代完善生态文明制度体系研究

李文庆[1]

（宁夏社会科学院　宁夏银川　750021）

摘　要：新时代完善生态文明制度体系建设，是全面建成小康社会、全面依法治国、全面深化改革的重要内容，也是建设"美丽中国"的首要任务。生态文明制度体系，既代表生态文明建设的软实力，又能衡量生态文明建设的实际水平；既是我国全面建成小康社会、全面实施依法治国、全面深化改革的重要内容，也是建设美丽中国的首要任务，要紧紧围绕深化生态文明制度体系建设，坚持"源头严防、过程严管、后果严惩"，不断完善生态文明制度体系。本文论述了生态文明制度体系建设的主要内容，分析了新时代生态文明制度体系建设中存在的主要问题，提出了新时代完善生态文明制度体系建设的建议。

关键词：生态文明；制度体系；研究

党的十八大将生态文明建设上升到"五位一体"总体布局的高度，成为中国特色社会主义事业的重要组成部分；党的十九届四中全会进一步明确坚持和完善生态文明制度体系，为我国生态文明建设指明了方向。新时代完善生态文明制度体系，是全面建成小康社会、全面依法治国、全面深化改革的重要内容，也是建设"美丽中国"的首要任务。

一、生态文明制度体系的内涵及主要内容

生态文明制度体系，既代表生态文明建设的软实力，又能衡量生态文明建设的实际水平；既是我国全面建成小康社会、全面实施依法治国、全面深化改革的重要内容，也是建设美丽中国的首要任务，要紧紧围绕深化生态文明制度体系建设，坚持"源头严防、过程严管、后果严惩"，不断完善生态文明制度体系。

1　［基金项目］本文系国家社会科学基金一般项目"生态文明建设中筑牢民族地区生态文明研究"（项目编号：19BMZ148）阶段性成果。

李文庆，河北孟村人，生态文明研究所所长、研究员。主要研究方向为产业经济学和生态经济学。

（一）生态文明制度体系的内涵

1. 生态文明制度的内涵

生态文明制度，是指在全社会制定和形成的一切有利于生态文明建设的各种规定和准则。从形式上来看，包括正式制度和非正式制度。国家制定的关于生态文明以及与之相关的各种法律、法规、规章和规定等都属于正式制度的范畴。从相关性上来看，生态文明制度既包括直接作用于生态文明建设领域的制度，如自然资源产权制度、生态环境保护制度和空间规划等方面的制度；也包括推动生态文明建设与经济建设、社会建设、政治建设、文化建设等领域相关的制度安排。

2. 生态文明制度体系的内涵

生态文明制度体系，是指生态文明建设领域内一系列相互作用、有机结合而成的制度综合体系。一个完善的生态文明制度体系由决策制度、源头防控制度、过程管控制度、结果惩治制度和生态文化制度构成。其中：生态文明决策制度是有关生态文明建设的顶层设计、整体部署的战略性制度安排；源头防控制度是有关生态环境保护、治理与修复的制度；过程管控制度是有关生态文明建设执法监督、评价考核方面的制度；结果惩治制度是有关生态环境损害赔偿和责任追究方面的制度；生态文化制度是关于生态文明建设的理念和观念，是属于价值观层面的内容，对于生态文明建设具有重要的支撑作用。

（二）生态文明制度体系的主要内容

1. 自然资源产权制度

自然资源是人类赖以生存和发展的基础，保护和合理利用自然资源已经成为当今世界的关注点，产权制度对于自然资源的保护和利用起着关键性作用，也是生态文明建设的基础性制度。建立和完善自然资源资产产权制度，目的是使自然资源具有明确的权利人，赋予其保护自然资源的动力，使其获得使用这些自然资源收益的同时，承担起保护自然资源的责任，有效解决自然资源的过度使用，实现自然资源的最佳配置和利用。

新中国成立以来，我国建立了一系列自然资源产权制度。尤其是改革开放以来，我国对自然资源产权制度进行了一系列改革和完善。在法律层面，我国颁布实施了一系列与自然资源产权制度相关的法律法规，如宪法中对矿藏和土地等自然资源产权进行了界定，《中华人民共和国矿产资源法》《中华人民共和国土地管理法》《中华人民共和国水法》等法律，以及相配套的行政法规、规章的制定，对我国的自然资源的所有权、使用权等产权制度进行了规定。党的十四大以后，我国相继对自然资源法律进行了修改完善，以适应我国社会主义市场经济发展的需要，同时也构建起我国当前基本的自然资源产权制度。

我国自然资源产权制度根据自然资源种类不同，具体规定了各自的所有权、使用权、转让权等产权内容，其中都明确规定了我国自然资源属于国家或集体所有，而对于不同自然资源的使用权安排则有所不同，如土地承包经营权、探矿权、采矿权等可以根据相关法律法规规定通过承包或许可等方式获得使用权，针对不同的自然资源，产权制度不尽相同，要根据土地、水、矿产资源、森林、草原等主要的自然资源确定产权制度。

2. 国土空间开发保护制度

我国幅员辽阔，国土空间优化开发始终是国家关注的重大问题。

国土空间是人类赖以生存和发展的家园，国土空间开发保护制度是可持续发展的基本保障。我国国土空间开发保护制度从无到有，逐步规范，但目前对于国土空间开发保护尚无统一定义。参照国外成熟经验和国内相关实践，可以将国土空间开发保护制度的内涵概括为：根据国民经济和社会发展的总体战略方向和目标要求，制定的涉及国土资源综合开发、生态环境综合整治、建设总体布局等方面战略、规划以及政策。其特出特点是，有明确的国土空间开发保护规划，直接关系到区域重大生产力布局和空间开发保护秩序。

新中国成立后，规范国土空间开发的理念贯穿于国民经济和社会发展的整个历程，涉及国土空间开发的制度从无到有，不断丰富完善，各类国土空间开发保护制度集中体现在国家相关法律法规和各类规划当中。20 世纪 50 年代，城市规划最早起步；20 世纪 80 年代，受国外国土开发活动的启示，我国国土整治、国土规划工作全面展开；1987 年，《土地管理法》正式实施，土地利用总体规划应运而生；进入 21 世纪，随着国家区域发展总体战略的深入实施，国家相继批复一系列区域规划和区域性政策文件。为了有效规范国土空间开发秩序，2010 年 12 月国家正式颁布实施了《全国主体功能区规划》，这是我国国土空间开发保护的基本依据。历经半个世纪的发展，我国围绕国土空间开发利用，目前已经初步形成了类型多样、功能多元、层次多级的国土空间开发保护规划框架，各类国土空间开发与保护制度逐渐成为各级政府与相关主管部门实施国土空间开发保护的重要途径和手段，在国土空间资源优化配置、推进重点地区开发开放、参与国民经济宏观调控等方面发挥出了独特的作用。我国国土空间开发与保护的制度主要包括：主体功能区开发保护制度、区域开发保护制度、国土开发规划、土地利用制度、城乡规划制度、海洋功能区开发保护制度等。

3. 生态文明建设中的财政制度

生态文明建设中的财政制度，一方面，多渠道增加生态文明建设的资金投入；另一方面，控制生态文明建设的投资需求，从而缓解生态文明建设资金的供需失衡。一是财政投入制度。以政府投入为主导，以市场资源配置为主体，全社会参与为基础，绿色金融为补充的投入政策，建立和完善多元化的投入机制。坚持国家、社会、个人多渠道、多层次、多方位筹集生态文明建设资金。国家承担生态文明建设重点工程项目，地方按比例落实配套资金，地方性的建设项目，由地方负责投入。按照谁投资谁受益的原则，广泛吸引社会投资。流域中下游直接受益的地区，也应通过地区间财政转移支付的方式，支持上游生态文明建设。二是投入与补偿的方向。生态文明建设投资可分为产出性投资和维持性投资。产出性投资是指生态文明建设，经过生态系统运转后直接转化为物质产品或间接支持产品增长，这方面的投资主要着力于经济系统的有效运行，具有明显的自我补偿性和回收性，主要吸引社会投资和信贷资金投入。维持性投资主要是指保持生态系统原有功能和结构、消除生态系统逆向演替和促进生态系统不断进化的投资，其运行主要遵循生态规律，一般不具有自我补偿和回收性，因此这方面的投资主要依靠国家和地方财政资金投入和政策性金融信贷投入。

4. 生态文明建设中的绿色金融政策

金融是现代经济的核心，是实体经济的血脉，也是我国生态文明建设的重要支撑。绿色金融指金融部门把环境保护作为一项基本政策，在投融资决策中要考虑潜在的环境影响，把与环境条件相关的潜在的回报、风险和成本都要融合进银行的日常业务中，在金融经营活动中注重对生态环境的保护以及环境污染的治理，通过对社会经济资源的引导，促进社会的可持续发展。发展绿色金融是实现生态保护和绿色发展的重要举措，也是供给侧结构性改革的重要内容。

近年来，我国在生态文明建设中运用金融手段已走向成熟，正在发挥越来越大的作用。一是绿色信贷机制广泛运用，2005 年绿色信贷在辽宁进行试点，率先建立了我国第一个绿色现代工具——辽宁省清洁生产周转金，有效推动了企业的可持续发展，目前绿色信贷已在全国普及。二是发行国债，我国中央财政发行的国债中有很大比例的资金用于生态保护与建设。三是利用外资，我国在生态文明建设领域，充分发挥国际合作优势，积极利用外资，有力推动了生态建设和环境保护事业的发展。四是生态环境保护类企业在股票市场上市融资，目前在上海、深圳股票市场上市的生态环保类企业已达数十家，并受到有关政策的大力支持。五是建立了多种形式的生态环境保护基金，成长性已逐步显现。六是排污权交易试点，1991 年美国排污权交易经验被介绍到我国，同年在包头、平顶山、柳州、太原等地陆续开展了二氧化硫和烟尘污染的排污权有偿使用工作，其后在亚洲开发银行的协助和有关研究机构的合作下，开展了二氧化硫总量控制及排污交易的试点工作，拉开了排污权交易在全国试点的序幕。

5. 生态补偿制度

生态补偿是为了解决区域性生态保护问题而提出的，其根本目的是维护、改善或恢复生态系统的服务功能，生态补偿机制的目的是让生态保护者的付出得到补偿和回报，实现经济社会可持续发展。

目前，学界对生态补偿的概念并未达成共识。一般认为，生态补偿是指生态服务受益者对生态服务的提供者所给予的经济补偿。对生态补偿的理解有广义和狭义之分，广义的生态补偿包括环境污染的补偿和生态功能的补偿，包括对损害生态环境的行为进行课税、收费以及责令对损害生态环境进行补偿或恢复等，以提高该行政行为的成本与收益，达到保护生态环境的目的。狭义的生态补偿是指对生态功能补偿的费用，通过体制创新解决好生态产品这一特殊的公共产品中的"搭便车"现象，激励人们从事生态保护投资并使生态资本增值的一种政策制度。

6. 领导干部绩效考核制度

推进生态文明建设，各级当地党委、政府是主导力量，领导班子和领导干部是关键所在。各级领导班子和领导干部的素质、能力、作风直接关系生态文明建设各项工作的落实。干部绩效考核制度是选拔任用干部的基础性工作，健全的绩效考核制度对考评、任用好领导干部，促进各级领导干部推动经济社会可持续发展、推动生态文明建设具有十分重要的意义。

生态文明建设，各级领导干部是关键。近年来，随着干部人事制度改革的深化，各级干部政绩考核评价体系不断完善，特别是干部政绩考核指标体系经过了从单一到相对完善，从注重经济建设指标到按照可持续发展的要求注重经济建设、政治建设、文化建设、社会建设和生态文明建设"五位一体"总体考核评价的过程。2013 年 12 月，中组部下发了《关于改进地方党政领导班子和领导干部政绩考核工作的通知》，就改进地方党政领导班子和领导干部政绩考核工作提出了具体要求，强调完善政绩考核评价指标，将生态文明建设作为考核评价的重要内容，强化资源节约、环境保护等约束性指标考核。一些地方党委政府也积极落实中央关于完善干部政绩考核评价体系，纠正单纯以经济发展论英雄，突出可持续发展导向，根据不同地区、不同部门领导班子设置了各有侧重、各有特色的考核评价体系。

二、生态文明制度体系建设存在的主要问题

纵观我国生态文明建设的历程，尽管生态文明制度建设在某些领域和方面取得了一定成绩。但对于完善生态文明制度体系的要求，制度建设中仍然存在着许多问题。

1. 生态文明制度体系不健全

一是缺乏"后果严惩"制度。生态文明制度体系建设，在"源头严防、过程严管、后果严惩"方面均不同程度存在问题，尤其是缺乏包括生态环境损害责任终身追究制度和环境损害赔偿制度在内的"后果严惩类"制度。二是制度建设存在"碎片化"现象。以国土空间开发保护问题为例来说明这一问题。近些年来，我国经济社会发展取得了长足进步，但是，多年形成的空间格局不清晰、产城关系不协调、交通地位边缘化等一系列矛盾，严重制约着科学发展的步伐。三是制度之间缺乏兼容性。以生态文明建设的相关法律为例：我国《环境保护法》已确立了可持续发展的理念，但一些地方的《农业环境保护条例》《草原管理条例》《湿地保护条例》《林地管理办法》等地方性法规和规章，均未明确以可持续发展战略为指导思想，而且，法律责任条款匮乏。无论国家层面还是地方层面，均缺乏国土空间规划、排污许可证管理、污染物排放总量管理、生态补偿等方面的立法。缺乏生态环境建设规划法律制度，中央和地方的规划不配套，部门之间的规划不协调，不同时期的规划不衔接。

2. 生态文明制度不完善

一是事前预防类制度不完善。在农村土地产权制度方面：所有权主体不清晰、土地承包经营权不完整、农村建设用地使用权流转面临一定困难、宅基地处分权残缺。在矿产资源产权制度方面：公有产权主导下导致寻租现象严重、矿产资源有偿取得制度不完善与外

部不经济现象突出、矿产资源产权高度集中与收益分配不公状况突出、矿业权出让和转让程序不规范。在国土空间开发保护制度方面：各类国土空间开发保护规划地位不协调、国土空间开发保护制度体系不完善、生态红线制度呈现出明显的"部门化"特征。二是行为管制类制度不完善。在排污许可制度方面：排污许可证的发放标准不统一、分配没有走向市场化，排污许可制度与其他管理制度衔接不理想。在污染物排放总量控制制度方面：监督和责任机制不健全。三是影响诱导类制度不完善。在干部政绩考核制度方面：与生态文明建设相关的考评指标体系尚不完善、考核周期设置不合理、政绩考核结果运用弱化。在生态补偿制度方面：缺乏横向转移支付制度、地方政府配套资金很难落实到位、社会资金参与度不高、生态补偿费用征收混乱、资金使用机制不透明。在排污权交易制度方面：缺乏法律保障，交易市场机制不完善。四是事后补救类制度不完善。在环境公益诉讼制度方面：没有设立专门的环保法庭、诉讼原告主体范围狭小、环境诉讼规则供应不足、司法人员素质有待提高。其二，在生态环境损害责任追究制度方面：客观地讲，十八届三中全会前，全国各地绝大多数省份没有建立起严格的生态环境损害责任追究制度，虽然各地建立起领导干部问责制度，但在实际执行过程中还不太"严格"，更谈不上"终身"追究。

3. 体制机制不顺畅

一是保障机制不健全。在综合决策机制方面：体制不顺畅、保障缺失、公众难以有效参与、决策流于形式。在环境执法体制方面：缺乏宏观组织机构，各环境管理部门的统一协调性不足。在公众参与机制方面：缺乏社会组织参与的机制、公众参与的法律保障机制、环保公益诉讼机制、环保信息公开机制；在环境教育机制方面：环境教育认识缺位；环境教育工作缺位；环境教育监督缺位。二是市场运行机制不健全。一方面是尚未形成市场化补偿机制；另一方面是环境污染第三方治理尚未推行。

三、新时代完善生态文明制度体系的建议

1. 健全制度体系

一是明确生态文明制度体系建设内容。建议从事前预防、行为管制、影响诱导、事后补救四个方面来建立健全生态文明制度体系，达到既促进经济发展和环境保护的协调统一，又规范和引导政府、企业、个人的行为，实现经济社会整体发展成本的最小化或收益的最大化目的。必须把制度建设作为推进生态文明建设的重中之重，按照国家治理体系和治理能力现代化的要求，着力破解制约生态文明建设的体制机制障碍，深化生态文明体制改革，尽快出台相关改革方案，建立系统完整的制度体系。二是进一步完善法律法规。树立可持续发展的立法理念，拟定科学、统一的生态环境立法的规划，强化立法的统一性、协调性。

2. 完善各类相关制度

一是完善矿产资源产权制度。坚持矿产资源国家所有的制度不变的前提下，探索建立矿产资源管理体制多元化模式，使地方政府直接作为矿产资源的所有者；理顺国家与矿业

权人的关系，使矿产资源的所有权与使用权相分离；完善矿业权出让、转让制度。在矿业一级市场权授予中引入竞争机制，确保矿产资源利用效率的最大化和产权主体收益的最大化；进一步理顺中央政府与地方政府的矿产资源收益分配关系，积极争取将中央所得的矿产资源收入应全部返还矿产地所在省（区），由所在省（区）与市、县进行分配，重点向资源所在县倾斜，同时进一步完善矿产收益的支出和分配结构，重点向基层、农村和社会事业倾斜。二是完善国土空间开发保护制度。逐步推行国土空间规划立法，严格土地用途管制；构建分工明确的国土空间开发保护的制度体系，明确各市县在国土空间保护中的作用，并逐步将国土空间规划延伸到乡镇甚至行政村；规定各类空间性规划制度的协商程序，设立专门的协商机构和协商制度，建设依托各种技术的国土空间规划监测和协调技术平台，实现国土空间开发保护制度的规范化；把扶贫政策、财政政策、投资政策、产业政策、人口政策、农业政策、环境政策等一系列区域发展政策整合起来，以避免分散投资和重复投资。三是完善生态红线制度，科学界定生态红线划定的空间范围，严防各部门"跑马圈地"。

3. 完善生态补偿制度

一是将现行的草原生态奖补、生态管护公益岗位、公益林、天然林等生态补偿政策与保护责任、保护效果相挂钩；二是积极开展湿地生态效益补偿、湿地保护奖励试点工作；三是在提高公益林生态补偿标准的基础上，在未迁走的农户中开展"培育一户一产业工人"的活动，实现"培养一人，就业一家，带动一家"，鼓励农户建设家庭林场，并将农民转变为林业产业工人。在此基础上，以个人和政府共同承担的模式，缴纳林业产业工人的养老保险、医疗保险、工伤保险、失业保险、生育保险；四是运用市场机制，建立生态补偿项目评级制度和社会参与的生态融资机制，调动社会力量，实现资金来源的稳定性与多样化。

4. 完善排污权交易制度

加强排污权交易立法建设和排污权交易平台建设，健全排污权交易市场机制，完善排污权交易立法，制定单行条例，明确总量控制的目标，确立排污权交易的法律地位，将行政指令行为逐步转变为法律行为；规定可交易的排污权的范围，排污权交易的保障条件；建立并完善排污权交易实施流程的法律保障体系，包括排污权的分配管理、交易机构的认定审核、交易的主体客体、交易原则、交易类型、交易流程及方式、交易管理等。当然，从国家层面，应健全和完善相关法律，为建立排污权交易制度提供充足的法律依据，其中最为关键的环节就是在要通过立法确认环境资源产权制度。

5. 健全生态文明建设的体制机制

一是完善生态建设与经济发展综合决策机制。建立综合决策咨询制度，广泛吸纳环保、经济、资源、科技等领域的管理者和专家学者，建立综合决策专家资源库，为综合决策提供咨询和技术支持；二是建立重大决策环境影响评价制度，开展对各类规划、计划、法规、重大经济技术政策、发展战略等的环境影响评价；三是探索市场运行机制。建立社会参与的生态融资机制，建立矿产资源生态环保创业投资基金，在吸引社会资金参与矿产资源的开采与利用的同时，扶植新型产业的发展，促使环保绿色产业与市场经济运行机制有机结合；强化环境恢复治理保证金制度的收缴力度和执行力度，将矿山环境恢复治理保证金收缴情况纳入采矿权年检、延续、变更审查范围。三是从水电、旅游等生态公益林直接受益单位的经营收入中抽取一定比例的资金，设立受益部门补偿基金。积极推行环境污染第三方治理，支持和培育符合条件的第三方治理企业，在工业园区、重点行业积极培育第三方治理的新模式、新业态，统筹好公益性和经营性的关系，完善价格调整机制，健全投资回报机制和公共环境权益保障机制。

参考文献

[1] 邹庆治 . 论我国生态文明建设中的制度创新 [J] . 学习论坛，2013，29（8）：48-54.

[2] 张宇 . 征地制度改革在宁夏如何演进 [J] . 中国土地，2013（1）：28-29.

[3] 陈文佳 . 关于开征环境税的思考 [J] . 知识经济，2013（15）：30-31.

[4] 夏光 . 生态文明与制度创新 [J] . 理论视野，2013（1）：15-19.

[5] 张春华 . 中国生态文明制度建设的路径分析——基于马克思主义生态思想的制度维度 [J] . 当代世界与社会主义，2013（2）：28-31.

环境政策组合政策绩效及区域差异

——基于 csQCA 方法的研究

袁　亮[1]　张漾滨[2]

（湖南工商大学国际商学院　湖南长沙　410205）

摘　要：本文在全国 31 省区市生态环境厅环境政策文本分析基础上，以绿色发展指数度量各地区环境绩效，借助定性比较分析（QCA）方法研究环境政策组合效应及区域差异。研究发现，现有政策组合对绿色环境指数的促进作用都不明显，但南北方地区以及经济发展状况给环境政策绩效带来了显著影响；自愿型和非价格型环境政策组合能够促进北方发达地区绿色发展指数的提升；南方发达地区的地理位置掩盖了环境政策组合的作用；南方欠发达地区，非价格型环境政策以及地理位置促进了绿色发展指数的提升。因此，环境政策绩效具有显著的区域差异性，各地区应因地制宜，根据自身环境及经济情况制定更有针对性的环境政策。

关键词：环境政策；政策绩效；政策组合；比较定性分析

一、引言

全球气候变化是人类面临的共同难题，积极应对环境问题不仅是我国实现可持续发展的内在要求，更是履行大国责任、推动人类命运共同体构建的历史担当。习近平总书记在第七十五届联合国大会一般性辩论上宣布我国力争于 2030 年前碳排放达到峰值的目标与努力争取于 2060 年前实现碳中和的愿景。为贯彻落实习近平生态文明思想，积极推动宣示目标与愿景的实现，同时考虑到环境问题的负外部性特征，政府必须通过积极的政策干预，丰富政策工具，加强不同政策组合的协作，才能抑制生产生活过程中的环境污染，借助环境政策工具实现经济增长与环境保护的"双赢"。

1　[基金项目]本文系国家社科基金项目"我国环境政策效应的测度与评价研究"（项目编号：19BTJ060）阶段性成果。

[第一作者]袁亮，山东平邑人，讲师，博士。主要研究方向为环境政策、能源环境。

2　[通讯作者]张漾滨，湖南宁乡人，教授。主要研究方向为生态经济管理、环境治理。

政策系统与运行环境具有复杂性特征，基于不同目标以及不同领域的政策带来了治理结构的分散，管理层次也表现得越来越复杂，导致政策功能"碎片化"，甚至出现了政策实施过程中系统功能低下和事与愿违的问题[1]。郭元源等（2019）也指出，复杂系统内的政策绩效不确定性在增大，加强政策供给管理，通过政策引导企业行为成为政府重要的职能。英国苏塞克斯大学科学政策研究所（Science Policy Research Unit，SPRU）在科技创新政策研究中指出，政策内容及条目数量均显著提升，伴随政策系统的复杂化，政策之间的相互影响越来越显著，最终问题的解决需要借助政策组合以及政策的协同来实现。作为复杂系统内的环境政策面临类似的问题，现有环境政策是否能够改善环境品质，如何构建环境政策组合才能进一步提升环境绩效，以及环境政策组合的区域差异性均具有深入研究的现实意义。

环境政策及其组合的研究由来已久。1974 年，哈佛大学 Weitzman 开创性地研究了价格型与数量型环境政策工具在控制温室气体排放方面的作用，并指出在技术不确定性条件下，价格型税收环境政策工具要优于总量控制型环境政策工具；但是伴随持续性的技术进步及技术扩散，数量控制性环境政策工具作用更为明显[2]。随后，环境政策工具的研究越来越丰富；Hoel et al.（2001）借助理论模型及数值推导考察了排污税及配额工具对温室气体减排效应的影响，指出不论考虑边际减排成本变动，还是边际污染曲线的变动，排污税的减排效应更为优越[3]。Moledina et al.（2003）从社会福利角度借助理论推导考察了排污税与排污许可证的减排效果；当排污许可价格由低成本企业决定时，税收政策更优，当排污许可价格由高成本企业决定时，排污许可政策表现得更好[4]。曹静（2009）在环境经济学理论基础上考虑中国实际国情状况，借助 CGE 模型考察了排污权交易与碳税两种政策的优劣，指出碳税政策更符合中国国情[4]。许士春（2012）从减排效果及社会福利两个角度考察排污税与排污补贴政策效果，令人失望的是两种政策与减排效果均呈负相关；而对于社会福利的影响，政策中的税率和补贴率均影响二者的效果，税率与补贴率等量提高时排污税的福利效应更好；而对于政策执行初期，等量减排效果下，排污补贴的社会福利效应又更优[5]。

环境政策是以具体的政策工具形式实施的，而关于环境政策工具的绩效方面，阐述环境政策与经济之间的关系最有影响力的就是波特假说。新古典经济学认为，环境保护政策会提升私人部门成本，降低企业竞争力，从而抵消环保给社会带来的积极效应，抑制经济增长。但 Porter 与 Vender Linde 等学者则认为，适当的环境规制能够激励企业进行更多的创新活动，提升企业生产效率，进而抵消环保带来生产成本的上升。之后大量学者围绕波特假说展开论述，这也成为环境政策工具绩效的一个研究角度。不过，不少研究成果都对波特假说持有质疑观点[6]；但近年来，随着环境政策执行深度的增加，支持波特假说的研究成果逐渐增多。牛美晨等（2021）研究发现排污收费标准的提高抑制了企业创新，但当环保税提高到一定程度后，反而能够促进企业创新[7]。杜龙政等（2019）则从治理转型角度探讨了不同治理类型与中国工业企业绿色竞争力之间存在 U 型关系[8]。也有学者指出，波特假说能否成立与规制手段有很大关系。原毅军等（2016）发现费用型规制手段达到一定程度后能够促进工业绿色生产率的提升，但是投资型规制则难有上述效果[9]。康志勇等（2020）证实了命令型及公众参与型环境规制手段具有"弱波特假说"效应，但市场激励型规制工具则没有检测到波特效应[10]。李冬琴（2018）采用问卷调查数据验证了市场型环境政策工具与命令型环境政策工具对企业技术创新和绩效的影响。指出命令型环境政策工具更有利于企业创新并促进绩效的提升，市场型环境政策工具里只有如排污收费等部分政策工具能够正向影响企业技术创新[11]。

环境污染是人类经济活动的产物，20世纪中后叶，伴随人类工业进程的展开，各国经济学家与环境专家便开始了关于环境问题与经济增长的讨论，并针对具体的污染问题提出各种经济环境政策。在信息不对称、产权、市场竞争等理论的指导下，欧美发达国家纷纷设计并实施了诸如等税费、碳交易、排污许可、押金退款计划等多种政策工具。按照政策工具的主体性角度以及政策工具实施力度的强弱标准，环境政策工具通常有不同的分类手段。世界银行在1997年总结环境政策创新一文中，将这些政策工具分为利用市场、创建市场、环境管制与公众参与。不过多数学者将其分为命令－控制式工具（直接管制）、市场化工具（经济手段）和公众参与工具（"软"手段）[12]。但考虑到我国环境治理过程中政策工具的多样性，本文采用更全面的分类方法，将环境政策工具分为价格型政策工具、支持型政策工具、强制型政策工具、数量型政策工具、自愿型政策工具。虽然有波特假说的存在，但王林辉等（2020）指出单一的环境政策干预难以破解环境保护与经济增长的两难境地，政策组合所带来的效果明显优于单一政策；不过需要注意的是，最优的政策组合并非固定不变，而往往处于动态变化过程中[13]。

因此，本文从环境政策工具的组合视角出发，基于央地关系中央统一领导、充分发挥地方主动性、积极性的国家体制特征，采用清晰集定性比较分析（csQCA）方法，借助其集合论与布尔运算特征，充分利用该方法样本数量要求不高，擅长处理多条件并发原因非线性关系的优势，探寻各省市环境政策执行及政策工具实施效果，评估和寻找相对高效的环境政策工具组合供给模式，以期为国内各省区市的环境治理工作提供参考依据。

二、环境政策工具分类与内涵

环境政策是为改善环境质量、应对气候变化而设计实施的一系列治理、协调和预防环境问题的措施总和。建国初期至今，我国环境政策发展已经经历了超过四个阶段；进入21世纪后，伴随国家环保总局升格为环保部，环保政策的多样性大幅提升。不同环境政策是治理主体不同目标、手段和方式的体现，已有研究多采用"三分类"法对环境政策进行归类，本文为进一步细化环境政策组合，借鉴胡剑锋（2008）对环境政策的分类方式，按照政策的特征将其分为价格型、支持型、强制型、数量型和自愿型环境政策，进而依托各省政策案例探寻最优的政策组合。

1. 价格型政策工具

价格型政策工具最主要的手段就是排污收费和环境税。相对环境税来说，排污收费的成本以及作用效果更为直接；税收的制定与执行一方面需要相关法律的支撑，而修订法律的成本通常较高，另一方面税收的专项性决定了其将会纳入财政而进入国库，进而限制了地方政府和部门的执行积极性。此外，排污权交易是伴随排污总量控制政策而兴起的一个污染控制手段，成为近年来各个地方积极推动的一项政策措施；因排污权交易涉及排污价格从而影响社会主体排污成本，具有价格型政策工具的特征，因此本文将排污权交易也纳入价格型政策工具。

2. 支持型政策工具

支持型政策工具是从公共产品角度出发的。环境污染是一种公共破坏，治理这一破坏离不开政府的公共产品支持职能；与此同时，清洁而美好的环境也属于一种公共产品。为实现这一公共产品的供应，政府需要提供一定的治理措施，通常所采取的措施是兴建污水处理厂、搭建基础设施、提供专项资金支持等等。近年来，随着科技手段的提升，污染监控设备也成为环境保护的一个手段；同时，各地开展社会主体环保信用评估，并通过评估结果提供优惠的资金及其他支持。因此，本文在传统的基础设施基础上，将监控设备、环保信用及资金贷款纳入支持型政策工具。

3. 强制型政策工具

强制型政策工具是我国政府最普遍的环境保护手段，也是其他环境政策工具实施的保障。环境问题具有极强的外部性特征，这不仅导致企业主体没有减排动力，甚至地方环保部门的管理积极性都无法保障，这就有必要加强强制型政策工具的实施。按照胡剑锋（2008）的分类方法，强制型政策工具一般属于政府规制制度，其中包括执行规制和技术规制，同时也包含政府部门所采取的各种专项行动等。因此，本文将标准、技术、规范、攻坚战、集中整治、整治大行动、专项行动纳入强制型政策工具范畴。

4. 数量型政策工具

数量型政策工具是在价格型工具基础上发展起来的，相对于价格型工具对污染成本的管理，数量型工具直接限制了社会主体污染总量。这一工具的优点就是从目标和结果上对污染源提出了限制，从而提升了管理的灵活性，降低污染管理成本。社会主体可以自行选择污染防治路径以达到政府总量控制要求，不过除了技术手段的应用，排污许可是多数污染主体采取的措施。因此，本文将污染排放总量、排污许可证纳入数量型政策工具。

5. 自愿型政策工具

自愿型政策工具不仅包含污染主体的信息披露，也包含公众参与。在公共问题解决中，市场工具常会失灵，而政府工具也会面临因理解或执行等问题而失效。这些问题通常与信息不对称有关，污染主体较政府掌握更多的信息，进而导致"逆向选择"和"道德风险"等问题，增加了政府污染治理成本。此时，发挥社会力量的公众参与制度则起到了极大的补充。因此，本文将宣传鼓励公众参与环境治理、信息披露有关的政策纳入自愿型政策工具。

三、研究方法与设计

1. 研究方法

定性比较分析 QCA（qualitative comparative analysis）方法是 Charles C. Ragin（1987）首次提出的基于布尔代数逻辑的因果推断方法。该方法将定性与定量相结合，以案例形式研究社会现象的多重条件诱因，并揭示条件与结果变量之间的非线性及可替代性关系。依据案例中条件及结果变量的属性差异，QCA 方法分化成清晰集分析（crisp-set，csQCA）、模糊集（fuzzy-set，fsQCA）分析以及多值集分析（multi-value，mvQCA）三种传统类型；其中，csQCA 只能处理二分变量的案例，fsQCA 的变量则可以是 0～1 之间的任意值，mvQCA 则是在变量二分法基础上对其进行多分，以增加更多的变量信息。

QCA 方法在处理前因复杂性问题上具有明显优势。首先，能够处理复杂的非对称因果关系。环境政策与环境绩效之间显然难呈对称关系，即同样的政策在不同地区的表现结果难相同，显然传统实证方法无法处理这一关系。其次，能够得到结果变量的组合因素。案例结果通常是多种因素共同作用而引起的，QCA 方法可以对多种条件变量组成的路径进行筛选，得出最具有解释力的前因条件构型。第三，该方法对小样本（15～80）的处理具有优势。本文以我国省区市为研究案例，又因数据获取问题缩减了样本数量，常规实证方法难获得有效结论。最后，本文在五种环境政策变量基础上，将地区特征以及经济状况处理成二分变量加入前因条件中，以识别环境政策组合的区域差异性。

2. 变量选择

本文研究对象是中国省际环境政策，目的是评估现有政策组合的有效性，探寻有助于提升环境品质的环境政策组合。我们以中国大陆 31 个省区市为研究样本，查阅各个省区市生态环境厅（局）所公布的环境政策文件，共收集 22 个省区市（安徽、北京、甘肃、广东、广西、贵州、海南、河北、河南、湖北、湖南、吉林、辽宁、内蒙古、青海、山东、山西、上海、四川、新疆、云南、浙江），27 547 条政策内容。本文依据关键词将各省区市环境政策分为价格型政策工具（税、费、排污权）、支持型政策工具（资金、监控、设备、信用、贷）、强制型政策工具（标准、技术、规范、攻坚战、集中整治、整治大行动、专项行动）、数量型政策工具（排放总量、许可证）、自愿型政策工具（宣传、举报、奖励、信息公开），从而组成了 21 个环境政策案例。与此同时，为刻画各种环境政策组合政策效果的省级差异，本文在上述五种环境政策基础上，引入地理区域（北方为 1，南方为 0），以及各省区市的人均 GDP（经济发展状况）两个变量。样本案例选取 2010 年至 2016 年期间的政策，并以年均政策数量衡量各个政策工具。

环境政策目的是改善提升环境状况，其中包括大气环境、水环境、土壤环境、声音环境等多方面。为综合全面地刻画各省区市环境状况，本文选取 2016 年各省、自治区、直辖市生态文明建设年度评价结果的绿色发展指数作为各省区市环境状况的量化指标，其中绿色发展指数是由国家发展改革委员会、国家统计局、原环境保护部、中央组织部印发的

《绿色发展指标体系》《生态文明建设考核目标体系》综合评价而来，且至今仅完成一次评价，因此后文研究时间截止为 2016 年。

3. 数据处理及描述

环境政策以及环境政策的组合是本文关注的重点研究对象，本文通过收集 2010 年至 2020 年期间各省区市的环境政策文件，并依据上述关键词，将环境政策分为价格型、支持型、强制型、数量型和自愿型政策工具。由此，本文得到 2010 年至 2020 年各年各个环境政策工具的使用次数，以环境政策工具使用次数的多寡衡量该省区市对此种政策工具的应用力度。

本文研究中国各种环境政策的组合效应，其中环境绩效的衡量采用了 2016 年各省、自治区、直辖市生态文明建设年度评价结果中的绿色发展指数；该指数采用综合指数法进行测算，其指标体系包括资源利用、环境治理、环境质量、生态保护、增长质量、绿色生活、公众满意程度等 7 个方面，共 56 项评价指标。生态文明建设年度评价工作由国家统计局开展，因截至目前该统计评价工作仅完成一次，因此本文仅使用了 2016 年度各省区市的绿色发展指数。相对应的，考虑环境改善是一个缓慢且持久的过程，本文针对绿色发展指数的环境政策绩效评估实证选取 2010 年至 2016 年期间的政策工具数据；各政策工具的应用力度采用年均数量进行测度。

此外，在上述环境政策相关数据基础上，本文引入地理区域以及经济发展状况对环境政策绩效的影响，以刻画我国环境政策组合的省级及区域差异。首先，按照我国地理区域划分标准，我国南方与北方的分界线是秦岭—淮河一线到青藏高原东南边缘，本文沿用此标准，处于北方地区的省区市定义为 1，处于南方地区的省区市定义为 0；其中，北方省区市有 12 个，南方省区市有 10 个。其次，类似环境政策工具年均数量的构建方式，本文以 2010 至 2016 年期间的年均人均 GDP 衡量各省区市的经济状况，考察经济发展情况对环境政策工具组合的影响。

表 1　各省区市环境政策工具及经济环境发展状况描述性统计

	价格型	支持型	强制型	数量型	自愿型	人均 GDP	绿色发展指数
最大值	12.75	62.00	50.75	38.75	30.75	9.46	83.71
最小值	0.00	0.00	0.57	0.00	0.14	2.31	75.20
平均值	2.73	8.95	12.57	9.33	7.27	4.50	79.33
中位数	2.15	3.48	7.21	5.29	5.86	3.59	79.31
标准差	2.90	13.35	12.20	9.27	7.58	2.00	1.95

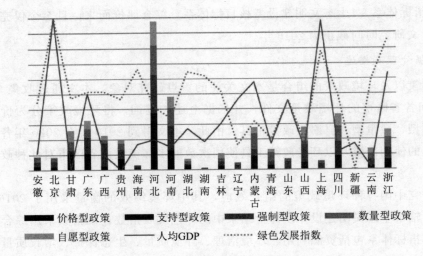

安徽 北京 甘肃 广东 广西 贵州 海南 河北 河南 湖南 湖北 吉林 辽宁 内蒙古 青海 山东 山西 上海 四川 新疆 云南 浙江

■ 价格型政策　　■ 支持型政策　　■ 强制型政策　　■ 数量型政策

■ 自愿型政策　　—— 人均GDP　　······ 绿色发展指数

图1　样本数据基本情况

按照定性比较分析（QCA）方法中清晰集的研究思路，本文在上述数据整理基础上按照"二分归属"原则给予各个指标0—1赋值。借鉴郭元源等（2019）[14]研究思路，各种政策工具按照政策数量的多寡进行赋值，以样本中位数为临界点，环境政策工具数量高于整个样本中位数的省区市赋值为1，否则赋值为0。人均GDP以及绿色发展指数采取相同的赋值方法。由此，本文按照研究设计将收集的基础数据转化为真值表，如表2所示。

表2　环境政策真值表

价格型 (JG)	支持型 (ZC)	强制型 (QZ)	数量型 (SL)	自愿型 (ZY)	人均 GDP (RGDP)	地理位置 (DL)	绿色发展指数	频率
0	0	0	0	0	1	0	1	2
0	1	1	1	1	0	0	1	2
1	1	1	1	1	1	0	1	2
1	1	1	1	1	1	1	0	2
0	0	0	0	0	0	0	1	1
0	0	1	0	0	0	0	1	1
0	0	0	0	0	0	1	0	1
0	0	0	0	0	1	1	1	1
1	0	0	0	0	1	0	1	1
1	0	0	1	0	0	0	1	1
0	0	0	0	1	1	0	1	1
0	0	1	0	0	0	1	0	1
1	1	1	1	1	0	1	1	1
1	1	0	1	1	1	1	1	1
1	1	1	1	1	0	0	1	1
1	1	1	0	1	1	1	1	1
1	1	1	1	1	1	1	0	1

四、定性比较分析与讨论

本文将各种政策工具以及地理区域及经济发展变量称为条件变量，衡量各案例环境状况的绿色发展指数称为结果变量。在进行 csQCA 分析时，首先要检验各条件变量是否是结果变量的必要条件，然后再对不能构成必要条件的变量进行组合分析。

1. 必要条件检验

一致性（Consistency）分值决定了条件变量是否为结果变量的必要条件。当一致性检验结果大于 0.9 时，认为该变量是结果产生的必要条件，即表明该变量是结果变量发生不可或缺的因素。表 3 给出了各变量必要性检验结果，从一致性得分来看，所有变量均不构成结果变量绿色发展指数的必要条件。这也说明单个环境政策变量的改变对绿色发展指数的独立解释能力较弱，因此对这些环境政策工具展开构型分析是有必要的，以寻找提升区域绿色发展状况的最优环境政策组合。

表 3 必要条件检验结果

条件变量	一致性 （Consistency）	覆盖率 （Coverage）
JG	0.272 7	0.272 7
~JG	0.727 3	0.727 3
ZC	0.363 6	0.363 6
~ZC	0.636 4	0.636 4
QZ	0.454 5	0.454 5
~QZ	0.545 5	0.545 5
SL	0.363 6	0.363 6
~SL	0.636 4	0.636 4
ZY	0.454 5	0.454 5
~ZY	0.545 5	0.545 5
RGDP	0.636 4	0.636 4
~RGDP	0.363 6	0.363 6
DL	0.181 8	0.166 7
~DL	0.818 2	0.900 0

注：各符号所代表的条件变量见表 2；符号~表示不存在，~A 即表示条件 A 不满足。

2. 环境政策组合分析

单个条件变量不能构成结果变量必要条件的前提下，有必要开展构成结果变量充分条件的条件变量组合因素分析，即展开有益于提升区域绿色发展指数的环境政策组合分析。借助定性比较分析软件，能够将案例构建的真值表分析得到复杂（complex solution）、简单（parsimonious solution）和中间（intermediate solution）三组解，三组解分别包含了不同的逻辑余项，进而构成了不同的反事实条件组合；其中，复杂解是排除了所有反事实条件的组合，简单解则相反涵盖了大量的反事实条件组合，中间解则介于二者之间，其涵盖了少量的反事实条件组合，但数量要少于简单解。通常情况下，由于中间解更接近于理论现实而又不像复杂解那么复杂，研究人员往往倾向于采用中间解作为条件变量组合分析的结果[15]。

表 4　环境政策组合提升区域绿色发展指数的路径

	条件组合	raw coverage	unique coverage	consistency
复杂解	~JG * ~ZC * ~SL * ~ZY * ~GDP * ~DL	0.1818	0.1818	1.0000
	~ZC * ~QZ * SL * ~ZY * GDP * DL	0.2727	0.2727	1.0000
	~JG * ~ZC * ~QZ * SL * ZY * GDP * DL	0.0909	0.0909	1.0000
	~JG * ZC * QZ * SL * ZY * ~GDP * ~DL	0.1818	0.1818	1.0000
	JG * ZC * QZ * SL * ZY * GDP * ~DL	0.1818	0.1818	1.0000
	solution coverage		0.9091	
	solution consistency		1.0000	
简单解	~JG * ~DL	0.5455	0.1818	1.0000
	~JG * ZY	0.2727	0.0909	1.0000
	GDP * ~DL	0.4545	0.2727	1.0000
	solution coverage		0.9091	
	solution consistency		1.0000	
中间解	~JG * ~ZC * ~SL * ~ZY * ~GDP * ~DL	0.1818	0.1818	1.0000
	~ZC * ~QZ * SL * ~ZY * GDP * ~DL	0.2727	0.2727	1.0000
	~JG * ~ZC * ~QZ * SL * ZY * GDP * DL	0.0909	0.0909	1.0000
	~JG * ZC * QZ * SL * ZY * ~GDP * ~DL	0.1818	0.1818	1.0000
	JG * ZC * QZ * SL * ZY * GDP * ~DL	0.1818	0.1818	1.0000
	solution coverage		0.9091	
	solution consistency		1.0000	

表 4 给出了环境政策组合提升区域绿色发展指数的组合路径。从分析结果看，本文所构建的五个环境政策工具以及区域经济状况、区域地理位置，七个条件变量组成了五条影响区域绿色发展指数的路径。这些路径的一致性达到 100%，说明上述条件变量组合对绿色发展指数这一结果变量的说服能力非常强。中间解总覆盖率达到 90.91%，表明中间解五个组合路径覆盖了研究样本 90.91% 的案例。

3. 结果变量前因条件构型及组合路径行为解释

定性比较分析法是以布尔代数的运算为核心，这一方法能够找出条件变量与结果变量之间的复杂因果关系，能够探寻自变量与因变量之间存在非对称（相同政策在不同区域产生了不同的效果）的因果关系，特别是该方法区分了因果的核心、边缘和非对称性，进而有助于聚焦因果过程中的政策功能分析；其中，核心条件与结果变量具有强因果关系，边缘条件与因果变量的关系相对较弱。在 fsQCA 分析解中，可以清晰地得到核心条件与边缘条件，同时出现在简单解和中间解中的条件变量称为核心条件，若变量仅出现在中间解而不在简单解内的，则称为边缘条件。基于此，本文得到区域环境政策绩效的前因条件构型（表 5）。

表 5 区域环境政策工具的环境政策绩效前因条件构型

条件变量	构型				
	M1	M2a	M2b	M3a	M3b
JG	⊙	—	•	⊙	⊙
ZC	⊗	⊗	•	⊗	•
QZ	⊗	⊗	•	—	•
SL	⊗	⊗	•	—	•
ZY	●	⊗	•	—	•
RGDP	•	●	●	•	⊗
DL	•	⊙	⊙	⊙	⊙
一致性	1.000 0	1.000 0	1.000 0	1.000 0	1.000 0
覆盖率	0.090 9	0.272 7	0.181 8	0.181 8	0.181 8
净覆盖率	0.090 9	0.272 7	0.181 8	0.181 8	0.181 8
总一致性			1.000 0		
总覆盖率			0.909 1		

注：表中 ● 或 • 表示构型中该条件变量存在；⊙ 或 ⊗ 表示构型中该条件变量不存在；—表示该条件变量可有可无；● 和 ⊙ 表示该条件为核心条件； • 和 ⊗ 表示该条件为边缘条件。

从表 5 构型结果看，本文五条政策组合路径的一致性均大于 0.8，表明所构建的因素组合均能正向促进结果变量的提升。由于不同案例之间的细微差异都不够被 QCA 软件放大，进而形成了不同的构型组合，因此组合路径分析中通常将具有相同核心条件的构型进行归并，进而对组合路径展开行为解释。但是本文在条件变量选择时，除了五种政策工具还将区域经济发展状况以及区域地理位置考虑在内，本文认为区域环境绩效不仅仅受自身环境政策的影响，最基本的地理位置以及经济发展情况均能形成对环境绩效的影响；这一点是符合基本事实的，例如云南、海南等天然环境优越的地区，其环境绩效本身就好于自然环境偏差的地区。基于此，本文考虑核心变量的同时，依据区域经济状况以及地理位置归并组合路径，以探究不同基础条件下的区域环境政策组合。

（1）北方经济发达地区

构型 M1 描述了这一区域环境政策组合特征。对于北方经济发达地区，改善环境状况的核心条件是自愿型环境政策和非价格型环境政策，这说明北方经济发展状况良好的省区市，可以通过加大自愿型环境政策实施力度来提升环境状况；与此同时，支持型、强制型以及数量型环境政策均不能起到改善环境品质的作用，尤其是价格型环境政策，对改善环境品质的作用力度明确为无效。因此，处于北方地区，且经济发展状况优良的省区市，应加大自愿型以及减少价格型环境政策工具，通过鼓励公众参与、加强公众监督，减少税费等措施，实现区域内环境治理的自我监督与纠正机制，从而提升环境状况。

（2）南方经济发达地区

构型 M2a 和 M2b 描述了这一区域环境政策组合特征。对于南方经济发达地区，存在两条改善环境状况的政策组合路径，但这两条路径的核心条件都是区域经济发展状况以及南方的地理位置，而其他五个环境政策则被分成了两个类别，其一是五种环境政策均不能起到改善环境质量的区域，其二是五种环境政策组合能够改善环境品质的区域。可见，2010 年至 2016 年的样本区间内，南方经济发达地区的环境政策工具所起到的作用存在极大的区域特征，不过本文研究方法并没有完成这些区域特征的挖掘。

（3）南方经济欠发达地区

构型 M3a 和 M3b 描述了这一区域环境政策组合特征。对于南方经济欠发达地区，同样存在两条改善环境状况的政策组合路径，而这两条路径的核心条件是非价格型环境政策以及南方的地理位置。对于路径 M3a，强制型和自愿型环境政策可有可无，而支持型和数量型环境政策都对环境改善起着相反的作用。对于路径 M3b，支持型、强制型、数量型和自愿型环境政策组合能够提升区域环境质量。可见，对于南方经济欠发达地区，样本期间内的环境政策组合也存在不确定性。不过相对于经济发达地区，欠发达地区采取价格型环境政策工具是不明智的，这可能是"税费类"的环境政策损害区域内企业利润，拖累经济发展，甚至引起污染性企业的隐蔽性污染物排放，导致环境质量难有提升。

综上，本文借助比较定性分析软件，构建了省级区域五条环境政策改善环境质量的路径。进一步分析，本文依托区域经济发展状况及地理位置，同时考虑核心条件，将五种路径分为三类；其中分别描述了北方经济发达地区、南方经济发达地区以及南方经济欠发达地区的环境政策组合路径。从研究结论看，自愿型环境政策更适合北方经济发达地区，而对于南方地区，不论经济发展情况如何，均不能探寻出明确的环境政策组合。此外，对于北方欠发达地区的环境政策组合，本文也没能够得到有效结论，这可能和本文案例样本不足有关。而南方地区环境政策组合的不明确性，可能与样本选取期间以及绿色发展指数这一结果变量有关；特别是绿色发展指数这一变量，其既涵盖了区域环境发展情况，又涵盖了经济、自然资源等多个方面，而对于南方地区，自然环境相对优越，因此人为的环境政策就难以起到有效的作用，这一逻辑恰恰印证了本文研究过程及结论的正确性。

五、总结与启示

本文通过查阅全国 31 个省区市生态环境厅（局）网站中公开的环境政策，借助文本分析以及环境政策分类方法，以关键词形式将各省区市环境政策归纳到五种环境政策框架之内，组成各省区市环境政策组合措施。在此基础上，选用 2016 年生态文明建设年度评价结果中的绿色发展指数作为各省区市环境政策绩效；最终选取其中 22 个省区市组成环境政策案例，同时将各省区市地理位置及经济状况纳入环境政策组合，借助 QCA 方法探寻能够促进环境绩效的政策组合。

研究结果显示，①样本期间内，现有政策组合对绿色环境指数的促进作用都不明显，但南北方地区以及经济发展状况给环境政策绩效带来了明显影响。②北方经济发达地区，自愿型和非价格型环境政策组合能够促进区域绿色发展指数的提升。③南方经济发达地区，五种政策组合均没有表现出明确的绿色发展指数促进作用，但南方地理位置以及发达的经济是该地区绿色发展指数的推动因素之一。④南方欠发达地区，非价格型环境政策以及南方地理位置有助于提升绿色发展指数，但具体哪种政策组合该方法没有给出明确结论。

因此，结合本文研究结论，我们发现绿色发展指数的提升具有极大的区域差异性，各地区应根据自身情况制定环境政策。对于经济发达的北方地区，自然环境相对较差，但以群众参与为主的自愿型环境政策能够有效促进绿色发展指数的提升。而南方地区，自然环境相对优越，各种环境政策所起到的作用基本被自身优势所掩盖，因此南方地区应根据自身情况，制定更有针对性的环境政策，以促进区域环境的进一步提升。此外，虽然 QCA 方法具有极大的非线性因果关系处理能力，但受样本数据限制，本文并没有识别出更为全面的结论，例如对于北方欠发达地区如何促进环境指数的提升，南方应该具体采取哪种环境政策，均需要其他研究方法的介入。

参考文献

［1］周莹. 基于有效性分析的创新政策组合模式研究 ［J］. 中国科技论坛. 2021 （1）：10-16.

［2］Martin L. Weitzman. Prices versus quantities ［J］. Review of Economic Studies，1974，41：50-65.

［3］Michael Hoel，Larry Karp. Taxes and quotas for a stock pollutant with multiplicative uncertainty ［J］. Journal of Public Economics，2001，82 （1）：91-114.

［4］Amyaz A. Moledina，J. Coggins，C. Costello. Dynamic environmental policy with strategic firms：prices versus quantities ［J］. Journal of Environmental Economics and Management，2003，45 （2）：356-376.

［5］曹静. 走低碳发展之路：中国碳税政策的设计及 CGE 模型分析 ［J］，金融研究. 2009 （12）：19-29.

［6］许士春. 排污税与减排补贴的减排效应比较研究 ［J］，上海经济研究. 2012，24 （7）：14-21.

［7］Paul Lanoie，Jérémy Laurent-Lucchetti，Nick Johnstone，Stefan Ambec. Environmental Policy，Innovation and Performance：New Insights on the Porter Hypothesis

[J]. Journal of Economics & Management Strategy，2011，20（3）：803-842.

[8] Stefan Ambec，Philippe Barla. Can Environmental Regulations be Good for Business? an Assessment of the Porter Hypothesis [J]. Energy Studies Review. 2006（14）：42-62.

[9] 牛美晨，刘晔. 提高排污费能促进企业创新吗？—兼论对我国环保税开征的启示 [J]，统计研究，统计研究. 2021，38（7）：87-99.

[10] 杜龙政，赵云辉，陶克涛，林伟芬. 环境规制、治理转型对绿色竞争力提升的复合效应—基于中国工业的经验证据 [J]，经济研究. 2019，54（10）：106-120.

[11] 原毅军，谢荣辉. 环境规制与工业绿色生产率增长—对"强波特假说"的再检验 [J]，中国软科学. 2016（7）：144-154.

[12] 康志勇，汤学良，刘馨. 环境规制、企业创新与中国企业出口研究—基于"波特假说"的再检验 [J]，国际贸易问题. 2020（2）：125-141.

[13] 李冬琴. 环境政策工具组合、环境技术创新与绩效 [J]，科学学研究. 2018，36（12）：2270-2279.

[14] Fabio Iraldo，Francesco Testa，Michela Melis，Marco Frey. A Literature Review on the Links between Environmental Regulation and Competitiveness [J]. Environmental Policy and Governance 2011，21（3）：210-222.

[15] 王林辉，王辉，董直庆. 经济增长和环境质量相容性政策条件—环境技术进步方向视角下的政策偏向效应检验 [J]，管理世界，2020（3）：39-59.

[16] 郭元源，葛江宁，程聪，段姗. 基于清晰集定性比较分析方法的科技创新政策组合供给模式研究 [J]，软科学，2019，01（33）：45-49.

[17] Fiss，P. C. Building better causal theories：A fuzzy set approach to typologies in organization research [J]. Academy of Management Journal，2011，54（2）：393-420.

论环境民事公益诉讼生态修复赔偿金
管理模式及路径选择

潘凤湘[1]　李故瑶

（湖南理工学院政法学院　湖南岳阳　414000）

摘　要：《民法典》的颁布，让绿色原则成为生态环境保护强有力的指引，其修改环境侵权责任并规定了生态破坏责任、环境侵权惩罚性赔偿、生态修复责任等。在司法实务中，生态修复赔偿是非常重要的一个环节，生态修复赔偿金管理模式采取不同模式，其规范化、标准化可更系统、高效地修复生态环境。我国环境民事公益诉讼生态修复赔偿金管理模式面临着法律依据不足、赔付受理主体不固定、生态修复资金管理监督难度大、环境民事公益诉讼经常耗费巨额诉讼费用与赔偿金等问题。本文立足于司法实践，探索目前我国环境民事公益诉讼生态环境修复中赔偿资金管理模式及路径选择。

关键词：环境民事公益诉讼；生态修复；生态环境损害赔偿；赔偿金管理模式

随着环境公益诉讼在我国的发展，有效地保护生态环境、修复生态系统，维护公众共用物，保存荒野资源等，越来越受到重视。司法作为生态环境救济的一种重要手段，能够发挥重要作用，但是司法诉讼并不是最终目的，而保护和修复生态环境、公众共用物、荒野资源才是终极目标，以使其恢复原状。"环境司法是实施实体法上规定的环境法律制度和环境法律责任最为正式也是最终的法律机制"[1]，在人类法制文明的发展史上，公益诉讼堪称一项饱含道德情怀、寄寓高尚目标的司法制度创造[2]。因此，具有恢复性司法特征之环境民事公益诉讼通过审判有效地实现恢复生态环境、公众共用物、荒野资源的原始状态和多元功能，尤其是其生态系统功能、环境功能等非经济内在价值的恢复。在这一过程中，比较重要的是生态修复，其是恢复原状目标实现的关键点，需要采取绿色手段修复生态，倘若部分或全部无法原地原样恢复的，那么则需要采用替代性修复。总之，在我国生态文明建设阶段，司法走向生态化，环境公益诉讼在生态治理中发挥着重要作用，加之，环境

1　[基金项目] 本文系湖南省社科成果评审委一般项目"新时代我国荒野综合治理法治化研究"（项目编号：XSP21YBC474）、国家社科基金后期资助项目（项目编号：21FFXB067）和湖北省社会科学基金后期资助一般项目（项目编号：2018142）阶段性成果。

[第一作者] 潘凤湘，湖南湘潭人，法学博士，硕士生导师。主要研究方向为环境法基础理论。

公益诉讼并不是你输我赢的"零和博弈",而是需要寻求人与自然和谐共处、共存、共荣的最优解,因此,通过环境民事公益诉讼后的生态修复赔偿金如何用于修复生态环境、修复到什么程度、资金谁管理、资金谁监督等一系列问题需要解决,这关乎最终生态环境、公众共用物、荒野资源的恢复,关乎美丽中国绿色发展。本文结合司法实践,对我国环境民事公益诉讼生态环境修复中赔偿资金管理模式进行讨论,以展望最适宜的路径选择。

一、环境民事公益诉讼概念及特殊性

(一)环境民事公益诉讼的肇始

公益诉讼最早起源于古罗马法时期,现代意义上的公益诉讼源于 20 世纪 50—60 年代的美国民权运动。环境公益诉讼是受 1970 年美国《清洁空气法》中的公民诉讼发展起来的。与环境公益诉讼类似的有德国团体诉讼[3]、日本民众诉讼[4]等。结合国外公益诉讼,一般意义上,环境公益诉讼是指自然人、法人、政府组织、非政府非营利组织和其他组织认为环境公益受到侵害时向法院提起的诉讼,或者说因为法律保护的公共环境利益受到侵犯时向法院提起的诉讼。[5]环境公益诉讼区别于传统私益诉讼,在于其实质上保护的是环境公益,即"不特定多数人所能直接感受、享受的环境利益,是指不特定多数人共同享受或共同使用的环境利益"[6],其主要涉及公众共用物,包括生态环境、荒野等。

在我国,结合 1989 年的《环境保护法》、1999 年《海洋环境保护法》、2005 年国务院《关于落实科学发展观加强环境保护的决定》、2008 年《水污染防治法》、2012 年《民事诉讼法》、2014 年《环境保护法》、2014 年《最高人民法院关于审理环境民事公益诉讼案件适用法律若干问题的解释》、2015 年《关于贯彻实施环境民事公益诉讼制度的通知》、2015 年《人民检察院提起公益诉讼试点工作实施办法》《检察机关提起公益诉讼试点方案》、2016 年《人民法院审理人民检察院提起公益诉讼案件试点工作实施办法》以及 2008 年无锡市中级人民法院和无锡市人民检察院《关于办理环境民事公益诉讼案件的试行规定》、2010 年《贵阳市促进生态文明建设条例》、2013 年《贵阳市建设生态文明城市条例》、2015 年《广东省环境保护条例》等来看,我国环境公益诉讼已经基本形成,因此,在我国,环境公益诉讼是指由法律规定的机关、组织针对违反环境法律规范、侵害环境公益的行为,将相关行为人作为被告提起的诉讼,是为了保护环境公益而向人民法院提起的公益诉讼。环境民事公益诉讼是民事诉讼与环境公益的结合,其本质上维护的是生态环境公益,如公众共用物中最为重要、最为原始、最为自然的荒野资源。它是任何具有原始与自然特征的区域,受人类直接或间接活动影响较小,或未受到人类破坏与阻碍,是自然性、原始性的景观、河流、沙漠、草原、湖泊、原始森林、公共土地等自然资源、生态系统、自然遗迹等类型,是具有多元价值、多重属性的生态产品。[7]公益诉讼是使其得到救济的一种重要途径。

（二）环境民事公益诉讼的概念

环境民事公益诉讼是环境公益诉讼中的一种，对于环境民事公益诉讼的定义众说纷纭。从原告角度看，其是检察机关作为法定主体，有权提起环境民事公益诉讼，且其应当是公益诉讼的最佳主体[8]；从客体角度看，环境民事公益诉讼的范围排除行为人破坏环境造成属于私益范畴的财产损害、人身伤害、精神损害，其将行为人侵权行为造成的环境污染以及生态破坏划为公益保护范畴，从而将其作为其保护客体[9]；从程序要求看，环境民事公益诉讼是指符合条件的社会组织对污染环境、破坏生态，损害社会公共利益的行为，依据民事诉讼程序提出诉讼请求，人民法院依法对其进行审理和裁判的活动[10]。

因此，本文认为：环境民事公益诉讼是由法律规定的相关社会组织[11]和检察机关[12]，对相关行为人实施的违反环境法律规范、侵害环境公益的行为，向法院提起诉讼，请求相关行为人承担民事法律责任，并由法院按照相应审判程序审判的公益诉讼类型和活动。在环境民事公益诉讼中，直接提起诉讼较多的是社会组织团体，而检察机关在一定条件下也提起环境民事公益诉讼，即检察机关在履行职责中发现行为人存在破坏生态环境、损害社会环境公共利益的行为，其依法进行公告，在符合法律和司法解释规定的起诉条件下，有权以公益诉讼起诉人的身份提起环境民事公益诉讼。检察机关提起环境民事公益诉讼之前，需要遵循诉前程序，经过诉前程序，法定的其他机关和组织没有提起诉讼而环境公益仍处于受侵害之中，其可以提起环境民事公益诉讼。

（三）环境民事公益诉讼的特殊性

根据诉讼性质或被诉对象的不同，环境公益诉讼可分为环境民事公益诉讼与环境行政公益诉讼两种，其中，环境民事公益诉讼是指法定主体，根据法律规定，为了保护社会公共环境权益，对违反环境法律、侵害公共环境权益者，向人民法院提起并由法院按照民事诉讼程序依法审判以要求其承担民事责任的诉讼[13]。环境民事公益诉讼与环境行政公益诉讼的相同之处在于：都是指法律规定的机关、组织针对行为人侵害环境公益的行为向法院提起诉讼，基点都是为了维持和保护环境公益，保护公众的共用物及其荒野，而向法院寻求救济的公益诉讼，但是保护环境公益和公众共用物及其荒野，环境公益诉讼是一种途径，除此还有其他途径，如行政调整机制、市场调整机制、社会调整机制，因此，在采取司法途径保护环境公益和公众共用物及其荒野，也需要注重并鼓励社会公众的广泛参与，督促政府履行环境管理、保护、供给职责，发挥社会团体组织的作用。在环境民事公益诉讼中，尤其是社会组织提起诉讼时，更应发挥社会公众的协助作用，其与环境行政公益诉讼有着很大区别，主要体现如下：

其一，从诉讼双方当事人看，环境行政公益诉讼一方是行政主体，是对行政主体环境职权行使与职责履行的监督；而环境民事公益诉讼双方是社会组织或检察机关与作出环境侵权行为的个人、法人或非法人组织。加之，公益诉讼与私益诉讼之不同，环境民事公益诉讼，提起诉讼的主体与环境违法侵权行为并无直接利害关系，提起诉讼的社会组织或检察机关是为了保护环境公益,作为公益诉讼代表人,秉承"利他主义""利社主义""利国主义""利生态主义""生态中心主义",代自然发声,以弥补和矫正"利己主义""强式人类中心主义"之不足,转变生态司法治理模式,实现地球共同体、人类命运共同体利益可持续保护。

其二,从诉讼目的看,环境行政公益诉讼的诉讼目的是针对已作出的环境行政行为进行变更或撤销,从而对不法行政行为进行矫正和监督;而环境民事公益诉讼的诉讼目的侧重于请求侵权行为人承担相应民事责任,从而对一般私主体的环境公益妨碍行为的制裁。[14]依据我国《民法典》总则与侵权责任编、《最高人民法院关于审理环境民事公益诉讼案件适用法律若干问题的解释》的规定,行为人承担民事责任的形式或方式主要有停止侵害、排除妨碍、消除危险、恢复原状、赔偿损失、赔礼道歉、惩罚性赔偿、生态修复。

其三,从诉讼审判原则、程序看,环境行政公益诉讼的诉讼请求侧重于请求法院行使国家赋予的针对行政行为的司法审查监督权,从而达到撤销、变更相关具体行政行为的目的,以维护被侵害的环境公益,法院按照行政类案件的审判原则、审判程序进行审判;而法院审理环境民事公益诉讼是参照民事类案件的审判原则、审判程序进行审判,行使国家赋予的针对环境民事侵权纠纷的审判权,对于环境民事侵权纠纷进行审查与裁决,从而维护被侵害的环境公益,但最为重要的关键点在于环境民事公益诉讼涉及环境公益,环境污染与生态破坏具有复杂性、长期性、潜伏性、紧迫性、不可逆性等,这使得其审理程序设置有别于普通民事诉讼案件。因此,在审理环境民事公益诉讼时,不能完全按照普通民事诉讼程序,需要考虑环境公益、诉讼主体与诉讼标的的利害关系等,因此,需要突破传统民事案件审判程序,在法院受理环境民事公益诉讼后,须在 10 日内通报对被告行为负有监督管理职责的环境保护主管部门,其自收到法院受理环境民事公益诉讼案件线索后,可开展核查,若被告行为构成环境行政违法,应依法予以处理并将处理结果通报法院。

其四,从法律依据看,环境行政公益诉讼依据的是《环境保护法》《行政诉讼法》和相关司法解释等;而环境民事公益诉讼审判依据有《民法典》《环境保护法》《民事诉讼法》《最高人民法院关于审理环境民事公益诉讼案件适用法律若干问题的解释》《关于全面加强环境资源审判工作为推进生态文明建设提供有力司法保障的意见》等,尤其是《解释》《意见》规定:①不仅可对已造成的环境损害提起诉讼,而且对具有损害社会公共利益重大风险的污染环境、破坏生态行为也可提起诉讼,体现风险预防原则;②明确提起环境公益诉讼的社会组织,充分保障其公益诉讼权;③明确生态环境修复程度,能修复的须修复到损害发生之前的状态和功能;无法完全修复的,可准许采用替代性修复方式;④生态环境修复费用难以确定或者确定具体数额所需鉴定费用明显过高的,可以结合污染环境、破坏生态范围和程度、生态环境稀缺性、生态环境恢复难易程度、防治污染设备运行成本、被告因侵害行为所获得利益以及过错程度等因素,并参考负有环境保护监督管理职责部门的意见、专家意见等进行合理确定;⑤倘若同一污染环境、破坏生态行为,既损害环境公益(社会公共利益),又损害私益(公民、法人和其他组织民事权益),有关机关和组织提起公益诉讼不影响受害人另行提起民事诉讼。

其五，从管辖方面看，环境民事公益诉讼的管辖级别有别于环境行政公益诉讼。在管辖级别上，根据《行政诉讼法》，除法律特别规定应由中级人民法院、高级人民法院、最高人民法院管辖的案件外，其余所有一审案件普遍由基层人民法院管辖，《最高人民法院关于行政案件管辖若干问题的规定》中还规定了提级管辖制度，结合图 1（数据来源于北大法宝数据统计），环境行政公益诉讼案件在管辖的级别上，大部分集中在基层人民法院，其次在中级人民法院；而环境民事公益诉讼的管辖级别，目前多地环保法庭的设立逐渐实现对环境案件的专门化审判，结合图 2（数据来源于北大法宝数据统计），我国环境民事公益诉讼在管辖级别上主要由中级人民法院管辖，其次高级人民法院，然后是专门人民法院、基层人民法院以及最高人民法院。在管辖方式上，环境行政公益诉讼主要可分为法定管辖与裁定管辖，分别是由法律明确规定管辖法院以及由法院作出裁定或决定管辖法院，其管辖方式较为局限，没有双方协商的空间；环境民事公益诉讼同样也可分为法定管辖与裁定管辖，但其中通知指定以集中专属管辖，比如贵州省贵阳市的《贵州省贵阳市中级人民法院指定管辖决定书》，将所有涉及环境保护的一审案件指定由清镇市人民法院集中专属管辖，类似情况还有云南省昆明市、玉溪市，江苏省无锡市[15]。

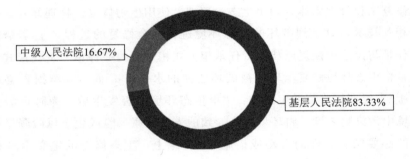

中级人民法院16.67%
基层人民法院83.33%

图 1　环境行政公益诉讼法院级别

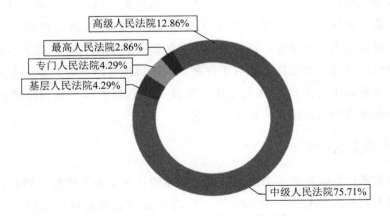

高级人民法院12.86%
最高人民法院2.86%
专门人民法院4.29%
基层人民法院4.29%
中级人民法院75.71%

图 2　环境民事公益诉讼法院级别

其六，从举证责任看，根据《行政诉讼法》及《最高人民法院关于行政诉讼证据若干问题的规定》等，被告主要承担对被诉行政行为合法性的说服责任，原告证明起诉符合法定起诉条件的推进责任；[16]而环境民事公益诉讼被告的举证责任适用《民法典》环境污染和生态破坏责任要件要求，由被告承担无过错责任，实行举证责任倒置，加之结合最高院《关于民事诉讼证据的若干规定》，免责事由也实行举证责任倒置，因此，被告对免责事由或有无因果关系进行举证。

总之，基于环境公益诉讼的终极目的是修复被破坏的生态环境，凡有可能采取一定措施恢复原状的，要在判令污染者承担赔偿责任的同时，责令其或者由第三方机构代替进行恢复原状。[17]这在环境民事公益诉讼责任承担中尤为凸显，因此，在推进环境民事公益诉讼中，需要处理好生态修复问题，这才能实现诉讼目的，并从根本上保护生态环境与维护环境公益。

二、环境民事公益诉讼生态修复责任

生态修复是环境民事公益诉讼后，行为人承担民事责任的形式或方式之一，也是为了使生态环境修复到被污染、破坏之前的状态。不同的学者对其分析有所不同，比较典型的有：周启星、魏树和、张倩茹等人认为生态修复是以修复生态系统为目标，由政府、环保部门等作为修复工程管理主体，利用生态学原理，使用生物修复、物理修复、化学修复等方法并结合相关技术，对受到破坏的生态环境进行综合修复的过程[18]；李挚萍教授认为生态修复责任是与民法中恢复原状的责任承担方式相对应的一种单一责任形式，从而认为生态修复就是将生态环境修复至环境被破坏之前的水平[19]；而《环境损害鉴定评估推荐方法（第Ⅱ版）》对环境修复的定义为："指生态环境损害发生后，为防止污染物扩散迁移、降低环境中污染物浓度，将环境污染导致的人体健康风险或生态风险降至可接受风险水平而开展的必要的、合理的行动或措施"[20]。综上，生态修复的定义本身存在较多争议。本文认为：生态修复应由肩负修复责任或法定的拥有生态环境修复权的部门或委托的第三方机构或组织团体作为生态环境修复主体，采用经济、政治、法律、科学技术等手段以及生物、物理、化学等方法，将受到污染或破坏的生态环境进行修理、治理以恢复原状，对已经造成的生态环境损害，能修复到原状的修复到原始状态；对于不能修复到原状的，则进行替代性修复或补偿修复；对于存在重大环境损害风险的，应采取预防措施，事前进行防范，缓解事中与事后的修复工作，通过这一系列工作，从而降低污染或破坏程度，以使生态环境得到有效维护、改善、治理。

（一）生态修复区别于生态恢复

与生态修复密切关联的是生态恢复，进行修复的目的是为了恢复，因此，两者可以说是手段、过程与目的、目标、结果的关系。生态恢复的定义有较多说法。周启星、魏树和、张倩茹等人认为生态恢复是针对生态系统质量或数量受到破坏，由政府、环保部门、生态环境破坏者或第三方组织团体等作为恢复主体，利用生态学原理，尊重自然规律，使用生物、物理、化学等方法并结合相关技术方法，恢复生态系统原有的功能并达到人与自然和谐相处的效果，使环境生态系统达到最大生态效能，进而发展生态经济。[21]或者从生态恢复具体对象与内容来说，针对未受破坏的生态环境采取预防措施，进行风险防范；针对已受破坏的生态环境则是按照恢复生态学的基本原理采取积极措施以分步骤、分阶段重建并恢复正常的自然生态环境系统，推动自然生态系统重新回归到正向演替状态。[22]由此可以看出：生态恢复是指通过行政调整机制、市场调整机制、社会调整机制，运用经济、生物、物理、化学等多种手段将被污染或破坏的自然生态环境系统恢复到被污染或破坏前的原始状态。根据损害担责原则，"谁污染谁承担责任""谁开发谁保护""谁破坏谁恢复""谁利用谁补偿""谁主管谁负责""谁承包谁负责""环境保护由党政一把手亲自抓、负总责"等。因此，承担恢复责任的主体涉及污染者或破坏者、利用者、主管者等，并且有时为了进行专业化恢复，将恢复工作转交给第三方专业机构或组织治理者，这体现了责任分担的综合治理，以更好地践行全社会、全民绿色发展，不断从国家、社会层面提供公众所需的生态产品。

因此，生态修复区别于生态恢复：首先，就对象而言，生态修复侧重于受到污染或破坏的生态系统环境即实际环境损害的事后救济，而生态恢复对于具有损害社会公共利益重大风险行为，也可采取恢复原状；其次，就治理效果而言，生态修复的治理效果侧重于对环境的修复，使其能够达到不危害当地人类生存以及不影响本地生态相关经济的发展，属于治理生态环境中较为基本的标准，而生态恢复的治理效果更侧重于恢复生态系统功能，以生命共同体思想为导向，达到绿色发展生态经济的较高标准；再次，就治理难度而言，生态恢复的恢复工程需要长期时间、财力、物力投入，并且需要定时进行治理效果检测，其目标并不能一次性实现，而生态修复的修复工程相比于生态恢复时间要短，而且其标准相比较为容易达到，修复资金数额是环境公益诉讼败诉方所缴纳的赔偿资金额度；最后，就治理过程和后果而言，生态恢复涉及生态修复，生态修复是为了恢复原状，两者是密切联系的。

（二）生态修复区别于生态补偿

除此之外，生态修复与生态补偿也具有重要联系，有时在生态修复中通过生态补偿机制实现生态修复。关于生态补偿的定义，王金南、刘桂环、张惠远、田仁生等人认为其是指由生态环境功能受益方作为支付费用主体，而由政府、环保部门等行政主体对生态系统进行治理、修复，在生态环境治理成功之后，该生态环境受益方较为局限，比如流域生态环境、林地生态环境等治理工程，其受益方可能仅局限于其临近的区域[23]。或者说，生态补偿在跨行政区域的情况下，对不同行政区域提出了较高的协作要求，生态恢复的较大受益方且较少投入方需要向较小受益方且较多投入方进行一定程度的金额补偿[24]。由此，本文认为，生态补偿是指由生态环境利益受损方请求受益方进行补偿，或主要受益方通过相关法定机构或组织或其招标第三方采取措施进行生态治理并对其进行监督，根据当地要求进行治理，达到与周边区域发展相契合的效果，实现均衡发展、生态平衡。生态补偿体现公平原则在环境利益受益方与受损方之间的利益平衡。

因此，生态修复也是区别于生态补偿的，主要表现于：首先，就性质而言，生态修复是一项以被污染或破坏的生态环境为对象而进行的工程，而生态补偿则是由生态环境治理中部分受益方采取一定措施付费治理环境并对受损方进行补偿，属于一种激励型生态治理措施；其次，就内容而言，生态修复相比生态补偿采取的措施较为单一，生态修复较多地是采用生态技术等措施治理环境，而生态补偿则侧重以经济手段调节相关利益者间的关系，包括治理环境、对环境内的居民生活以及经济发展进行一定投入；最后，就发展情况来看，生态修复比生态补偿更加成熟和丰富，而生态补偿目前处于初步阶段，依赖于国家财政支持。总之，两者在我国立法、实践中都在不断发展，虽已形成雏形或基本框架，但都需要不断完善。

（三）生态修复责任

关于生态修复责任，李挚萍教授认为生态环境修复责任的承担方式并不单一，包括停止侵害、恢复原状等方式[25]。康京涛博士认为，生态环境修复责任的承担目的是治理生态环境，因此应由损害生态环境的行为人作为承担主体，采取一定措施对环境进行治理，达到治理效果即可[26]。而《民法典》侵权责任编对生态修复责任也有明确规定。因此，生态修复责任应当是以污染环境、破坏生态的行为人为责任主体，采取一定措施治理环境，而在合理期限难以修复的，则由责任人出资，法定的机关或组织来进行修复工作。这部分资金则是生态修复赔偿金，也就是环境民事公益诉讼后败诉的被告方，即违反了环境法律规范并实施了侵害环境公益的行为人赔偿的用于修复被污染或破坏的生态环境的资金。生态修复赔偿金并不是来源于生态环境受益方，而是环境民事公益诉讼被告缴纳的用于生态修复的赔偿资金，这种资金专用于修复生态、恢复环境、维护环境公共利益。

总之，生态修复虽区别于生态恢复、生态补偿，但其与二者有着密切联系，其秉承生态系统整体论，坚持"山水林田湖"是一个生命共同体的理念，树立地球生命共同体观念，采取综合性修复治理手段，多元、全面、系统地把生态环境修复好，处理好环境保护与经济社会发展之间的关系，在协调基础上，实现生态环境保护优先。

三、环境民事公益诉讼生态修复赔偿金管理模式现状、类型化及困境

（一）环境民事公益诉讼生态修复赔偿金管理模式现状

本文搜集近三年环境民事公益诉讼相关案例，对其判决结果进行梳理，发现环境民事公益诉讼生态修复赔偿金管理模式主要有纳入法院管理账户、设立专项账户管理、纳入地方财政管理与设立专门基金管理四种主要模式。

表 1　2019—2021 年部分环境民事公益诉讼案件判决情况

年份	案件名称	判决结果	资金管理方	环境修复方
2019	广东省广州市人民检察院诉张玉山、邝达尧环境民事公益诉讼	1. 被告限定期限内修复环境水质达标，逾期未修复则出资由法院选定第三方修复。 2. 赔偿期间服务功能损失费1 050 万元，上缴国库	地方财政账户	被告
	巴州检察院诉李健环境民事公益诉讼	1. 被告限定期限内修复环境至达标，逾期未修复则出资由法院选定第三方修复。 2. 无惩罚性赔偿费用	人民法院管理账户	被告
	重庆市人民检察院第四分院诉重庆市黔江区刘永中采石场环境民事公益诉讼	1. 被告限定期限内按照起诉方制定的治理方案修复环境至达标，逾期未修复则出资32万余元由法院选定第三方修复。 2. 无惩罚性赔偿费用	人民法院管理账户	被告
2020	重庆两江志愿服务发展中心诉萍乡萍钢安源钢铁有限公司、萍乡宝海锌营养科技有限公司环境民事公益诉讼	消除危险 赔偿损失一千八百万余元	人民法院管理账户	政府以及相关环保部门
	金华市绿色生态文化服务中心诉孟津县汇兴供排水有限公司环境民事公益诉讼	停止侵害 种植绿化并赔偿2 万元	市环保基金账户	市环保基金组织
	中华环保联合会诉山东博汇集团有限公司、山东省环境保护科学研究设计院有限公司环境民事公益诉讼	被告按照专家论证的方案进行修复工作	无	被告
	辽阳市人民检察院诉张景全、薛洪明、孙海林环境民事公益诉讼	1. 赔偿国家资源损失 20 万余元 2. 赔礼道歉	人民法院管理账户	无
	北京市人民检察院第四分院诉张涛环境民事公益诉讼	1. 被告限定期限内修复环境至达标，逾期未修复则出资208 万余元由法院选定第三方修复。 2. 赔礼道歉	指定专项账户	政府机构
	徐州市人民检察院诉江苏泽龙石英有限公司环境民事公益诉讼	被告赔偿生态修复费用 77 万余元	指定专项账户	政府机构

年份	案件名称	判决结果	资金管理方	环境修复方
2021	中国生物多样性保护与绿色发展基金会诉郑州华瑞紫韵置业有限公司环境民事公益诉讼	赔偿生态服务功能损失20万元赔礼道歉	人民法院管理账户	政府以及相关环保部门
	德清县人民检察院诉德清明禾保温材料有限公司环境民事公益诉讼	赔偿生态服务功能损失74万余元	人民法院管理账户	人民法院
	四川省广元市人民检察院诉广元市虎星建材有限公司环境民事公益诉讼	停止侵害 赔礼道歉 赔偿修复费用六十余万元	地方财政账户	政府及相关部门
	诸暨市人民检察院诉浙江山海环境科技股份有限公司、杭州富阳开日再生资源利用有限公司等环境民事公益诉讼	赔偿服务功能损失费62万余元。 赔礼道歉	人民法院管理账户	人民法院

（二）环境民事公益诉讼生态修复赔偿金管理模式类型化

1. 环境民事公益诉讼生态修复赔偿金纳入法院管理账户的模式

由表1可知，约一半多的环境民事公益诉讼案件生态修复赔偿资金是由法院接收，并由法院主管，根据当地生态修复需求进行招投标，由第三方专业修复机构进行生态修复工作。

由法院管理环境民事公益诉讼生态修复赔偿资金之利主要体现为：①由于目前国内环境问题很多是跨流域、跨区域性的，更多采取跨流域综合治理模式，在资金管理上须更多地考虑跨流域、区域性，这种跨流域、跨区域生态修复存在着不同行政区域的政府或相关部门行政职责划分，如果职权职责不明确，则易造成管理难或混乱的困境，而作为环境民事公益诉讼执行标的的赔偿资金在投入生态修复工作的过程中，若由法院统一管理，则能更好地克服这一困境；②目前生态修复资金需求较高，社会组织进行生态修复相对薄弱，而利用公权力对生态修复资金进行管理则可为生态修复工作的顺利执行提供最有力的保障；③在深化司法体制改革的背景下，司法队伍的建设走向专业化、综合化，这也为法院管理生态修复资金账户提供人才基础保障。

但是，将生态修复赔偿资金纳入法院管理账户之弊端也十分明显，法院作为环境民事公益诉讼的审判机关，对于生态修复资金的管理权于法律依据上存在明显不足；另外，法院虽可强制执行，但并非生态修复工作的具体实施部门，因此，在生态修复工作的资金衔接上容易出现效率低下的情况，从而导致生态环境修复速度慢、程度低、效果差的后果。

2. 环境民事公益诉讼生态修复赔偿金设立专项账户的模式

由表1可知,环境民事公益诉讼案件中生态修复赔偿资金较少地由政府设立专项账户接收并在生态修复工作进行中对赔偿金专款专用。

2018年实施的《生态环境损害赔偿制度改革方案》对环境民事公益诉讼生态修复赔偿资金管理模式未进行统一规定,但该方案在全国部分省区市试点的基础上改革了生态环境损害赔偿制度,明确了对造成生态环境损害的责任者严格实行赔偿制度的要求。其将环境民事公益诉讼适格原告的范围扩大到了市地级以上两级地方政府及其职能机构,将这一类政府机关及相关部门纳入生态环境损害赔偿权利人的范围之中。该方案还规定了在环境民事公益诉讼提起之前先进行磋商,即生态环境损害赔偿磋商机制,其中达成的赔偿协议经司法确认后拥有法定效力以约束赔偿人。在全国部分省区市试点改革实践中,为了保证环境民事公益诉讼生态修复赔偿金能够专款专用于相关生态环境修复,多数试点省份选择建立专项账户接收环境民事公益诉讼生态修复赔偿资金。

设立专项账户的优势主要体现在:其一,能够保证赔偿金的专款专用,使得生态修复更加具有效率;其二,将政府机关及相关部门纳入赔偿权利人范围,从一定程度上激发政府机关提起环境公益诉讼的积极性,加强政府对环境问题解决的重视。但是,专项账户也存在弊端,因为设立专项账户的主体一般是政府,并未明确监督主体,所以可能会存在监管不到位、资金使用不透明情形。

3. 环境民事公益诉讼生态修复赔偿金纳入地方财政的模式

由表1可知,环境民事公益诉讼案件中生态修复赔偿资金较少地由地方政府财政账户接收,以及作为政府的非税收入和按照地方财政资金的使用方法将其投入生态修复中。环境民事公益诉讼生态修复赔偿金纳入地方财政这一管理模式,是在设立专项账户的管理模式的基础上加以改进而成。

2017年之后,全国六个省份(湖南、山东、重庆、江苏、云南、贵州)出台了针对生态环境损害赔偿资金的统一管理办法(《湖南省生态环境损害赔偿资金管理办法(试行)》(2017年)、《山东省生态环境损害赔偿资金管理办法》(2018)、《重庆市生态环境损害赔偿制度改革实施方案》(2018)、《江苏省生态环境损害赔偿资金管理办法(试行)》《云南省生态环境损害赔偿资金管理办法(试行)》《贵州省生态环境损害赔偿资金管理办法(试行)》(2020)),其中部分省份开始尝试纳入地方财政的资金管理模式。2018年实施的《生态环境损害赔偿制度改革方案》中有使用这一模式,是仅在被破坏的生态环境无法修复时才会纳入政府非税收入中,上缴国库,其性质是惩罚性的赔偿金。而部分省份使用纳入地方财政的资金管理模式则不局限于生态环境无法修复的情形。

纳入地方政府财政的管理模式相较于设立专项账户,其最大优势就是能够将环境民事公益诉讼生态修复赔偿资金以政府的非税收入进入政府财政系统,受到政府财政的监管体制制约,能在保证赔偿金专款专用的优势基础上保障资金使用过程更加规范,受到更加严格的监督,有效避免监督不到位、资金使用不透明问题。[27]但其也存在弊端,主要也是基于纳入地方财政收入的管理模式仍是政府内部监管，政府将这部分资金投入生态修复前还需要同其他资金一起进行一定的行政报批手续流程，这使得其投入生态修复的使用过程冗长、低效，不利于生态修复及时、有效开展。

4. 环境民事公益诉讼生态修复赔偿金设立专门基金的模式

由表1可知，环境民事公益诉讼案件中生态修复赔偿资金极少由设立的专门基金账户接收，以及由相关环保组织使用并将其投入到生态修复中。这也是目前极少省区市采取的环境民事公益诉讼生态修复赔偿资金管理模式。

目前国内还没有专门针对环境民事公益诉讼生态修复赔偿资金建立专门基金会，但已有部分省区市尝试用环保基金会账户来接收环境民事公益诉讼败诉被告方赔付的生态修复赔偿资金，这种管理模式的优势在于：可完全保证赔偿金专款专用，并且该类基金会对于生态环境修复具备一定的专业知识，在招标第三方进行生态修复时能够选择专业素质更强的机构、组织、团体等，更高效地进行生态环境修复。但目前国内对环境民事公益诉讼生态修复赔偿资金纳入基金进行管理的模式的构建以及基金运作、使用和管理都还需要立法进行规范以及实践经验，因此，对于设立专门基金管理环境民事公益诉讼生态修复赔偿资金的模式的探索还存在较大空间。

生态环境的修复是一项巨大的工程，不仅涉及法律，还涉及科学技术、经济、政治等，不仅需要政府监管，也需要修复主体积极履行修复义务，还需要其他主体的广泛参与。生态环境修复不仅需要采取强有力的法律手段，还需要采取生物、物理、化学等专门性手段，充分运用生态学和综合生态系统方法，在本质上结合修复技术因素、资金管理使用因素与后期监督评估因素，以综合性从整体上修复生态环境。在生态修复过程中，资金管理使用是关键因素，资金来源中，环境民事公益诉讼赔偿资金是其一个重要来源，有时还有政府财政支持、社会捐助、受益者补偿等。因此，构建专门性法律制度以运作和规范环境公益诉讼生态修复赔偿资金的管理，设立适用范围，建立灵活的标准，在当下具有迫切的现实意义[28]。

（三）环境民事公益诉讼生态修复赔偿金管理困境

1. 环境民事公益诉讼生态修复资金管理依据不足

我国2012年《民事诉讼法》、2014年《环境保护法》确立的环境公益诉讼制度以及2020年《民法典》"侵权责任编"确立的生态环境损害修复与赔偿制度以及其他相关政策性规定、司法解释等，是我国生态环境修复资金管理制度的重要依据。另外，《最高人民法院关于审理生态环境损害赔偿案件的若干规定（试行）》对败诉被告方需要赔付的生态环境修复资金的缴纳、管理和使用进行了原则性规定，但并不具体、详细，从而使全国各地环境民事公益诉讼生态修复资金管理模式做法有所不同。由此可以看出，我国环境民事公益诉讼修复资金的管理法律制度不够成熟，虽有雏形，但对于修复资金的缴纳、管理、使用、监督、评估、具体运作等方面处于不完善阶段。

2．环境民事公益诉讼生态修复资金的赔付受理主体不固定

根据上述表格1，我国环境民事公益诉讼生态修复资金受理主体各有不同。其一，受理赔付资金的有地方财政专用账户，也存在纳入地方生态环境局、地方财政、人民法院、专门基金会等，而作为环境民事公益诉讼提起方之社会环保组织则基于其维护生态环境公益的诉讼目的而无法管理败诉被告方的赔偿金。[29]因此，败诉被告方赔付资金的受理主体与赔付资金的使用主体并不完全一致。其二，生态修复资金受理主体大致主要可分为三类：人民法院账户、地方财政账户和基金会账户。不论哪类都没有专门性法律依据指引、规范其管理，生态环境修复资金管理制度建设相对滞后，加之各自存在一定利弊，使得我国环境民事公益诉讼生态修复资金的赔付受理主体不固定，导致修复资金的赔付受理主体与资金的使用主体难以高效衔接，制约着生态环境修复的开展。

3．环境民事公益诉讼生态修复资金管理监督难度大

由于环境民事公益诉讼赔偿金管理主体不同，有的交由地方政府环保部门管理以组织生态环境修复，有的设立环保专项公益基金管理，有的纳入地方财政管理，有的通过专项账户管理。耗费资金大、工时长的生态修复工作容易出现修复不达目标、资金不够的情况。自上而下的纵向监督方面，因为全国各地并没有法律法规来对资金管理主体的确定、招标公司情况及拨付资金使用情况的公示进行统一的规定与监督管理，所以不利于自上而下的统一监督管理；在公众、新闻媒体等横向社会监督方面，由于并没有全国统一环境民事公益诉讼赔偿金管理主体，因此并没有统一的监督平台可供公众、新闻媒体等社会监督，修复资金的流向以及具体使用情况难以完全实现透明化、公开化。

4．环境民事公益诉讼起诉成本高、赔偿费用高[30]

就原告诉讼费用的承担方面，环境民事公益诉讼费用是指为维护环境公益，依法提起诉讼，进行诉讼活动所支出的一切费用，其中包括案件受理费、申请费、调查取证费、鉴定费、勘验费、评估费、律师费以及其他因诉讼产生的费用。[31]根据2015年施行的《最高人民法院关于审理环境民事公益诉讼案件适用法律若干问题的解释》中的规定，原告在交纳诉讼费用确有困难的情况下可以依法申请缓交，并且在诉讼结束后可以请求被告承担检验、鉴定费用，合理的律师费以及为诉讼支出的其他合理费用。根据《人民检察院提起公益诉讼试点工作实施办法》中的规定，人民检察院提起公益诉讼免缴诉讼费。由此可以看出，对于环境民事公益诉讼的原告来说，提起诉讼的案件受理费用与申请费不会构成问题，但是对于大多数缺乏稳定资金来源的社会环保组织来说，诉讼前仍需要自行垫付调查取证费、鉴定费、勘验费、评估费、律师费以及其他因诉讼产生的费用。这几类较高额的费用支出对社会环保组织提起环境民事公益诉讼构成较高的起诉成本。

就被告承担的赔偿金额方面，在环境民事公益诉讼的判决中，大部分判决被告承担巨额的赔偿责任，并且原告提起环境民事公益诉讼所花费的诉讼费用也将由败诉的被告来承担，而如果被告难以承担时，最终将会导致生态环境修复工程难以进行或者造成地方财政缺口的结果。

因此，环境民事公益诉讼较高的起诉成本，使得没有稳定资金支持的民间社会环保组织难以提起环境公益民事诉讼，判决的高额赔偿金使得被告难以承担，这都对现实中生态环境的修复工作开展造成了一定阻碍，使得环境民事公益诉讼制裁侵害公益的行为人以使其承担生态修复责任从而保护生态环境的目的难以实现。

四、完善我国环境民事公益诉讼生态修复赔偿金管理模式及路径选择

（一）域外环境民事公益诉讼赔偿金管理模式经验

在国际上，联合国针对海洋问题成立了国际海事组织，1992 年《国际油污损害民事责任公约》与 1992 年《关于设立国际油污损害赔偿基金的国际公约》（分别取代了 1969 年与 1971 年相应的公约）对船舶产生的油污所造成的海洋损害的责任进行具体规定，并对环境污染受害者进行赔偿，为了更高效补偿受害者的损失，其官方机构成立的基金会对受害者进行赔偿，并且该组织针对生态环境修复问题组织相关国家协同治理，国际海事组织受理侵害海洋环境方赔付的资金并组织和管理各国生态修复工作。[32]

欧洲国家更倾向于由真正的利益相关方来维护生态环境的公共利益，其将生态环境周围的居民作为真正的利益相关者，而民间社会环保组织这类非政府组织则难以成为环境公益诉讼的适格原告。因此，欧洲国家会将环境民事公益诉讼中败诉被告方赔付的资金纳入地方财政账户之中并以此作为对该生态环境周围居民利益的补偿。[33]

在美国，生态修复的目标主要是降低污染物对人类健康或生态带来的风险，因此其开展生态修复工作需要基于当前实现修复目标的能力以及成本效益这两大标准。[34]根据美国 1980 年通过的《综合环境反应补偿与责任法》（又称《超级基金法》）中涉及的环保超级基金相关规定，对被破坏的生态环境的修复工作以及相应资金是由设立的超级基金来统一规划管理，在各州设立超级基金会，由政府提起诉讼向环境侵权人进行索赔，收归基金会的账户进行管理。在资金赔付不及时的情况下，由基金会先行出资进行生态修复工作，这在一定程度上减轻了环境损害赔偿资金的赔付速度对于生态修复工作的影响。[35]再者，根据 1977 年《复垦法》（针对露天开采煤矿），针对生态修复工作的资金与工程开展确立并设立专门基金账户管理环境民事公益诉讼生态修复赔偿资金，规定了生态修复基金的资金源于向相关企业收取的环境税，建立后的基金接收环境民事公益诉讼败诉的被告方赔付的生态修复赔偿资金，基金中八成以上的资金应用于生态环境修复工作，其中二成左右的资金用于其他突发紧急环境修复事项应对，基金中资金的管理、使用则是由政府执法人员进行监督。在环境民事公益诉讼发生前，法律规定相关企业要预缴保证金，以确保企业在开发使用生态环境时能规范开发行为，并且保障企业在环境公益诉讼后即使倒闭也能有足够的资金用于生态修复。具体方法是在生态环境被破坏后由企业修复，修复成果由政府验收后，企业可收回巨额保证金。因此，从源头控制环境公益民事诉讼的发生率，以更好地保护自然环境生态系统。[36]

（二）完善我国环境民事公益诉讼生态修复赔偿金管理的措施

1. 制定专门性法律，完善环境民事公益诉讼生态修复赔偿金管理制度依据

基于我国环境民事公益诉讼修复资金相关法律制度不够成熟，对于修复资金的缴纳、管理和使用方面仍属于立法不完善阶段。因此，本文认为，对于环境公益诉讼修复资金管理制度的立法应当高度结合实际生态修复工作中资金的管理经验，从而制定更加完善、可行的环境公益诉讼修复资金管理相关专门性法律规范。2015 年发布的《生态环境损害赔偿制度改革试点方案》，试点省区市大部分采用了地方财政管理生态修复资金，各省区市对于修复资金管理的详细规定又有不同安排。2018 年开始实施《生态环境损害赔偿制度改革方案》，全国各省区市都相应制定改革方案。因此，应当结合全国各省区市的管理经验，对于生态修复资金管理模式进行更为详细统一的规定并形成适用于全国的更高位阶法律规范。

2. 设立生态修复赔偿金管理模式适用标准，构建多元化环境民事公益诉讼生态修复赔偿金管理模式

在生态损害赔偿制度的改革试点省份中，贵州尝试设立了基金来接收管理生态修复赔偿金。目前国内环境民事公益诉讼生态修复赔偿资金仅有极少部分由设立的专门基金账户接收以及由相关环保组织使用并将其投入到生态修复工作中。大部分都是法院在进行管理，但是也会面对执行难、执行不到位，加重法院的责任。因此，需要构建多元化环境民事公益诉讼生态修复赔偿金管理模式。

首先，需要设立生态修复赔偿金管理模式适用标准。不同模式下，适用标准有所不同，法院、专项账户、地方政府财政、基金，根据其本身组建的不同，其有不同要求，法院需要保持公正司法而不是代替行政执法。因此，应扩大专项账户与专门基金的设立，其管理适用标准应更灵活。

其次，完善约束与监督机制。无论是哪种管理模式，都需要相应的约束和监督机制，以防止资金的滥用或挪用，鼓励设立专门化、专业化基金账户的扩展建立，引入专业人才，法院、政府从外部对其进行监督以使得资金得到专业评估并妥善用于生态修复工作中。

最后，单凭某一主体对生态修复赔偿金进行管理难以克服相应主体所面临的困境与弊端。因此，应鼓励多元共治，根据各地区自然生态环境的不同特点和生态环境修复要求，在法院的监督下，政府发挥相应作用并进行跨区域合作为专项账户和专门基金管理赔偿金模式提高良好的外部条件，并对其进行有效指引和监管以推动生态修复的专业化。同时，随时公布资金使用情况，公开、透明以接受内外部监督，保障资金落到实处。

3. 贯彻预防原则，建立环境保护保证金制度以防范和预警环境损害的发生

根据表 1 可以看出：侵害环境公益的行为多是企业或个人在生产经营过程中作出的，而此类主体进行相关生产经营之前，由于有危害生态环境的风险，一般生产经营或项目开

始前，需要向政府进行报告、备案，或进行环境影响评价，在生产前或项目建设前就缴纳环境保护保证金，并将其纳入生产成本之中，这有利于企业生产中注重环境保护，因为违法成本过高。因此，在遵循预防原则下，尤其是对环境风险的预警和防范，可建立环境保护保证金制度，提前为工业生产或项目开发提供担保，一定程度上从源头控制环境问题的产生。这种事前机制一定程度上预防侵害环境公益的行为的发生或减少生态环境损失，缓解事后救济方式之环境民事公益诉讼生态修复方式的弊端。

（三）我国环境民事公益诉讼生态修复赔偿金管理路径选择

根据域外环境民事公益诉讼生态修复赔偿金管理经验，结合国内环境民事公益诉讼生态修复赔偿金管理实践，我国环境民事公益诉讼生态修复赔偿金管理路径选择可根据美国的超级基金模式以及结合国内环境民事公益诉讼的实际情况，选择合适的路线，既要在设立基金时发挥市场作用，又要根据我国实际受到公众的监督，综合各种路径的优势。因此，本文认为可选择的路径如下：

首先，在全国各地建立专项基金管理环境民事公益诉讼生态修复赔偿金。通过专门性组织进行专项管理以提高资金管理效率。专项基金的构建须在政府的监管下构建，因为生态修复赔偿金是用于公共用途，修复环境、保护环境。因此，需要公权力的监管，这样有利于公共事务的管理。

其次，由政府对基金中资金使用情况进行实时监督，确保资金管理、使用公平、公开、公正，并及时有效公布资金使用信息，以接受社会监督，使得生态修复工作公开、透明、高效。

再次，对于环境民事公益诉讼赔偿金的赔付受理主体不固定情况，国内目前争议较多的是究竟由地方财政管理还是法院账户管理。两者对于赔偿金的管理各有利弊，难以权衡。因此，设立第三方专项基金来进行单独管理并使用资金进行生态修复工作更具有可操作性，以避免资金管理和使用过程中出现的交接不顺畅、效率低下等情况，并有效避免各部门相互推诿责任等问题。

最后，设立专项基金对赔偿金管理、使用并进行生态修复。这是环境民事公益诉讼通过对行为人的制裁以达到最终对受损的生态环境进行修复的目的，也是诉讼不可缺少的末端阶段，可吸收专家学者、专业技术人才参与其中，以更好地修复生态环境。

总之，结合我国环境民事公益诉讼生态修复赔偿金管理模式以及借鉴域外典型特色路径，本文认为：由全国各地区建立专门性基金账户来接收管理赔偿金或设立环境基金会专门运作赔偿金，并借助专业组织、机构、团体作为具体实施生态修复工作的第三方组织、机构、团体，由法院、政府和社会公众对基金中赔偿资金的管理、使用、进行生态修复的第三方机构的招投标以及修复生态环境等行为进行全程监督，这种鼓励综合治理、多元主体协同治理、修复生态环境，可有效实现预防性、恢复性司法的作用，并寻求环境民事公益诉讼的最优解，推动专业化管理、恢复性司法、政府能动监督、社会化综合治理"四位一体"模式构建。

参考文献

[1] 吕忠梅. 环境法学概要 [M]. 北京：法律出版社，2016：234.

[2] 阿计.《检察机关：公益诉讼总动员》系列报道之一公益诉讼之前世历程 [J]. 民主与法制，2018（6）：8-11.

[3] 谢伟. 德国环境团体诉讼制度的发展及其启示 [J]. 法学评论，2013，31（2）：110-115.

[4] 王太高. 论行政公益诉讼 [J]. 法学研究，2002（5）：42-53.

[5] 蔡守秋. 新编环境资源法学（第 2 版）[M]. 北京：北京师范大学出版社，2020：396.

[6] 蔡守秋. 环境资源法教程（第 3 版）[M]. 北京：高等教育出版社，2017：344.

[7] 潘凤湘. 美国荒野法：概念重识、思想变革、制度创新—以 1964 年《荒野法》为基点 [J]. 西部法学评论，2020（5）：116-132.

[8] 段秀燕. 环境侵权公诉制度构建的若干思考 [J]. 中国人口·资源与环境，2003（5）：33-36.

[9] 吕忠梅. 环境公益诉讼辨析 [J]. 法商研究，2008（6）：131-137.

[10] 曹明德. 环境与资源保护法（第 3 版）[M]. 北京：中国人民大学出版社，2016：137.

[11] 罗书臻. 规范环境公益案件审理 切实维护环境公共利益 [N]. 人民法院报，2015-01-07（004）.

[12] 沈寅飞，谢鸣辉，何若愚. 生态检察：司法框架里的尝试与创新 [J]. 方圆，2018（5）：27-33.

[13] 叶勇飞. 论环境民事公益诉讼 [C] //别涛. 环境公益诉讼. 北京：法律出版社，2007：52.

[14] 华蕴志. 环境行政执法与民行环境公益诉讼的功能定位与制度选择 [D]. 山东大学，2020.

[15] 王小钢. 生态环境修复和替代性修复的概念辨正—基于生态环境恢复的目标 [J]. 南京工业大学学报（社会科学版），2019，18（1）：35-43＋111.

[16] 陈全波. 环境民事公益诉讼管辖问题研究 [D]. 重庆：西南政法大学. 2014.

[17] 姜明安. 行政法与行政诉讼法（第 7 版）[M]. 北京：北京大学出版社，2019：464.

[18] 安克明. 大力推进环境民事公益诉讼—孙军工郑学林谈环境资源审判工作 [N]. 人民法院报，2014-07-04（01）.

[19] 周启星，魏树和，张倩茹等. 生态修复 [M]. 北京：中国环境科学出版社，2006：8.

[20] 李挚萍. 生态环境修复责任法律性质辨析 [J]. 中国地质大学学报（社会科学版），2018（2）：48-59.

［21］环境保护部环境规划院. 环境损害鉴定评估推荐方法（第Ⅱ版）［EB/OL］. http://www. mee. gov. cn/gkml/hbb/bgt/201411/t20141105_291159. htm，2021-12-1.

［22］周启星，魏树和，张倩茹等. 生态修复［M］. 北京：中国环境科学出版社，2006：9.

［23］杨胜苏，刘卫柏. 基于恢复生态学的洞庭湖区"山水林田湖草"生态修复研究［J］. 生态学报，2021（16）：6430-6439.

［24］王金南，刘桂环，张惠远，田仁生等. 流域生态补偿与污染赔偿机制研究［M］. 北京：中国环境科学出版社，2014：5-6.

［25］张婕，孙洁，朱明明. 渭河流域生态补偿政策效果评估研究［J/OL］. 资源与产业：1-16［2022-01-08］.

［26］康京涛. 生态修复责任：一种新型的环境责任形式［J］. 青海社会科学，2017（4）：49-56.

［27］王社坤，吴亦九. 生态环境修复资金管理模式的比较与选择［J］. 南京工业大学学报（社会科学版），2019（1）：44-53＋111-112.

［28］郭武，岳子玉. 生态环境损害赔偿金的管理模式选择与法律制度构建［J］. 兰州学刊，2020（12）：68-81.

［29］张卫平. 民事公益诉讼原则的制度化及实施研究［J］. 清华法学，2013（4）：6-23.

［30］郑嘉文. 我国环境民事公益诉讼损害赔偿问题研究［D］. 广州：暨南大学，2020.

［31］裘晓音，贾科. 环境民事公益诉讼相关诉讼费用之探讨［N］. 人民法院报，2017-05- 24（008）.

［32］Måns Jacobsson，"*The International Oil Pollution Compensation Funds and the International Regime of Compensation for Oil Pollution Damage*"，in Jürgen Basedow，Ulrich Magnus eds.，Pollution of the Sea-Prevention and Compensation，Berlin：Springer，2007：137-150.

［33］Juliette Delarue，Sebastian D. Bechte ，"Access to Justice in State Aid：How Recent Legal Developments Are Opening Ways to Challenge Commission State Aid Decisions That May Breach EU Environmental Law"，ERA Forum 22，2021：253-268.

［34］Rebecca A. Efroymson，Joseph P. Nicolette & Glenn W. Suter II，"*A Framework for Net Environmental Benefit Analysis for Remediation or Restoration of Contaminated Sites*"，Environmental Management 34，2004：315-331.

［35］Robert B. McKinstry Jr.，"The Role of State Little Superfunds in Allocation and Indemnity Actions under the Comprehensive Environmental Response，Compensation and Liability Act"，Villanova Environmental Law Journal，1994（5）：83-114.

［36］张成梁，B. Larry Li. 国煤矿废弃地的生态修复［J］. 生态学报，2011（1）：276-285.

碳达峰碳中和研究

碳达峰碳中和背景下推进湖南省绿色交通发展的对策建议

罗会逸[1]

（湖南省人民政府发展研究中心　湖南长沙　410011）

摘　要：2020 年，在第七十五届联合国大会上，我国向世界做出力争 2030 年前二氧化碳排放达到峰值，努力争取 2060 年前实现碳中和的庄严承诺。交通运输是实现碳达峰碳中和的重要领域之一，发展绿色交通是交通强国建设与生态文明建设相互促进的必然选择。在深入调研的基础上，本报告认为，我省绿色交通发展取得一定成效，但要如期实现碳达峰仍面临着挑战和困难，建议下一步完善绿色交通政策体系、健全资源要素保障机制，以"三个转变"（交通运输结构低碳化转变、交通运输装备清洁化转变、出行方式绿色化转变）为重点着力推动绿色交通高质量发展。

关键词：碳达峰；绿色交通；体制机制

一、湖南省绿色交通发展取得的成效

近年来，湖南省交通运输领域严格落实节能减排、绿色发展等相关政策，交通领域绿色化水平显著提升。

1. 交通基础设施不断升级

加大投资和项目建设力度，《湖南省综合立体交通网规划（2021—2050 年）》工作进度全国靠前，道路、航道、码头等级不断提升，为公众出行和道路运输提供便捷的同时，也为交通运输装备节能减排提供最基本的保证。高速公路 2019 年通车总里程为 6 802 km，比 2015 年增加 1 149 km，湖南省等级公路占里程比重由"十二五"末的 90.13% 上升了 4.07%，到达 94.2%。全省内河航道通航里程 11 968 km，等级航道 4 219 km，占总里程 35.3%；其中，三级及以上航道 1 139 km，占总里程 9.5%，二级、三级航道分别增加 374 km 和 65 km，四级以下航道减少 436 km。2019 年全省千吨级泊位数 112 个，比 2015 年增长 6 个。岳阳港是交通运输部创建绿色港口主题性项目中全国唯一的内河港口，项目全部实施完成后将减少碳排放 1.38 万吨。

1　罗会逸，安徽六安人，宏观经济研究部二级主任科员。主要研究方向为决策咨询。

2. 交通运输方式不断绿色化

出台了《湖南省推进运输结构调整三年行动计划实施方案》等政策，进一步推进多式联运，优化交通运输结构。客运交通持续向绿色运输方式倾斜，公路客运从"十二五"末的 90.30％，下降至 2019 年的 81.73％，同期铁路客运则从 7.33％上涨至 15.18％，水路客运占比也小幅上涨。建立了全省城乡客运车辆燃油消耗数据平台，营运汽车百吨公里油耗"十三五"时期下降明显，2019 年为 1.81 升/百吨公里，比 2015 年下降 29.84％。新能源汽车推广有亮点，印发了《湖南省新能源公交车推广应用实施方案》，从 2017 年开始，新增及更换公交车 99％以上均为新能源及清洁能源车辆，居全国第一。

3. 城市交通绿色化步伐不断加快

出台了《绿色出行行动计划（2019—2022）年》，构建轨道交通、公共交通、自行车、步行等多种形式齐全配套、相互衔接的城市公共交通体系绿色出行体系。我省公共汽电运营线路 2019 年总里程为 533 km，比 2015 年增加了 159 km，增长幅度为 45.4％，快速公交线路（BRT）增加了 126.1 km。长沙市的公共汽电车线路网密度居全省第一，中心城区的公共交通站点 500 m 覆盖率 2017 年即到达了 100％；根据高德地图联合发布的 2021 年第一季度《中国主要城市交通分析报告》，长沙绿色出行意愿指数排名全国第三。城市公共绿道不断增加，《长沙市促进互联网租赁自行车规范发展的指导意见（试行）》等相关政策出台，共享单车规范有序发展，绿色慢行交通的出行模式得以实现并健康发展。

二、湖南省交通领域碳达峰面临的形势

尽管我省绿色交通发展取得显著成效，但 2030 年前要实现碳达峰仍面临着严峻挑战。

1. 交通是碳排放的重点领域之一

联合国政府间气候变化专门委员会（IPCC）第五次评估报告显示，交通运输部门是第三大温室气体排放部门，仅次于能源供应部门和工业生产部门。

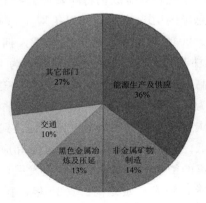

图 1　2018 年湖南省碳排放结构
数据来源：中国碳核算数据库

根据中国碳核算数据库的有关数据，2018年，全国碳排放总量约96.21亿吨，湖南碳排放总量约3.05亿吨，其中能源生产及供应、非金属矿物制造、黑色金属冶炼及压延、交通分列排放量的前4位。

2. 道路运输是交通领域碳排放的主要部门

目前关于湖南不同交通方式的碳排放还没有官方的统计及测算，相关研究也较少。我省交通领域碳排放结构与全国相比有一定的相似性，可根据全国情况类比了解。有研究表明，2018年，全国交通部门的碳排放量中，道路运输、铁路运输、水路运输和民航运输分别占比为73.5%、6.1%、8.9%和11.5%，道路运输占比最高；汽油、柴油、电力和航空煤油在交通部门能源消耗中的占比分别为40.0%、46.1%、1.6%和12.3%，汽油和柴油产生的碳排放在相当一段时间内仍占主体，是未来交通领域深度脱碳面临的主要挑战。

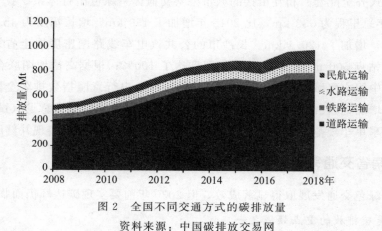

图2 全国不同交通方式的碳排放量

资料来源：中国碳排放交易网

3. 交通领域碳达峰面临较大压力

众多研究表明，交通部门能耗和碳排放仍将随着社会经济高速发展而快速增加。我省交通领域碳排放约占碳排放总量的10%左右，并以年均5%的速度增长。

乘用车辆增长空间较大。2019年，我省私人汽车千人拥有量为117辆，低于全国的161辆，居全国第23位；长株潭私人汽车千人拥有量分别为284辆、128辆和126辆，其他市、州私人汽车拥有量不高。此外，与发达国家对比看，美国、欧盟和日本交通碳达峰时千人乘用车保有量约为845辆、423辆和575辆，我省远低于饱和值水平；碳达峰时，美国、欧盟和日本交通碳排放在总排放中的占比分别达到33%、25%和25%。

新能源汽车市场渗透率低。新能源新技术的不断成熟和应用推广是交通领域碳达峰面临的主要机遇，随着相关政策的密集出台和产业的快速发展，新能源汽车推广取得了一定成效，但与实现碳达峰的要求比还有一定距离。2020年，我省新能源汽车市场渗透率为1.18%，排在中部六省末位。研究表明，要实现2030年交通领域碳达峰，新能源汽车的市场渗透率至少要达到20%。此外，尽管新能源汽车概念热炒，市场发展迅速，但由于续航、充电便捷性、安全性能等还不能满足使用需求，导致民众对于新能源汽车的发展总体持有支持但观望的态度，根据我中心近期调查问卷的结果，有 55.48% 的调查者未来计划购买传统燃油车。

表 1　2020 年中部六省的新能源汽车市场渗透率

区域	新能源汽车保有量（万辆）	市场渗透率（%）
河南	25.06	1.42
安徽	12.82	1.29
湖北	12.53	1.32
湖南	11.26	1.18
山西	10.10	1.33
江西	9.51	1.46

数据来源：车研咨询。

三、湖南省绿色交通发展存在的主要问题

我省绿色交通工作有一定基础，但在碳达峰碳中和背景下存在着如下三个主要问题：

1. 工作机制仍不完善

一是缺乏顶层设计。目前全省碳达峰、碳中和的总体方案尚未出台，更不用提交通运输等行业领域的碳达峰方案。交通运输领域的绿色发展还没有形成普遍共识，导致部分地方和单位对绿色发展的重要性和紧迫性认识还不到位。二是统筹协调难。绿色交通牵涉范围广、涉及部门多，但目前部门间的联动不够，如新能源充电桩需要发改、质监、消防、气象和电网公司等多个部门和机构验收，但验收程序和标准并不一致。三是标准体系不完善，法规标准约束力不够，在管理上对绿色交通的发展缺乏相应的法规制度约束。四是监测统计体系尚未建立。交通运输活动环保节能统计、监测工作基础薄弱，缺乏有效的监测方法和平台，各种运输模式、装备的能耗和污染监测等数据缺乏较为科学、规范的采集。

2. 运输方式发展不均衡

湖南交通运输活动过度依赖道路运输，水路交通和轨道交通等绿色交通方式没有发挥应有优势，交通运输行业能耗和成本过高。我省河网密布、水系发达，水系资源排名全国前列，但航道等级低。截至 2019 年底，全省三级及以上航道占通航总里程的 9.5%，低于全国平均水平（10.9%）；加上各运输方式之间的衔接不畅通，多式联运等现代化手段还没有充分应用，导致货运仍呈现道路交通一家独大的局面，并且"十三五"时期优势仍在扩大，2019 年公路运输货运量占比为 89.41%，比 2015 年增长 3.5 个百分点，而铁路和水路运输货运量则出现下降，货运周转量呈现类似情况。

3. 新能源新技术推广进程较慢

一是新能源汽车覆盖面待拓宽。截至 2020 年底，全省共有营运车辆 34.9 万辆，其中，公交车 3.22 万辆、出租车 3.56 万辆、营运客货车 28.12 万辆，公交车、出租车新能

源和清洁燃料车辆占比分别为 95.51%、79.27%，但受制于续航里程和使用成本等因素，营运客货车新能源和清洁燃料车辆占比仅为 0.34%。二是新能源充电桩等基础设施建设不够，制约了新能源车辆的推广速度。总量不足，根据中国电动充电基础设施促进联盟发布的数据，截至 2020 年底，湖南公共充电桩的车桩比为 6.07，与同为中部地区的湖北（3.75）和安徽（3.29）有较大差距。分布不均，长沙市充电桩数量占全省的比重约为60%，而其他地区发展相对缓慢。建设面临着"三难"：用地难，城市核心区土地资源紧张；接入难，用户侧电力设施、道路管线等改造难度大成本高；盈利难，场站投资大、运营成本高，充电桩利用率常年低于 10%，行业普遍亏损。三是水运绿色发展较为缓慢。岸电设施方面，由于停靠时间短、手续烦琐，船主使用的积极性不高。液化天然气（LNG）应用方面，LNG 动力的建设成本是同功率柴油动力的 6 倍左右，且载客量会减少 20%，市场需求不足；此外，目前我省干流航道的 LNG 加注站还未建成一座。

四、碳达峰碳中和背景下进一步推动湖南省绿色交通高质量发展的对策建议

下一阶段，要坚持目标导向、问题导向，建议以推动"三个转变"为主要抓手，尽快实现交通领域碳达峰，助力绿色交通高质量发展。

1. 完善绿色交通政策体系

一是加强顶层设计。建议参照河南等兄弟省份做法，组建湖南省碳达峰、碳中和工作领导小组，适时召开领导小组全体会议，对碳达峰、碳中和工作进行部署。尽快出台交通领域碳达峰、碳中和实施方案，明确时间表、路线图；健全部门综合协调机制，加强协同合作，推进方案实施。二是健全制度标准体系。制定与我省客观条件相符合且切实能够促进全省绿色交通发展的地方性法规、规章，建立完善相关配套规章、标准和制度体系，参与建设国家的绿色交通标准体系。加快研究制定并推广基于全生命周期交通运输绿色技术评价标准。三是加快建立碳排放监测统计体系。建设全省交通运输行业能耗和碳排放监控平台，运用物联网、大数据等技术手段加强统计核算、标准计量、节能监察等业务能力建设，提高数据可靠性和可信度。建议加强市州和县市区能源监察队伍建设，增设能源统计和碳排放核算岗位。

2. 推动交通运输结构低碳化转变

构建绿色交通运输体系，优化交通运输结构，以推进大宗货物运输"公转铁、公转水"为主攻方向，提高铁路和水运的货运比例，推动多种运输方式平衡发展。一是提升航道等级，构建绿色水运体系。以洞庭湖为中心，对接长江黄金水道，提升"四水"尾闾航道等级。重点建设永州至衡阳千吨级航道、石澧航道、常鲇航道；以解决碍航闸坝、碍航桥梁等瓶颈为重点，提升高等级航道干支衔接和通畅水平。加强港口集疏运通道与产业集聚区的连接，强化港区与高等级公路、城市公共转运、疏港铁路等的衔接，打通港口集疏运"最后一公里"。二是补齐铁路专用线短板，优化升级铁路集疏运体系。铁路专用线是铁路网中的"毛细血管"，可实现铁路干线与重要港口、大型工矿企业、物流园区等的高

效联通和无缝衔接。开展铁路专用线规划研究，加快研究推进城陵矶松阳湖、霞凝新港、华容煤炭储备基地、永州电厂等铁路专用线建设。积极推进铁路场站适货化改造，发展高铁快运。三是加快发展多式联运。充分利用长沙霞凝港、岳阳城陵矶港等公路、铁路和内河交汇聚集的优势，加强道路运输与铁路、水路组织衔接，重点发展集装箱铁路进港，实现与集装箱"水上巴士"无缝对接。

3. 推动交通运输装备清洁化转变

一是加大充电桩等基础设施建设的政策支持，加速新能源汽车的推广。出台充电桩建设运营管理办法。加大对物流通道、国省干道沿线等公共充电桩按照建设规模、成本等给予补贴。加强新能源汽车与电网（V2G）能量互动，开展 V2G 示范应用，统筹新能源汽车充放电、电力调度需求，综合运用峰谷电价、新能源汽车充电优惠等政策，降低新能源汽车用电成本。推动新能源汽车在城市配送、港口作业等领域应用，为新能源货车通行提供便利。二是严格控制车辆污染物排放。逐步执行国Ⅵ排放标准。严格执行机动车环保检验制度，确保机动车尾气符合国家排放标准。完善排放检测与维护制度（I/M制度），控制机动车尾气污染。三是有序发展氢燃料电池汽车。借鉴苏州、成都等地经验，组建湖南省氢能产业创新联盟。依托株洲等地现有氢能及电控、电机、电堆"三电"技术与产业优势，支持开发装备制造及氢燃料电池汽车。开展氢能应用示范，开通示范运营公交线、有轨电车线路及园区物流线路。四是推进运输装备标准化建设。促进短途运输车辆向轻型、厢式、专用型和低耗发展，提高厢式车、集装箱车及专用车占营运车辆的比例。推广集装箱船舶，以发展集装箱专用船舶为主，并适当发展符合集装箱尺寸的大型散装多用船舶。积极开展港口岸电及内河 LNG 动力船舶的试点示范，加快干流航道 LNG 加注站建设。

4. 推动居民出行方式绿色化转变

一是推进"全域公交"建设。建立健全以"城市公共交通＋自行车＋步行"为主体的绿色出行系统，继续推进建设公交专用道、快速公交、城市轨道交通等公共交通系统，通过规划调控、线网优化、设施建设、信息服务等措施不断改善公共交通的通达性和便捷性，逐步提高县级及以上城市公共交通机动化出行的分担率。建设智能公交系统，推进"互联网＋城市公交"发展，实现线路、到站信息查询全覆盖。二是营造绿色出行环境。以长株潭城市群为重点，加快慢行交通系统建设，将自行车等纳入城市交通规划中统筹考虑，实现非机动车与常规交通工具的良好换乘，提高出行效率。利用网络、报刊、公众号等媒体，多渠道、多方式宣传绿色交通发展的重要意义，开展绿色出行等多项主题活动，提高居民绿色出行意识。

5. 健全资源要素保障机制

一是加强科技支撑。强化科研单位、高校、企业等创新主体协同，以我省亟须解决的绿色交通发展技术为重点开展联合攻关，推动科技成果转化与应用。加强智能充电、大功率充电、无线充电等新型充电技术研发。发展智能交通，基于汽车感知、交通管控、城市管理等信息，构建"人—车—路—云"多层数据融合与计算处理平台，开展特定场景的示范应用。二是加大资金支持。设立碳达峰、碳中和专项资金，加大交通运输领域节能增效、减污降碳等重大项目和试点示范工程的建设，建立激励奖补机制。采用 PPP、BOT 等多种模式建设绿色交通项目，吸引社会资本参与，发挥企业资金、民间资本、外资等多种筹资渠道的作用。三是加强人才队伍建设。建立适应产业发展需要的人才培养机制，编制紧缺人才目录，优化汽车电动化、网联化、智能化领域学科布局，引导高校、科研院所、企业加大国际人才引进和培养力度。

参考文献

[1] 张哲，任怡萌，董会娟. 城市碳排放达峰和低碳发展研究：以上海市为例 [J]. 环境工程，2020，38（11）：12-18.

[2] 王勇，韩舒婉，李嘉源，等. 五大交通运输方式碳达峰的经验分解与情景预测——以东北三省为例 [J]. 资源科学，2019，41（10）：1824-1836.

[3] 袁志逸，李振宇，康利平，等. 中国交通部门低碳排放措施和路径研究综述 [J]. 气候变化研究进展，2021，17（1）：27-35.

[4] 胡鞍钢. 中国实现 2030 年前碳达峰目标及主要途径 [J]. 北京工业大学学报（社会科学版），2021，21（3）：1-15.

[5] 谢莹莹. 江苏省碳排放峰值预测与控制研究 [D]. 徐州：中国矿业大学，2019.

[6] 唐祎祺. 中国及各省区能源碳排放达峰路径分析 [D]. 杭州：浙江大学，2020.

低碳经济要求下"碳中和"对湖南企业的影响及对策研究

蔡宏宇[1] 吴 荆 张家斌 马苗苗 罗 航

（湖南工商大学 湖南长沙 410205）

摘 要：碳中和是实现可持续发展的有效途径、推动经济高质量发展的重要手段。课题基于 2010 至 2019 年湖南省 13 个地级市的面板数据，采用熵权法构建碳中和发展水平指标体系，运用随机森林法和多元回归模型测度分析碳中和主要影响因素，利用随机效应模型研究碳中和对湖南省企业的影响。分析发现：碳中和能提高企业绿色全要素生产率，实现经济发展与环境保护的双赢。据此认为：碳中和有助于企业树立良好社会形象、提高长远经济效益，企业社会形象和经济效益的提升又有助于推动碳中和进程；碳中和应统筹处理好局部与全局利益关系，让要素、资源在更大范围内自由流动。

关键词：碳中和；湖南企业；统计测度

一、引言

2020 年 9 月 22 日，在第七十五届联合国大会上，习近平提出，我国将提高国家自主贡献力度，采取更加有力的政策和措施，力争 2030 年前二氧化碳排放达到峰值、2060 年前实现碳中和。碳中和，即通过植树造林、节能减排等方式，实现人类活动产生的二氧化碳排放量与人为二氧化碳吸收量在一定时期内达到平衡。碳中和是一场广泛而深刻的经济社会系统性变革，中国采取行动积极应对气候变化，不仅是勇于担当国际责任的体现，也是实现低碳发展、绿色发展的需要和保障。

为努力实现 2030 年前碳达峰和 2060 年前"零排放"目标，需制定出一套符合国情的减排方案。碳中和作为一种环境治理政策工具，是指通过植树造林、节能减排等方式，减少或抵消已产生的二氧化碳或温室气体排放量，达到相对"零排放"。近年来，国家从不

---

1 ［基金项目］本文系国家社科基金项目"生态环境治理中碳中和对企业影响的统计测度研究"（项目编号：17BTJ014）阶段性成果。

［第一作者］蔡宏宇，教授，硕士生导师。主要研究方向为生态文明。

同角度对碳中和进行研究，主要涉及能源技术、碳交易市场等方面，为进一步制定有效的碳中和政策奠定了理论与实践基础。国家"十四五"规划提出：以推动高质量发展为主题，加快建设现代化经济体系，把主要污染物排放总量持续减少和生态环境持续改善作为主要目标。在高质量发展背景下，如何将碳中和合理融入企业发展中，是个亟须解决的现实问题。本文基于湖南省企业年度数据，摸索湖南省碳中和模式和标准，希望为湖南省企业低碳经济发展、生态环境保护提供参考。

二、碳中和相关文献综述

碳中和研究成果颇丰，当前国内外学术界主要集中研究碳排放强度及效率统计测度、碳中和对企业的影响、碳中和实现路径等领域。

Shrestha & Timilsina（1996）[1]、Busch 等（2011）[2]基于实物产出，陈诗一（2011）[3]基于货币化产出等方法对碳排放强度进行测度；张友国（2014）[4]以国际、国家、区域、城市、产业、企业、居民等不同层面为研究对象对碳排放强度进行测度；余鹏等（2019）[5]引入 TOPSIS、灰色关联理论和矢量投影法构建出动态评价模型，用以衡量区域碳排放效率水平是否存在差异，产业发展是否均衡，而以往针对碳排放效率的研究多为静态评价；王少剑等（2020）[6]首次从城市尺度研究碳排放效率的时刻演变特征，采用超效率 SBM 模型测定城市碳排放绩效；田云、王梦晨（2020）[7]利用 DEA-Malmquist 分解法对农业碳排放效率进行有效测度并分析其时空差异特征，在此基础上运用 Tobit 模型探究影响碳排放效率变化的关键因素。

周志方等（2019）[8]研究碳排放效率与企业价值、制度环境、筹资数量等企业内部因素和社会外部环境因素的关系；曹庆仁、周思羽（2020）[9]从产业层面检验了我国不同类型碳减排政策工具对企业低碳竞争力的影响，发现命令控制型碳减排政策不利于企业低碳竞争力的提升，而市场激励型碳减排政策则有助于提升企业低碳竞争力；张翔祥、邓荣荣（2021）[10]采用 SBM-Undesirable 模型测算碳排放效率，发现碳排放效率和产业结构合理化的耦合协调度较低，碳排放效率和产业结构高级化的耦合协调度处在中度失调和中度协调之间且有明显上升趋势。

尚梅、付玉洁（2019）[11]使用非参数 DDF 模型估计污染物边际减排成本，为制定排污权交易价格提供参考依据；杨萃（2020）[12]分析了碳达峰和碳中和对能源行业特别是对火电企业的影响，阐述了火电企业应对碳排放新趋势的发展策略；李新等（2020）[13]基于能源环境、环境分布、人群健康效益评价等方面建立多模型耦合方法，设计出治理污染、减少碳排放量的最优方案；王灿、张雅欣（2020）[14]针对中国的碳中和目标，面向不同主体的政策需求强调了碳中和社会路径中政府、企业与个人的减排作用，梳理出基于技术路径的碳中和愿景政策体系；翁智雄（2021）[15]提出当前我国在市场政策方面仍处于探索过渡阶段，碳排放权交易制度、以可再生能源补贴为主导的补贴政策、碳税制度这三项措施是实现我国碳中和目标的关键市场化政策；张友国（2021）[16]认为碳中和工作开局应围绕高质量发展，不断提升低碳技术创新水平、充分考虑地区差异性和协同性、加强国际合作，并注重碳中和相关制度与生态环境治理体系的整体协调性。

现有文献在碳中和实现路径、碳排放效率和生态效率研究上已取得较多成果，但碳中和研究尚未形成完备的理论框架和研究体系。存在的不足主要体现在：（1）在以往描述性定性分析方法和案例分析中，尽管有碳中和对生态环境治理的贡献、对个人或组织等主体的影响程度、碳中和影响因素之间的数量关系和内部规律性等相关文献，但仍不够全面。（2）目前碳中和相关研究主要针对国家和省域层面，针对企业等微观主体的研究文献相对较少。（3）碳中和理论研究欠深入，现有研究集中于碳中和在碳市场、污水处理、旅游、建筑等方面的案例分析。基于此，本文基于行业角度，对碳中和与企业发展之间的关系进行机理分析，从碳减排和碳抵消两个层面构建碳中和发展水平指标体系，实证分析碳中和对湖南企业的影响。

三、碳中和与企业发展机理分析

碳中和是企业落实生态环境责任的体现，有助于企业树立良好社会形象；碳中和是企业实现绿色转型升级的途径，有助于企业提高长远经济效益；企业社会形象和经济效益的提升又有助于推动碳中和进程。

（一）碳中和有助于企业树立良好社会形象

企业实施碳中和，是勇于承担环保责任的体现，有利于提高社会声望、树立良好形象。在低碳发展、绿色发展背景下，环境保护、污染治理和节能减排思想越来越成为社会推崇的主流文化。企业自愿实施植树造林、节能减排等碳中和活动，是牺牲部分经济利益服务人民群众的体现，是响应国家发展战略落实环保责任的体现，是顺应时代发展潮流造福子孙后代的体现，树立了服务公众、顾全大局的良好社会形象。

（二）碳中和有助于企业提高长远经济效益

企业实施碳中和，能推动环保观念和先进技术的普及，有利于实现经济发展和环境保护的双赢、提高长远经济效益。碳中和既是企业的必经挑战，也是企业的发展机遇。企业实现碳中和存在技术、资金等方面的难题，尤其许多中小型企业，对碳中和的投入很难在短期内有回报。但从长远角度看，碳中和不仅能促使企业养成简约适度、绿色低碳的观念，还能推动技术升级、实现绿色转型，为企业带来长远经济效益。

（三）企业社会形象和经济效益的提升又有助于推动碳中和进程

企业社会形象和经济效益的提升，能够反哺碳中和，有助于推动碳中和进程。率先实施碳中和的企业，将获得提升社会形象和经济效益的先机、建立企业知名度和技术效率等方面的优势。基于此，碳中和企业的发展理念和模式，不仅能为企业本身带来良好社会反响、实现长远经济效益、反哺自身碳中和水平，也将树立行业典范、赢来整个行业部门的推崇和效仿、推动碳中和总体进程。

四、湖南省碳中和发展水平测度分析

（一）碳中和发展水平指标体系

基于碳中和定义视角，从地区节能减排能力和碳抵消能力两个方面科学选取 13 个测度统计指标，构建碳中和发展水平指标体系，根据标准化指标和熵权法赋权的数值，测度湖南各地市碳中和发展水平综合指数。细化指标及其权重如表 1 所示。

表 1　碳中和发展水平指标体系权重

目标层（A）	准则层（B）	权重	指标层（C）	权重
碳中和发展水平评价体系	碳减排	0.543 7	单位 GDP 能耗 /吨标准煤/万元	0.040 1
			R&D 人员全时当量/人	0.076 1
			R&D 经费/万元	0.069 6
			科技支出/万元	0.052 9
			资源综合利用年收入/亿元	0.091 7
			建筑业总产值/亿元	0.100 0
			私人燃油车拥有量/辆	0.037 4
			天然气供气总量/万立方米	0.075 9
	碳抵消	0.456 3	绿化覆盖率/%	0.233 6
			园林绿地面积/公顷	0.028 5
			环境服务业年收入/亿元	0.189 6
			环境污染治理投资占 GDP 比重/%	0.003 1
			城镇化率/%	0.001 5

其中，单位 GDP 能耗是反映能源消费水平和节能降耗状况的主要指标，指标值越小，表明地区对能源的利用程度越高，所产生的二氧化碳越少；R&D 人员全时当量、R&D 经费、科技支出、资源综合利用年收入综合反映地区低碳技术研发资金的投入份额，低碳技术的研发会提高碳处理效率，减少二氧化碳产生；建筑业总产值、私人燃油车拥有量分别反映地区在建筑业和交通行业的碳减排能力，建筑业和交通行业是我国二氧化碳产生的两大主要来源，其指标值越大，表明行业二氧化碳排放越多；天然气供气量反映地区清洁能源的使用比例，等量的天然气和煤炭燃烧，前者所产生的二氧化碳远低于后者，其指标值越大，二氧化碳排放越低；绿化覆盖率、园林绿地面积反映地区的碳汇水平，碳汇是指森林吸收并储存二氧化碳的能力，指标值越大，表明地区的碳抵消能力越强；环境服务业年收入、环境污染治理投资占 GDP 比重表示政府在碳抵消方面的重视程度；城镇化率是社会系统中的一个重要的评价指标，城镇化率越高，城市化水平越高，直接影响城镇人口数量的变化以及生活方式的转变，进而影响区域的碳排放量。

（二）湖南省地级市碳中和发展水平测度分析

测度得到 2000 年至 2019 年湖南 13 个地级市碳中和发展水平综合指数得分及排名如表 2 所示。

表 2　2010—2019 年湖南省 13 个地级市碳中和发展水平综合指数得分及排名

地区	2010	2011	2012	2013	2014	2015	2016	2017	2018	2019	均值	排名
长沙	0.2210	0.2557	0.2842	0.3542	0.4249	0.4695	0.5247	0.5557	0.6015	0.6533	0.4345	1
株洲	0.0561	0.1139	0.0786	0.0853	0.0864	0.0894	0.0994	0.1106	0.1528	0.1348	0.1007	2
岳阳	0.0605	0.0629	0.0781	0.0777	0.0828	0.0998	0.1132	0.1162	0.1287	0.1365	0.0956	3
郴州	0.0646	0.0554	0.0659	0.0775	0.0825	0.0930	0.1037	0.1175	0.1325	0.1471	0.0940	4
衡阳	0.0603	0.0646	0.0711	0.0747	0.0744	0.0702	0.0746	0.0955	0.1124	0.1171	0.0814	5
湘潭	0.0607	0.0607	0.0587	0.0617	0.0619	0.0587	0.0637	0.0957	0.0974	0.1086	0.0726	6
常德	0.0382	0.0413	0.0461	0.0607	0.0647	0.0693	0.0730	0.0733	0.0788	0.0862	0.0632	7
娄底	0.0531	0.0508	0.0518	0.0496	0.0517	0.0518	0.0456	0.0571	0.0635	0.0564	0.0531	8
益阳	0.0276	0.0279	0.0292	0.0311	0.0424	0.0441	0.0504		0.0666	0.0724	0.0447	9
邵阳	0.0229	0.0229	0.0271	0.0308	0.0342	0.0364	0.0399	0.0519	0.0620	0.0649	0.0392	10
永州	0.0188	0.0194	0.0211	0.0248	0.0264	0.0272	0.0447	0.0444	0.0517	0.0574	0.0336	11
怀化	0.0213	0.0218	0.0217	0.0230	0.0199	0.0230		0.0311	0.0424	0.0380	0.0266	12
张家界	0.0104	0.0063	0.0078	0.0087	0.0089	0.0133	0.0101	0.0114	0.0164	0.0165	0.0110	13

分析表 2 可知，时间维度上，不同地市碳中和发展水平呈现出不同的时序变化。碳中和发展水平较高的地区，如长沙、株洲和岳阳，发展前景较好。其中，长沙得益于碳中和实施时间早、绿色经济基础较好、政策体系较完善，碳中和发展水平综合指数由 2010 年的 0.2210 持续增加到 2019 年的 0.6533，且呈持续上涨趋势；株洲碳中和发展水平综合指数得分最低为 2010 年的 0.0561，最高为 2019 年的 0.1348，2010 到 2011 年出现短暂上升，随后出现"先降低、再升高"的"U"型变动趋势；岳阳碳中和发展水平呈现升高的趋势，最高为 2019 年的 0.1365，最低为 2010 年的 0.0605，碳中和发展态势良好。

空间维度上，碳中和发展水平排名前三位的分别是长沙、株洲和岳阳，对应碳中和发展水平均值分别为 0.4345、0.1007 和 0.0956；排名后三位的分别是永州、怀化和张家界，对应碳中和发展水平均值分别为 0.0336、0.0266 和 0.0110。其中，长沙作为省会城市，碳中和工作中起到带头作用，其碳中和发展水平在全省处于遥遥领先的地位，且碳中和发展趋势正盛，为响应国家政策、有序推进"碳达峰""碳中和"，其先后颁布《长沙市 2021 年度大气（噪声）污染防治行动计划》和《长沙市持续提升空气质量坚决打赢蓝天保卫战三年行动计划（2021—2023 年）》，为其他地市提供政策参考。

五、碳中和对湖南各地市企业的影响分析

运用 Super-SBM-ML 模型，得到湖南省企业绿色全要素生产率；以碳中和发展水平综合指数作为核心解释变量，代表该地市企业碳中和发展水平；以企业绿色全要素生产率作为因变量，代表该地市企业的综合水平；采用随机效应回归模型研究碳中和对湖南省企业的影响。

（一）实证模型介绍

1. Super-SBM-Malmquist-Luenberger 指数模型

Super-SBM-Malmquist-Luenberger 指数模型是一种非径向的数据包络模型。其中，超效率能够将有效单元的效率值突破 1 的限制，实现前沿决策单元之间的比较；SBM 是数据包络分析法中非径向的一种模型，能够通过投入产出关系对全要素生产率进行准确的估计；Malmquist 是一种用于对动态效率的变化趋势进行分析的模型，从 t 期到 t＋1 期的 Malmquist 指数即为绿色全要素生产率的变化。

2. 随机效应模型

随机效应模型（random effects models），简称 REM，是经典线性模型的一种推广。与固定效应模型不同的是，随机效应模型的总效应量是各个研究真实效应量的均数值，并非只注重大样本量的研究，而是为了平衡每个研究的效应量，注重所有纳入的研究。

（二）变量解释与数据说明

1. Super-SBM-Malmquist-Luenberger 模型变量

在投入产出指标方面，选取三大产业从业人数作为劳动力投入的量化指标、工业煤炭消费量作为能源投入的量化指标、资本存量作为资本投入的量化指标、主营业务收入作为经济产出的量化指标、二氧化碳排放量作为污染排放的量化指标。其中，资本存量通过永续盘存法计算得到，固定资产价格指数以 2000 年为基准；二氧化碳排放量的测算根据 IPCC 公式并基于我国统计局最新能源统计数据进行核算。企业绿色全要素生产率投入产出具体如表 3 所示。

表 3 企业绿色全要素生产率投入产出表

变量类别	变量名称	指标	指标名称/计量单位
投入要素	劳动力	三大产业从业人数	Labor/万人
	资本存量	计算结果	Capital/万元
	能源消费	工业煤炭消费量	Energy/亿吨
产出成果	社会经济	主营业务收入	Economy/亿元
	污染排放	二氧化碳排放量	CO_2/亿吨

2. 随机效应模型变量

指标量化方面，选取企业绿色全要素生产率、碳中和发展水平综合指数作为企业综合水平、碳中和发展水平的量化指标，均由计算得到。考虑到数据可获得性、量化可行性、因素重要性，选取控制变量：经济基础水平、财政支出水平、科技创新水平、教育水平、节能环保水平、对外开放水平。各变量指标及其量化方法如表4所示。

表 4　随机效应回归变量表

变量类别	变量名称	指标	指标名称/计量单位
因变量	绿色全要素生产率	企业绿色全要素生产率	Gtfp/亿元
自变量	碳中和	碳中和发展水平综合指数	CN/无量纲
控制变量	经济基础水平	人均地区生产总值	Eco/万元
	财政支出水平	地方一般公共预算支出/地区生产总值	Gov/%
	科技创新水平	科学技术支出/地方一般公共预算支出	Tech/%
	教育水平	教育支出/地方一般公共预算支出	Edu/%
	节能环保水平	节能环保支出/地方一般公共预算支出	Env/%
	对外开放水平	进出口总额/地区生产总值	Open/%

（三）基准回归分析

现基于 2000 至 2019 年湖南省样本数据进行基准回归。考虑到样本数据时间跨度较长，存在宏观经济波动等因素的随机效应影响，故选择随机效应模型进行面板回归，得到基准回归结果如表5所示。其中，A 代表 GLS 随机效应模型，B 代表 ML 随机效应模型，C 代表总体平均模型。

分析表5可知，在 GLS 随机效应模型、ML 随机效应模型、总体平均模型三种回归模型下，碳中和均对湖南省企业绿色全要素生产率产生显著的正向作用，通过的显著性水平均为 5%。这说明碳中和政策能够促进企业绿色全要素生产率，推动湖南省企业核心盈利能力、污染治理能力、技术效率水平等方面的综合提升。

表 5　碳中和对湖南省企业绿色全要素生产率的基准回归

	A	B	C
CN	0.173**	0.181**	0.181**
	−0.0821	−0.0797	−0.0788
Eco	9.32E−08*	9.64E−08*	9.64E−08*
	−1.31E−06	−1.3E−06	−1.3E−06
Tech	0.000 2*	0.000 2*	0.000 2*
	−0.000 1	−0.000 1	−0.000 1

	A	B	C
Edu	−0.0118***	−0.0118***	−0.0118***
	−0.001 9	−0.001 9	−0.001 9
Env	0.007 6*	0.007 9*	0.007 9*
	−0.004 8	−0.004 7	−0.004 7
Constant	0.931***	0.941***	0.941***
	−0.090 3	−0.082 6	−0.081 8
R^2	0.125	0.036	0.317
N	130	130	130

注：*、＊＊、＊＊＊分别表示指标在 10％、5％、1％的显著性水平下显著。

在控制变量方面，经济基础水平对企业绿色全要素生产率的回归系数均显著为正，通过的显著性水平均为 10％，说明企业所在的地市经济基础水平越高，地市整体企业的绿色全要素生产率越高。科学技术水平对企业绿色全要素生产率的回归系数均显著为正，通过的显著性水平均为 10％，说明技术水平的进步能够推动企业绿色全要素生产率的提升。节能环保水平对企业绿色全要素生产率的回归系数均显著为正，通过的显著性水平均为 10％，说明政府对节能环保项目的投入越多，企业也能够受到有利影响。

综上所述，碳中和能够推动企业综合生产水平的提高，使其在经济盈利、污染治理、技术进步方面取得更好效果，实现经济发展与环境保护的双赢。

六、湖南省碳中和政策设计与推进路径研究

近几年来，全球超过 120 多个国家提出了碳中和目标。其中，美国、欧盟和英国等地承诺在 2050 年实现碳中和，乌拉圭、芬兰和冰岛等国家计划实施碳中和的时间更早。我国提前实了 2020 年碳排放强度比 2005 年下降 40％～45％的承诺，并提出 2030 年碳达峰、2060 年碳中和新目标。目前，国外有关碳中和政策主要体现在碳中和标准定义、绿色商品定性和绿色可再生能源发展三个方面，我国试点城市碳中和政策主要侧重于企业碳盘查核算、土地利用碳中和。基于此，借鉴国内外碳中和相关措施，从宏观、政府、企业层面进一步完善湖南省碳中和政策。

1. 宏观层面

第一，扩大碳中和试点范围。2010 年至今，我国已在 87 个省市进行低碳试点。下一步，需在现有低碳试点的基础上升级，面向碳中和开展相关试点工作，以点串线，以线带面，扩大碳中和影响范围。

第二，开展碳标签探索与实践，鼓励企业主动参与认证。碳标签是指在日常消费品包装上标注该产品生产、加工和运输等生命周期过程中的碳排放，在商品销售价格中加征碳排放税，以便消费者在同类商品中选择购买，支付企业额外的碳排放成本。

第三，制定明确的碳中和法律法规，完善碳交易市场的准入规则和相关法律法规。湖南省应制定明确的碳交易市场入场标准。

第四，大力发展绿色清洁能源，实现各类能源融合发展。湖南省的能源资源现状决定未来不可能发展单一能源，需要进行多能互补，鼓励企业实现各类能源融合发展，提高全社会能源整体利用效率。

第五，协调中央与地方、不同地区、不同部门之间的资源分配。立足全局，统一谋划，统筹处理好局部与全局利益关系，突破区域壁垒，让要素、资源在更大范围内自由流动，发挥市场主体作用。

2. 政府层面

第一，出台并完善碳中和相关政策。根据企业经营类别划分高碳、中碳、低碳三类企业，分别给予不同的对策，帮助高碳企业优化产业结构，中、低碳企业控制碳排放量。

第二，明确奖惩机制，适当给予资金扶持。在提供专项培训及指导的前提下，对率先达到碳中和标准的企业给予资金补贴，或是优惠政策，以减轻企业的资金负担，鼓励企业争先实现碳中和。对于不按政策，甚至排污超标的企业实行严厉打击。

第三，加大宣传力度，普及碳中和理念。通过互联网、电视等媒体平台进行知识宣讲，大力宣传碳中和理念，营造人人争先实现碳中和的潮流，使得全民养成低碳出行、低碳环保的意识，让人们了解碳中和对社会健康发展及经济健康发展的重要性。

3. 企业层面

第一，优化产业结构，加快产业低碳转型。高碳企业应削减煤炭发电，大力发展和运用风电、太阳能发电、水电等非化石能源，实现清洁能源代替火力发电，积极研发绿色新能源技术。

第二，从领导和员工自身要求，减少个人碳排放。在企业内部普及碳中和理念，提倡绿色消费、节能减排，鼓励员工节约资源、减少浪费、绿色出行，并将其纳入员工年度考核，对绿色环保个人进行表彰和宣扬，对奢靡浪费之风进行惩罚。

第三，资助节能减排项目，购买碳中和产品进行补偿。在做到前两条建议后，仍不能实现碳中和的企业，可通过购买植树造林、可再生能源项目、节能减排项目等以抵消企业所产生的二氧化碳排放量，以实现碳中和。

参考文献

[1] Ram M. Shrestha，Govinda R. Timilsina. Factors affecting CO_2 intensities of power sector in Asia：A Divisia decomposition analysis [J]. Energy Economics，1996，18（4）：283-293.

[2] Peter Busch. Klaus Wimmer（Hrsg.），Frankfurter Kommentar zur Insolvenzordnung，6. Auflage [J]. Deutsche Zeitschrift für Wirtschafts-und Insolvenzrecht，2011，21

（8）：352.

[3] 陈诗一. 我国碳排放强度的波动下降模式及经济解释 [J]. 世界经济，2011，34（4）：124-143.

[4] 张友国，郑玉歆. 碳强度约束的宏观效应和结构效应 [J]. 我国工业经济，2014（6）：57-69.

[5] 余鹏，马珩，周福礼. 基于级差最大化组合赋权 TOPSIS 灰关联投影法的区域碳效率动态评价 [J]. 运筹与管理，2019，28（12）：170-177.

[6] 王少剑，高爽，黄永源，史晨怡. 基于超效率 SBM 模型的我国城市碳排放绩效时空演变格局及预测 [J]. 地理学报，2020，75（6）：1316-1330.

[7] 田云，王梦晨. 湖北省农业碳排放效率时空差异及影响因素 [J]. 中国农业科学，2020，53（24）：5063-5072.

[8] 周志方，董子琦，曾辉祥，肖艺璇. 企业碳效率差异及其影响因素分析—来自 S&P500 强的证据 [J]. 管理评论，2019，31（3）：27-38.

[9] 曹庆仁，周思羽. 中国碳减排政策对地区低碳竞争力的影响分析—基于省际面板数据的分析 [J]. 生态经济，2020，36（11）：13-17＋24.

[10] 张翔祥，邓荣荣. 中部六省碳排放效率与产业结构优化的耦合协调度及影响因素分析 [J]. 生态经济，2021，37（3）：31-37.

[11] 尚梅，王刚刚，邹绍辉，付玉洁，张丽萍. 省域建筑业低碳发展路径 [J]. 科技管理研究，2018，38（13）：235-242.

[12] 杨萃. 碳达峰和碳中和对火电企业的影响及对策研究 [J]. 投资与创业，2020，31（23）：147-149.

碳中和目标下人工林增汇进路

林 雪[1]

（福建师范大学马克思主义学院 福建福州 350117）

摘 要：气候变化是人类面临的重大全球性难题，是决定人类未来发展命运的首要问题。中国作为负责任的大国，以"碳达峰碳中和"的目标探索为全球气候治理贡献了中国力量。人工林增汇作为目标实现的重要途径，在新时期面临机遇与挑战。在"机"与"危"间建构人工林增汇进路，需要确立绿色发展的人工林经营新理念、在科学经营中提升人工林碳储水平、健全造林碳汇市场助推区域碳储矛盾的解决。

关键词：碳中和；人工林；增汇进路

气候变化是人类面临的重大全球性难题，是决定人类未来发展命运的首要问题。当今应对气候变化主要有减缓（通过能源替代、技术升级、关闭产能等方式减少碳的排放）与适应（通过生物或人工直接捕获二氧化碳，减少大气中温室气体总量）两种途径。[1]

作为负责任的大国，中国积极参与全球气候治理，作出了"碳达峰碳中和"的庄严承诺。我国目前正处在转变发展方式、优化经济结构、转换增长动力的攻关期，大量的基础设施与产业体系仍待健全，碳排放压力较大。这一时期，相比起减排，增汇的适用性更强。其中，基于生态系统修复的碳汇可分为陆地生态碳汇与海洋生态碳汇。在陆地生态碳汇中，森林面积虽然只占陆地面积的 1/3，但森林碳储量接近于陆地碳库的一半，是陆地生态碳汇的主要部分。[2]同时，因森林碳汇比海洋碳汇更易计量、权属更为清晰，长期以来都被视为生态系统增汇的重要对象。2009 年 12 月《联合国气候变化框架公约》第 15 次缔约方会议明确承认了森林碳汇的作用，我国《"十二五"控制温室气体排放工作方案》《"十三五"控制温室气体排放工作方案》指出了森林碳汇是"增加生态系统碳汇"的主要方向。[3]

随着我国森林面积与蓄积连续 30 年的"双增长"，我国森林的固碳能力也持续增强。其中，通过人工造林而形成的碳汇发挥着重要作用。新时期，在碳达峰碳中和目标下，人工林的碳汇功能愈加凸显。厘清其发展脉络，明晰其现实境遇，有助于我们更好地建构人

---

1 林雪，福建三明人，博士研究生。主要研究方向为生态文明理论与实践。

工林增汇进路，实现新气候目标。

一、人工造林发展历程演进：迈向碳中和目标

人工造林是维持陆地生态平衡的重要一环，是建设生态文明的重要任务。在不同时期，被赋予了不同的使命与要求，主要经历了从"经济效益"到"生态效益"，从"辅助农业生产需求"到"防风固沙、水土保持"再到"森林固碳、调节气候"的转向；这一历程的演进内蕴着中国共产党因时而进、因势而新的造林绿化思想，由局部到整体的世界眼光。

1. 人工造林的初步探索：以经济效益为主

新中国成立初期，以毛泽东同志为核心的党的第一代中央领导集体号召"绿化祖国"，指出"用二百年绿化了，就是马克思主义"。这一时期，恢复生产、解决木材的供需矛盾是人工造林的首要任务，人工林的经济效益与保护农业生产的生态功能是人工造林的发力重点。1952年《全国林业会议的总结报告》将"改造自然环境，灭兔天灾，保障农田水利，培养和扩大森林资源，保证工业建设所需木材"定位为林业建设目标。[4] 1954年《中共中央批转林业部党组关于解决森林资源不足问题的报告》又进一步指出："我国森林资源是不足的，木材供应和国家建设需要之间的矛盾是突出的……必须从长期着眼而立即着手调查，制定造林计划和方案。"在林业方针政策的指导下，我国围绕经济开发与建设进行布局，于1949年成立林垦部，1956年成立森林工业部，统一协调与规划造林、伐林等事宜。根据全国第一次森林资源清查报告显示，有林地面积的增加主要源自政府通过"造林"与"再造林"对人工林的大量投资。其中，用材林面积占了有林地面积的84.4%。[5]

2. 人工造林的深入展开：生态功能受到重视

恩格斯曾指出"我们不要过分陶醉于我们人类对自然界的胜利。对于每一次这样的胜利，自然界都对我们进行报复。"[6] 由于我国长期过度追求森林的经济效益，忽视其天然演替、天然更新的客观规律，引发了1981年四川等地的特大洪灾，也使森林"防风固沙、水土保持"的生态功能得到了以邓小平同志为核心的党的第二代中央领导集体的充分重视。邓小平同志提倡"每人每年种几棵树"，国家于1982年通过了《关于开展全民义务植树运动的实施办法》，同年成立了中央绿化委员会统一组织领导国土绿化工作，于1984年颁布的《中华人民共和国森林法》中明确规定"在植树造林、保护森林以及森林管理等方面成绩显著的单位或者个人，由各级人民政府给予精神的或者物质的奖励。"这一时期，通过制度与组织建设、法律保障，全民义务植树运动得以蓬勃展开。

此外，邓小平同志积极探索通过林业重点生态工程绿化祖国的现实途径。1978年11月党中央以"防风固沙，蓄水保土"为宗旨实施了三北防护林建设工程，使"沙进人退"的严峻形势得以转变。随后，长江中上游防护林、沿海防护林等林业重点工程也相继展开，使人工造林的生态效益得到了充分发挥。

3. 人工造林的全面推进：碳汇功能成为焦点

江泽民同志在邓小平绿化思想的基础上接续探索，更加强调重视人工造林的生态效益。1993 年《关于进一步加强造林绿化通知》的出台，标志着造林的绿化功能逐渐取代木材生产成为林业工作的重心。同时，江泽民同志提倡要"大力植树种草，开展生态工程建设，遏制水土流失和土地荒漠化加剧的趋势。"[7] 1996 年林业部颁布了《关于全国重点生态林业工程建设项目及投资使用管理暂行办法》提出要"逐步建立完备的生态林业体系"。

2003 年《关于加快林业发展的决定》发布，象征着人工造林正式由以木材生产为主的时代转向以生态建设为主的新时期，人工林的生态效益得到了更为全面的认识，碳汇功能成为关注的焦点。胡锦涛同志指出要"增强碳汇能力，继续推进植树造林，积极发展碳汇林业，增强碳汇功能。"[8] 2007 年 6 月，国务院制定和实施了《应对气候变化国家方案》，将节能减排和提高森林覆盖率作为国家中长期发展规划约束性指标。此后，发挥人工林固碳、调节气候的作用成为人工造林的核心内容，引发社会各界的广泛关注。

4. 人工造林迈入新境界：人工林增汇提升至新高度

2012 年党的十八大报告提出了"五位一体"的总体布局，将生态文明建设提到了全新的高度，正式成为国家战略，指出要"大力推进生态文明建设，努力建设美丽中国，实现中华民族永续发展"。[9] 人工造林是生态文明建设的重点与难点，在新的时代境遇下，其意义与价值愈发彰显。

面对全球气候变化问题日益严峻，极端气候事件日益频繁的现实，习近平同志秉持共谋全球生态文明的理念，作出了要"采取更加有力的政策和措施，二氧化碳排放力争于 2030 年前达到峰值，努力争取 2060 年前实现碳中和"[10] 的庄严承诺，提出要通过"增加森林面积、提高森林质量，提升生态系统碳汇增量，为实现我国碳达峰碳中和目标、维护全球生态安全作出更大贡献。"[11] 人工林增汇为碳中和目标的实现提供了可行路径，有助于应对当前我国实现碳中和目标所面临的时间周期短、碳排放总量与人均碳排放量大的严峻挑战。

二、人工林增汇面临的机遇

在全球绿色低碳发展趋势下，习近平同志所提出的碳达峰碳中和目标为我国人工林增汇注入动力，近年来我国人工林量的增长与所形成的林龄结构也给其带来了新机遇。

1. 碳中和目标为人工林增汇注入动力

根据研究表明，2019 年全球温室气体排放量连续第三年增加，达到了 591 亿吨二氧化碳当量（范围：±5.9）（包括土地利用变化产生的温室气体排放量），再创历史新高。[12] 由此导致的全球气候灾害发生频率与强度大幅上升，应对全球气候变化问题刻不容缓。习近平同志多次于国际国内重要会议与活动中强调碳达峰碳中和目标，提出要把碳中和纳入生态文明建设总体布局中。

碳中和目标的提出表明我国对全球气候变化问题的高度重视，也为人工林增汇注入动力。在"做好碳达峰、碳中和工作，加快推动绿色低碳发展"要求的指导下，《关于深化生态保护补偿制度改革的意见》等指导性文件相继印发。这对于加快推进法治建设，进一步落实有关森林的法律法规有着重要意义，有利于推进人工林增汇向市场化方向纵深发展。同时，有助于提升公众对人工林增汇的关注，营造良好的社会环境，深入推动传统造林技术升级改造，提升人工林增汇的智慧化水平。

同时，人工林增汇是碳中和目标的有效路径与实践彰显，人工林增汇进路的推进也伴随着碳中和目标的实现。碳中和目标的达成是一项系统工程，需要经济发展、能源系统的低碳转型、碳捕集与封存技术（CCS）的应用、森林碳汇等方面协同发力。其中，森林碳汇不可或缺。研究指出，能源系统在可行技术路径下最大限度低碳转型、并结合 CCS 大规模部署，到 2060 年，距离碳中和仍有 3～9 亿吨的二氧化碳差距，需由森林碳汇来弥补。[13]相对比天然林，人工林增量多、增速快、碳汇潜能大，对于实现碳中和目标具有重要作用。

2. 人工林量的增长为人工林增汇提供助力

人工林的蓄积与面积是人工林增汇的关键因素，对人工林吸收储存二氧化碳、维护陆地生态系统的碳平衡产生重要影响。

近年来我国森林资源得到长足发展，森林覆盖率由新中国成立初期的 12.5％跃升至23.04％，全国森林总面积达 2.2 亿公顷。其中，大规模的人工造林发挥重要作用，人工林占全国森林面积的 1/3 以上，达 7 954.28 万公顷，是世界人工林面积的 27％，稳居第一。[14]同时，人工林蓄积量也在稳步提升，达到了 338 759.96 万 m^3 且增速可观。过去五年，人工林蓄积量净增 9.04 亿 m^3，已达到同期天然林增量的 2/3。[15]我国人工林面积与蓄积的增长使人工林的固碳能力大大增强。

习近平同志分别在 2020 年气候雄心峰会、2021 年首都义务植树活动中指出"到 2030年，森林蓄积量将比 2005 年增加 60 亿 m^3"、要"增加森林面积、提高森林质量，提升生态系统碳汇增量。"目前人工林量的增长仍有较大的可能空间。依据第九次森林资源清查数据，全国宜林地面积为 4 997.79 万公顷，宜林地中质量"好"的占 11.55％，中的占37.63％，[16]为人工林面积的扩展、蓄积的增加提供了必要条件，为人工林增汇提供了很大的发展空间。

3. 较高的中幼龄林占比激发人工林增汇潜力

森林的固碳速率与森林的年龄构成紧密相连。一般森林据其年龄可分为幼龄林、中龄林、近熟林、成熟林和过熟林，相应森林碳动态可划分为固碳速率较低的初始阶段或干扰后的再生阶段、固碳速率最大的逻辑斯蒂生长阶段、固碳速率下降的成熟阶段以及碳分解到土壤的森林死亡阶段。幼龄林和中龄林处于逻辑斯蒂生长阶段，固碳速率相对较快，有助于提高陆地生态系统碳汇强度。而成熟林与过熟林由于生物量基本停止增长，其碳素的吸收与释放基本平衡。

在我国人工乔木林中，幼龄林面积为 2 325.91 万公顷，占 40.72%，蓄积为 58 541.1 万 m^3，占 17.28%，中龄林面积为 1 696.8 万公顷，占 29.7%，蓄积为 111 444.54 万 m^3，占 32.9%。[17] 由此可见，我国中幼龄人工林保持较高占比，其旺盛的生长提高了人工林生态系统的固碳速率，激发其增汇潜力。

三、人工林增汇面临的挑战

以人工林增汇助推碳达峰碳中和目标的实现，是一项多层次、多环节的系统工程，在新时期不仅存在机遇也面临着自身碳储能力欠缺、高碳汇区与高碳排放区不相匹配等现实挑战使人工林增汇任重道远。

1. 人工林自身碳储能力的制约

依据不同时期森林资源碳储总量及年均碳累积数据分析，2014—2018 年我国人工林碳储量为 1.58×10^{12} kg，年均碳积累为 0.088×10^{12} kg/a，天然林碳储量为 6.39×10^{12} kg，年均碳积累为 0.144×10^{12} kg/a。[18] 人工林虽于 1973 年开始进行碳积累，并呈现逐年持续增强的趋势，但由于我国人工林存在单位面积蓄积量低、树种单一化、病虫害发生频率高等质量问题制约其碳储能力，截至目前天然林仍是我国森林碳汇的主要贡献者。

首先，单位面积蓄积量既是人工林生态系统保持良性循环的核心要素，也与其固碳能力、碳储量息息相关。近年来，我国人工林面积与蓄积持稳定增长态势，但每公顷 59.30 m^3 的单位蓄积量与我国天然林 111.36 m^3 的单位蓄积、世界立木 137.1 m^3 的单位蓄积存在差距，[19] 较低单位面积蓄积致使我国人工林碳密度不高，固碳能力不强。

其次，森林树种的多样性直接影响着森林生态系统的碳固持功能。目前，我国大多为集中连片、品种单一的人工纯林。在全国人工乔木林面积中，针叶林为 2626.73 万公顷，占 45.98%，阔叶林为 2698.58 万公顷，占 47.24%，而针阔混交林仅为 387.36 万公顷，占 6.78%。[20] 现存的人工纯林较难形成乔灌草多层的群落结构，使其"功能空间"范围受限，无法全面捕捉阳光以吸收固持二氧化碳。此外，正如恩格斯所言"在自然界中任何事物都不是孤立发生的，每个事物都作用于别的事物。"[21] 结构单一的人工林使作为"传粉者"的动物种类减少，不利于人工林生长，进而影响其吸收固持二氧化碳。

再次，相较于食物链条数丰富、稳定性强的天然林，人工林因自身调节能力差、缺乏因地适宜的可持续经营技术体系，受病虫害疫情等自然扰动因素的影响大、树木死亡率高，进而危害人工林的碳储量。

2. 强人工林碳汇区域与高碳排放区域间的矛盾

人工林的面积与蓄积量是其吸收固持二氧化碳的重要影响因素。当前，我国人工林面积、蓄积量大的地区形成的强人工林碳汇区域与我国高碳排放区域间存在矛盾。

首先，根据以往几十年我国陆地生态系统固碳量增加的研究表明，60%的人工林碳汇增量来自森林面积的增加。[22]我国大面积人工林主要集中在广西、广东、内蒙古、云南、四川、湖南六个省份，六个省份的人工林面积合计3460.46万公顷，占全国人工林面积的43.5%。[23]这些省份拥有大面积人工林主要得益于：一是未成林造林地面积大。广西、广东、内蒙古、云南、四川、湖南六个省份宜林且未成林地面积于全国排名前列，为营造人工林提供可能空间。（见表1）二是自然条件较为优越。不同于新疆、甘肃、青海、贵州、西藏等省份虽同样具有大面积的未成林造林地，但受限于较差的自然立地条件，使造林成林较为困难。三是侵占林地现象少。以广西为代表的六个省份有别于陕西、山西、河北等地早期将部分林地用于发展工业，挤压人工林拓展空间。四是种植人工林的需求大。与黑龙江、福建、吉林、江西等先天具有丰富天然林资源的省份不同，以广西为代表的六个省份早期森林覆盖率不高，需大面积种植人工林。

表1 第一次森林资源清查各省份未成林造林地面积 单位：百公顷

省份	内蒙古	黑龙江	福建	云南	四川	新疆
宜林地	446 517	370 300	334 400	180 200	128 100	122 726
	甘肃	青海	陕西	广西	山西	贵州
	85 835	80 016	77 779	76 300	67 825	67 196
	湖南	河北	西藏	吉林	江西	广东
	58 600	57 364	54 000	53 000	46 300	46 200
	湖北	重庆	河南	辽宁	安徽	浙江
	44 009	42 171	34 274	32 092	27 433	26 377
	海南	山东	宁夏	江苏	北京	天津
	21 750	21 734	17 152	14 098	8 710	1 739
	上海					
	919					

注：香港特别行政区，澳门特别行政区，台湾地区数据暂缺。

数据来源：林业专业知识服务系统。

其次，人工林蓄积量的增加对于提高人工林生态系统的碳储能力具有重要作用。据测算，森林蓄积量每增加1亿m^3，相应地可以多固定1.6亿吨二氧化碳。[24]目前，我国人工林蓄积量排名前六的省份是广西、福建、四川、云南、广东、黑龙江。以上六个省份拥有较大的未成林造林地面积且人为扰动因素少，使其有林地中活立木质量优、材积之和高。

但我国大面积人工林与高人工林蓄积量所形成的强人工林碳汇区与我国二氧化碳高排

放区间存在一定偏差，我国二氧化碳排放量高的省份主要集中于河北、山东、江苏、内蒙古、广东、山西六省。（见表2）主要源自：一是河北、山东、江苏、广东为工业大省，能源消耗量高、二氧化碳排放量大。其中，在黑色金属冶炼行业，河北占比最大，达到了47.9%。[25]二是在我国主要的二氧化碳排放来源是高耗能行业，尤其是电热气水生产行业，占比最高的省份是内蒙古，达到了74.6%。[26]三是山西为能源大省，以重工业为主，二氧化碳排放强度高、总量大。此外，河北、山东、江苏、山西四省人工林的面积与蓄积均不高，生态系统的碳吸存能力有待提高。

表2 2018年各个省份碳排放、人工林蓄积与面积情况

	北京	天津	广西	广东	内蒙古	云南	四川
二氧化碳/吨	89.56	154.09	231.83	567.51	723.57	212.24	296.31
人工林蓄积/万立方米	1 345.18	428.13	34 516.12	21 617.35	13 907.88	21 646.27	25 446.47
人工林面积/万公顷	43.48	12.98	755.53	615.51	600.01	507.68	502.22
	湖南	福建	江西	贵州	辽宁	陕西	河北
	305.97	261.46	236.63	252.99	520.98	276.17	912.20
	18 064.82	29 957.75	13 893.65	16 586.27	11 486.23	4 413.22	7 263.16
	201.51	385.59	368.70	315.45	315.32	310.53	263.54
	黑龙江	吉林	安徽	河南	山东	浙江	新疆
	248.04	196.25	398.98	490.68	901.65	388.83	521.54
	20 365.65	11 722.11	11 686.64	11 382.18	8 855.52	8 342.16	8 127.84
	243.26	175.94	232.91	245.78	256.11	244.65	121.42
	湖北	海南	江苏	重庆	甘肃	山西	青海
	322.37	42.19	764.05	160.79	162.99	541.80	51.94
	7 836.98	7 649.11	6 814.82	5 287.98	4 313.99	4 085.31	575.21
	197.42	140.40	150.83	95.93	126.56	167.63	19.10
	上海	宁夏	西藏				
	190.64	191.59	数据暂缺				
	449.59	450.76	242.06				
	8.90	43.55	7.84				

注：香港特别行政区，澳门特别行政区，台湾地区数据暂缺。

数据来源：Carbon Emission Accounts&Datasets：https://www.ceads.net/user/index.php? id＝1096&lang＝cn；国家林业和草原局：《2014—2018中国森林资源报告》北京：林业出版社，2019年，第26—27页。

四、人工林增汇进路之思

建构人工林增汇进路助推碳达峰碳中和目标的实现是当前应对全球气候变化的题中应

有之义。尽管人工林增汇在现实境遇下仍面临着挑战，但也存在着一些有利条件。因此，我们应该理性审视现状，充分把握机遇，稳步探索人工林增汇进路。

1. 确立绿色发展的人工林经营新理念

绿色发展有别于"经济至上"的发展理念，摒弃传统发展模式中功利化与工具化因素。以生态环境保护为前提，坚持人、自然、社会和谐共生的价值旨趣，推动发展模式向可持续、高质量转变。在新的时期，人工林经营应秉持绿色发展理念，改变粗放型的经营方式，推进人工林发展转型。

马克思将自然界视为"感性的外部世界"，于人而言，是"赖以生活的无机界"。他指出在较高发展阶段，如森林等第二类富源具有决定性意义，且抨击了在资本主义社会中"文明和产业的整个发展，对森林的破坏从来就起很大的作用。"[27] 指出"英格兰没有真正的森林"。恩格斯也提出"美索不达米亚、希腊、小亚细亚以及其他各地的居民，为了得到耕地，毁灭了森林，但是他们做梦也想不到，这些地方今天竟因此而成为不毛之地，因为他们使这些地方失去了森林，也就失去了水分的积聚中心和贮藏库。"[28] 基于资本主义对森林等自然资源的破坏与滥用，马克思提出通过资源的循环流动、城乡的融合，促进人与土壤之间的物质循环，使土壤保持持久肥力。马克思恩格斯的人与自然物质变换思想为人工林绿色发展提供了理论基础，是人工林绿色发展的逻辑基点。

中国绿色发展理念经历了萌芽、形成至 2015 年十八届五中全会正式提出后逐步深化推进。我国人工林发展也应与国家发展方略同频共振，将绿色发展定为人工林经营的主要理念。在绿色发展理念指导下，人工林经营不仅需摒弃将经济效益与生态效益相对立的传统思维，更要转变将经济效益与木材生产相等同的固有认识。以生态建设为主，尊重人工林生长的自然规律、统筹人工林的多种功能，进而培育健康稳定的人工林生态系统，提高碳吸存能力。

2. 在科学经营中提升人工林碳储水平

国家林业局原局长贾治邦指出，森林具有"五大功能"，即生态功能、经济功能、固碳功能、保健功能和美化功能。[29] 在新的历史背景下，人工林的固碳功能成为其发展的新方向。研究表明，通过可持续经营管理，森林的固碳能力可增加 68% 且固碳潜力是可持续的。[30] 当前以科学经营助推人工林碳储水平的提升需着眼于人工林现存短板，将增加人工林生物群落的多样性、提升人工林单位面积的蓄积量作为着力点。

从提高人工林生态系统多样性来看，需以近自然改造、科学发展林下植被为主要抓手。首先，在近自然改造方面，要充分利用乡土树种，将生产力较低的同龄纯林改造成近自然状态的异龄、混交、复层的多功能人工林。通过提升人工林结构的复杂性，提高人工林的光能利用率、增强碳吸存能力。其次，通过改善林下植被，有利于稳定土壤、促进林地的养分循环。此外，构造生物种类丰富、健康稳定的人工林生态系统。也有利于降低病虫害对人工林生态系统碳循环的干扰，增强人工林碳吸存能力。

对提高人工林单位面积蓄积量而言，需要对土壤肥力的维护与提高、合理间伐两个方面予以关注。首先，以科学合理的方式施肥有利于促进幼龄林快速生长与郁闭，有效缩短林地从碳源转换至碳汇的时间周期。其次，需以合理间伐减少林木间的竞争、调整林分的郁闭度，进而改善林内透光的质量与数量，更好地促进林木蓄积量的积累、增强人工林的固碳能力。

（三）健全造林碳汇市场助推区域碳储矛盾的解决

造林碳汇市场利用市场机制实现了人工林碳汇的公共服务价值，为合理调配区域碳储量提供了可行路径。但当前仍面临着造林碳汇政策有待完善，市场主动性尚待提升等多维困境。

从造林碳汇市场的顶层设计来看，由于碳汇产品具有稀缺性、外部性等特征，其价值的实现不仅要充分发挥市场的作用，还要强化政策对造林碳汇市场的支撑能力。通过统筹考虑国际规则，立足于国内实际，构建以生产、计量、评价、交易、管理五个方面为主线的造林碳汇政策体系为市场发展提供强有力的支撑。在生产政策方面，着力解决大面积栽培速生林的盲目、短视行为。在计量政策方面，对碳汇造林不同于普通造林所具有的复杂性高、难度大、不确定因素多等特征加以关注，对其所需技术支持予以政策支撑。在评价政策方面，努力厘清与解决固有造林碳汇审核过程中的重复、烦冗性环节，着力构建明晰、便捷的审核流程。在交易政策方面，努力突破政府与市场间的既有藩篱，推动交易政策向稳定碳价、规范碳交易市场方向纵深发展。在管理政策方面，统筹规划京都与非京都市场两方面的要素，探寻完善管理政策的良策。

2020 年 12 月《碳排放权交易管理办法（试行）》的公布，2021 年《关于统筹和加强应对气候变化与生态环境保护相关工作的指导意见》的印发有效地"唤醒"与"激活"了社会对造林碳汇市场的关注，但市场主体的积极性仍待提升。要充分激发市场主体活力，规范造林碳汇市场的主体行为，打破现有需求瓶颈状态，构建企业造林碳汇需求的激励机制成为应然之举。首先，以明晰产权、价格制定为主要抓手激发市场的活跃因素。在造林碳汇市场所具有的基本要素中，产权是其需求激励的关键性要素。审视辨别人工林产权与造林碳汇产权的差异性，在聚焦人工林流通权、享有权与收益权的基础上，进一步推动造林碳汇产权的界定。合理价格是激励机制中又一必要因素，基于造林碳汇可替代性强的特征，在价格制定的过程中，应当充分考虑其市场竞争力，同时兼顾林农的利益。同时，也可有效利用政策补贴的助推作用。其次，以提升认知为助力提高市场主体参与度。造林碳汇作为一个新生事物，在理论与认知方面尚存在误区。如割裂了人工林的碳汇价值与等价交换商品间的联系等。通过普及相关知识、加大宣传是公众认知转变的必要途径。同时，对购买造林碳汇的主体进行适应宣传，不仅能推动公众认知的进一步深化，也有利于借助

"同行激励"的动能提升公众需求。

参考文献

[1][3] 海洋碳汇发展机制与交易模式探索 [EB/OL]. [2021-03-18]. 中国发展门户网，http://cn. chinagate. cn/news/2021-03/18/content_77309465. htm.

[2] 你知道"碳中和"会议吗？[EB/OL]. [2015-03-19]. 中国共产党员网，http://www.12371. cn/2015/03/19/ARTI14267460917103148. shtml.

[4] 胡鞍钢，沈若萌. 生态文明建设先行者：中国森林建设之路（1949—2013）[J]. 清华大学学报（哲学社会科学版），2014，29（04）：63-72，171.

[5] 中国林业政策对话—深化政策改革，拓宽合作关系 [R]. 东亚太平洋地区：世界银行，2020：1-45.

[6][21][28] 马克思，恩格斯. 马克思恩格斯文集：第 9 卷 [M]. 北京：人民大学出版社，2009：559-560，558，560.

[7] 中共中央文献研究室，国家林业局. 新时期党和国家领导人论林业与生态建设 [M]. 北京：中央文献出版社，2001：96.

[8] 中共中央文献研究室. 十七大以来重要文献选编（中）[M]. 北京：中央文献出版社，2011：110.

[9] 习近平. 习近平谈治国理政：第 1 卷 [M]. 北京：外文出版社，2018：208.

[10] 习近平在第七十五届联合国大会一般性辩论上的讲话 [EB/OL]. [2020-09-22]. 新华网，http://www. xinhuanet. com/politics/leaders/2020-09/22/c_1126527652. htm.

[11] 习近平. 倡导人人爱绿植绿护绿的文明风尚 共同建设人与自然和谐共生的美丽家园 [N]. 人民日报，2021-04-03（01）.

[12] 2020 年排放差距报告（执行摘要）[R]. 内罗毕：联合国环境规划署，2020：1-16.

[13] 魏一鸣等. 全球气候治理策略及中国碳中和路径展望 [R]. 北京：北京理工大学能源与环境政策研究中心，2021：1-9.

[14] 森林固碳作用大 人工造林很关键 [EB/OL]. [2021-04-21]. 中国经济网，http://www. ce. cn/cysc/stwm/gd/202104/21/t20210421_36493723. shtml.

[15] 2030 年森林目标有望提前达成，科学管理需跟上增长速度 [EB/OL]. [2020-12-24]. 绿色中国，https://www. greenpeace. org. cn/2030-forest-stock-op-20201224/.

[16] 中国森林资源概况—第九次全国森林资源清查 [R]. 北京：国家林业和草原局，2019：1-27.

[17][19][20][23] 国家林业和草原局. 2014—2018 中国森林资源报告 [M]. 北

京：中国林业出版社，2019：28，26，28，26．

［18］张煜星，王雪军，蒲莹，张建波．1949—2018 年中国森林资源碳储量变化研究 ［J］．北京林业大学学报，2021，43（05）：1-14．

［22］陈迎，巢清尘等．碳达峰、碳中和 100 问 ［M］．北京：人民日报出版社，2021：121．

［24］植出来的金山银山 ［EB/OL］．［2021-03-12］．新华网，http://www. xinhuanet. com/fortunepro/2021-03/12/c_1127203413. htm.

［25］［26］张瑜：中国的"碳"都在哪里 ［EB/OL］．［2021-04-20］．新华网，http://finance. sina. com. cn/zl/china/2021-04-20/zl-ikmxzfmk7891284. shtml.

［27］马克思，恩格斯．马克思恩格斯文集：第 6 卷 ［M］．北京：人民大学出版社，2009：271．

［29］曾祥谓，樊宝敏，张怀清，雷相东．我国多功能森林经营的理论探索与对策研究 ［J］．林业资源管理，2013（02）：10-16．

［30］魏晓华，郑吉，刘国华，刘世荣，王伟峰，刘苑秋，Blanco A. Juan．人工林碳汇潜力新概念及应用 ［J］．生态学报，2015，35（12）：3881-3885．

生态环境治理研究

光污染治理研究：国内实践与国外经验的双向考察

王齐齐[1]　刘田原

（中共中央党校政治和法律部　北京　100091）

摘　要：光污染是一种新型的环境污染，主要包括白光污染、人工白昼和彩光污染，其不仅威胁城市居民的身体健康，更制约城市建设的发展质量，甚至破坏自然环境、打破生态平衡。随着危害的凸显，光污染逐渐引起世界各国的关注，成为一项全球性的环境议题。我国一些经济发达的大城市率先意识到光污染的严峻性，并相继展开治理探索，取得了一定的治理效果，但同时也暴露出法律依据不充分、环境标准不健全、公众意识不深刻等现实问题。考察国外光污染治理的实践，捷克、日本、法国、瑞士、意大利等先行国家采取了一系列有效措施，在法律规范、环境标准、治理方式等方面为我国提供了经验启示。未来我国应进一步优化治理策略，制定光污染防治法、完善环境标准体系、鼓励公众参与治理。

关键词：光污染；城市照明；污染治理；环境标准；光污染防治法

在现代科学技术的推动下，城市灯火越加通透辉煌，随处可见的各类照明灯光、装饰彩灯、玻璃幕墙使城市的夜晚亮如白昼。但绚烂的灯光背后却产生了一种新型环境污染——光污染，并且成为最迅速增加的改变自然环境的问题之一。[1]近年来，随着我国城镇化的不断推进，"亮起来"似乎已经成为城市美化和加速发展的新潮流，越来越多的城市开始建设亮化工程，使城市变得灯光璀璨、灯火通明。但不容忽视的是，伴随而来光污染问题开始凸显，并且呈现出增长的趋势。北京、上海、广州等大城市的光污染问题尤其严重，公众针对光污染的环保投诉也越来越多。而与之相对应的是我国光污染治理还处于起步阶段，除一些城市的地方探索之外，国家层面的光污染立法和光环境标准仍是空白，尚未形成完善成熟的治理体系。因此，关注光污染治理的议题，双向考察国内实践与国外经验，为我国未来的光污染治理提出优化建议，具有重要研究价值。

一、光污染的成因及其危害

光污染具有时代性，是工业化和城市化的产物，在工业社会之前是没有光污染，也不

1　[第一作者]王齐齐，博士研究生。主要研究方向为法学理论。

会出现光污染的。对于光污染的认识，也不是一蹴而就的。人们认识到光污染的存在，肇始于 20 世纪 30 年代的天文学研究。[2] 一批天文学家反映，由于城市灯光过于明亮，对天文学观测造成了很大影响。但当时人们对于光污染的认识还不深入，其仅仅只是让星空消失的"天文光污染"，所以未能得到足够的重视。此后，光污染对人类生活的负面影响越来越明显，甚至严重破坏了自然环境，成为影响人类和自然环境的"生态光污染"。光污染问题才逐渐引起世界各国的关注，成为一项全球性的环境议题。一般认为，光污染是指过量的光辐射对人类生活和生产环境造成不良影响的现象。[3]

光污染的危害是多方面，不仅仅损害人体健康，更制约城市发展质量，甚至威胁生物多样性。（1）光污染是一种物理污染，主要通过视觉损害人的生理和心理健康。造成视力伤害，是光污染对人体造成的最直接影响，这种视力上的伤害并不单纯来源于夜晚明亮的广告灯与霓虹灯，白天玻璃幕墙的反射阳光也会对人眼造成很大刺激。在白天强光的不断照射下，人眼会变得红肿、酸涩，甚至损害角膜和虹膜，诱发各种眼部疾病。[4] 夜间的强光刺激则会使人的视觉神经无法松弛和休息，精神上变得压抑和烦躁，导致人体长时间处于亚健康状态，引发各种身体疾病。[5]（2）光污染的加剧，还会制约城市的发展质量。玻璃幕墙具有光洁亮丽的特点而成为一种符号化的建筑语言，不少城市的高楼外立面一般都会安装玻璃幕墙，但玻璃幕墙的缺点也比较明显，容易反射和折射白天日照阳光和夜间照明灯光，且隔热效果差不利于节能减排。此外，城市交通秩序也会受到光污染的影响，闪光灯的频闪爆闪和荧光灯的旋转变化会干扰和分散机动车驾驶员的注意力，甚至会造成驾驶员短暂性的视觉障碍，许多城市交通事故就是由于光污染引发的。[6]（3）光污染是一种新型的环境污染，和传统的水污染、大气污染和土壤污染一样，也会破坏生态平衡，威胁生物多样性。包括人类在内的所有生物，经过长时间的自然进化，都形成了符合自身生理特性的生物钟，主要体现在规律性的昼夜周期，但光污染的产生改变甚至破坏了自然的光照周期、范围以及强度，对动物的繁殖和迁徙形成了强烈干扰，加速或推迟了植物的生长周期，从而不同程度地影响了生物多样性，破坏整个生态系统循环链。[7]

二、光污染治理的国内实践

在我国，光污染最早出现于上海、广州、北京等经济发达城市中。这些城市率先意识到光污染的严峻性，并相继展开治理探索，根据本地区实际采取了相关防治管控措施。

（一）我国光污染治理的地方探索

光污染问题的凸显，促使我国一些经济发达城市率先展开治理探索，在实践中制定了相关规范性文件，并出台了一些技术规定。早在 2004 年，上海市就针对光污染问题制定了《城市环境（装饰）照明规范》，这是我国第一部管理城市照明、治理光污染的地方标准。其中，将照明灯光、装饰灯光的管理以区域为单位进行划分，主要包括城市道路、商业区、居住小区、公共活动区、行政办公区、河流两旁以及河流桥上等，对这些不同区域进行差异化管理。每个区域都设定了不同的环境标准，以因地制宜为主要原则，分别从水平照度、光源色度、光源亮度、与周围环境的协调度、灯具的选择范围等几个主要方面予以规范。上海市的探索有效减少了光污染，改善了城市光环境，为国内其他城市提供了探索经验。继上海之后，珠海市也认识到了光污染问题，将涉及光污染的相关规定补充进了《珠海市环境保护条例》，主要从两个方面限制和减少光污染的形成，一是建筑物墙体外观材料的使用；二是照明和装饰灯光的安装。其中，对于建筑物外墙材料的使用进行了原则性的规定：中心城区严格控制建筑物外墙采用反光材料，建筑物外墙使用反光材料的，应当符合国家和地方标准。对于照明和装饰灯光的安装较为宽泛地规定为：不得影响他人正常的工作生活和生态环境。

除了这几个比较有代表性的城市以外，北京、重庆、天津、厦门等一些城市也都先后进行了光污染的治理探索，基于本地区实际中某个具体领域或者某个典型问题，制定了相关管理规定、质量标准规范和技术标准规范。总体上来看，这些地方探索是具有进步意义的，为国内其他城市面对光污染问题提供了有益经验，也为国家治理光污染奠定了实践基础。

（二）我国光污染治理的现实问题

上述这些城市是我国光污染问题的先发地，同时也已经走在了光污染治理的最前方，在实践中取得了治理成效，但同时也暴露出以下一些现实问题。

首先是法律依据不充分。基于光污染治理的现实需要，各个城市分别制定了不同的地方规定或者地方标准，但这些规定和标准不尽统一，且适用对象和范围有限，仅在本区域内有效，而国家尚没有专门的光污染立法，当治理光污染以及光污染侵权救济时，没有相应的法律规范作为指导和依据。相较于水污染、空气污染以及土壤污染而言，光污染的治理难度更大，最主要的原因就是缺乏法律依据。目前光污染没有专门的法律规范，与光污染有些许关联的法律规范不仅数量少、倾向于原则性、操作性不强，而且比较分散，没有形成以光污染为核心的规范体系。目前还尚未构建起以专项法为支撑的光污染防治法律体系，相关的零散法律规范过于抽象，不利于法律适用和司法实践，在光污染的侵害维权上形成了真空，更使光污染治理工作的法律依据几近阙如。[8]

其次是环境标准不健全。环境标准是环境执法的主要依据，也是环境司法的重要内容。污染源和污染范围的确定、污染强度的判断、污染监测的方法以及污染治理的措施，都需要环境标准作为基础。目前国家层面的光环境标准尚不健全，各个城市对于光环境缺乏统一的规划、标准、监测和防治措施。而现行地方性的光污染治理实践中，关于环境标准的设定不尽统一，不仅指标各异，相关数值也有所区别。以广州市 2014 年出台的《广州市光辐射环境管理规定》为例，虽然其中对光污染类型的管控做到了面面俱到，但缺乏相应的质量标准和技术标准，对灯光亮度要求、灯具安装限制等都没有制定量化数值。如果没有详细的指标和数值作为标准依据，便无法确定污染者是谁、是否构成污染、构成怎样程度的污染以及承担什么污染责任，自然难以判定是否启动相应程序对污染人进行追责和处罚。[9]环境标准不健全，是许多城市污染治理工作难以开展的主要原因，也是众多环境司法案件受案、审理、判决和执行困难的症结所在。光污染由于其环境要素的特殊性，较水污染、空气污染等传统的环境污染而言，对受害者的影响更具隐蔽性，从表面看还缺乏一定的关联性，如果不能建立起针对性和可行性的环境标准，将很难保障受害人维权以及有效促进污染治理。现实中不少光污染的案件由于没有明确的环境标准，往往只能以办案人员的主观判断来认定，但人的主观判断又极其有限，且容易受到其他力量影响，往往不利于处理结果的公平公正。

最后是公众意识不深刻。在光污染问题的解决上，大多城市趋于单向管控，直接由相关部门禁止使用或者限制安装玻璃幕墙、LED广告牌，对于照明灯光规定一些硬性标准等。诚然，要想在短时间内达到治理成效，从上至下的单向管控最为有力，或者说是一个捷径，但从长远来看，这种简单的治理方式显然存在诸多弊端，极大忽略了社会公众的能动性，不利于公众对光污染建立正确的科学认识，难以在污染治理中形成从上至下、由下往上、上下联动的巨大合力。

三、光污染治理的国外经验

发达国家率先开始工业化进程，较早面临光污染问题，同时也较早开始光污染的治理实践。捷克、日本、法国、瑞士、意大利等先行国家在应对光污染问题时，采取了一系列有效治理措施，在法律规范、环境标准、治理方式等方面为我国提供了有益的经验启示。

（一）制定专门的法律规范

上述发达国家在光污染的治理实践中，大多都以环境要素为基础进行了专门立法，在专项法律的基础上建立了较为完整的光污染防治法律体系，为污染治理提供必要前提和法治保障。捷克的《保护黑夜环境法》具有开创性意义，是世界上第一部在国家层面针对光污染防治而制定的法律。[10]该法明确了光污染的定义：各种散射在指定区域外的，尤其是高过地平面以上的人为原因造成的照射都被视为光污染，并且将采取适当措施防止光污染规定为公民和组织的义务，极大提升了公民参与光污染防治的积极性，这一先例在国际社会受到了广泛好评。法国是国际著名的时尚地，进入二十世纪后，巴黎开始饱受光污染的困扰，世界上第一宗光污染对市民产生侵害的案件就发生在巴黎。二十世纪八十年代，光污染已经成为法国各大城市的共同难题，在这一背景下，法国于1981年制定了《光污染防治法》，又于1984年制定了《夜间发光广告法》，有效保护了夜间光环境。

（二）明确特定的环境标准

环境标准的内容非常丰富，包括质量标准、技术标准、控制标准、检测标准等具体指标。环境标准具有规范性、引导性和激励性等重要特征，是污染治理工作开展以及污染侵权损害赔偿的基本前提和主要依据。当然，发达国家的光环境标准不尽一致，具体指标设置以及每项指标的数值会有所差异，但相同的是他们都会在某一个领域或者某一个具体指标上规定较为明确的标准数值，为保护光环境和防治光污染提供科学技术支撑。法国的《夜间发光广告法》对发光广告的面积、亮度、安装等方面都作出了标准规定，极大增强了现实可操作性，从而达到减少夜间光污染的目的。意大利的光污染治理方案则更为细致和具体，强调城市不同建筑要采用不同的灯光使用标准，特别对古典建筑的灯光使用制定了标准规范。

（三）健全多元的治理方式

光污染治理是一项系统性和长期性工程，需要多措并举、多元共治，并不能仅仅局限于简单粗暴地禁止使用彩灯、大功率灯具，或者彻底拆除污染建筑，需要政府以强制性措施严格管控，使已经产生的污染得到有效治理，更需要积极引导公众参与，培养和提升公众对城市照明、装饰灯光以及建筑外墙的审美水平和节能环保意识，从源头上有效减少光污染，更好保护光环境。法国在这方面就比较出色，充分认识到了公众的重要作用，在政府治理既有光污染的同时，采取相关措施有意识地引导公众提高环保意识，在日常生活中保护光环境。

四、我国光污染治理的优化策略

随着我国城镇化建设的不断推进，许多城市的光污染问题已经凸显，并且日趋严重。但我国的光污染治理还处于起步阶段，国内一些城市的探索尚存在诸多问题。面临光污染的现实挑战，借鉴国外治理的成功经验，未来可以从以下三个方面进一步优化治理策略。

（一）制定光污染防治法

法律依据的缺位，是我国光污染治理最首要和最根本的问题。上面我们谈到，一些城市在光污染治理的实践中，根据本地区实际情况制定了地方规定或者地方标准，以扭转光污染日益严重的趋势，但这些仍处于探索阶段，在技术和程序上还不成熟。个别城市甚至将其作为地方环保法治建设的一项政绩工程，或者将其视为不得不完成的环保任务，在制定规范前缺乏广泛和深入的调研，在制定规范中没有科学性和可行性论证，在制定规范后不能前瞻和预见可能出现的问题，导致实践中的污染治理工作无据可依、进退维谷。[11]

目前光污染问题已经在我国很多城市凸显，现实迫切需要针对光污染立法，制定专门的法律规范。考察已有国家对光污染防治的立法情况，其中有国家立法、也有地方立法的模式；有单行立法、也有吸收立法的模式。结合我国的基本国情、以往的立法经验以及目前的光污染形势，光污染防治立法应当兼顾统一性和独立性，体现针对性和可行性。我国《宪法》第二十六条规定："国家保护和改善生活环境和生态环境，防治污染和其他公害。"《环境保护法》第一条规定："为保护和改善环境，防治污染和其他公害…制定本法"。毋庸置疑，光污染作为一种特殊污染，肯定是破坏生活环境和生态环境的公害，国家当然有防治的义务，也自然为环境保护法律所调整。可见《宪法》和《环境保护法》为光污染治理提供了法律依据。建议在《宪法》和《环境保护法》的基础上，以光这种独立的环境要素为核心，制定一部单行法——《光污染防治法》。单行法更具针对性和操作性，有利于构建光污染治理的完整法律体系。

《光污染防治法》可以弥补我国在光污染治理上的法律空白，其中应当规定这样几项重要内容。(1) 光环境标准。(2) 光污染防治的基本原则。(3) 光污染防治的监管机构。(4) 光污染的环境影响评价制度。(5) 光污染的法律责任制度。主要包括民事责任和行政责任，当然如果涉及刑事犯罪，污染人或者行政管理人还要承担相应的刑事责任。

（二）完善环境标准体系

环境标准是污染治理工作顺利开展的重要前提。因此，制定详细、科学的光环境标准体系，是光污染治理的当务之急，更是解决污染问题的核心内容。我国仍是发展中国家，且幅员辽阔，东西部、南北部各个城市的自然环境和经济水平尚存在较大差异，不宜直接套用发达国家或者国际标准化组织的相关标准，而应根据实际情况，广泛调研和科学论证不同程度光污染对人体的健康风险，以此评估结果来研究制定具有可行性和操作性的《光环境标准》。

对于光环境标准适用的区域，应当以城市为单元开展功能区划分。基于不同的分类方法，城市光环境功能区有不同类型的划分。在环境特征上，光环境与声环境相似，我们可以借鉴既有的声环境功能区的划分方法，将城市光环境功能区大致划分为四种类型：生活区、商业区、工业区和交通道路。这四类功能区共同呈现了城市光环境的多样性和层次性，但在光环境标准上，又都各有侧重。(1) 对于生活区的光环境标准，应当保障居民正常生活、生物作息的基本需要，着重从照明以及装饰灯光入手，在保障区域内居民基本照明需求的前提下，对灯光亮度、色彩、照明时间、安装和照射角度、散射光线等都要进行严格的标准限制。(2) 对于商业区的光环境标准，应当基于高楼大厦数量多的特点，重点对玻璃幕墙的色彩、反光度进行技术规范，加强城市设计和建筑风貌管理。对发光广告、装饰性灯光的亮度和照射角度以及照明时间，进行细致、严格的设定。[12] (3) 对于工业区的光环境标准，应当满足生产规模，尽可能绿色节能。在满足区域内正常生产要求的前提下，也需要对照明灯光和指示灯光进行数量、密度、亮度和色彩等方面的标准规范，尽量减少光散射，以及避免不必要的能源浪费。(4) 对于交通道路的光环境标准，应当兼顾交通监管和驾驶安全的双重要求，集中规范交通电子监控设备的闪光灯。必须承认，安装电子监控设备是必需的，有利于交通监管，维持城市交通秩序。

（三）鼓励公众参与治理

光污染危害城市居民的身体健康，也破坏城市环境的生态平衡，政府监管改善城市光环境，保护市民免受光污染侵害是必然之举。但在此基础上，也应当善于发挥公众力量，提升市民对光污染的正确认识，引导商户、组织走出"越亮越好"的认识误区，自觉减少光污染。在光污染的治理主体中，国家（政府）应当是主导者，但公众的重要作用是不容忽视的，尤其在环境污染治理中，公众既是污染的直接受害者，也应当污染治理的参与者和受益者。充分发挥公众作用，鼓励公众积极参与，是光污染治理取得成效的重要支撑。

因此，一方面需要提升公众对于光污染的认识。建议广泛开展光污染的宣传教育，通过多渠道的科普宣传和案例推广，让公众意识到光污染就在我们身边，隐蔽无声地损害着我们的身体健康、破坏着我们的生存环境。在正确认识的基础上，还应当让公众更加重视对光环境的保护。另一方面，要善于让公众成为光污染治理的参与者和监督者。对于城市亮化工程的建设，相关主管部门在设计和审批中不仅要科学管控，对于工程邻近区域的居民也要进行走访和意见收集，乃至于尊重区域外公众的反映意见，最大限度地规范工程建设、减少光污染。在对光污染治理工作进行评估时，可以考虑适当引入第三方机制，具有相关资质的第三方监测机构在环境技术方面更具有专业优势，基于中立性和客观性的立场，其评估结果对于社会公众而言也更为真实可信，可以有效防止行政权力对于治理评估工作的过度不适当干预。

参考文献

［1］Gallaway T，Olsen R N，Mitchell D M．The economics of global light pollution［J］．Ecological Economics，2010（3）：658-665．

［2］Luginbuhl C B，Walker C E，Wainscoat R J．Lighting and astronomy［J］．Physics Today，2009（12）：32-37．

［3］高正文，卢云涛，陈远翔．城市光污染及其防治对策［J］．环境保护，2019（13）：44-46．

［4］Stevens R G．Light-at-night，circadian disruption and breast cancer：assessment of existing evidence［J］．International Journal of Epidemiology，2009（4）：963-970．

［5］Pauley S M．Lighting for the human circadian clock：recent research indicates that lighting has become a public health issue［J］．Medical Hypotheses，2004（4）：588-596．

［6］Lyytimki J，Rinne J．Voices for the darkness：online survey on public perceptions on light pollution as an environmental problem［J］．Journal of Integrative Environmental Sciences，2013（2）：127-139．

［7］Van Doren B M，Horton K G，Dokter A M，et al．High-intensity urban light installation dramatically alters nocturnal bird migration［J］．Proceedings of the National Academy of Sciences of the United States of America，2017（42）：11175-11180．

［8］王东，郭键锋．关于建立我国光污染防治体系的思考与建议［J］．中国环境管理，

2012 (5)：31-34.

[9] 刘洁，彭晓春，钟齐佳，房巧丽. 关于城市光污染控制管理对策探讨 [J]. 环境与可持续发展，2012 (4)：64-68.

[10] 胡发富. 有关光污染的若干法律问题 [J]. 人民司法，2014 (17)：44-47.

[11] 刘田原. 论地方环保立法的现实问题与完善路径 [J]. 山东行政学院学报，2018 (4)：65-70.

[12] 许曙青. 光污染：被忽视的隐形杀手 [J]. 生态经济，2013 (7)：14-17.

长江流域生态协同治理路径研究

冯秀萍[1]

（中共常德市委党校　湖南常德　415000）

摘　要：长江流域生态治理关键在于协同推进。作为全国七大江河流域开展协同治理的先行样本，长江流域生态协同治理已经取得积极进展，但仍存在不少障碍和壁垒，直接影响流域的系统治理和高质量发展。今后需从治理目标、治理主体、治理内容、治理措施等多维度入手，坚持生态优先、多元共治、系统观念和创新驱动，通过优化协同治理机制，形成各部门、各领域共抓大保护的合力。

关键词：长江流域；协同治理；路径优化

长江流域是我国重要的资源支撑和生态屏障，坚持生态优先、绿色发展，共抓大保护、不搞大开发是长江流域保护和发展的根本遵循。长江流域横跨我国东部、中部和西部多个发展梯度，流域的整体性决定了生态治理必须统筹协调多元利益诉求，构建共治共建共享的治理格局。"协同治理"是《长江保护法》最大亮点之一，作为我国首部流域法律，该法突出强调"统筹协调、科学规划、创新驱动、系统治理"，总则和分则从协同中央与地方、流域与区域、区域与区域、部门与部门等角度，提出实现全流域全要素系统治理的具体举措。落实落细《长江保护法》，重点在生态治理协同机制创新，需要从治理目标、治理主体、治理内容、治理措施入手，切实解决条块分割、部门分割、多头管理难题，形成依法保护长江的合力。

一、长江流域生态协同治理的理论逻辑

协同治理理论源于 20 世纪 70 年代德国物理学家哈肯创立的协同学，是基于自然科学研究中的协同论和社会科学研究中的治理理论，结合解决公共领域治理需要而逐渐形成和发展的重要理论。协同治理是"通过在共同处理复杂社会公共事务过程中的相互关系协调，实现共同行动、耦合结构和资源共享，从根本上弥补政府、市场和社会单一主体治理的局限性"[2]。

---

[1]　冯秀萍，福建三明人，法学教研部主任、副教授。主要研究方向为资源与环境经济学。
[2]　资料来源：胡颖廉. 推进协同治理的挑战［N］. 学习时报，2016-01-25（005）.

　　长江流域是一个有机整体，但在生态治理上长期存在"九龙治水""条块分割""各自为政""单一主导"等突出问题，严重影响流域系统治理和高质量发展。把协同共治理念融入长江流域生态治理，高度契合"共抓大保护"的基本定位，也是"统筹协调、科学规划、创新驱动、系统治理"原则的集中体现。着眼生态系统整体性、生态要素多样性和区域利益多元化等特征，长江流域生态协同共治要坚持系统理念，构建起跨区域、跨部门、多主体共同协作的治理体系，以有效的流域治理合作手段和机制，提升协同治理能力和水平。从协同治理理论出发，长江流域生态协同共治框架应包含治理目标、治理主体、治理内容、治理措施等，旨在从"为何治理""谁来治理""治理什么""如何治理"等维度形成高度的治理共识和有效的治理方案（图1）。

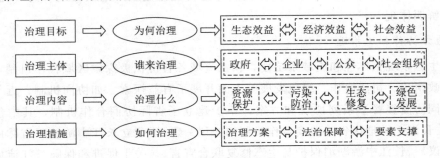

图1　长江流域生态协同治理理论框架

二、长江流域生态协同治理的阶段性进展

1. 协同理念不断增强

　　中央高度重视长江流域生态治理，党的十八大以来，习近平总书记先后考察长江上中下游，围绕"推动""深入推动""全面推动"长江经济带发展，亲自主持召开三次长江经济带发展座谈会，为长江经济带生态保护和高质量发展指明了方向、擘画了蓝图。习近平总书记尤其强调长江流域协同治理，在全面推动长江经济带发展座谈会上强调："要加强协同联动，强化山水林田湖草等各种生态要素的协同治理，推动上中下游地区的互动协作，增强各项举措的关联性和耦合性"[1]。长江流域各省份深入贯彻指示精神，从流域全局系统谋划，开展了大量实践探索，以联动监督、联合执法、协同立法、产业协作等举措坚决落实系统共治基本原则。如上海、江苏、浙江、安徽三省一市曾先后围绕"支持和保障长三角地区更高质量一体化发展""促进和保障长江流域禁捕工作"等开展协同立法；湖北、安徽、江西、湖南、重庆五省市签署长江"十年禁渔"联合执法合作协议，对重点水域开展联合执法行动，在一定区域范围内形成生态一体化保护格局。

2. 顶层设计逐步完善

　　为统筹长江流域生态治理、克服条块分割现象，近年来，中央和地方层面大力推动体

1　资料来源：新华社. 习近平主持召开全面推动长江经济带发展座谈会并发表重要讲话［EB/OL］. http://www.gov.cn/xinwen/2020-11/15/content_5561711. htm,2020-11-15/2021-5-28.

制机制创新，从机构设置、立法模式、协调机制等方面着手，取得了突出成效。如机构设置方面，在统筹各省区市有关机构职能定位的同时，优化流域机构建设，依托生态环境部长江流域生态环境监督管理局、水利部长江水利委员会、农业农村部长江流域渔政监督管理局、交通运输部长江航务管理局、公安部长江航运公安局等机构，落实中央政策、衔接各省份、各部门关系。又如立法模式方面，作为我国首部流域法律，《长江保护法》实现了从分散立法到综合立法的转变，在保留既有管理体制的同时，超越"部门"和"地方"结构，提出建立两级流域协调机制，以国家协调机制"统筹协调"跨地区跨部门重大事项，以地方协调机制"统筹协调"区域间合作，并通过直接列举的方法，系统梳理长江流域面临的协同治理困境，相应设计具体机制，是管理体制从"条块分割"向"统筹协调"的变化的鲜明体现[1]。

3. 地方协作加速推进

立足生态系统整体性和流域系统性，长江流域各省份积极探索区域合作机制，在协同机制、行政执法、司法协作、绿色发展等方面开展了有益探索。如协同机制，近年来流域各省份共同协商签署了系列协议和方案，不少建立了省际协商合作机制，其中包括签署《关于建立长江上游地区省际协商合作机制的协议》《关于建立长江中游地区省际协商合作机制的协议》《长江中游湖泊保护与生态修复联合宣言》《关于促进和保障长江流域禁捕工作若干问题的决定》《关于办理长江流域生态环境资源案件加强协作配合的意见》等。又如司法协作，各地司法机关都在积极探索构建跨行政区域集中管辖制度和跨区域司法协作机制，2016 年以来，长江经济带沿线法院因地制宜设立环境资源审判庭或合议庭等专门审判机构 488 个，探索将涉及环境资源的民商事案件与行政乃至刑事案件统一归口由专门审判机构进行审理，实现了对重点区域、流域的全覆盖，[2] 为保障流域生态环境和高质量发展建立起了制度屏障。

4. 治理手段有所丰富

长江流域生态治理涉及面广、涉及内容多，单靠传统政府主导的单一治理模式已经无法满足治理需要，因此迫切需要围绕治理体系、治理方式、治理手段等，构建起全流域市场化、数字化、智能化、法治化治理格局。长江沿线城市协同发力，治理手段正在不断丰富。以多元化、市场化横向生态补偿机制为例，目前长江经济带上中下游各自开展了探索，早在 2014 年，上游江苏、安徽、上海、浙江等省市就开始按照"谁超标、谁补偿，谁达标、谁受益"的原则，探索跨省生态补偿，加大对水环境治理的支持力度，江西省截至 2019 年长江流域相关市（县）70％以上建立起横向生态补偿机制，四川、云南、贵州开展赤水河流域横向生态保护补偿实践，初步形成了三省联动的大保护格局。再以"数字

1　资料来源：邱秋. 多重流域统筹协调：《长江保护法》的流域管理体制创新 [J]. 环境保护，2021，49（Z1）：30-35.

2　资料来源：人民法院服务和保障长江经济带高质量发展的工作情况 ［EB/OL］. https://baijiahao.baidu.com/s? id＝1655231722599198895＆wfr＝spider＆for＝pc,2020-1-9/2021-6-1.

长江"建设为例，沿岸充分利用信息化、智能化手段，成立了长江经济带地理信息协同创新联盟，成立长江流域园区合作联盟并正式开通网络信息发布平台等，初步形成多层次信息共享机制。

三、长江流域生态协同治理存在的主要问题

1. 区域整体联动不足

受自然资源条件和经济发展水平等多重因素影响，长江流域长期实行碎片化保护和管理模式，流域生态系统按照行政区域、部门职责、要素特点人为划分而治。尽管在"共抓大保护"理念的引领下，条块分割现象有所改善，但还没有从整体上形成区域联动机制，各省区市、各部门之间的生态共治目标壁垒仍然存在。一是协同治理动力不足。长江流域跨区域生态治理往往存在着较为复杂的利益矛盾，这些矛盾体现在短期利益和长期利益、全局利益和局部利益、核心利益和次要利益等不同层面，在固有政绩观影响下，区域内部短期利益容易成为核心主要利益，直接削弱生态治理参与程度。二是协同治理机制不活。目前生态协同治理仍然采取政府主导，表现为从中央到地方的自上而下联动模式，像横向生态补偿一样的市场化、自发式合作偏少，并且多数仅仅停留在协商讨论层面，具体实施执行不够。三是协同治理协调难度大。由于流域发展水平呈梯度状，治理能力和水平也存在差异，因此尽管签订了一些意见、协议和方案，但明显存在合作实施、监管执行困难等问题。

2. 多元主体参与不足

长江流域生态治理以政府治理为主，流域保护和管理的主体绝大多数都是政府部门或官方机构，社会参与生态治理的积极性没有充分调动，没有形成"多元共治"的生态治理体系。一是多主体行动目标不一致。现实中，政府、企业、公众分别有不同的利益诉求和行动倾向，尤其是企业，作为理性经济人，往往是在制度倒逼之下走上转型道路，在当前有效激励机制不完善的情况下，参与生态治理的行动比较缓慢，更有甚者，敷衍塞责、弄虚作假以逃避监管。二是多主体参与渠道不畅通。如在公众参与方面，流域各省区市虽通过成立生态环保志愿队，开展"4·22地球日""6·5环境日""9·22无车日"等宣传活动，发布并宣传"公民十条"等方式，不断扩大公众参与面，但这些活动覆盖率不高、知晓度低，更没有形成参与和监督的常态。三是多主体协同效果不明显。从社会参与的领域看，社会组织、公众等主体参与科普、宣传、教育的多，参与决策和监督的少，即使实施监督，对监督结果的回应和整改落实也很难达到环保督察时的水平，参与的有效性和互动性不强。

3. 技术支撑能力不足

长江流域治理涉及地区多、部门多、领域广，如果缺乏有效的技术支持和信息共享，就容易因技术和信息壁垒，影响上下联动、地区联动、部门联动效率。在科技支撑和信息共享方面，流域在局部和点上有重要突破，但和协同治理的目标要求相比，还存在很大差

距。一是实用技术攻关和推广不够。长江流域生态治理涉及生态保护、资源利用、环境治理和绿色发展等多领域，这些领域的突破性进展都需要技术给予基本支撑，这就对源头—过程—末端控制技术提出了具体要求，但从流域整体情况看，尤其是上中游地区，兼具经济性、实用性和针对性的流域治理技术还很缺乏。二是生态系统监测预警机制不健全。据调查，长江流域目前已有大量监测数据资料，这些数据涉及水利、水文、生态环境、农业、能源、气象等众多行业部门，因此也分散在各个部门之中，2018 年率先实现突破的是水生态环境预警机制，生态环境部发布了《长江流域水环境质量监测预警办法（试行）》，构建起了水生态保护的重要防线，但类似预警机制还很缺乏。三是信息共享平台建设相对滞后。各地区各部门根据各自管理职能，采集了大量数据资料，但缺乏系统性和应用性，尤其是全流域、全要素、实时信息数据库和共享平台还未建立，没有给部委协同、部省协同、上下游协同、水岸协同提供足够信息支撑。

4. 依法治理力度不足

生态保护和治理离不开最严格的制度和最严密的法治，《长江保护法》第六条规定"长江流域相关地方根据需要在地方性法规和政府规章制定、规划编制、监督执法等方面建立协作机制"。尽管顶层设计有了具体要求，但政策落地还有很长的路要走。就立法而言，流域资源开发、利用和保护的相关法律众多，这些法律按要素或区域对长江流域实施保护，缺乏协调统一目标，尽管《长江保护法》作为首部流域法律能起到统筹推进的作用，但在固有分散立法模式下，要自上而下形成协同治理法律体系，保证法律的有效实施，还需要一系列配套立法的助力。就执法而言，生态治理综合执法在局部地区有突破，但流域整体的执法机制还不完善，综合执法队伍建设需要提速。就司法而言，尽管早在2018 年，长江经济带 11 省市及青海省等 12 家高级人民法院已经共同签署了《环境资源审判协作框架协议》，但是全流域环境资源审判协作机制还不健全，流域协调联动机制、司法服务机制以及与公安机关、环境资源保护主管部门的沟通协调机制等还不完善，还未形成生态治理的法治合力。

四、长江流域生态协同治理路径优化

1. 坚持生态优先，推动治理目标协同

长江是中华民族永续发展的重要支撑，在严峻的资源约束和环境压力面前，必须坚持走生态优先、绿色发展道路，沿江各省市也必须深刻认识到共抓大保护、不搞大开发的重大意义。要凝聚保护共识，遵循生态治理和修复的客观规律，高度重视大保护各项工作，做到认识到位、措施有力；要突出重点难点，以整治化工污染、排查固体废物、治理面源污染、实现畜禽养殖废弃物资源化无害化利用、打击非法码头非法采砂等工作为重点，加大流域生态系统保护力度；要转变治理理念，坚持绿色发展，在破解治理困境的同时，协同厚植发展优势，发挥下游协调带动作用，形成流域一体化发展态势。

2. 坚持多元共治，推动治理主体协同

生态治理是一项系统工程，要实现治理协同，就必须改革治理体系，由政府单一主导走向多元共治，建立起政府主导、企业主体、社会组织和公众共同参与的生态治理体系。一是优化政府协同机制。建立长江流域协调机制，中央层面统筹做好跨部门跨地区重大工作安排，地方层面进一步因地制宜、因事制宜，探索有效的协作机制，以联席会议、联合巡查、应急联动、联合执法等方式强化联防联控、联合治理。二是强化企业主体责任。坚持激励和约束并重，一方面建立激励机制，加大生态文化建设力度，鼓励企业在科技研发、管理优化等方面开展创新活动，以排污权、碳排放交易等制度降低成本、提升参与积极性，另一方面，加快污染防治主体责任体系建设，强化监督执法，提倡监测信息自觉公开，推动企业高质量绿色发展。三是推进全民共同参与。扩展公众和社会组织了解参与公共决策、政策制定、生态保护等方面工作的渠道，形成生态治理整体合力。

3. 坚持系统观念，推动治理内容协同

长江流域生态功能显著、经济功能突出，已成为集自然生态、水利工程、人类活动等于一体的复合型生态体系，因此必须落实《长江保护法》中"统筹协调""系统治理"理念，协同推进资源保护、污染防治、生态环境修复和绿色发展，实现生态效益、经济效益和社会效益有机统一。一是协同推进规划编制。围绕重要领域生态保护和治理，完善上下游、左右岸、干支流的流域规划体系，以国家规划为统领，发挥空间规划、专项规划、区域规划的指导作用。二是协同推进战略落实。统筹山水林田湖草等资源，各管理机构充分发挥优势，形成齐抓共管的保护格局。三是协同推进绿色发展。在加快流域生态治理的同时，协同推进基础设施建设和产业发展，促进长江流域城乡融合发展、产城融合发展。

4. 坚持创新驱动，推动治理措施协同

长江流域生态治理形势严峻，多层面、多领域、多类型生态环境问题累积叠加，要实现流域生态全面改善，需要加强治理措施协同，创新科技、人才、资金协同共享机制，为一体化治理提供支撑。一是创新信息共享机制。建立流域资源基础数据库、联合开展专项调查，在已有监测和预警项目基础上，搭建信息共享平台，实现生态环境监测网络体系和流域信息共享，达到职能互补、监管互助、信息互通的效果。二是创新智库合作机制。整合全流域科研力量，以专家咨询委员会为载体，组织专业机构和专业人才参与流域生态治理，尤其是参与流域重大发展战略和规划开展专业咨询、评估、论证、分析等，实现优势互补、合作共赢。三是创新生态融资机制。通过设立全流域生态保护修复基金、创新生态产品市场交易机制等方式，发挥财政资金的撬动作用，吸引社会资本采取PPP等新型投融资方式参与生态治理。

参考文献

[1] 中国人民大学长江经济带研究院. 长江经济带高质量发展面临的挑战及应对 [M]. 中国财富出版社, 2019.

[2] 黎元生, 胡熠. 流域系统协同共生发展机制构建——以长江流域为例 [J]. 中国

特色社会主义研究，2019（5）：76-82.

　　［3］南景毓. 长江流域立法的模式之变：从分散立法到综合立法［J］. 广西社会科学，2020（8）：115-119.

　　［4］邱秋. 多重流域统筹协调：《长江保护法》的流域管理体制创新［J］. 环境保护，2021，49（Z1）：30-35.

　　［5］詹国彬，陈健鹏. 走向环境治理的多元共治模式：现实挑战与路径选择［J］. 政治学研究，2020（2）：65-75.

　　［6］张蕴. 生态文明建设呼唤多元共治［J］. 人民论坛，2018（35）：68-69.

　　［7］彭中遥，李爱年，王彬. 长江流域一体化保护的法治策略［J］. 环境保护，2018，46（9）：27-31.

　　［8］彭本利.《长江保护法》促进和保障流域协同治理［N］. 中国环境报，2021-1-18（008）.

湖南生态环境治理能力现状及提升对策研究

彭培根[1]①　焦妍②　华静文②　熊曦②　罗旭婷②

（①湖南省社会科学界联合会　湖南长沙　410003
②中南林业科技大学　湖南长沙　410004）

摘　要：本研究从生态意识塑造力、生态资源配置力、生态科技创新力、生态法制执行力等方面分析了湖南省生态环境治理现状，分析湖南省生态环境治理的问题，科学提出对策。

关键词：湖南；生态环境治理能力；对策

一、引　言

党和国家历来重视环境保护和生态文明建设，特别是党的十八大以来，把生态文明建设纳入中国特色社会主义事业的总体布局。通过全面深化改革，加快推进生态文明顶层设计和制度体系建设，相继出台《关于加快推进生态文明建设的意见》《生态文明体制改革总体方案》，制定了 40 多项涉及生态文明建设的改革方案，从总体目标、基本理念、主要原则、重点任务、制度保障等方面对生态文明建设进行全面系统部署。党的十九届四中全会进一步强调"要坚持和完善生态文明制度体系，促进人与自然和谐共生"。加快生态文明体制改革，加大力度推进生态文明建设，建设人与自然和谐共生的现代化的过程中，以生态治理体系和治理能力现代化为目标的生态治理，是极为关键且重要的环节。

生态治理是国家治理体系的重要内容，是生态文明建设的具体实践。在生态文明建设过程中，要以生态环境保护实现生态文明为目标，以绿色技术创新为动力，以法治为保障，以政府为主导、企业为主体、社会组织和公众共同参与，对生态环境进行整治、清理、修葺、美化。生态环境的特殊性决定了生态治理需要多元主体的共同参与，这是生态治理共同体建构的客观需要和现实背景。政府为主导、企业为主体、社会组织和公众共同参与的生态治理体系逐步建立，也正是这些治理主体的实践活动推动了我国生态治理的不断发展。但就目前湖南省生态环境治理现状来说，仍有较大提升空间。分析湖南省生态环境治理的问题，科学提出对策，具有重要的现实意义。

1　[第一作者] 彭培根，湖南平江人，湖南省社会科学界联合会科普办副主任，副研究员。主要研究方向为公共政策研究。

二、湖南省生态环境治理现状分析

（一）整体情况

"十三五"期间，湖南省深入学习贯彻习近平生态文明思想，保持定力，持续发力，逐渐建成政府主导、企业主体、公众共同参与的生态环境保护大格局，生态治理工作稳步向前推进，各方面取得良好效果。

第一，生态意识塑造力得到提升。湖南省注重在把握发展阶段中明确生态环境保护新目标任务，在贯彻新发展理念中推动绿色低碳发展，在构建新发展格局中发挥生态环境保护的支持、保障和推动作用，生态环境保护地位明显提高。

第二，生态资源配置力得到优化。湖南省生态治理工作强化各地生态治理责任，加快还清生态环境历史欠账，坚决防止表面整改、敷衍整改、虚假整改，确保整改质量，生态得到有效恢复。

第三，生态科技创新力得到加强。湖南省应用科技力量协同攻关生态环境领域重大难题，强调实现科学、精准治污，加强科技与环保联动机制，加大环保技术储备和应用力度，注重科技对生态治理工作的支持。

第四，生态法制执行力得到提高。湖南省强力推进各项生态保护工作落实和公开，高效与社会互通，深入打好污染防治攻坚战，加强生态保护和修复，持续改善生态环境质量。

（二）社会公众生态责任意识情况

人均受教育年限，生态环境教育课时比例，绿色低碳消费方式的人口占总人口比重和党委政府对生态文明建设重大目标、任务部署情况是相对重要的评价指标。多年以来，湖南省发展观念的不断跃升，根本来说是公众受教育程度的提升和生态责任意识的提高，但想要实现生态治理能力水平质的提升，需要继续强化公众的社会生态责任意识，加强全省的生态意识塑造力。

1. 人均受教育年限

公民的文化教育程度不仅与其创造多大的财富相关，更与日常生活的方方面面不可分割。根据生态环境部环境与经济政策研究中心向社会公开发布《公民生态环境行为调查报告（2020 年）》可知，公民普遍认为自身环境行为对保护生态环境重要，公民本身的生态价值观指导着自身的环境行为。据湖南省 2015 年全国 1‰人口抽样调查主要数据公报可知，2015 年全省常住人口中，具有大学（指大专及以上）程度的人口为 713.74 万人；具有高中（含中专）程度的人口为 1376.77 万人；具有初中程度的人口为 2591.46 万人；具有小学程度的人口为 1836.87 万人，人口受教育年限较 2010 年大幅度提升。"十三五"期间，湖南省教育总规模位居全国第 7 位，高中阶段教育基本普及，已基本建成层次完整、类别齐全、形式多样，与全省经济建设和社会发展需要相适应的教育体系。教育体系的逐步完善，全省公民受教育程度普遍提升，尊重自然、顺应自然、保护自然的生态文明价值观逐渐深入人心。

2. 生态环境教育课时比例

生态治理作为国家治理的重要支撑，同样需要价值理念引领。生态文明理念以人与自然和谐共生为基本价值遵循，为生态治理提供理念指导。生态文明理念的深入人心，需要生态环境教育的助力。生态环境教育是以人类和环境的关系为核心，以解决环境问题和实现可持续发展为目的、普及环境保护知识和技能，以教育为手段而展开的一种社会实践活动过程。作为祖国未来的建设者，新时代的学生必须树立正确的生态价值观，增强自我生态教育的主动性，践行生态价值观，可以促进自身全面发展，进而推进整个生态文明和美丽中国的建设。目前，湖南开设生态价值、环境保护等相关课程的学校相对较少，学生较难系统地学习到生态价值观相关知识，即便是在零星涵盖生态价值观知识的思政课程中，教师也很少重点讲授，将生态教育纳入国民教育体系，是增强生态意识塑造力的重要途径。

3. 绿色低碳消费方式的人口占总人口比重

绿色生活与绿色经济是生态文明的综合体，两者相互依存，不可或缺，绿色经济决定绿色生活的质量，绿色生活方式又影响绿色经济的发展程度。近年来，随着人们生活水平不断提高，消费对于经济拉动作用不断增强，社会消费总量进一步攀升。同时，非理性消费导致的资源浪费和环境污染问题日益凸显，绿色发展迫切呼唤绿色低碳消费方式。绿色低碳消费方式指既能满足人们美好生活需要，又对环境损耗较低的消费行为，是适应经济社会发展水平和生态环境承载力的一种新型消费方式。通过倡导绿色低碳消费方式，引导居民使用绿色产品和志愿参与绿色志愿服务，树立绿色增长、共建共享的理念。同时利用消费模式的转变倒逼生产方式的变革，促使能源绿色转型，构建清洁低碳、安全高效的能源体系，促进生产和消费方式的绿色化转变，促进人与自然和谐共生，实现经济效益、社会效益和生态效益的有机统一。随着人均受教育年限的大幅提升，湖南省践行绿色低碳消费方式的人口逐渐增多，占全省总人口也不断上升。

4. 党委政府对生态文明建设重大目标、任务部署情况

生态文明是人类社会进步的重大成果，是实现人与自然和谐发展的新要求。推进生态文明建设，坚持绿色发展，是一项长期、复杂、艰巨的历史任务，首先要从转变发展观的高度上认识其革命性意义。湖南省委省政府历来高度重视生态文明建设和环境保护工作，特别是党的十八大以来，坚决贯彻落实中央"五位一体"总体布局、"五大发展理念"以及生态文明建设的系列重大决策部署，立足湖南省情，珍惜生态环境，坚持保护优先，并且提出"既要金山银山，又要绿水青山，若毁绿水青山，宁弃金山银山"的发展理念，全省确定了建设"两型"社会、绿色湖南的战略目标，同时紧抓部署推进生态文明体制改革，建立健全环境保护责任体系、推进以湘江流域为重点的水污染防治、推进农村环境综合整治全省覆盖、推进大气污染防治和主要污染物减排、坚持以环境保护优化经济发展，把好环保准入和环评审批关等工作，使湖南省环境质量总体保持稳定并逐步向好的趋势。

（三）政府生态管理体制建设情况

湖南省生态环境管理体制各方面逐渐完善，但生态环境没有替代品，用之不觉，失之难存。对于生态治理恢复工作，湖南省各市各县都在积极努力，但是碍于经济发展和环境保护的选择，治理成效虽有提高，却并不显著，生态资源配置效率仍需提高。

1. 地方财政环境保护支出

对于生态文明建设来说，原始生态保护和环境治理防护尤为关键，而环境等公共物品的性质决定了政府应该承担主要职责维护良好环境和保护自然资源，财政作为环境保护支出的重要支撑，需要政府充分发挥其职能优化财政支出结构和方式，合理安排财政资金，最大限度提高利用效率和水平。如图1所示，以生态环保领域的一个重要组成部分——节能环保支出预算来看，2015年到2021年，湖南省节能环保支出预算呈现波动上升的趋势，2015年和2017年节能环保支出较高是由于前年项目未完成导致下一年节能环保支出高出其他年份。2021年节能环保支出较高主要是增加监测事权垂改和生态环境监测能力建设等增加支出。节能环保支出的逐年升高，表明湖南省生态治理投入力度越来越大，污染防治攻坚战和蓝天保卫战等攻坚战得到有效支持。

湖南省2015—2021年节能环保支出预算变化表

图1　湖南省2015—2021节能环保支出预算变化表
注：数据来源于湖南省生态环境厅

2. 生态恢复治理率

生态恢复治理率直接体现了生态治理的效果。近年来，湖南自觉把环境保护标准作为生态环境保护的重点内容来抓，在地方强制性排放标准、污染物特别排放限值等多个方面率先发布相关标准，为加快推进湖南生态环境治理体系和治理能力现代化，打赢污染防治攻坚战，提供了环境保护标准服务和保障。标准是经济社会发展的基础，同时也是生态治理的基础，没有标准化就没有现代化。经过多年努力，湖南省全面完成长江经济带废弃露天矿山生态修复任务，并且建好生态修复重大工程，继续抓好湘江流域和洞庭湖生态保护修复试点，积极开展全域土地综合整治试点和做好生态修复基础性工作，积极探索落实生态修复新理念。

3. 生态资产保持率

生态资产是生态系统的自然资源属性和生态系统服务属性的综合体现，为人类社会可持续发展提供着基础支撑。生态资产保持率反映出地区政府对于生态环境保护的重视程度，是可持续发展指标体系和人类福祉指数构建不可或缺的关键。多年来，湖南省坚持"节约优先、保护优先、自然恢复为主"的方针，把握"保证安全功能、突出生态功能、兼顾景观功能"的次序，坚持问题导向，区分轻重缓急，做好统筹规划，注重生态资产保持，同时提高自然资源利用效率，改善生态环境质量，服务高质量发展，助力生态文明建设。

4. 受保护地占国土面积比例

湖南地貌类型多样，以山地、丘陵为主，大体上是"七山二水一分田"，其中耕地面积 414.88 万公顷，约占全国耕地总面积的 3.1%；林地面积 1221.03 万公顷，约占全国林地总面积的 4.8%；牧草地面积 47.48 万公顷，约占全国牧草地总面积的 0.22%。已批准建设自然保护区 180 个，面积 150.9 万公顷，其中，国家级自然保护区 23 个，是处于第四位的国家级自然保护区较多的省份，省级自然保护区 30 个。截至 2019 年，全年完成造林面积 33.3 万公顷，年末林地面积 1299.6 万公顷，活立木蓄积 5.95 亿 m^3，森林覆盖率 59.90%。湖南省整体自然资源较为丰富，受保护地面积较大，有良好的生态基础。

（四）生态科技创新力的情况

碳排放强度、企业研发支出，单位 GDP 能耗、单位 GDP 水耗和生态环保投资占财政收入的比例是衡量生态科技创新力相对重要的指标。激发企业对于生态环保的投资和研发支出是提高湖南省生态科技创新的重要举措。

1. 碳排放强度

为顺应绿色低碳发展国际潮流，十八大以来我国一直把低碳发展作为经济社会发展的重大战略和生态文明建设的重要途径，采取积极措施，有效控制温室气体排放，并将低碳发展作为新常态下经济提质增效的重要动力。湖南作为重化工业比例较重、能源结构方面高碳特征比较明显的工业大省，全面贯彻落实国家实施低碳发展战略部署，自 2016 年起就制定并有效实施了《湖南省实施低碳发展五年行动方案（2016—2020 年）》，从构建低碳产业体系、优化能源结构、建立绿色低碳交通运输体系、发展低碳建筑、加强碳汇开发、强化技术支撑、资源综合利用和倡导低碳消费等方面积极探索低碳发展模式。到 2019 年底，湖南省能源消费二氧化碳排放约为 3 亿吨，碳强度约为 0.8 吨/万元，均低于全国平均水平，碳强度较 2015 年累计下降 19.86%，碳排放强度治理成效显著。2021 年湖南将在全面摸清二氧化碳历史排放、认清排放现状、分析排放趋势、研判峰值目标的基础上，组织编制全省、重点区域、重点领域和重点行业碳达峰行动方案，推进低碳发展示范区建设。

2. 企业研发支出

走绿色发展之路需要在"科研技术"上下功夫。十八大提出要着力构建以企业为主体、市场为导向、产学研相结合的技术创新体系。企业是实施科技创新的主体，研发支出的投入力度反映出企业对科技创新的重视程度。科技创新不仅利于企业经济效益的提升，更利于从源头上实现企业的节能,从而利用科技创新为生态环境治理提供直接助力。为加快实施创新引领开放崛起以及"制造强省建设"战略,湖南以供给侧结构性改革为主线,坚决淘汰了一大批落后产能,按照"围绕产业链部署创新链、围绕创新链完善资金链"的要求,形成了以工业新兴优势产业链为突出重点抓制造强省建设的基本思路,以建立以排污许可制度为核心的工业企业环境管理体系为目标,全面实施大型燃煤火电机组超低排放,加快燃煤锅炉综合整治,大力推进石化、化工、印刷、工业涂装、电子信息、制药等行业挥发性有机物综合治理;同时加强工业企业环境信息公开,推动企业环境信用评价,以此推动企业增加研发支出或技术购置费用来改造、淘汰落后工艺、引进新工艺,提高企业整体绿色生产水平。

3. 单位 GDP 能耗

为加快建设资源节约型、环境友好型社会,确保完成"十三五"节能减排约束性目标,保障人民群众健康和经济社会可持续发展,促进经济转型升级,实现经济发展与环境改善双赢,为建设富饶美丽幸福新湖南提供有力支持,湖南省依据《湖南省"十三五"节能减排综合工作方案》,以提高能源利用和改善环境质量为目标,以推进供给侧结构性改革和实施创新驱动发展战略为动力,全面推进节能减排工作。一是深入实施"制造强省"战略,深化制造业与互联网融合发展,努力构建绿色制造体系,促进传统产业转型升级和加快发展壮大新一代信息技术、高端装备、新材料、生物、新能源、新能源汽车等新兴产业,持续推动能源结构优化;二是加强工业、建筑、交通运输、商贸流通等重点领域节能;三是完善节能减排支持政策,建立节能减排市场机制,强化节能减排技术支撑和服务体系建设,等等。通过以上措施,湖南省 2014 至 2019 年单位 GDP 能耗呈现整体下降的趋势,如表 1 所示。

表 1　单位 GDP 能耗 2014—2019 年变动表

	2014 年	2015 年	2016 年	2017 年	2018 年	2019 年
上升或下降(±%)	−6.24	−6.98	−5.27	−5.17	−5.17	−4.29

数据来源:湖南统计年鉴。

4. 单位 GDP 水耗

湖南水系发达,河湖众多,水情是最重要的省情。近年来,以实行最严格水资源管理制度为统领,湖南全面建立了省市县三级用水总量、用水效率、水功能区限制纳污"三条红线"控制指标体系。严格取用水管理,建立水资源论证和节水评价制度,倒逼高耗水行业转型升级,促进水资源开发利用水平与经济社会发展相协调。经初步统计,2019 年湖南省万元 GDP 用水量为 85.5 m³,较 2015 年下降约 25%,全省用水效率明显提升。湖南将继续坚持"重在保护、要在治理"理念,严格落实"把水资源作为最大的刚性约束"要求,以水定城、以水定地、以水定人、以水定产,促进经济社会发展与水资源水环境承载能力相协调,构建起防洪抗旱体系、饮水体系、用水体系和河湖生态体系 4 大体系。

5. 生态环保投资占财政收入的比例

生态环保投资是一类比较特殊的投资，主要表现在：第一，环保投资的主体与利益获取者往往不一致。环保投资主体是企业，增加环保投资就意味着相应地增加企业生产成本，可能造成企业竞争力的下降。第二，环保投资的双重效益——环境效益和社会效益。环保投资的增加，可以减少环境损失，这是环保投入带来的环境效益的体现。环保投入带动经济增长、就业增长、税收增加等，这是环保投入带来的社会效益。衡量生态环保投资占财政收入的比例这一指标，既直接反映出企业对生态治理的参与度，也反映出政府对企业参与生态治理的鼓励度。从湖南省财政收入结构来看，税收收入占比较低，非税收入比重偏高，企业对生态环保的投资也相对少些。

（五）生态法制执行力情况

环境违法案件查处力度，政府环境信息公开率，政府行政效率和公民对于环境质量的满意度是生态法制执行力相对重要的指标。湖南省注重公民对生态环境的诉求，满足公民对于环境信息需求，建立了全面、及时的环境信息沟通平台，但新时代公民不断提高的美好生活环境需求与短期难以改变的低水平生态环境水平的矛盾依旧存在，生态法制力尚可提高。

1. 环境违法案件查处力度

严格完善的制度保障和迅速的执行力是提高生态法制执行力的重要途径。环境违法案件查处力度直接反映生态法制执行力的强弱。环境违法案件的出现主要是由于对生态文明建设重要性的认识还没有到位。湖南省过去毁林开荒、围湖造田、靠山吃山、靠水吃水的落后发展理念已渐渐跃升为植树造林、兴修水利和全面的生态保护发展理念，但依旧不乏部分公民或企业不可为而为之，触碰环境保护的底线。湖南省环境生态厅围绕工业污染防治、畜禽养殖污染防治、大气污染防治、饮用水水源地保护、打击固体废物环境违法、"散、乱、污"环境问题整改等开展专项执法行动，采取高压态势打击一切环境违法行为，并呼吁各企业环保生产、达标排放，环保执法环境持续优化，但从根本上杜绝环境违法案件的出现仍需要再加大努力。

2. 政府环境信息公开率

公民、企业参与是现代环境治理体系不可或缺的组成部分，政府环境信息公开与多方主体参与环境治理紧密相关。公民、企业参与环境治理必须以一定质量的环境信息为基础进行思考、决策和行动，环境信息公开是实现政府、公民与企业等多方主体在环境治理中良性互动的桥梁。政府的环境信息公开不仅有助于提升公民环境认知水平，同时有助于提高多方主体对于政府的信任。环境认知是环境治理实践的前提，缺乏清晰的环境认知，其他主体主动投身环境治理的积极性就明显降低。因此，全面提高政府的环境信息透明度，充分满足其他主体的环境信息需求，对于构建公民、企业和政府全面参与的生态治理体系至关重要。现阶段湖南省生态环境厅依法进行信息公开，公民和企业有便捷的环境信息了解平台，但随着技术进步，及时更新信息公开平台，链接更多高效性、实用性、警示性的资源信息必不可少。

3. 公民对于环境质量的满意度

衡量生态治理的成效，人民群众的满意度和获得感是一个重要参考指标。提高公众环境意识、提升公众环境关心水平、畅通公众表达环境诉求的渠道，对于发展中国家的环境治理具有重要意义。当前我国公众的整体环境意识不断提升，对良好生态环境的要求越来越高，而生态环境质量水平在相当长的时期内仍然相对滞后。新时代公民日益增长的对生态环境质量提升的需求与相对落后的环境质量水平、环境治理能力之间的矛盾正在逐步显现。公民对于环境质量的满意度与生态法制执行力是正向相关关系。公民日益提升的生态环境需求要求更严格、更高效的法制执行力保障，严格、高效的法制执行力有利于提高公民对环境质量的满意度。近年来，湖南省注重将制定环境保护措施与公民环境诉求相结合，实现生态治理和公民美好生活需要的有机统一。

三、提升策略

针对湖南省目前生态治理能力的不足，提出以下提升策略。

1. 做深做实宣传教育，不断强化全社会生态文明理念

将生态文明内容纳入干部教育体系，充分发挥省内各级党校（行政学院）"熔炉"作用，将各级领导干部作为生态文明理念的首要培训对象，让生态文明建设的课程进入每个班次。将生态文明内容纳入企业职业培训，不断强化企业管理者和员工的生态意识，扭转企业重经济效益、轻生态保护的思想理念。将生态文明内容纳入学校教育，课程设置增加生态环境内容，编写适合中小学生阅读和学习的生态环境读本，特别是进行"资源短缺""生态危机"教育，提高学生的生态环境忧患意识；从幼儿园到小学中学或成年教育，每个学期进行专门的实地"学习访问"，参观生态环保部门或企业。运用各种媒体多方式搞好生态文明宣传，主流媒体要在重要版面、重要时段宣传与生态文明相关的新闻事件、宣传片、纪录片、公益广告等，发布生态政策，普及生态知识，推介生态保护的方式方法；政府、研究机构和社会团体可以建立官网、微信公众号或者官方微博，发布权威信息，让公众参与生态文明建设问题的讨论，使公众自己也成为生态文明理念的传播者；充分发挥媒体的舆论监督作用，进行反面的警示教育，加大对损害生态环保事件的曝光强度；还要定期举办大型宣传活动，凝聚热点焦点，激发全民对生态环境的热爱和自觉保护。

2. 持续开展污染治理，不断提升生态环境保护水平

突出重点焦点，抓住大气、水、土壤、固体废物和垃圾等主要污染问题加强治理。持续实施大气污染防治行动，打赢蓝天保卫战；加快水污染防治，实施流域环境综合治理；强化土壤污染管控和修复，加强农业面源污染防治，开展农村人居环境整治行动；加强固体废弃物和垃圾处置。提高污染排放标准，强化排污者责任，健全环保信用评价、信息强制性披露、严惩重罚等制度，坚决依法制止和惩处破坏生态环境行为，并将各种生态环境

损害破坏行为的处罚结果公之于众。坚持源头防治，保护与治理并举，提高治理的系统性与协同性。将治理的范围进一步扩大，针对农业农村存在的面源污染问题，开展专项治理，使长期形成又长期得不到应有重视的问题解决好。坚持减排、节约、再利用的统一，发展循环经济。实施重要生态系统保护和修复重大工程，统筹山水林田湖草系统治理，提升生态系统质量和稳定性。强化主体责任，坚持全民共治，构建政府为主导、企业为主体、社会组织和公众共同参与的环境治理体系。引导国企、民企、外企、集体、个人、社会组织等各方面资金投入，培育一批专门从事生态保护修复的专业化企业。

3. 全面开展绿色行动，形成保护生态环境的良好氛围

大力倡导绿色生产生活方式，制定和推行个人、企业和社会的绿色标准，对绿色行为给予相应的优惠或进行表彰、奖励，引导企业公众自觉践行绿色行为；建立和完善绿色生产生活支持体系，帮助人们实现绿色生活目标。着力创建生态社区，发动和组织社区居民参与社区的环境卫生治理，设立生态文明的宣传栏、监督站、分类垃圾箱、放置衣物回收箱等，开展多种形式的生态主题活动，打造环境优美的社区生态空间。建立全民参与环保的社会行动体系，通过刚性的制度设计，保证生态环境政策制定和执行中公众的有序参与，保障公众环保参与的合法权利和权益；培养公众的环保参与动机和参与动力，激励公众对污染环境的行为进行监督和制约，提高公众环保参与的积极性；构建系统的生态环境监测网，对生态环境信息及时公开，保障公民的知情权，使公众的环保参与更具有针对性和可行性。

4. 加强创新体系建设，通过科技创新引领绿色发展

深化科技体制改革，建立健全科技管理统筹协调机制，理清部门职能，避免科技行政管理职能的分散、交叉与重复；深化科研项目管理改革，健全科技信息公示公开制度，对项目立项、资金配置、成果验收等环节实行规范化、透明化管理；引进高层次科技团队和高新项目，厚植生态经济发展的科技和市场基础。加强创新体系建设，引导科技创新核心要素向企业聚集，构建以企业为主体的科技创新体系，使企业成为研发投入的主体和科技成果转化的主体；支持科研机构、高等院校、企业联合组建产业技术创新战略联盟，共同承担重大科研项目，促进政产学研用结合；建立健全科技创新资源共享服务平台，优化创新环境，营造全社会创新创业的良好氛围；积极推进技术交易市场和科技型中小企业产权交易市场体系建设，支持科技中介服务机构发展，促进科研成果的交易流转；积极推进科技与金融结合，政府投资设立科技成果转化引导基金，引导社会资本流向科技成果转化环节，有效突破科研成果转化与产业化环节的资金瓶颈问题。

5. 完善信息公开平台，实行更严厉的生态执法态势

全面加强信息公开和公众参与，便捷高效的资源环境信息公开平台必不可少。资源环境信息公开平台是政府与社会关于生态治理沟通的重要窗口，因此要紧跟时代潮流，多途径、多方式进行信息公开。积极利用信息技术的高效通达性，让全社会主动参与生态治理；配强资源环境等部门的执法力量和软硬条件，对涉及群众环境权益的重特大事项，严

格实行社情民意反映、专家咨询、社会公示、群众听证等制度，更多从社会的角度来进行生态治理决策，实现政府和社会的高效有序互动。生态法制执行实行更严态势是提高湖南省生态治理能力水平的必然要求。通过建立生态环境保护综合行政执法机关、公安机关、检察机关、审判机关信息共享、案情通报、案件移送制度，强化对破坏生态环境违法犯罪行为的查处侦办，加大对破坏生态环境案件起诉力度，加强检察机关提起生态环境公益诉讼工作，实行有案必查，抗法必究，制度护航，严厉打击阻碍环保执法的单位和个人，进一步优化湖南省环保执法环境。

参考文献

[1] 龚天平，饶婷. 习近平生态治理观的环境正义意蕴 [J]. 武汉大学学报（哲学社会科学版），2020，73（01）：5-14.

[2] 周晓丽. 论社会公众参与生态环境治理的问题与对策 [J]. 中国行政管理，2019（12）：148-150.

[3] 何忠良，李群. 基于 AHP 的生态治理评价指标体系研究——以辽宁省为例 [J]. 数学的实践与认识，2019，49（22）：106-113.

[4] 方世南. 生态文明制度体系优势转化为生态治理效能研究 [J]. 南通大学学报（社会科学版），2020，36（03）：1-7.

[5] 周光迅，郑珺. 习近平绿色发展理念的重大时代价值 [J]. 自然辩证法研究，2020，36（03）：116-121.

[6] 潘家华. 循生态规律，提升生态治理能力与水平 [J]. 城市与环境研究，2019（04）：21-33.

[7] 李靖，李春生，董伟玮. 我国地方政府治理能力评估及其优化——基于吉林省的实证研究 [J]. 吉林大学社会科学学报，2020，60（04）：62-72＋236.

[8] 朱远，陈建清. 生态治理现代化的关键要素与实践逻辑——以福建木兰溪流域治理为例 [J]. 东南学术，2020（06）：17-23.

[9] 党秀云，郭钰. 跨区域生态环境合作治理：现实困境与创新路径 [J]. 人文杂志，2020（03）：105-111.

[10] 任勇. 构建生态环境技术服务体系的基本定位与主要对策 [J]. 中国环境管理，2020，12（03）：5-11.

[11] 顾金喜. 生态治理数字化转型的理论逻辑与现实路径 [J]. 治理研究，2020，36（03）：33-41.

[12] 周鑫. 构建现代环境治理体系视域下的公众参与问题 [J]. 哈尔滨工业大学学报（社会科学版），2020，22（02）：133-139.

[13] 中共中央办公厅. 《关于构建现代环境治理体系的指导意见》. 2020，11.

[14] 国家发展改革委. 《美丽中国建设评估指标体系及实施方案》. 2020，2.

[15] 生态环境部. 《国家生态文明建设示范县、市指标（试行）》. 2016，1.

加强环境综合整治 守护秀美"一湖四水"

王 蓓[1]① 刘 琪②

（①保险职业学院 湖南长沙 **410114**
②湖南省人民政府发展研究中心 湖南长沙 **410003**）

摘 要："一湖四水"是长江生态系统的重要组成部分，在维系湖南生态安全方面有着举足轻重的地位。近年来，湖南推动"一湖四水"环境综合整治取得积极进展，但仍面临绿色发展理念仍未完全确立、配套体制机制不够健全、配套环境基础设施不够完善、配套要素保障能力不够到位等方面的问题。下阶段，湖南应从夯基础、健制度、补短板、强保障等四个方面入手，推动"一湖四水"环境持续改善。

关键词：一湖四水；生态环境；综合整治

湖南境内有长江一级支流"湘、资、沅、澧"四水和享誉国内的"八百里洞庭"。"一湖四水"是长江生态系统的重要组成部分，在维系湖南生态安全方面有着举足轻重的地位。为统筹推进"一湖四水"生态环境综合治理，2018 年 2 月，湖南制定出台《统筹推进"一湖四水"生态环境综合整治总体方案（2018—2020 年）》，以湘江保护和治理"一号重点工程"和洞庭湖水环境综合整治为抓手，协同推进四水流域水污染治理、水生态修复和水安全保障，"一湖四水"生态环境综合整治取得积极成效，人民群众的获得感和幸福感不断提升。

一、"一湖四水"生态环境综合整治取得积极进展

截至 2020 年底，长江水质断面稳定达到 Ⅱ 类水质，洞庭湖区总磷平均浓度比 2015 年下降 41%，接近 Ⅲ 类水质标准。"四水"干流监测断面水质达到或优于 Ⅱ 类。洞庭湖区越冬候鸟超过 28.8 万只，江豚、麋鹿、白琵鹭等珍稀濒危物种数量成倍增加。"一湖四水"流域生态环境质量明显改善。

1. 城乡水污染治理成效显著

一是大力推进城乡污水治理设施建设。2020 年，全省新（扩）建污水处理厂 13 座，地级城市、县级城市生活污水集中收集率分别比 2018 年底提高了 10 个和 5 个百分点，地

---

1 [第一作者]王蓓，宁夏银川人，副教授、硕士。主要研究方向为保险、生态经济管理。

级城市建成区污泥无害化处理处置率达到 100%。全省新增建成（接入）污水处理设施的乡镇 340 个，实现洞庭湖区域乡镇、湘资沅澧"四水"干流沿线建制镇以及全国重点镇污水处理设施全覆盖。浏阳市、沅江市获评全国农村生活污水治理示范县市。二是深入开展黑臭水体整治。将黑臭水体整治纳入河长制、污染防治攻坚战考核内容，提请省河长办公布黑臭水体河湖长名单，督促各地加快整治。截至 2020 年底，纳入国家考核任务的 184 个地级城市建成区黑臭水体，已完成整治 181 个，全省黑臭水体平均消除比例达 98.37%，各地级城市建成区消除比例均达到 90% 以上。长沙圭塘河、常德穿紫河等昔日"臭水沟"蝶变成城市生态公园、网红打卡地。三是加快工业园区污水治理力度。按照"一园一档""一园一策"的要求，强力推进问题整改，因污水处理设施建设运营导致的系统性、长期性超标排放问题已基本解决。2020 年，纳入污染防治攻坚战"夏季攻势"的 176 个省级及以上工业园区水环境问题整治任务全部完成。四是扎实推进畜禽污染防治。严格执行畜禽养殖分区管理制度，截至目前，洞庭湖区累计关停退出或异地搬迁规模养殖场 8827 家、拆除栏舍 361.53 万平方米。全省各县市区均已制定了畜禽养殖禁养区划定方案。

2. 河道污染综合整治稳步推进

重拳治理河湖"四乱"，沅水、酉水网箱养殖和欧阳海水库"库中库"等"顽疾"得到彻底整治。持续推进河湖"清四乱"常态化规范化，新摸排 855 处"四乱"问题全部清理整改到位。一是全面加强河道采砂管理。印发了《湖南省湘资沅澧干流及洞庭湖河道采砂规划（2019—2022 年）》，规划在 2019—2022 年将 97% 的省管河道划为禁采区或保留区。划定了可采砂船集中停靠点 180 个，完成了 1369 艘运砂船的 AIS（船舶自动识别系统）或北斗定位设备加装及信息固化工作，建成运行运砂船监管信息系统。将河道采砂纳入河长制工作内容，加大河道采砂联合巡查执法力度，河道采砂秩序明显好转。规范砂石码头管理，近年来，督促市州关停非法砂石码头 831 处。二是严格长江"十年禁渔"，回收处置渔船 27763 艘，分类处置"三无"船舶 71981 艘，清理整治非法矮围 15 处，侦办非法捕捞水产品案件 624 起，实现禁捕水域"四清四无"。三是加强河道保洁。将河道保洁纳入河长制工作，落实河道保洁属地管理责任制，湘潭、衡阳等地积极探索河道保洁的市场化机制。建立健全全省河道保洁监控系统，共设置覆盖全省 122 个县市区的 620 个前端监控点，及时督促打捞，保持水面清洁。

3. 湿地生态修复全面开展

一是中央环保督察交办的洞庭湖自然保护区杨树清理任务全面完成，东、西洞庭湖国际重要湿地保护与恢复工程项目建设扎实推进，编制《洞庭湖湿地保护与生态修复工程总体方案（2020—2025 年）》，完成湖区湿地修复 14.62 万亩。巩固推广退耕还林还湿成果，制定了项目维护管理技术指南，建设小微湿地保护与建设项目 34 个，试点面积 3020 亩。二是推进湘江流域和洞庭湖生态保护修复工程试点，并将之纳入市州绩效考核、省直部门重点工作考核、省政府重点督查内容，成立试点攻坚指挥部，抽调精干力量组建五大矿区服务攻坚团，切实规范工程试点项目监管、资金使用、验收销号。截至 2020 年底，主体治理工程全部完成，并通过行政验收销号。三是实施生态涵养带建设工程。制定了《湖南省省级生态廊道建设总体规划（2019—2023年）》，生态廊道建设全面铺开，建设了15条省级生态廊道。四是实施洞庭湖区清淤疏浚。制定《洞庭湖生态环境专项整治三年行动计划（2018—2020年）》，实施沟渠塘坝清淤，逐步恢复了沟渠连通性能和塘坝蓄水能力，改善了水生态环境。

4. 水生态安全功能明显提升

一是有序开展水源突出环境问题整治。市级、县级水源地突出环境问题整治工作基本完成；启动了"千吨万人"饮用水水源保护区突出环境问题整治，累计排查环境问题818处。二是推动超标饮用水水源限期整改。推动郴州市对超标的山河水库进行更换。针对孙水河锑超标问题，指导娄底市完成涟水河和双江水库替代大科石埠坝水源地。益阳龙山港断面水质已经达标。二是全面开展水源水质监测。建立了饮用水安全管理信息平台，基本实现饮用水水源地信息共享。全省县级及以上集中式饮用水水源水质监测已实现全覆盖。四是防洪减灾重点工程建设顺利推进。完成洞庭湖6个重点垸658 km一线堤防加固达标，改造穿堤建筑物231处、建设堤顶防汛道路482 km。莽山水库完成并网发电等阶段目标，毛俊水库于2018年5月开工、目前按进度推进，椒花水库主体工程于2020年8月开工建设，宜冲桥水库、大兴寨水库正开展前期工作。洞庭湖北部分片补水8个应急工程已完工。

二、"一湖四水"生态环境综合整治仍然任重道远

虽然我省"一湖四水"生态环境综合整治取得了明显成效，但是仍存在部分流域水质未达标、黑臭水体治理难度大、村镇水源水质不稳定等方面的问题，究其原因，主要有以下几个方面的不足。

1. 绿色发展理念仍没有完全树立

一是部分地方和部门政治站位和担当意识亟须提高。经济发展和环境保护的矛盾依然突出，个别地区生态优先、绿色发展的理念还未真正树立，在整改中央环保督察"回头看"和省环保督察反馈问题时，既有"打擦边球"的现象，也有简单粗暴"一刀切"的现象。有的基层政府将绿色青山转变为金山银山的办法不多；有的地方执行意识不够强，抓生态环保"紧一阵、松一阵"的现象仍然存在；有的仍然唯GDP论，热衷于上项目铺摊子、搞粗放发展，甚至存在降低环保准入门槛吸引投资、为高污染企业充当保护伞的现象，如洞庭湖区域下塞湖矮围、大面积种植欧美黑杨等问题早在2012年已通过遥感手段发现，但并未及时处置。二是部分企业环保意识淡薄，偷排漏排现象屡禁不止。部分企业治污设施或建而不用、或仅在部分时段运行应付检查、或表面上运行实际上埋暗管偷排。危化企业偷埋危废的现象仍然存在。三是生态环境保护群众参与意识仍有待提升，普遍存在高关注度与低参与度并存的现象。

2. 配套体制机制有待进一步健全

"一湖四水"生态环境综合整治是个系统工程，涉及领域多，覆盖范围广，虽然我省

制定出台了《统筹推进"一湖四水"生态环境综合整治总体方案（2018—2020年）》，但由于配套体制机制还不够健全，流域监督管理、区域环境督查、派出机构与地方环境执法之间的分工、协调联动机制有待完善，部门间及不同层级间生态环保职责有待明晰，再加上缺乏配套的实施细则和强制性的政策措施等原因，部分领域的任务落实落地很难。比如：畜禽退养、采砂整顿、禁捕退捕等政策影响群众生计，但转产转业配套政策不完善，导致部分地区存在复养复采复捕等反弹现象。再如：由于缺乏处置采砂、运砂船舶过剩产能的支持政策，目前船舶集中停泊在规定水域，一方面容易出现船体锈蚀会污染水环境的现象，另一方面也容易导致汛期走锚影响防洪安全。

3. 配套基础设施有待进一步完善

开展"一湖四水"生态环境综合整治，需要较好的环境基础设施水平。但我省环境基础设施建设总体来看基础薄弱，起点较低，近年来虽然各级政府对环境基础设施建设的重视程度越来越高，但囿于地方财力有限和历史欠账太多等因素，配套环境基础设施离支撑"一湖四水"生态环境综合整治仍有较大差距。比如：大多数城市老城区仍是雨污合流制，但雨污分流改造需要结合旧城改造同步实施，雨污混排问题短期内较难彻底解决。由于选址设计不科学、配套管网建设滞后等原因，部分县以上城市污水处理厂进水BOD（生化需氧量）浓度达不到设计标准，污水处理设施运行效果欠佳。乡镇污水处理设施建设进度滞后，而且部分已建成污水处理厂没有实现"厂网一体"。

4. 配套要素保障有待进一步加强

开展"一湖四水"生态环境综合整治，对于人、财、物等方面保障也提出了很高的要求，但目前来看离满足需要差距较大。一是基层工作力量薄弱。全省从事生态环境执法、督察的人员，本科以上学历的仅占40%左右，环保专业更是不到20%。二是资金缺口较大。大多数市县属于"吃饭型"财政，社会资本参与生态环保建设的项目不够多、范围不够广，短期内完成水生态环境整治的资金压力大。如根据《大通湖水质达标方案》要求，大通湖完成水环境治理需投入21亿元左右。三是科技支撑不够。水污染防治领域的总体创新能力不强，多数龙头企业缺乏研发能力，关键技术和设备水平整体比较落后。畜禽养殖污染治理、池塘养殖尾水净化等先进适用技术研发和示范推广不够。四是信息化建设有待加强。遥感、无人机巡护、大数据等先进监测技术手段应用不足，345个省控考核断面中，建有水质自动监测站的仅占四分之一。

三、进一步加强"一湖四水"生态环境综合整治的对策建议

加强环境综合整治，守护秀美"一湖四水"，既是湖南贯彻落实习近平总书记"守护好一江碧水"重要指示的政治使命，也是建设富饶美丽幸福新湖南的根本要求。

1. "夯基础"：筑牢生态环境优先理念

一是强化党委政府责任担当。将习近平生态文明思想纳入各级各部门党委（党组）理论学习中心组学习的重要内容，提高各级党委政府政治站位，增强把绿水青山与金山银山

统筹协同起来推动的意识和能力。紧扣环境综合治理重点工作，压实属地管理责任和部门监管责任。完善重大环境问题（事件）调查问责制度，以严肃问责倒逼责任落实。探索将防控生态环境风险能力建设纳入各级各部门绩效考核体系。二是强化企业环保主体责任。进一步健全湖南环境信用评价制度，编制环保综合名录，严厉打击企业偷排漏排和篡改、伪造数据等行为，将违规企业有关信息纳入省信用信息共享交换平台并在"信用湖南"网站公布，在土地供应、融资授信、工程许可等方面依法实施联合惩戒。借鉴欧盟塞维索指令的相关举措，推动企业环境信息强制性公开，要求全省生态环境高风险行业企业定期发布风险评估报告，同时加大对违法违规企业的惩罚力度，让违法成本大于守法成本。三是强化公众主动参与意识。推动《公民生态环境行为规范》和《生态环境保护公众参与办法》落实，强化社会公众参与环境保护的社会责任。开放政务服务 App 的公众环保举报功能，邀请环保志愿者参与，共同开展日常巡查，以各种形式鼓励社会公众积极监督和参与到生态环境保护中来。加强生态环境保护工作的宣传报道，引导社会各界关注、参与生态环境保护事业，营造生态环境共建共享良好氛围。

2. "健制度"：健全环境治理机制体系

一是加强顶层设计。加强"一湖四水"生态环境整治与污染防治攻坚战、洞庭湖水环境综合治理规划等的衔接，突出工作重点，以"1＋N"的方式（总体规划＋各流域专项规划）对"十四五"时期的"一湖四水"生态环境整治做好谋划。将涉及"一湖四水"的岸线利用、河湖综合整治、岸线分区管理等内容纳入正在编制的省级国土空间规划，实行统一的国土空间用途管制。二是健全协调机制。采取定期通报、联席会议等形式加强沟通，建立健全迅速、便捷、高效的协调联动工作机制，特别是加强岳阳、常德、益阳三市的统筹协调，加大湘江流域上下游工作衔接力度。推进省际合作，加强"一江两湖"（长江、洞庭湖、鄱阳湖）流域治理合作和经验互鉴。三是建立统一的生态考核机制。探索建立洞庭湖流域的统一环境监测和考核评价体系，统一开展湘、资、沅、澧四水和藕池、松滋、太平三口等洞庭湖入湖断面监测，通过奖优罚劣，促进洞庭湖区的县市区在污染治理上步调一致。四是完善生态补偿机制。鼓励在洞庭湖流域、四水干流和重要支流，建立水质水量奖罚机制、横向补偿机制，流域上下游相邻市县政府间签订横向生态补偿协议。争取将洞庭湖纳入国家层面的流域生态补偿试点，加快建立我省湿地生态效益补偿制度。五是完善转产转业政策。对接产业发展和就业需求，开展职业教育培训，对贫困劳动力、就业困难人员等给予一定生活补贴。探索开发"护鱼员"等公益性岗位，拓宽转产就业渠道。对无技术、无资金、无劳动能力的苇农、渔民及退出企业职工等，在就医、养老等方面出台相关支持政策，可以借鉴江苏经验，将退捕渔民按照失地农民标准纳入社会保障。

3. "补短板"：加强环境基础设施建设

一是加快老城区雨污分流改造。拓宽融资渠道，加大对欠发达县市区的资金支持，避免因资金短缺影响工程进度。对于不符合雨污分流改造条件的，因地制宜采取截流、调蓄等措施。加强智慧管网建设，在环洞庭湖地区探索开展城市排水系统数字模型建设试点。

二是加强乡镇污水处理设施建设。合理安排乡镇污水处理厂建设进度，对于基础差、任务重的乡镇可适当放宽期限要求，避免因赶工影响工程质量。加强配套管网建设，确保厂网同步设计、同步建设、同步验收。鼓励具备实施条件的地区，采取 EPC＋O（工程总承包＋运营）等建设模式，节约运营成本。加强督促指导，加大乡镇污水处理收费政策落实力度。三是加强农村生活污水治理。继续推进"厕所革命"，大力推广三格式化粪池等技术。在人口集中的自然村落，探索推广生物接触氧化＋人工湿地、PE（聚乙烯塑料）固定床生物膜等先进适用技术。

4."强保障"：提高要素支撑保障能力

一是强化环境保护基层执法力量。推进全省生态环境治理重心下移、力量下沉、保障下倾，确保与执法任务相匹配。建立健全多部门联合执法机制。运用无人机、大数据等先进技术，开发适用 App，逐步提高监管执法自动化智能化水平，提高监管执法效率。二是加大资金支持。加大对欠发达地区在乡镇污水处理设施建设、黑臭水体整治、山水林田湖草生态修复等方面的资金支持力度，出台省级财政相关补助方案。加大资金统筹，适当扩大市县对环境保护领域转移支付资金分配的自主权，支持市县对中央和省级下达的涉环类专项资金，在不改变资金使用大类的情况下，统筹整合使用。推进绿色金融创新发展，在有效防范风险的基础上，支持地方政府适度发行生态环境治理地方债券，鼓励各类金融机构，加强创新，开发以排污权、用能权、水权等为抵质押的金融产品。将市场前景较好、有一定盈利能力的治理项目纳入 PPP 项目库，推行"容缺审批"，吸引社会资本参与投资、建设和运营，拓宽资金来源。三是加强科技支撑。加快国省级实验室、企业技术研发中心建设，针对湖库富营养化治理、农业农村面源污染防治、重金属污染治理等领域等难点问题开展基础性研究和治理技术改进。加强与长江沿线省市技术合作，针对水污染防治中的污染物减排等重点任务开展合作研究。通过人才交流的形式引导环保科研机构人员到基层进行技术宣传和指导。

参考文献

[1] 蔡新强. 浅谈城市水污染控制与水环境综合整治策略 [J]. 江西建材，2021（3）：230-231.

[2] 湖南省生态环境厅. 践行习近平生态文明思想 坚决打赢污染防治攻坚战 [J]. 人民之友，2019（8）：4.

[3] 牛存稳，褚俊英，严子奇. 让河流恢复健康——深圳市坪山河水环境综合治理 [J]. 中国水利，2020（22）：6-9.

湘江流域"河长制"的生态治理效应研究

刘亦文[1]

（湖南工商大学资源环境学院　湖南长沙　410215）

摘　要：河长制是中国水环境管理机制的创新探索，是地方政府解决"纵向—横向"跨域环境协同治理问题的有效载体。基于 2011—2018 年湖南湘江、资水、沅江和醴水流域数据，运用 DID 双重差分模型实证分析了湘江流域"河长制"的生态环境治理效应。研究结果显示：河长制对湘江流域内水污染的质量改善具有显著的促进作用，河长制政策对于河水质量的影响存在明显的动态效应。机制检验的结果表明，河长制除直接影响河水质量外，还通过推动流域内部产业结构升级以及能源结构调整间接地降低了河水的污染程度，改善水体质量。

关键词：河长制；湘江流域；政策效应

流域环境管理一直是各国政府环境治理的首要任务。发达国家为实施有效的流域环境管理进行了许多尝试，如美国联邦政府将部分环境权力下放给各州（Sigman，2005）[1]，而欧洲国家则集中流域环境监管权力（Helland 和 Whitford，2003）[2]。现有文献研究表明，无论是分权管制还是集中管制都不能完全有效解决流域污染问题（Lipscomb 和 Mobarak，2016）[3]。特别是水污染的跨域流动性给单一行政区划污染治理方式带来了新的困境（陈晓红等，2020）[4]。在等级制结构下，分割的行政区域和多个部门不可避免地导致水资源环境治理体系的碎片化，这不符合综合治理和公共治理的要求（任敏，2015）[5]。因此，跨域水治理迫切需要设计和实施一套新的水污染管理制度，实现从责任重叠的层级管理体制向责任明确的协作模式转变。河长制通过把地方领导干部任命为特定河道的"河长"，负责管辖范围内的水保护和管理工作，能较好地解决"纵向—横向"跨域环境协同治理问题。同时，水质调查结果还与地方官员的晋升机会有关。因此，这一目标导向的流

1　[基金项目] 本文系国家自然科学基金面上项目"基于市场的政策工具对能源—经济—环境系统的影响机理及基于 MBIs-CGE 模型的政策评估研究"（项目编号：71774053）、湖南省自然科学基金面上基金"长江经济带水资源生态保护横向补偿机制设计及其效应评测研究"（项目编号：2020JJ4015）、湖南省教育厅科学研究重点项目"基于市场导向的流域生态系统服务付费激励机制优化及其效应评测研究"（项目编号：20A135）、湖南省社会科学成果评审委员会课题"湘江流域市场化生态补偿机制和路径研究"（项目编号：XSP18YBC160）阶段性成果。

刘亦文，湖南攸县人，副院长、副教授、博士。主要研究方向为能源与气候政策综合集成分析方法及应用。

域环境政策为地方官员减少目标污染提供了强有力的激励（Kahn 等，2015）[6]。

国内现有研究主要聚焦于河长制在中国的历史沿革、功能变迁与发展保障等方面。熊烨（2017）[7]和任敏（2015）[5]认为跨域环境治理存在横向（跨部门）和纵向（跨府际）的协调机制问题，河长制可以提高不同层次之间的协调效率。李美存等（2017）基于江苏省河长制的创新实践探索流域综合管理模式，包括流域协调机制、生态补偿机制和流域信息共享机制[8]。戚建刚（2018）研究发现，建构河长制的关键是建立整体预算和协调机制[9]。沈满洪（2018）通过分析水环境危机的背景和当前的水管理体系，认为河长制作为一种应急工具来管理水危机，只能在短期内有效[10]。熊烨（2017）认为河长制存在"委托—代理"的问题，信息不对称并缺乏透明的监督机制，而且在参与广度上，河长制忽视了社会力量、没有调动公民参与的积极性[7]。沈坤荣、金刚（2018）还发现地方政府在实施河长制时可能存在治标不治本的粉饰性治污行为[11]。

河长制的实施可以追溯到 2007 年江苏太湖蓝藻治理。2016 年 12 月，河长制在全国范围内全面铺开，全国各地流域相继建立起省、市、县、乡的四级河长体系。由于目前我国河长制大多是在省域范围内实施的，故本文选择湖南省湘江流域"河长制"的实施情况及其效应进行研究。湖南素有"三湘四水、芙蓉国度"美称，天然水资源总量为南方九省之冠，湖南省早于 2015 年在湘江流域开展河长制管理试点，并于 2017 年在全省全面推行河长制，因而本研究也极具代表性。本文基于湖南省四大河流湘江、资水、沅江、醴水2014—2018 年的宏观数据，运用 DID 双重差分模型实证研究河长制对湘江流域生态环境的治理效果，以期为地方政府强化和改善河湖水资源管理方式提供决策依据和数据支撑。

一、"河长制"对流域生态环境改善的作用机理

河长制的实施影响了各级地方政府的水污染治理行为，其驱动机制是实施河长制成功的关键。河长制下地方政府流域水污染治理的驱动力主要是自上而下的政策指令，具体表现为以权威为主导力量，以绩效评价为目标，在相应激励机制和政治监督的干预下，地方政府被迫加强流域水污染管理。河长制的运行机理为：一是协作的方式。各级党政首长在整合协调各地区、各部门执行能力方面发挥权威优势，有效缓解参与者之间的冲突，改善流域水环境。从总体上看，河长制的协同作用可分为以权力为基础的纵向协同作用、以跨域联席会议为代表的横向协同作用、以具体任务为启动的混合协同作用三大类。二是权力的功能。跨域水污染治理是一个权利互动的领域，跨域多元主体协同治理已成为水管理的必然结果。结合我国现有国情和水环境本身较强的外部性特点，水污染治理离不开法规等强制性权力。"河长制"以行政力量为主，对权威的依赖程度高，纵向权力机制起主要作用。三是扩散系数。河长制源于地方政府对水污染治理策略的创新和因地制宜地解决不同水域的污染问题，治理的效果很容易被其他地方所感知。与中央政府强制实施的环境治理政策相比，地方政府直接消化学习、再创新解决环境治理问题的努力更容易被接受，同时也节省了政策颁布和执行的时间，提高了工作效率。

为了分析河长制的生态环境治理效应，本文假设河长制的跨区域水资源管理协商是一个单阶段合作博弈，河长作为每个地方当局的谈判代表，与其他地方当局谈判，博弈的纳什均衡是一个成功协商下的合作解。在河长制中，参与跨区域水资源管理协商的主体包括：一个是河长（R），另两个是不同的地方当局（L_i，$i=1$，2）。所有主体之间掌握了充分信息。跨域水资源管理事务应由当地主管部门执行，故 L_i 的跨区域水资源管理数量假设为（w_1，w_2）。由于河水的流动性，L_i 水资源管理数量的效益与（w_1，w_2）相关。因此，假设河长制总效益为 $\ln(w_1，w_2)^\alpha$，$\alpha \geq 1$ 和 L_i 的效益（B_1，B_2），则有：$B_1(w_1，w_2) = p_1\ln(w_1+w_2)^\alpha$，$B_2(w_1，w_2) = p_2\ln(w_1 w_2)^\alpha$。其中：$p_i$ 是 L_i 所获得的总收益比例，$0 \leq p_1 \leq 1$，$0 \leq p_2 \leq 1$ 和 $0 \leq p_1+p_2 \leq 1$。另一方面，假设 L_i 的跨区域水资源管理数量的成本（C_1，C_2），则有：$C_1(w_1，w_2) = \beta w_1^2$，$C_2(w_1，w_2) = \beta w_2^2$。其中：$\beta > 0$。基于以上讨论，河长制的生态环境治理效应为：$SW^R(w_1，w_2) = \ln(w_1+w_2)^\alpha - \beta(w_1^2 + w_2^2)$。$L_i$ 的生态环境治理效应是 $SW^{L_1}(w_1，w_2) = p_1\ln(w_1+w_2)^\alpha - \beta(w_1^2)$，$L_2$ 的生态环境治理效应是 $SW^{L_2}(w_1，w_2) = p_2\ln(w_1+w_2)^\alpha - \beta(w_2^2)$。

二、变量选取与模型设计

（一）变量选取与解释

1. 被解释变量

本文的被解释变量为湖南省流域各监测点报告的水污染情况，主要整理自 2011—2018 年湖南境内四个点位报告的水污染数据，涵盖了湖南省境内四条主要的河流湘江、资水、沅江和澧水污染数据。数据来源于中国环境总站公布的水质自动监测周报，报告基于《地表水环境质量标准（GB3838—2002）》，采集了无量纲的酸碱度指标（pH），溶解氧（DO）、高锰酸盐指数（COD_{Mn}）和氨氮（NH_3-N），因此本文也以这四个指标作为河流主要污染物的衡量指标。我国河流以有机物污染为主，包括氨氮、高锰酸盐和生物需氧量。而化学需氧量是我国湖体富营养化的主要来源。在这四个指标中，溶解氧（DO）为正向指标，水中溶解氧的含量越高，水质越好。而酸碱度指数、高锰酸盐指数和氨氮指数为负向指标，这三种指标越高，表明河流水质越差。通过从中国环境监测总站爬取了 2007—2018 年全国主要流域重点断面水质自动监测周报，并从中筛选出了湖南省境内四个监测点的观测数据，使用各个观测指标的年平均值作为水体污染情况的表征。在 2012 年以前，湖南境内观测点只有湘江和澧水两个监测点，2012 年之后，新增资水和沅江两个观测点位。

表 1　变量的定义

变量类型	变量名称	符号	定义
被解释变量	pH 值（无量纲）	pH	无量纲的酸碱度指数衡量
	溶解氧	DO	溶解氧（mg/L）
	高锰酸盐指数	COD	化学需氧量（COD）（mg/L）
	氨氮	NH_3-N	氨氮（mg/L）
核心解释变量	河长制	DID	虚拟变量，地区实施河长制为 1，否则为 0
	产业结构	Is	流域内各地级市第三产业和第二产业比值的平均值
控制变量	经济发展水平	Lnpgdp	流域内各地级市人均 GDP 总和的对数值
	绿化程度	Lngre	流域内各地级市绿化面积与总面积比值的对数值
	人口数量	Lnpeo	流域内各地级市人口总数的对数值
	用电量	Lnele	流域内各地级市用电总量的对数值

2. 核心解释变量

本文的核心解释变量是河长制的建立和完善的虚拟变量，当河流建立起完善的河长制时，该变量取值为 1，否则为 0。湖南省内四条河流中，湘江最早于 2017 年建立起了完善的河长制度，而其他三条河流在 2018 年之后才开始着手建立起河长制。根据《湖南省实施河长制行动方案（2017—2020 年）》，将河长制政策的起始年份设置为 2017 年，并根据河长制政策的实施程度，将样本划分为四个子数据集，分别为河长制实施以前的湘江流域、河长制实施以后的湘江流域，以政策实施为界，划分为两个实验组数据集。而未实施的河长制和流域为控制组，以 2017 年为界，划分为两个控制组子数据集。并设置时间 post 和地区 treat 两个虚拟变量，其中，当样本处于 2017 年之前，post 记为 1，否则为 0。湘江流域的 treat 记为 1，其他流域样本 treat 记为 0。有 DID＝post×treat，表示河流是否受到河长制政策的影响。

3. 控制变量

本文从湘江流域污染物的主要来源出发，从经济发展因素方面选取控制变量，主要包括河流流经区域的产业结构，经济发展水平，绿化程度，人口数量和能源结构等指标。由于湖南省内四条河流流经的城市较多，因此对于产业结构、绿化程度等相对性的指标，基于流经城市进行平均处理，而对于经济发展水平、人口数量和能源结构等指标使用沿岸城市的加总并去对数处理。

（二）模型构建

使用双重差分法（DID）评估河长制政策对湘江流域生态环境的影响，构建如下的双重差分模型：

$$Pollution_{it} = \alpha_0 + \alpha_1 did_{it} + \alpha_2 treat_i + \alpha_3 post_t + \lambda Z_{it} + \varepsilon_{it} \tag{1}$$

式（1）中，i、t 分别表示河流和年份，被解释变量 $Pollution_{it}$ 为河流 i 第 t 年的污染情况，分别表示 pH、DO、COD_{Mn} 和 NH_3-N 四个指标，did_{it} 表示河长制政策的双重差分估计量，如果河流 i 在第 t 年实施了河长制，那么河流 i 在第 t 年及以后的年份中 $did_{it}=1$，否则为 0。Z_{it} 为一系列的控制变量，为其他可能影响流域生态质量的一系列指标。$treat_i$ 表示不随时间变化的个体变量，$post_t$ 为不随个体变量的时间变量，ε_{it} 为随机扰动项。其中 did_{it} 为本文的核心解释变量，如果 did_{it} 关于溶解氧的估计系数 α_1 显著为正，关于 pH、COD_{Mn} 和 NH_3-N 三个指标的估计系数显著为负，则说明河长制能够有效改善湘江流域的生态环境，提高流域内水体质量。

三、实证分析

（一）实证结果分析

表 2 是本文的基准回归结果，可以发现，第（1）列中河长制政策的回归结果为负，且在 5% 的水平上显著，说明河长制政策的实施显著降低了湘江流域的酸碱度指数，河流的酸碱度越低，水质越好，这说明河长制政策能够有效地改善湘江流域的水质，减轻湘江流域的污染程度。就经济意义而言，河长制对湘江流域酸碱度的影响同样显著，河长制实施使得湘江流域水体酸碱度降低了 0.2006 个单位，而 pH 指数的均值为 7.4812，因此河长制使湘江流域水体的酸碱度降低了约 2.6 个百分点。第（2）列中，河长制政策的系数估计结果为负，但是并不显著，说明河长制政策无法提升湘江流域水体内溶解氧的含量。第（3）列中，河长制政策的估计系数为负，且在 10% 的水平上显著，说明河长制政策的实施使得湘江流域水体内高锰酸盐的含量降低了 0.6241 个单位，而高锰酸盐指数的均值为 1.8398，河长制使得湘江流域水体高锰酸盐含量下降了约 34 个百分点，从经济意义上看依然显著。在第（4）列中，河长制与氨氮的回归系数同样为负，且通过 10% 水平的显著性检验，说明河长制的实施使得湘江流域水体中氨氮的含量降低了 0.161 个单位，对比河流氨氮含量的均值 0.3783，可以发现，河长制使得湘江流域中氨氮的含量下降了约 41 个百分点，也具有十分显著的经济意义，进一步证明了河长制对湘江流域水质量的改善作用。

基准回归的结果表明，河长制的实施有效地提升湖南省内河流水体的质量，降低了水体中的污染物，从整体上改善了湘江流域的污染情况。但是，河长制的实施无法提升湘江流域中溶解氧的含量，这说明河长制主要通过降低湘江流域中的污染物，而不是提升湘江流域水体质量改善流域内生态环境。从具体的指标来看，河长制的实施对于湘江流域内部有机物污染的治理更加有效，对于氨氮含量和高锰酸盐指数的影响显著高于酸碱度指数。

表 2　基准回归结果

	(1) pH	(2) DO	(3) COD	(4) NH_3-N
did	−0.2006 * *	−0.5745	−0.6241 *	−0.1610 *
	(−5.2443)	(−2.3014)	(−2.9964)	(−2.4334)
treat	−0.9623 * * *	−3.1047	−0.8392	0.3517 *
	(−9.0877)	(−1.8087)	(−1.2234)	(2.3679)
post	0.2024 * *	0.5201	−0.1017	0.0741
	(3.3272)	(0.6775)	(−0.7368)	(0.7574)
is1	0.1450 * *	0.3105	0.5089 *	−0.0442
	(4.6458)	(0.5966)	(2.3986)	(−1.0216)
lnpgdp2	−0.2826 *	0.3224	0.4131	−0.0989
	(−3.1095)	(0.5670)	(2.2045)	(−1.4887)
lngre	0.6670 *	1.3277	−0.6346	0.1388
	(2.9040)	(0.7611)	(−0.4135)	(1.2788)
lnpeo2	1.9633 * * *	4.3902 *	2.8905 * *	−0.1635
	(7.7977)	(2.9704)	(3.8096)	(−1.9772)
lnele2	−0.0569 * *	−0.6495	−0.1071	−0.0693 *
	(−3.4758)	(−1.5511)	(−0.5988)	(−2.4276)
_ cons	0.3211	−11.3911	−12.8443	2.6805
	(0.1944)	(−0.5866)	(−1.6663)	(1.6275)
R^2	0.7817	0.5427	0.4721	0.4795
N	28	28	28	28

（二）动态 DID

为了确定政策实施之前平行趋势以及政策实施的时滞效应，借鉴 Jacobson et al. (1993) 的研究框架，采用事件分析法（Event Study）研究河长制建立对于湘江流域生态环境影响的动态政策效应。具体而言，建立动态 DID 模型如下：

$$Pollution_{it} = \sigma_0 + \sum_{k \geqslant -4}^{1} \beta_k D_{it}^k + X_{it}'\gamma + \varepsilon_{it} \tag{2}$$

其中，i 和 t 代表河流和年份。$Pollution_{it}$ 为被解释变量，分别表示水污染情况的四个指标。D_{it}^k 表示河长制这一准自然实验的虚拟变量，定义为样本年份于政策实施年份的事件跨度，k 为样本年份于政策起始年份的差值，k 取负数表示河长制实施的前 k 年，k 取负数表示政策实施后的第 k 年。本文的样本年份为 2011—2018 年，政策实施年份为 2017

年。因此，有 $k \in [-6, 1]$。本文将河长制政策实施的第 4 年设置为基准组，记为 Before4。

动态 DID 的结果如表 3 所示，在第（1）列的结果中，可以发现，在河长制政策实施的当期，政策效应并不明显，而在政策实施的后一期，河长制政策的回归系数显著为负，说明河长制对于湘江流域酸碱度的影响存在一定的时滞，政策的实施到流域生态环境的改善需要一定时间。在第（2）—（4）列结果中，在政策发生之前，河长制对于湘江流域水质量的影响均不显著，较好地满足了平行趋势项的假定，但是政策实施的当期及滞后一期的结果也均不显著，这可能与本文的样本期选择有关。由于样本期较多，在政策实施以后的实验组中，只有一年的数据，无法观测到政策的长期效应，以上的结果表明河长制的政策效应可能存在较长时滞，从政策的实施到湘江流域生态环境的改善需要时间。

表 3　动态 DID 结果

	(1) pH	(2) DO	(3) COD	(4) NH_3-N
Before4	0.0202	−0.5845	−0.0306	0.1937
	(0.2313)	(−0.4370)	(−0.0663)	(1.3456)
Before3	−0.1095 *	−1.5370	0.2402	0.0816
	(−1.8314)	(−1.1880)	(0.7183)	(0.4777)
Before2	−0.1249 * * *	−1.5004	0.4200	0.2798
	(−3.1045)	(−0.9991)	(1.0748)	(1.6549)
Current	−0.1018	−0.5276	−0.5999	0.0328
	(−0.5708)	(−0.3833)	(−1.8153)	(0.1731)
After1	−0.3856 * *	−1.6269	−0.2991	−0.0790
	(−2.3432)	(−1.3282)	(−0.8829)	(−0.4189)
is1	0.1649	−0.1546	0.2535 * *	−0.0363
	(1.3191)	(−0.5351)	(2.6682)	(−0.5403)
lnpgdp2	−0.2978 *	1.5093	0.7750 *	−0.1381
	(−1.7688)	(1.7614)	(1.9766)	(−0.9582)
lngre	0.6796	6.0818	0.8067	0.0453
	(1.3375)	(1.2969)	(0.4491)	(0.1104)
lnpeo2	2.1053 * *	0.1408	1.2157	−0.0297
	(2.4619)	(0.0451)	(0.6904)	(−0.0681)
lnele2	−0.0466	−1.3921	−0.4334	−0.0649
	(−0.2440)	(−1.6249)	(−0.8511)	(−0.6709)

	(1)	(2)	(3)	(4)
_cons	−0.3367	−13.6120	−10.3859 *	2.8277
	(−0.0759)	(−0.9248)	(−1.9216)	(1.5362)
R^2	0.7986	0.4769	0.4378	0.6146
N	28	30	30	30

（三）平行趋势项检验

为了更加直观地展示河长制的动态政策效应，本文绘制了如下的平行趋势项图1～图4进行展示。图1至图4报告了式（2）变量的 D_{it}^k 的系数随时间的变化情况（置信区间为90%）。在图1中，可以发现，酸碱度指数的估计系数在政策实施以前，均在0值附近波动，而在政策实施以后，呈现出明显下降趋势，说明在政策实施以前，河长制对于实验组和控制组河水酸碱度的影响保持了一致，而在政策实施以后，河长制显著地降低了实验组河流的酸碱度，河长制的政策是有效的。在图2至图4中，政策实施前后，河长制的系数估计值均在0值附近波动，满足了平行趋势项的假定，更加直观地证明了政策的时滞作用。

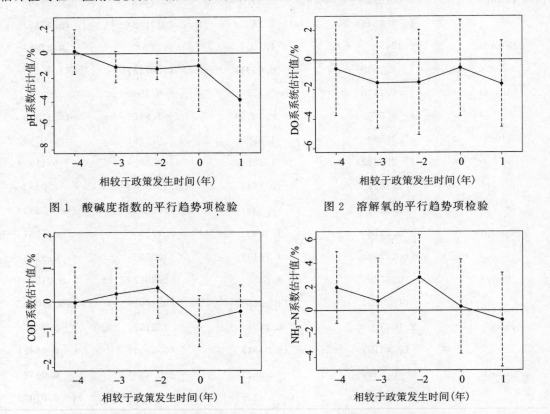

图1 酸碱度指数的平行趋势项检验　　图2 溶解氧的平行趋势项检验

图3 高锰酸盐的平行趋势项检验　　图4 氨氮的平行趋势项检验

（四）机制检验

上述实证分析表明，河长制政策能够有效地降低湘江流域内水污染的情况，改善湘江流域水质量，因此在本节中，进一步加入河长制降低湘江流域水体污染的路径探讨，分析河长制影响提高湘江流域水质量的主要机制。

在湖南省各级政府出台的文件中，均对于河长的职责做出了详细的阐述，作为河长，需要对责任范围内河湖及水环境管理与保护工作负总责，负责指导、协调、督促有关部门和各区县实施河湖水污染防治、水资源保护、水安全保障、水环境治理、水域岸线管理、水生态修复和行政监管与执法工作。因此调整地区产业结构和能源结构，改善地区生态环境质量，提升绿地面积，是河长治理河流污染的主要抓手[12]。本文从地区产业结构升级、能源结构调整和绿地面积的变化三个方面研究河长制降低湘江流域水污染的主要作用机制。

产业结构升级使用流域内第三产业与第二产业增加值的比值衡量，该值越大，地区产业结构转型升级的水平越高。考虑到地区能源消费结构水平数据的缺失，参考张华（2020）的做法，使用与地区能源消费结构高度相关的地区电力消费的数据进行替代，以流域内电力消费总量的对数值衡量。同时，使用流域内各地级市城区绿化率的平均值衡量绿化水平。

参考温忠麟等（2004）提出的中介效应检验方法，设置如下的检验方程组进行检验：

$$Pollution_{it} = b_0 + b_1 DID_{it} + b_2 Z_{it} + \varphi_i + \mu_t + \varepsilon_{it} \tag{3}$$

$$M_{it} = c_0 + c_1 DID_{it} + c_2 Z_{it} + \varphi_i + \mu_t + \varepsilon_{it} \tag{4}$$

$$Pollution_{it} = d_0 + d_1 DID_{it} + d_2 M_{it} + d_3 Z_{it} + \varphi_i + \mu_t + \varepsilon_{it} \tag{5}$$

其中，M_{it} 为可能的中介变量，分别表示产业结构升级、能源结构调整和绿化水平，其余变量含义与基准回归模型一致。

表4展示了公式（4）的回归结果，即河长制对中介变量影响的结果。在第（1）列中，河长制对流域内绿化水平的影响显著为正，河长制的实施显著地提高了流域内的绿化水平。河长制的实施提高了流域内部政府和居民的生态环境意识，改善了地区的生态环境。在第（2）列的结果中，河长制的回归系数显著为负，表明河长制的实施对地区内部能源结构调整具有重要影响，通过减少流域内各个主体对于电力的需求，同时来自政府的压力迫使制造污染的企业加大环保投入，不断改进生产方式，而新设备的投入有效地提高了能源的利用效率，从而降低了对于能源消费的需求，改善了地区的能源消费结构。在第（3）列中，河长制的系数估计值显著为正，表明河长制的实施能够推动流域内的产业结构转型升级，通过减少流域内容易制造污染的工业企业，提高服务业企业的比重，优化了地区的产业结构。中介变量的回归结果与预期一致。

表 4　中介变量的回归结果

	（1）绿化水平	（2）能源结构	（3）产业结构
did	0.0986 * * *	−0.0948 * *	1.1963 *
	(483.8925)	(−13.2200)	(2.2932)
is1	−0.0559 *	0.1222	
	(−11.6916)	(5.1524)	
lnpgdp2	−0.0729	−0.0222	0.0105
	(−2.4564)	(−1.0861)	(0.0052)
lnpeo2	−0.4235	−0.2235	−2.8417
	(−0.9226)	(−0.8845)	(−0.6898)
lnele2	0.5428		−0.3084
	(6.0142)		(−0.7390)
lngre		0.4138	−3.7710 *
		(2.2996)	(−1.9692)
_ cons	−0.7790	12.9841 *	32.4708 * * *
	(−0.2149)	(8.1517)	(3.7683)
R^2	0.6753	0.9994	0.7693
N	30	30	30

　　表 5 至表 8 展示了加入不同水质指标的机制检验结果，其中，表格第（1）列均为未加入中介变量的回归结果，即公式（3），第（2）至第（4）列为加入中介变量的回归结果，即公式（5）。表 5 为酸碱度机制的检验结果，可以发现无论是否加入中介变量，河长制的系数估计值始终显著为负，在第（2）列和第（4）列的结果中，再加入中介变量值后，河长制的系数估计值的绝对值有了不同程度的下降，且中介变量产业结构升级和能源结构调整的回归系数均显著，满足了部分中介的检验条件，说明产业结构升级和能源结构调整是河长制影响河水酸碱度的重要机制。而第（3）列的绿化水平为通过中介效应的机制检验，因此绿化水平不是河长制影响河水酸碱度的主要机制。

表 5　酸碱度机制检验

	（1）m _ pH	（2）m _ pH	（3）m _ pH	（4）m _ pH
did'	−0.1960 * * *	−0.1610 * *	−0.2321 * * *	−0.1959 * * *
	(−7.8494)	(−3.3974)	(−9.1116)	(−6.0022)

	(1) m _ pH	(2) m _ pH	(3) m _ pH	(4) m _ pH
is1		0.1758 * * *		
		(6.6205)		
lngre			0.7188 *	
			(2.6637)	
lnele2				− 0.1502 *
				(− 3.0308)
_ cons	7.2610 * * *	1.9282	4.6820 *	6.8672 * * *
	(11.7047)	(2.0862)	(3.0396)	(23.6985)
控制变量	Yes	Yes	Yes	Yes
R^2	0.7281	0.7728	0.7398	0.7438

表 6 为溶解氧含量的机制检验结果，可以发现，第（1）列的河长制的回归结果显著为负，但是第（2）列中，河长制与中介变量的系数估计值均不显著，第（3）列中，中介变量的估计结果同样不显著，因此产业结构升级和绿化水平不是河长制降低河水中溶解氧含量的主要机制。而中介变量能源结构调整的估计结构满足了中介效应的检验条件，这说明能源消费结构是河长制影响河水中溶解氧含量的主要路径。

表 6 溶解氧含量机制检验

	(1) m _ DO	(2) m _ DO	(3) m _ DO	(4) m _ DO
did	− 0.5701 *	− 0.4541	− 0.6117 * *	− 0.5695 *
	(− 2.7501)	(− 1.3167)	(− 3.9008)	(− 2.8637)
is1		0.5827		
		(1.4303)		
lngre			0.8275	
			(0.4444)	
lnele2				− 0.8531 * *
				(− 4.2762)
_ cons	4.4944	− 13.1834	1.5255	2.2573 *
	(1.6510)	(− 0.9912)	(0.1618)	(2.9889)
控制变量	Yes	Yes	Yes	Yes
R^2	0.4969	0.5303	0.4979	0.5314

表 7 为高锰酸盐指数的机制检验结果，可以发现，无论是否加入中介变量，河长制对于湘江流域中高锰酸盐指数的影响均显著为负。对比第（1）列与其余列的估计结果可知，在加入中介变量以后，河长制的回归系数的绝对值有了不同程度的降低。且中介变量产业结构升级和能源结构调整的系数估计值均显著，符合中介效应的检验条件。而第（3）列中绿化水平的估计结果未能通过中介效应的检验，由此可知，产业结构升级和能源结构调整是河长制提高湘江流域水质量的主要路径，而绿化水平的中介作用并不明显，对于湘江流域中高锰酸盐含量的影响较小。

表 7　高锰酸盐指数的机制结果

	(1) m_COD	(2) m_COD	(3) m_COD	(4) m_COD
did	−0.7573＊＊	−0.6492＊＊	−0.7400＊	−0.7569＊＊
	(−4.2118)	(−4.7160)	(−2.7300)	(−3.2688)
is1		0.5430＊＊		
		(3.3631)		
lngre			−0.3453	
			(−0.2063)	
lnele2				−0.5461＊
				(−2.6459)
_cons	0.5969	−15.8746＊	1.8358	−0.8351
	(0.2916)	(−3.0841)	(0.2327)	(−1.2117)
控制变量	Yes	Yes	Yes	Yes
R^2	0.3096	0.4652	0.3106	0.3854

表 8 是河水中氨氮含量的机制检验结果，不难看出，无论是否加入中介变量，河长制对湘江流域中氨氮含量的影响始终显著为负，但是在第（2）列—第（4）列的回归结果中，各个中介变量的回归结果均不显著，不满足中介效应的检验条件，因此产业结构升级、能源结构调整和绿化水平均不是河长制降低湘江流域中氨氮含量的主要路径。

表 8　氨氮含量的机制结果

	(1) m_NH$_3$−N	(2) m_NH$_3$−N	(3) m_NH$_3$−N	(4) m_NH$_3$−N
did	−0.1697＊	−0.1734＊	−0.1620＊	−0.1712＊
	(−2.0956)	(−2.1329)	(−1.9536)	(−2.0653)

续表

	(1) m_NH$_3$-N	(2) m_NH$_3$-N	(3) m_NH$_3$-N	(4) m_NH$_3$-N
is1		-0.0322		
		(-0.4433)		
lngre			-0.1527	
			(-0.6930)	
lnele2				-0.0286
				(-0.3650)
_cons	2.1346 ***	3.0834	2.6481 **	2.0512 ***
	(5.7889)	(1.3729)	(3.2413)	(4.2415)
控制变量	Yes	Yes	Yes	Yes
R^2	0.5043	0.5138	0.5086	0.5077

机制检验的结果表明，河长制不仅能够直接降低河水中污染物的含量，同时可以推动流域内产业结构的转型升级、能源消费结构的调整间接影响河水的质量。其中，河长制对于河水酸碱度以及高锰酸盐指数的影响均存在产业结构升级和能源消费结构调整的间接效应，对于氨氮含量的影响均来自直接效应，对于溶解氧含量的影响存在能源结构调整的中介效应。

四、结论与建议

本文基于湖南省境内四条主要河流湘江、资水、沅江、醴水 2011—2018 年的水质量监测数据，使用了双重差分法检验了河长制这一准自然实验的政策效应。研究发现，河长制对湘江流域内水污染的质量具有显著的促进作用，主要表现为河长制的实施有效地降低了湘江流域的酸碱度、高锰酸盐含量以及氨氮含量，改善了河水的质量。动态 DID 的结果表明河长制政策对于湘江流域水质量的影响存在明显的动态效应，具体而言，随着政策实施的时点不同，政策的效果也存在显著差异。在政策实施之前，河长制对于实验组与控制组的河水水体质量均无显著影响，满足和平行趋势项的假定。且政策的实施存在明显时滞，在政策实施的当期，河长制对于湘江流域水体污染的影响较少，在政策实施的后一期，河长制显著降低了湘江流域的酸碱度，而对于其他指标的影响均存在更长时间跨度的滞后。机制检验的结果表明，河长制除直接影响湘江流域水质量外，还通过推动流域内部产业结构升级以及能源结构调整间接地降低了湘江流域的污染程度，改善水体质量。但也要看到河长的非法定职责、对行政权力的过度依赖、跨省河湖管理、公众参与和社会监督的缺乏等问题都可能阻碍河湖长制的有效实施。基于此，本文认为政府一方面应当继续推行推广河长制政策，使更多河流得到政策支持和保护，另一方面应当反思河长制政策在实施过程中的不足和缺陷，做到尽善尽美。

一是要充分发挥河长制在流域跨域治理中的制度优势，并强化与其他环境治理政策的协同配合。长期以来，我国实行属地环境管理模式，地方政府根据相应责权对辖区内生态环境进行防控和治理。然而，生态环境问题具有较强的负外部性，传统的属地环境管理模式在空气、流域为代表跨域环境问题面前显得苍白无力。河长制的推行，跨越了多职能部门和行政层级，强化了流域的治理涉及流域范围内上下游的政策互动以及利益协调，成为跨域治理问题的有效抓手，宜应加大河长制的推广应用。同时，也要看到河长制"领导挂帅、高位协调"的问题解决机制和政治文化传统，其有效性依赖于强大的地方领导，多元利益相关者和市场机制参与程度不高，因此，要改变传统的政府单中心主导环境治理格局，努力向政府、市场、社会合作共治的多元格局转变。

二是要切实解决河长制短期治理和部分治理问题，强化河长制长效机制设计，增强河长制的制度强制力和生命力。河长制制度属性本质是一种问责机制，将河湖管理和治理的任务维系在地方各级党政主要领导，在生态环境责任追究和政治激励等因素刺激下，短期内可以发挥成效，长期来看，河长制的制度强制力和生命力难以获得可持续保障。特别是随着政府官员变更，流域治理政策和力度的连贯性缺乏保障。同时，为了落实上级生态环境责任，也会存在部分治理现象，仅突出对一些显性污染物和指标治理力度，流域系统性治理不足。因此，要建立合理的政策绩效评估体系，完善基础激励机制，增强河长制的实效性及长效性。

参考文献

[1] Sigman H. Transboundary spillovers and decentralization of environmental policies [J]. Journal of Environmental Economics & Management, 2005, 50 (1): 82-101.

[2] Helland E, Whitford A B. Pollution Incidence and Political Jurisdiction: Evidence from the TRI [J]. Journal of Environmental Economics and Management, 2003, 46 (3): 403-424.

[3] Lipscomb M, Mobarak A M. Decentralization and Pollution Spillovers: Evidence from the Re-drawing of County Borders in Brazil [J]. The Review of Economic Studies, 2016, 84 (1): 464-502.

[4] 陈晓红, 蔡思佳, 汪阳洁. 我国生态环境监管体系的制度变迁逻辑与启示 [J]. 管理世界, 2020, 36 (11): 160-172.

[5] 任敏. "河长制": 一个中国政府流域治理跨部门协同的样本研究 [J]. 北京行政学院学报, 2015 (3): 25-31.

[6] Kahn M E, Li P, Zhao D. Water Pollution Progress at Borders: the Role of Changes in China's Political Promotion Incentives [J]. American Economic Journal: Economic Policy, 2015, 7 (4): 223-242.

[7] 熊烨. 跨域环境治理：一个"纵向—横向"机制的分析框架—以"河长制"为分析样本 [J]. 北京社会科学, 2017 (5)：108-116.

[8] 李美存, 曹新富, 毛春梅. 河长制长效治污路径研究——以江苏省为例 [J]. 人民长江, 2017, 48 (19)：21-24.

[9] 戚建刚. 河长制四题——以行政法教义学为视角 [J]. 中国地质大学学报 (社会科学版), 2017, 17 (6)：67-81.

[10] 沈满洪. 河长制的制度经济学分析 [J]. 中国人口·资源与环境, 2018, 28 (1)：134-139.

[11] 沈坤荣, 金刚. 中国地方政府环境治理的政策效应——基于"河长制"演进的研究 [J]. 中国社会科学, 2018 (5)：92-115.

[12] 黄渊基, 熊曦, 郑毅. 生态文明建设背景下的湖南省绿色经济发展战略 [J]. 湖南大学学报 (社会科学版), 2020, 34 (1)：75-82.

以习近平生态文明思想为指导
提升浏阳河全流域治理现代化水平

肖泽圣[1]

（中共芙蓉区委党校　湖南长沙　410000）

摘　要：党的十九届四中全会强调，"我们的现代化是人与自然和谐共生的现代化"[1]。流域治理属于生态环境范畴，如何利用、保护和修复流域生态系统，是国家治理现代化的重大课题。本文以浏阳河全流域为研究视角，从系统化、科技化、多元化和法治化四个维度，深入探讨流域治理的路径选择，为推动区域经济高质量发展和治理能力现代化建设贡献长沙智慧。

关键词：浏阳河；全流域；治理现代化

一、浏阳河全流域治理的概述

（一）浏阳河流域自然环境概况

以"九曲十八弯"为特色的浏阳河，发源于罗霄山脉大围山北麓，一路由东向西，汇入湘江。逶迤秀美的浏阳河全长约 240 km，流域面积 4200 多 km²。浏阳河流域水系较发达，水文特性呈现出急、奇、险、美等特点，河流两岸植被茂盛，旅游资源丰富。世界资源基金会（WWF）发布了一份浏阳河流域自然资本评估报告，浏阳河流域自然资源资产总量达到 24 万亿元。[2]

（二）20 世纪 80 年代至 21 世纪初浏阳河污染的状况

自 20 世纪 80 年代以来，在工业化和城镇化加速推进下，浏阳河沿岸布满大小造纸厂和化工厂，河水检测重金属和有毒物质超标近百倍。浏阳河上游采沙破坏河床，导致洪水泛滥。下游浏阳河成为长沙市主城区主要排污接纳水体，大量生活源、工业源、种植源和畜牧养殖源水体直排，造成浏阳河水质污染较为严重，据湖南省环境状况公报披露，2006

　　1　[独立作者] 肖泽圣，湖南浏阳人，中共芙蓉区委党校副校长，哲学硕士。主要研究方向为习近平新时代中国特色社会主义思想、习近平生态文明思想、长沙党史。

年浏阳河干流椰黎以下各断面水质常为Ⅴ类、劣Ⅴ类。[3]

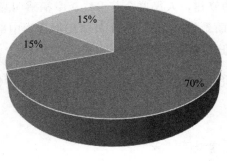

浏阳河流域水环境各地区污染负荷贡献

■ 长沙市　■ 长沙县　■ 浏阳市

图1　90年代浏阳河流域水环境各地区污染负荷贡献

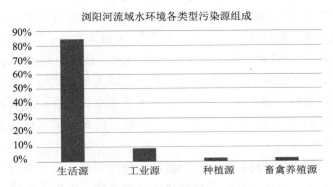

浏阳河流域水环境各类型污染源组成

图2　90年代浏阳河流域水环境各类型污染源组成

数据来源：长沙市浏阳河水体达标实施方案2017—2019年，长沙市环境保护局。

（三）近年来浏阳河流域治理的成效

2005年以来，在长沙市政府的全面统筹下，浏阳河流域内政府开展了系列的水污染治理工作，浏阳河水质取得了实质性的改善，从五类水质提升到2018年的三类水质。

2018年以来，长沙市坚决贯彻落实习近平总书记"绿水青山就是金山银山"和"守护好一江碧水"精神要义，以落实"河长制"为抓手，开展了浏阳河流域污染的三年综合治理，打出保护水资源、防治水污染、改善水环境、修复水生态"组合拳"[4]，浏阳河流域的治理成效日益明显。完善了浏阳河水质监测体系。目前基本形成了覆盖浏阳河全流域的支流、排口、行政交界断面水质监测站，实现了全流域水质的常态化监测。增强了浏阳河全流域截污力度。在流域内的主要城镇全面推进排水设施改造、污水管网疏浚维护工程，对主城区尤其是城乡接合部的黑臭水体进行了专项治理，大力推进了雨污分流工程建设。提高了浏阳河污水处理能力和处理标准。利用新技术，新建和改造了流域内乡镇污水处理厂，污水处理能力得到提升。加强了联合执法，有效地处理了水污染事件，做好了畜禽养殖退出工作，现浏阳河沿岸规模养殖场（户）已全部退出。加强了浏阳河枯水期的生态流量科学调度，联动实施，充分挖掘调水潜力，确保了浏阳河干流枯水期生态流量保障率达到 100%。三年浏阳河流域污染防治攻坚战的不懈努力，流域内湿地的修复，水系堤岸的绿化，滨水沿河步道的修建，人民群众获得感、幸福感明显增强，浏阳河逐步呈现出"水美、景美、人美"的美丽景象。2019 年 11 月浏阳河作为中部地区代表入选全国第一批17 个示范河湖创建名单，正成为河流治理成功的典范。

二、浏阳河全流域治理体系和治理能力水平与新时代生态文明建设要求存在差距

（一）新时代生态文明建设的要求

生态兴旺与文明兴盛紧密相连，历史证明，一个民族的繁荣兴盛与生态文明建设息息相关，所以，新时代的生态文明建设与我国现代化建设共荣共享。促进人与自然和谐是生态文明建设的根本归宿。[5]马克思主义历来重视人与自然的和谐发展。马克思指出"人们通过实践创造客观世界，即改造和再生产自然界"，恩格斯强调，"不要过分陶醉于我们人类对于自然界的胜利"[6]，这些论述说明人在认识自然、改造自然的同时，必须尊重自然规律，不能随意凌驾和无限制向自然界索取。正确处理人与自然的关系是生态文明建设的核心要义，是解决问题的关键所在。从社会主要矛盾的变化来看，随着人民日益增长的优美生态环境需要，我们必须提供更多的优质生态产品。由此可见，促进人与自然和谐共生是我国现代化建设的应有之义。

习近平生态文明思想是新时代生态文明建设的理论纲领。绿水青山就是金山银山，体现了绿色发展辩证观；良好生态环境是最普惠的民生福祉，体现了共建共享的民生观；坚持山水林田湖草整体治理，体现了治理的系统观；用最严格制度保护生态环境，体现了严密的法治观；全世界携手共谋全球生态文明，体现了互利共赢的全球观。这些构成了习近平生态文明思想的理论内核，是新时代推进生态文明建设的根本遵循。[7]

（二）浏阳河全流域治理现代化水平存在的差距

近年来，浏阳河流域的治理围绕"一河一策"，以五级河长制联动为基础，落实主体责任，组织领导整合上下游、左右岸、区域和行业力量，各负其责，开展了浏阳河流域综合治理攻坚行动，取得了卓有成效的治理成绩。但是，从流域治理体系和治理能力现代化的高要求、高标准出发，还存在一些不足。一是从全流域治理的系统化来讲，浏阳河流域治理侧重于以水污染治理为主的生态保护，在生态修复方面成果不多，措施不突出，海绵城市和生态湿地建设滞后。从流域治理的规划设计上，还没有一个涵盖全流域生态开发、利用和保护的整体规划图，全流域的主体功能区的定位不够精准，产业发展导向不是特别明晰。从流域治理的区域协同上，以地方领导担任"河长"的河长制框架下，不同层级的"河长"仍将以辖区利益最大化为决策价值倾向，不可避免地忽视流域治理的整体利益。因为多层次、多类型区域协同合作机制缺失，以辖地负责的"河长"也难以承担跨区域、

跨部门、跨行业综合协调与治理责任。二是从全流域治理的科技化来讲，利用污水治理的新技术和新工艺改造旧的污水处理厂力度不够，同时，污水处理厂、泵站和管网的建设不同步、能力不匹配，有限的排水设施整体效能不高，"短板现象"较普遍。结合流域新城镇开发，探索治污新模式不积极。在智慧河流建设方面，全流域自动探测点的分布还需加强，利用信息平台发现、处理水污染事件的能力有待提升。针对流域内企业需求，组织水污染治理的技术下乡开展不经常，成效不明显。三是从全流域治理的多元化来讲，流域治理的项目资金整合有待加强，以政府资金投入撬动和引导社会资本参与流域治理效果不是特别明显。围绕浏阳河上、中、下游流域特色，开发水经济和水文化的产业不够。比如说浏阳河文旅产业带的建设因为各方面的原因没有做出示范和样板。以不同层级"河长制"为框架的流域治理，主要依靠政府力量，调动社会和民众力量参与，发挥群众的积极性不够。四是从全流域治理的法治化来讲，企业尤其是小微实体经济环保意识不够，流域内违规排污多但处罚较少等现象还比较普遍，对排污主体和排污行为的监管还不够到位，对违法违规的排污事件执法问责还不够严格。流域内有的政府从经济发展角度出发，没有很好地统筹协调好经济发展和生态环境保护建设的关系，流域治理重视程度和履职效能有所差别。从全国示范河流的高度出发，立法有些滞后，2004 年修订的《浏阳河管理条例》已经不能满足全流域治理现代化的需要。

三、提升浏阳河全流域治理现代化水平的路径选择

浏阳河流域面积较广，基本上贯穿了整个长沙东部，是长沙东部经济社会发展的主战场。提升浏阳河全流域治理现代化水平，是落实习近平生态文明思想，促进人与自然和谐发展的必由之路，也是建设富饶、美丽、幸福长沙、实现长沙高质量发展的应有之义。

（一）树牢浏阳河全流域治理的系统思维

环境治理是一个系统工程，以全流域治理为研究对象，就是系统治理的具体体现。从治理的对象上看，全流域系统治理不仅要统筹山、水、林、田、湖、草治理，还要综合考虑道路、村庄、乡镇的建设；从治理的主体上看，全流域系统治理要统筹发挥各方合力，就是党委领导、政府负责、社会协同、公众参与和法律保障，把生态文明建设融入政治、经济、社会和文化建设之中；从治理的环节上看，全流域系统治理要统筹水资源、水生态、水环境、水灾害，也要兼顾水经济和水文化；从治理的方法上看，全流域系统治理要运用行政、经济、法律、技术、宣传等多种手段，既要考虑综合整治，又要确保生态修复，从保护流域生物的多样性出发，保护生态链，从而保护流域生态系统的稳定。

一是顶层设计上，科学编制浏阳河全流域生态保护整体规划。规划是流域发展的灵魂，要实现浏阳河流域生态保护规划编制中的"多规合一"。浏阳河生态保护涉及流域系统治理，要搞好浏阳河从源头到湘江入口处的统筹协调、科学管控、生态环境修复与综合治理。从浏阳河流域生态保护的主要任务和目标看，当前城乡规划、土地利用规划、农业规划、林业规划和生态环境保护等相互包含或重叠。编制浏阳河流域生态保护规划，要站

在长沙市经济社会"十四五规划"发展的大局，摸清流域各区县底子，立足浏阳河上下游地区的各种比较优势和人口资源环境的承载能力，统筹好流域与行政区域、城乡水陆，实现多部门流域保护治理规划的"多规合一"。要结合浏阳河流域特色，筑牢红线意识，以水资源来权衡城镇经济开发和人口数量，将流域地区的建设布局、生态保护和治理、文化传承等一体规划，构建互补互利、共赢共享的浏阳河流域发展新格局。[8]

二是空间布局上，明确主体功能区，实现流域上下游互补性发展。要做好浏阳河流域主体功能区的分类治理，落实主体功能区的战略定位，明确流域的优化、重点和限制、禁止开发区域。[8]对于浏阳河流域上中游的大围山、蕉溪岭以及株树桥水库等区域，承担着水源涵养的生态功能，要以限制开发、保护为主，创造更多的生态产品为核心功能，形成人与自然和谐发展、生态农业、旅游产业较为丰富的现代化建设新局面；对于浏阳河流域中游灌区、盆地等粮食主产区，要积极发展现代农业、有机农业，减少规模养殖业对水体的污染，提高高质量农副产品供给，为粮食安全作出贡献；对于包括浏阳市主城区，长沙临空经济示范区，星沙、雨花、芙蓉、开福等主城区，要优化生产力布局，提高区域的空间经济和人口承载力，充分发挥区位交通、航空发展、产业基础、科技创新、生态环境五大优势，打造创新发展、绿色发展的内陆开放型经济高地，引领长沙率先实现现代化。

三是区域协同上，在河长制主体框架下，建立健全多层次、多类型区域协同合作机制。浏阳河流域流经长沙 5 个行政区域，有效根治全流域治理难题，必须加强各地区、各部门的协调与配合，防止唱独角戏、各自为政。共抓大保护，推进大治理，是浏阳河流域顺应时代发展，转型升级的新要求，也是整合上下游资源，共商合作的新趋势。[9]法国塞纳河、英国泰晤士河和美国的田纳西河等流域治理经验表明，成立流域综合管理机构，厘清权责关系，是破解流域治理层级碎片化困境的有效措施。以五级河长制为主体，倡导在长沙市市级层面成立跨区域的常设机构——浏阳河全流域生态保护综合整治工作指挥部，统筹负责浏阳河流域生态保护和综合治理事项。[10]进一步完善流域内河长联席会议，加快上下游各区县联动，科学制定考核考评机制，推动河长制职责落地落实。建立健全跨界重大水事水情的应急决策、协调和处置机制，突发环境事件监测与信息共享、交叉检查机制，定期开展联合执法，精准打击涉水违法行为，形成机制规范、齐抓共管、运行高效的工作格局。

（二）提升浏阳河全流域治理的科技水平

解决流域治理深层次矛盾和问题，关键在于科技创新。要大胆运用新技术、新模式和新业态，充分发挥科技创新在浏阳河流域生态环境治理中的引领性作用。

一是依靠技术创新，破解治理难题。要引进国内外治水新技术，完善城乡雨污分流管道建设，升级改造污水处理厂，提高水处理回用效率。要探索治污新模式，针对新的城镇开发区，学习厦门经验，科学规划城市污水处理功能区，改变污水集中收治，采用分散处理、就近回用的新型模式，经过污染再生处理措施，将排污变为补水。[11]针对流域农村内集中的畜禽养殖污染，要运用"截污建池、收运还田"的治理模式，实现粪污变废为宝，提高资源利用率。

二是运用信息手段，提升治理实效。构建浏阳河流域环境智能管理指挥体系，充分运用大数据、物联网等新一代信息技术，升级河长制 App，赋能浏阳河全流域治理，提升流域生态环境治理水平。[12]加强浏阳河全流域环境自动监测系统和大数据库信息平台建设，建设"数字"流域，整合防洪、水文、气象等监测系统，同时加强浏阳河流域空天地一体化监控，实现空中遥感、天上无人机巡航、地表水质水量联合检测体系，将河湖数据、巡河信息、事件处理和考核管理等纳入信息平台。通过信息平台，实时掌握水质、水量变化，识别流域主要污染源，及时调配力量，做到精准治理。

三是开展技术宣传，注重科技普及。通过政府引导，行业协会的参与筹备，定期举办水污染治理的优秀企业、先进设备展览，定期开展水污染治理前沿先进技术的交流汇报，积极推广治理的新技术、新模式。针对重点企业污染治理成本高、难度大等特点，要成立水污染防治的攻坚技术服务队，派出专家组下区县、乡镇，开展技术帮扶，解决企业难题。

（三）构建浏阳河全流域治理的多元参与

流域的公共属性决定了流域治理中参与主体的多元化。多元治理理论强调政府与市场力量均衡、社会与公众共同参与，在浏阳河流域治理过程中，要积极构建政府为主导，企业为主体，社会组织和公众共同参与的环境治理体系[13]。

一是浏阳河流域治理重大决策制定与实施上，要广察民情、广积民智。通过专家咨询、召开听证会、问卷调查和实地调查相结合的方式，广泛听取各方关于浏阳河治理的意见建议，确保决策的科学化、民主化。在政策的实施过程中，要结合流域实际特点，充分发挥当地群众的主动性和创造性，为建设美丽河湾贡献民间智慧。

二是浏阳河流域治理的资本投入上，要创新流域治理的投融资模式。建立政府、企业、社会多元化投入机制，达到投资一体化带动流域治理一体化[14]。提高政府财政资金的投入效率，有效整合流域内水利、农业、林业、环保、交通、旅游、文化等项目，形成流域生态综合治理工程。充分发挥政府资金的引导撬动作用，有效拓宽投融资渠道，实现浏阳河流域治理投资主体多元化、资源资产化，点亮浏阳河流域治理的绿色发展之路。要充分发挥长沙临空经济示范区核心引领作用，利用优质资本和产业动能，反哺浏阳河综合治理和生态修复，实现经济效益、社会效益和生态效益共赢共享，让流域的治理成果更好地惠及广大人民群众[14]。

三是浏阳河流域治理的宣传教育和监督机制上，要广泛发动和强化监督。一方面加强生态文明建设的宣传教育，为浏阳河流域内企业注入公共价值的"强心针"，明确企业承担的环保责任；建立多渠道社会组织和公众参与制度，广泛开展"我为浏阳河治理献一策"和"美丽浏阳河行动"，推崇绿色发展、生态和谐理念，提升社会公众的环保意识。另一方面，发挥广大人民群众对浏阳河治理领域的监督反馈，创建浏阳河流域治理监督举报平台，开放热线电话、媒介曝光和举报信箱，形成流域治理的多元化良性互动。加大浏阳河流域治理信息公开力度，健全奖惩机制，提高市民的获得感、幸福感和安全感。

（四）强化浏阳河全流域治理的法律保障

只有实行最严格的制度，最严密的法治，才能为生态文明建设提供可靠保障[15]。法治是国家治理体系和治理能力的重要依托，要善于通过立法、执法和守法来助推浏阳河流域治理体系和治理能力现代化。域外国家流域环境问题能够得到良好解决，无不得益于重视流域立法和执法工作。如日本政府先后颁布了《河川法》《工业用水法》等系列法律法规，欧洲多国共同签署的《莱茵河保护公约》，美国的《墨累—达令流域协定》等，均为流域善治提供了法律保障。

二十世纪九十年代以来，关于浏阳河治理，先后颁布了《长沙市湘江流域水污染防治条例》《浏阳河管理条例（修订）》《长沙市大围山区域生态和人文资源保护条例》《长沙市株树桥水库饮用水源保护条例》等地方性法规，加强了浏阳河河道和水体生态的保护，为浏阳河流域的生态保护提供了坚实的法律保障。

随着长沙经济的发展，社会进步，人民对美好生态产品的需求不断提高，尤其是要把浏阳河建设成为"河畅、水清、岸绿、景美、人和"的国家示范河流和人民满意的幸福河，2004年修订的《浏阳河管理条例》已经不能满足全流域治理的需要。要以贯彻习近平生态文明思想为指导，适应新时代的发展要求，站在全流域全方位开发、利用、治理的战略高度，制定《浏阳河流域生态环境保护条例》。《浏阳河流域生态环境保护条例》的立法工作，要围绕浏阳河全流域自然资源利用、开发和全流域生态保护、生态修复为主要内容，有效整合多部门的条例条规，明确各级河长制的权利和责任，流域各职能部门的职责，流域跨界治理的机制体制，流域生态保护的投入、补偿和多元化参与机制和法律责任等，保障浏阳河流域生态良好、绿色发展，支撑和推动浏阳河流域高质量发展。

参考文献

[1] 刘毅 等. 建设人与自然和谐共生的现代化 [N]. 人民日报，2019-01-09.

[2] 陈新. 一河清水入湘江 [N]. 湖南日报，2019-01-08.

[3] 赵柯. 浏阳河水污染治理存在的问题及对策研究 [D]. 广西师范大学硕士学位论文，2018.

[4] 钱娟. 长沙出台三年行动计划对浏阳河流域进行综合治理 [N]. 长沙晚报，2018-04-17.

[5] 陶良虎. 深刻把握习近平生态文明思想的内涵 [EB/OL]. 光明网，2018-10-13.

[6] 彭玉婷，王可侠. 着力推进生态文明国家治理体系和治理能力现代化 [J]. 上海经济研究，2020（3）：10-14.

[7] 王金胜. 学习宣传贯彻习近平生态文明思想 [N]. 大众日报，2018-6-14.

[8] 李贵成. 强化善治思维，提升黄河流域治理能力 [N]. 河南日报，2020-5-20.

［9］郑晖．用系统思维推进农发行治理［J］．中国金融，2014（19）：27-29．

［10］徐加爱．实施五大行动推进五个转型［J］．浙江经济，2013（12）：43-45．

［11］李灏妤，宋宝刚．强化创新驱动，破解污水治理难题［EB/OL］．人民政协网，2019-06-26．

［12］檀庆瑞．持之以恒抓好"四江"流域生态环境治理［EB/OL］．广西政务网，2020-07-09．

［13］李想．人与自然和谐共生研究［D］．中共中央党校博士论文，2010．

［14］蹇莉．略阳县甘沟小流域综合治理生态修复措施浅析［J］．陕西水利，2013（5）：68-69．

［15］郭世平．建立健全生态文明制度体系探析［J］．广西社会主义学院学报，2014（2）：9-12．

城市夜景照明中光污染问题分析及应对研究

陈军军[1]

（永州市城市照明管理中心　湖南永州　425000）

摘　要：城市夜景照明丰富了城市景观，让城市时空得到延伸。但是，在夜景照明使用过程中，光污染的问题也逐渐显现。本文从光污染的概念出发，对其现状和危害进行分析，在材料使用、照明方式、法律监管等方面提出对策，为光污染的治理提供可行的建议。

关键词：城市照明；光污染；防治对策

一、引言

伴随着生产力的快速发展，人们的生活水平得到了空前的提高。为了满足人们对生活更高质量的追求，加快城市建设、提升城市现代化水平成为不可或缺的一个过程。而在城市建设中，夜景照明又是重要的一环。夜景照明既能延续城市白天的风貌，又能方便人们在夜晚进行室外活动，感受城市的美好形象，获得良好舒适的感官体验。同时，对于城市本身而言，夜景照明在改善交通状况、满足经济发展、增强城市居民幸福指数等方面也具有重要意义。

但是，在城市夜景照明的建设过程中，仍然存在概念认知不当、过度追求亮度、对光色的应用混乱、盲目仿照其他夜景照明工程等现象。随处可见的霓虹灯、激光灯和各种人工照明不仅导致了资源的浪费，还使得光污染的问题日渐凸显，进而成为城市环境治理的一个难题。通过对光污染的研究，在一定程度上能够提升居民的环保意识，推动相关合适的应对方案的实施；同时也能够促进城市资源的合理、有效利用，促进可持续发展。

二、光污染及其现状概述

1. 光污染的概念

所谓光污染，我国《城市环境照明规范》将其定义为外溢光造成的不良照明环境。在城市夜间照明的过程中，一些外溢光、干扰光进入到城市生态系统中，落在目标照明区域

1　陈军军，湖南零陵人，书记，主任，监理工程师。主要研究方向为公共政策研究。

之外，并且超出了自然界和人类所能承受的上限，影响到人类的生产生活秩序和自然界生物的生存。即过多的光辐射严重影响了生态环境和人类生活，造成光污染。

2. 我国城市夜景照明的发展历程

从照明方式上看，我国城市夜景照明从最初应用的白炽灯，经历了霓虹灯、小投光灯、大功率气体放电光源和泛光照明之后，发展到了现如今的激光、光导纤维和二极管；从照明目的来看，由最初的用于满足基本生活需要，转变为服务商业和文化活动、树立城市形象、展示城市的文明和文化特征；从照明的地点分布来看，由最初的分布于城市中心和标志性建筑扩展到建筑群、居住区、商业区等城市区域；从照明对城市的影响来看，最初的灯光数量少、强度低、影响小，随着灯光的不断发展，产生光干扰、逸散等现象，照明对城市的覆盖范围不断扩大，对城市生活、生态系统都产生了影响。

3. 我国城市夜景照明光污染现状

第一，发展速度快。我国的夜景照明建设起步较晚，但是发展速度却呈现出迅速增长的趋势。在过去的二十年里，我国的光污染主要集中在港口城市、工业城市、长三角、珠三角等地。随着城市化进程的不断推进，光污染的范围逐渐向内陆地区扩张。

第二，严重程度高。由于过快追求发展速度，我国城市夜景照明往往会忽视材料的选择，目前而言，我国大部分地区城市夜景照明的灯光存在亮度超标、能源损耗大、照明效率低下的问题，很多光源直接散发进入了大气层中。部分城市使用的灯光只有极少一部分能真正派上用场，剩下的绝大部分散发进入大气层，造成大气光污染。相关新闻报道指出，每五十个人中只有一个人没有被光污染影响过；北京某步行街的广告牌照明亮度超过正常标准值的数十倍，远超国际标准。

第三，覆盖范围广。目前，光污染已经波及了全国的各个大、中、小城市，在一线城市和沿海开放城市表现得更为严重。凡是有夜景照明的城市，或多或少都受到了光污染的影响。

第四，建设认知有误。在城市夜景照明的建设过程中，被单纯地理解为"越亮越好"和"越花越好"，甚至等同于"流光溢彩"。此外，许多照明商家之间的不适当竞争加剧了对"亮"的追求，进一步加剧了光污染问题。

三、光污染的危害

1. 危害居民健康

如今，光污染已经成为引发癌症的一大重要原因。人体吸收过多的光线辐射之后，身体机能会遭到破坏，影响到体内激素的分泌，增加罹患癌症的风险。例如，高强度的灯光会导致人体减少褪黑素的分泌，而褪黑素是保证人体睡眠的主要激素。对儿童而言，褪黑素的减少会导致性早熟；对女性而言，会增加雌性激素的分泌，大大增加乳腺癌的风险。此外，过亮的环境也会影响睡眠质量，干扰居民正常的生物钟，影响人们的心理情绪，进而表现出烦躁、不安、恶心呕吐、失眠等损害结果。

对于正在成长的幼儿和青少年群体，光污染会对他们的成长发育产生很大的负面影响。我国中小学生近视率普遍较高，除了用眼习惯不恰当之外，所处的视觉环境也是一个重要因素。他们长时间身处于光污染的环境之中，在频闪光源的照射之下让视神经受损，对角膜和虹膜造成严重损害，导致视力下降，并且明显增高白内障、黄斑眼病的发病率。

2. 影响社会秩序

首先，从交通方面来说，在一些比较繁华的城市地段，由于灯光颜色杂乱、照明建造材料各异，外加复杂的交通情况，极易对驾驶员造成视觉冲击，干扰其对路况和信号灯的判断，影响其反应能力。以长沙市为例，在五一广场和黄兴广场路段，夜间照明灯光极为多样，各大商场建筑外的 LED 屏幕的强光照不仅容易让驾驶员分神，而且影响其观察前方车辆和行人情况，增加交通事故的危险。

其次，光污染也增加了社会纠纷。由于光照强度大，建筑密集，居住在光污染源附近的居民会长期受到光污染的影响，进而引发与商家之间的纠纷。如 2018 年李劲诉华润置地（重庆）有限公司一案，由被告开发建设的万象城购物中心与原告居住的重庆市九龙坡区谢家湾正街一小区仅仅相隔一条公路，中间并无遮挡物，导致购物中心外墙上 LED 显示屏每天播放宣传资料及视频广告所产生的强光直射入原告的住宅内，对其正常生活造成了严重的影响。最终，法院判处华润置地（重庆）有限公司承担停止侵害、排除妨碍等民事责任。由此可见，由于光污染带来的社会纠纷已经对社会秩序造成了不良的影响。

3. 破坏生态系统

对于植物而言，光是其生长发育的重要因素，它们会根据光的周期变化来调节自身的生长。在夜间照明高辐射长时间的作用下，植物的叶子和茎干极易变色甚至枯死。由于光对植物的光合作用、生长周期和趋光性等等都起着关键作用，植物会因为长时间的夜间光照提前开花，花芽因提前发育而夭折。某些树木因为夜间不间断的强光照射影响到自身的休眠，导致叶绿素被破坏，引起叶落形态的失常以及树叶的枯黄和提前掉落。

对动物而言，夜间照明同样威胁着它们的生存和发展。人工照明的光源可以扩散到数千里之外，即使距离较远，动物依然会受影响。除了少部分夜间活动的动物以外，大多数动物在夜间处于休息状态，不喜欢强光的打扰。但是城市夜间照明会把动物生活和休息的环境照亮，影响其生活周期。对于昆虫来说，它们自身的趋光性会让自身扑向夜间的强光而丧命。而昆虫数量的减少会相应地导致依赖昆虫授粉的植物数量的减少，进而破坏生态平衡。

4. 影响城市形象

一座城市想要被人们记住，地方的代表性建筑是必不可少的。优秀的城市通过具有代表性的建筑与夜间照明来展示自己的魅力，塑造具有特色的城市形象，打造属于自己的城市名片。但是，由于过度的夜景照明的装饰，大量泛光灯和霓虹灯的运用导致城市建筑的千篇一律，不能够反映出其中的文化内涵与城市形象。对于游客而言，如果某座城市没有让他们印象深刻的文化，那么他们对于这座城市的评价必定不会太高。

四、城市照明中光污染的防治对策

1. 提高城市照明规划水平

城市的夜景照明是根据城市本身的形象定位来具体规划的。依照城市的地域特色、历史文化内涵、人口规模来确定夜景照明建设的初步方向，同时参考城市经济发展水平、城市总体规划建设、城市定位等方面进行系统性的建设规划。对于夜间照明的设计与建设来说，必须组建一支专业的队伍才能完成。这支队伍里面必须包含专业的照明设计师、建筑师、城市规划设计师等具备美学、建筑学等专业知识的人才，多方专业的汇集才能打造高水平的城市夜景照明。

同时，光污染的治理需要专业的施工团队来操作。在夜间照明的施工过程中，应当制定参考照明标准，严格遵守相应的规范，按照设计要求来施工，从施工环节上尽可能减少光污染造成的影响。

2. 采用科学的照明工具

在大力推进保护生态环境和推进人与自然和谐共生的背景下，大力推广新型节能光源，采用高效低能的照明灯具意义重大。目前，我国的夜景照明中低效率的照明仍然占据较大比例，在能源紧张的情况下无疑是资源浪费。在当前的照明市场上，节能照明产品只占据了一小部分，因而通过倡导使用绿色照明和节能光源的方式来缓解光污染具有很大前景。

在灯具的选择上，采用截光型灯具益处颇多。截光型灯具可以从横向限制光的延伸，具有严格的水平光线，对于照明范围之外的地方不会形成眩光。同时，对灯具的投射角度进行合理控制，限制其光逸散，同样可以起到避免眩光的效果。

此外，根据李劲诉华润置地（重庆）有限公司一案的法律案件实例，限制 LED 屏幕的亮度也是必要之举。如果任其发展，不仅会影响居民生活和社会秩序，对于光污染造成的损害治理也将更加困难。

3. 采用合理的照明方式

从时间层面来说，可以对不同光线类型的照明时间进行限制，通过减少光照时间来减少光污染。例如，在城市的部分范围里，如小区或者流量较小的街道，可以使用声控、智能感应灯具。在没有人经过的时候，灯光保持最低亮度，当有声音出现或者是感应到行人路过的时候，将光亮调到合适的程度。对于城市的其他地区，可以借鉴"潮汐车道"的思维，分时段控制照明时间。如此既提高了用光效率，又减少了光污染。

从照明方式来说，要慎用泛光照明和动态照明。这二者与城市居民经历的"光入侵"有着密切的关系。它们不仅会让人感到身体不适，而且对行车安全造成极大的威胁。尤其是动态照明，由于无法预知光线的色彩与方向，当其影响到驾驶人时，容易分散驾驶人的注意力，造成视觉疲劳，引发交通事故。因此，无论是泛光照明还是动态照明，要从数量上和安装范围上进行严格控制，以免对社会生活及交通安全带来影响。

五、结语

城市夜景照明的设计和建设必须依托于科学的基础,不断提高建设和管理水平,营造健康的夜间照明环境,从而减少光污染,实现节约资源、保护环境的目标,真正做到可持续发展。

参考文献

[1] 韩辉,孙可欣,贺中豪. 城市光污染现状综述 [J]. 科技展望,2016,26 (30):277.

[2] 秦铭,朱炜. 我国光污染立法与监管路径研究 [J]. 长春师范大学学报,2021, 40 (1):42-44.

[3] 陈超南. 城市夜景照明中光污染问题及对策研究 [J]. 低碳世界,2021,11 (5):18-19.

[4] 彭波,谢君宜. 拒绝光污染,维护环境权益 [J]. 环境,2020 (5):50-51.

[5] 高正文,卢云涛,陈远翔. 城市光污染及其防治对策 [J]. 环境保护,2019,47 (13):44-46.

[6] 范馨月. 城市光污染对生物多样性与生态系统的影响研究 [J]. 灯与照明,2020,44 (1):20-22.

[7] 王鹏程. 长春市夜景照明光污染问题分析及对策研究 [D]. 吉林艺术学院,2019.

新时代地域水生态实践论证

——以浙江浦阳江生态廊道为例

陈海渊 [1]①　　张宝仙②

（①禾郎控股集团有限公司　浙江杭州　**310000**　②浦江美术馆　浙江浦江　**322200**）

摘　要：通过对浙江浦阳江生态廊道进行田野考察、个案研究、文献梳理，揭示地域生态环境的治理应结合当地实际情况，正本溯源，分析归因。继承古人天人合一、取用有节的传统朴素生态思想，发扬"圩长制"地方传统水务管理制度，结合当代生态景观设计落地中生态修复、水利遗产保护再利用、最小干预自然等科学设计方法，以及在"五水共治"背景下的主体多元、责权明晰、机制细化等地方生态管理工作，启示当代生态文明建设应修复美好心灵家园、创新绿色发展模式、关注社会环境公平、践行基层生态法制，提供具有价值的地域生态实践智慧。

关键词：生态智慧；生态文明；景观设计；基层治水

一、引言

明末浙江东阳进士、江南十府巡抚张国维在其鸿篇水利学巨著《吴中水利全书》中写道："为政一方，先要考虑江河之害，不能治水，便不能治政，不能治政，便不能治国。"古代为政者通过治水来保民安定，发展农业，巩固政权。《管子·轻重甲》载："为人君不能谨守其山林菹泽草莱，不可以立为天下王。" [2] 保护生态环境又视为国家最高统治者的重要责任。现今不仅要"防洪防水"，又要保护水生态环境，这便给当下基层治水工作赋予了新的时代诉求。浙江"五水共治" [3] 背景下的浦阳江生态廊道治理，不仅是地域生态智慧的重要体现，也是生态文明建设的典型案例。梳理和总结浦阳江生态廊道的生态实践，对治理水环境的探索与实践具有指导意义。

1　[第一作者] 陈海渊，男，浙江浦江人，总工助理，风景园林（景观设计）工程师，硕士研究生。主要研究方向为风景园林规划设计及理论。

2　语出《管子·轻重甲》，此句意为不能守护山林川泽和自然资源的君主是没有资格做君王的。

3　五水共治：浙江省的一项地方治水举措，指治污水、防洪水、排涝水、保供水、抓节水这五项。

二、古代朴素的治水思想

（一）"天人合一"的人文观

古代中国农耕文明悠久，重视天地人三才关系，有着很多朴素且重要的生态思想。儒家认为自然有其内在规律，不以人的意志为转移。荀子在《天论》中指出"天行有常，不为尧存，不为桀亡。"此外还提倡惜生爱物，恻隐之心，是以君子远庖厨也。道家老子则提出"人法地，地法天，天法道，道法自然"；庄子在老子"道法自然"的基础上，提出了"天地与我并生，而万物与我为一"的思想，认为人与自然是平等的万物一体，"以道观之，物无贵贱"，并不存在谁征服谁。古代这些人文哲思观，应用在生态治水工程上也是如此，比如李冰父子主持的都江堰无坝引水工程，深刻体现出天人合一的思想，造就了天府之国的成都。

（二）"取用有节"的发展观

古代思想家从统治者的角度提出"强本而节用"的观点，儒家就提倡朴素节俭的生活，"饭疏食饮水，曲肱而枕之，乐亦在其中矣。"（《论语·述而》）认为节俭朴素可以养德，使之内心自乐。墨子高度赞扬节俭的生活态度，认为古代圣人宫室、衣服、饮食等够用就好，尽可能地不要浪费社会和自然资源。如果能做到开源节流，则可以国富民强。从对待自然、生活的朴素态度，传达出低欲的思想。这些生态智慧，一方面提升了公众的内心修养和文化层次，丰富了人们的精神世界；另一方面减少了人类对大自然的索取，使得各种资源得到休养生息，维护了生态循环的平衡和社会生活的和谐稳定，反映了可持续发展思想的萌芽。正如朱熹所言："物谓禽兽草木，爱谓取之有时、用之有节。"这种思维与当下消费主义的观念是截然不同的。而生态就需要人们从思想上就认同"提倡简朴节约、注重精神生活和人际关系，追求生活意义。"[1]

（三）"圩长制"基层法治观

明代刘光复治理浦阳江所创举的"圩长制"，其思想在他本人纂集的《经野规略·序》《疏通水利条陈》等著作中有陈述。所谓的"圩长制"就是河长制。经考察他认识到："虽稍示规条，而各湖犹未画一，事无专责，终属推误"，责任不明，分工不细是基层水务管理的弊病。于是刘光复明确了河长的分工，落地管理，加强日常巡查，协调水务矛盾。"必择殷实能干、为众所推服者充之"，"必择住湖、田多、忠实者为长，夫甲以次审编。其田多、住远者，圩长夫甲照次挨当，恐管救不及，令自报能干佃户代力"[2]此外各河长办公行事有奖有罚，公正合理，公示公开，纪律严明。还要以身作则，亲力亲为，协调矛盾，处事有度。在古代农耕文明框架下，"河长制"原本为了提高防洪抗灾能力，以便提升农业收成，保一方太平，发展到了当下却为基层生态管理工作提供思路。

（四）评述

中国古典优秀思想文化和地方合理的治水实践经验，给生态治水提供了广阔的思路。天人合一的思想使我们对人与自然的关系有了更深的理解，解答了人类应有的基本价值。取用有节的思想告诉我们生活方式应该在改造和利用自然的同时，尽量克服盲目性、自私性，在现有条件下巧用已有材料，为地球有限的资源而设计。"圩长制"的基层法治观更是指明了一条基层生态管理的道路。古代先哲思想都为当下的生态文明建设提供了有益的养料。

三、浦阳江生态景观设计实践

（一）浦阳江概述及沿革

浦阳江发源于金华浦江，是钱塘江的重要支流，全长约 150 km，经诸暨、萧山后汇入钱塘江，本文浦阳江生态廊道特指浙中浦阳江浦江段。浦阳江原是清澈碧水，20 世纪 80 年代中期，水晶加工业作为富民产业引入浦江。其方法是依靠人工打磨，整个过程都需要用清水来冲洗和降温。在生产水晶的过程中会产生含有粉末废水，此外一些酸洗工艺还含有重金属，废水直接通过雨污管道排入溪流沟渠。水晶工艺是一种劳动密集型的产业，工艺简单，成本低，从而可以家庭模式的生产。"千家万户齐磨珠，不顾江河废水流"。那时强调经济发展，生态意识不强，政府也没有严格的监管，因发展水晶产业污染的"牛奶河"随处可见。加之农业面源污染、畜禽养殖污染、生活污水处理水平落后，水质被严重污染。整治前据统计有 462 条牛奶河、577 条垃圾河、25 条黑臭河，水污染异常严峻。生态环境质量公众满意度多年全省倒数第一。人与水的矛盾愈演愈烈，并严重影响到下游民众用水，以至于到了 2013 年才被迫进入整改。浦江以壮士断腕的决心治水先治源头，整治了低、小、散的水晶产业家庭户，集中整合到园区并集中处理废水。切断污染源头后便开始了对浦阳江生态修复。

（二）浦阳江景观设计实践

1. 湿地净化与生态修复

浦江首先采用了北京土人景观与建筑规划设计研究院的景观设计方案。设计使用以生态学原理为基础的生物治理技术进行软性处理，破除硬化河道堤岸实行生态化改造。众所周知，河流廊道的生态功能主要是栖息地功能、过滤和屏障作用、源汇作用等。如果将浦阳江看作线性要素，沿河则分别形成具有较强水体净化功效的大型湿地斑块，其中包括：翠湖湿地公园（图 1）、金狮湖湿地公园（图 2）、运动公园湿地、湖山桥湿地（图 3）、冯村污水处理厂尾水湿地净化公园、彭村湿地、第二医院湿地以及下游的三江口湿地。湿地工程投入使用，更是开创了浦江"一厂一湿地"先河。这些滞留湿地就犹如斑块，一方面是被当作水体净化系统，并缓解雨洪的压力，另一方面也为市民提供游憩场所。设计将各斑块湿地设置在对应支流与浦阳江的交汇处，将原来直接排水入江的方式改变为引水入湿地，增加了水体在湿地中的净化停留时间，同时加强了河道应对洪水的弹性。此外蓄存的水体资源也可以在旱季补充地下水，以及作为植被浇灌和景观环境用水。

图1　翠湖湿地公园　　　　　图2　金狮湖湿地公园　　　　　图3　湖山桥湿地

2. 水利遗产保护再利用

无论是历史遗留的水利遗产，还是被世代保留的古树乔木，这些都是原有场地历史文化的印记，浦阳江上就现存7处堰坝（图4）、8组灌溉泵房以及引水灌溉渠和跨江渡槽。真正生态的设计绝不是对当地文化生搬硬套或拙劣模仿的简单复制堆放在自然中，而是巧妙地对地域遗留物特质的转化、加工与再利用。一方面不用抹去人类已有的水利遗产的痕迹，另一方面也不应摒弃代表可持续的现代技术的融入。设计把渡槽与步行桥梁结合起来，在对其经过安全评估和结构优化下，使之转变为宜人的游憩设施。（图5）"被保留的堰坝和泵房经过简单修饰成为场地中景观视线的焦点，新设计的栈道与其遥相呼应。"[3] 为了考虑到生境群落的保护，滨水栈道选用架空式构造设计，既可以减轻雨洪功能的阻碍，又满足两栖类生物的栖息。

图4　七处堰坝之一的冯村堰坝　　　　　图5　体验廊道

3. 自然乡土与最小干预

通过对河道两岸土地适宜性分析，设计分不同区段营造出不同的植物主体景观。最大限度地保留原场地上的植物（如枫杨树、水杉等）（图6）和周边农田风貌，不破坏田园自然风光。在植物选择上多以当地树种（如榉树、黄山栾、湿地松等）（图7）和果树类经济植物（如枇杷、杨梅等）营造景观。水生地被植物多选用易维护、生命力强，对环境起到修复巩固河堤、净化水质、利于营造生境群落的植物（如细叶芒、芦苇、芦竹、再力花等）。这样一来河道两岸形成以自然风貌、农田果园和湿地公园斑块组成的生态海绵净化系统。

图 6　保留的枫杨树　　　　　　　　图 7　健康跑道两侧选用的栾树

借鉴西方国家运用生态方法对棕地修复的科学经验，这也为恢复浦阳江两岸生态系统平衡提供思路，例如将闲置设施的功能转换（图 8）和废弃材料的再利用（图 9），废弃材料经循环利用成为景观塑造的资源，原来硬质堤岸废弃的混凝土块就地做成抛石护坡，减少了对生产材料所需能源的索取。这种不过分向自然索取，竭尽利用现有资源的做法，发扬了古代取用有节的思想。

图 8　彩色透水混凝土步道　　　　　图 9　废弃的混凝土块就地做抛石护坡

（三）评述

首先，北京土人景观与建筑规划设计研究院在浦阳江生态廊道的景观实践，以尊重地域的先在场地特征为出发点，用最小干预自然的方法，同时兼顾社会效益。继承了中国传统生态的天人合一等思想，利用生态学原理，遵循生命活动的轨迹，顺应基地自然条件，合理利用当地资源，注重乡土植物运用，保护传承水利文化遗产。其次，在生态实践中情况往往比较复杂，在生态伦理的善和科学技术之间是不能画等号的，片面地将伦理的道德话语权或技术形式表象化都会对生态产生消极的影响，正如生态学马克思主义指出，"脱离社会结构抽象地谈论技术与生态危机的关系容易落入技术决定论的陷阱"[4]，因此在理论转为实践时始终要保持一种审慎的态度。最后，若采用生态学者象伟宁[1]所定义"生态实践智慧"的概念，"包括生态规划、设计、营造、修复和管理五个方面内容的社会—生态实践范畴内，"[5]那么生态管理在治水并守护水环境方面，浦江是如何做的呢？当地民众又是如何参与进来的呢？

四、地方生态管理中的基层治水

（一）主体多元，公众参与

"生态管理，人人有责"。浦阳江水务管理有多个主体，不仅有政府、事企单位、社会团体，还有个人。手段上不仅运用法律法规来强化禁止河流污染，而且巧借媒体舆论给污染制造方造成社会压力。其目标首先指向一种良性的生活方式，不仅要求干净的水源和污染控制，更意味着民众对自己生存空间和生活方式有了更多的话语权。

运用信息化的生态管理方式，通过广播电视、热线电话、微信平台等公众参与和监督形式，利用人大、政协、媒体、网络和自治组织等多种途径。为了充分发挥媒体和网络在信息传输上的优势，当地在《今日浦江》、浦江电视台、浦江新闻网等主要媒体开设《短信互动》《阳光热线》等栏目，畅通群众建言献策渠道。大数据、信息化、网络媒体等全面渠道不断凝聚社会共识，调动全民的积极性成为河流治水实际效果的关键。

（二）有法可依，责权明晰

健全生态法制，根据当地实际情况制定地方性法规，一方面是为了防止继续污染，另一方面则是推动水的治理。有《中华人民共和国环境保护法》《企业信息公示暂行条例》《浦江县人民政府实行最严格水资源管理制度全面推进节水型社会建设的意见》《浦江县企业事业单位环境信息公开方法》《河道江段长考核办法》等法律法规。其中《浦江县企业事业单位环境信息公开方法》详细规定了重点排污企业的范围、公开信息的内容、时间和方式，还细分了违规的形式、惩罚措施以及法律依据。在"五水共治"三年行动方案中，还详细规定了工作目标、主要工程、时间节点等。后续立案查处渔业违法案件75起，查处其他涉水违法案件6件，其中"贾某砍伐护堤护岸林木"一案作为省厅水政执法典型案例。

（三）机制细化，公平公正

着力细化评估标准、监督程序和考核结果，以监督和考核机制的刚性保证治水制度的

1　象伟宁：生态学者，美国北卡罗来纳大学夏洛特分校教授，国际期刊 Socio-Ecological Practice Research 创刊主编。该学者研究领域主要为景观与城市规划、城市与区域社会—生态系统的韧性分析等。

刚性，以制度刚性保证强势推进治水工作顺利开展。第一是细化考核指标。例如，在干部考核中规定："如期完成上述目标任务的，全县通报表扬，同时奖励一定的工作经费。提前完成任务并得到上级肯定的，给予记功。反之，则全县通报批评，如有两项任务或一票否决的任务未完成，扣发责任人年终奖，记入干部办事档案和党风廉政（效能）档案，并追究责任，党政一把手予以降级处理。"第二是健全监督方式。按照"集中督查，分类考评，常态规范"的原则，还建立了全方位的督办通报制度。成立县人大、县政协、县考评督查办等多部门督查工作组，开展明察暗访，建立发现问题和整改图片相结合的跟踪督查台账，以实现考核和监督的"一条龙治水"。

（四）评述

基层治水的主体多元、责权明晰、机制细化都是在地方政府生态治理工作中的重要办法。设计师、决策者与公众的深度可行合作，成为一种社会的支持基础。纵观基层生态管理体现出一种自上而下的顶层设计思维，党和政府在推动制度建设和实施上仍是起主导作用，浦阳江生态廊道的生态管理基层制度建设，起于自身地方的特点，又可以看到党中央发布的《生态文明体制改革总体方案》中众多影子，尤其是管理制度、责任追究。"依法治理是整个国家包括基层社会有效治理的利器，那些率先选择并推进依法治理的地方，获得了转型升级的先机和更多的比较优势与发展机会。"[6]各类法规法律的颁布，涉水违法案件的处理，圩长制基层法治观的发扬无不凸显出一个重要的原则：全民环境的生态利益高于一切。因此可以说生态实践并不是一种单一的景观活动，更是多种社会因素相互作用的结果（图10），尤为明显的是，在治理生态的同时推进了法治教育，使生态文明建设有了坚实和长远的保障。

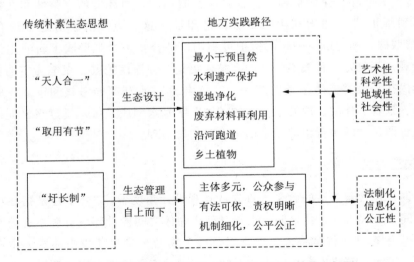

图 10　生态实践是多种社会因素相互作用的结果方框图

五、当下生态文明建设启示

（一）敬畏自然治理污染，修复心灵家园

沐浴万物之光，尊自然为师。我们应该"宽泛地理解人类在自然中的位置，不夸大人在自然中的作用和地位，也不消极悲观地任其所为；在已经被破坏的、恶劣的人工环境中（无论城市或者乡村），让人与自然的关系重拾平衡并且更有可持续性。"[7] 面对已经被破坏的浦阳江，不是置若罔闻更不是大修大建，而是理清归因，肃清根本，因地制宜，端正态度，重整山水生态。地方发展摒弃了单一依靠水晶拉动的经济效益，修正了当地局部短视的思维方式。据文献统计全县关停水晶加工企业（点）2.1 万余家，淘汰低端生产设备 9.8 万多台，另外 55% 的河流污染来自违建，……在"治水"和"拆违"倒逼之下实现产业的转型升级使得生态环境、社会风气根本性的好转。可以说通过治水凝聚了人心，提升了公众的参与度，倡导了和谐社会之风。这是人类活动与生态环境统一、自然规律与社会规律统一，外在环境与生命情感的统一。"我们不是生活在自我之中，我们只是周遭之物的化身，于我们而言，高山、天空、海洋、星辰都是实实在在的感情。"[8]

（二）创新绿色发展模式，保护文化景观

创新绿色发展模式，就要站得高，看得远。要从"为产业服务"向"为国民经济和社会发展全面服务"转变；从"传统水利"向"现代水利、可持续发展水利"转变。[9] 高度重视地域水利文化景观遗产的保护和再利用，注意挖掘其内在的历史文化内涵，通过功能升级再造，继续为民造福。《ASLA 环境与发展宣言》提出可持续环境和发展理念，即"长远的经济发展和环境保护是相互依赖且相互制约的，而环境的完整性和文化的完整性必须同时得到维护。"[10] 浦阳江生态廊道正是印证了这一点。由于对地方现存水利遗产（如鹤塘、禁堰碑、湖山桥……）的保护再利用，结合乡土景观形成了新浦阳江生态廊道十二文化景观，不仅是一种充满情怀的乡愁，更是一种深度挖掘、变废为宝的智慧，深刻表达了自然内在与人类实践活动的统一。2017 年通过水利部的考核和审查，成为一条集防洪、生态、景观、休闲、旅游于一体的"国"字号水利风景区，反过来又促进了当地的经济发展，可谓是"绿水青山就是金山银山"的硬道理。

（三）关注社会环境公平，公正依法依规

公平一词，包含着丰富的含义。首先从景观设计角度看，"公平性是指在可持续景观中人与人之间、当代人与世代之间、人与其他生命体之间皆对环境资源享有公平且平等的选择机会。"[11] 生态景观就是将人、动物以及微生物乃至景观环境中那些无生命的（比如石头、雨水、阳光）都将生命化拟人化看待，实现动态良性媒介交流互动，万物平等，协同发展。呼应了传统天地人三才合一的内在思想。其次在生态管理过程中的公平性。要依法治水，一切都有标准可依，有程序可走，有结果必惩（奖）。这种公平体现在人与人之

间矛盾的协调，坚持使用资源付费和污染环境惩罚的原则。有法可依便可以依法问责，问责必然落实具体企事业乃至个人的责任，一碗水端平。最后就是从结果共享上体现公平性，污染有罚，治理和保护则有奖，如期完成治水任务的，全县通报表彰，反之则批评。总之，没有公平就不能信服，更不能持续推广执行。

（四）参与基层生态法治，提升责任意识

无论是早期治水还是后期保水，其自上而下的过程可以看出党建引领治水的特点，中国共产党始终是社会主义生态文明建设的领导核心，同时又离不开公众的全面参与。践行生态实践，依靠人民群众是生态文明建设的工作路线。没有当地群众的环境责任意识的提升与积极的参与，就很难将生态文明建设落实到位，尤其是对"圩长制"传统基层水务管理的继承发扬，居民用水户阶梯式水价和非居民用水户水费累进加价制度的实施，极大地推动了治水成功的可能性和保水的长效性。天人合一的思想回归到个人就是一种"成圣"，成为践行环境保护的公民。

五、结论

综上所述可知，单一表层的生态水环境治理背后，涉及社会产业转型、地域文化保护、法律法规落地、人民群众参与乃至社会利益关系的多方博弈与协调。换而言之，在表层治水下建立具有一定结构和功能的"自然、社会、法治、经济、文化"的生态系统，并使整个社会文明处于该系统动态平衡庇护之下。生态文明建设"是一场从根本上扭转自然价值观，重新确立人与自然关系的环境哲学运动，事关人类生存和生活方式、环境行为伦理以及可持续发展。"[12]浦阳江生态廊道的成功实践，是吸取了传统朴素治水思想并结合现代景观科学原理的同时，在特定的地域下进行审慎的生态实践，由此升华为生态智慧，具体概括为如下：（1）注重分析生态归因，因地制宜，传承水利遗产，科学生态治水，巧妙地将地方遗产、乡土环境、社会诉求糅合形成新型的地域文化景观。（2）兼顾社会公平公正，依法治水，将依法依规、绿色发展、产业转型升级作为治水制度的有力保障。（3）注重多系统共生、健全生态管理协调，不仅要整顿环境，修复自然生态，更要凝聚社会力量，提升人类心灵家园。最后，浦阳江不再是产业发展功利主义的牺牲品，而成为人与自然和谐关系的完美阐释，是突破世俗与山川林泽的心灵交流。

参考文献

［1］邓磊. 生态主义视角下的和谐社会建设［J］. 华中师范大学学报，2008，47（3）：43.

［2］邱志荣，茹静文. 浦阳江治水史上的光辉篇章——明代刘光复在诸暨实施"河长制"［N］. 中国水利报，2016-11-24，第005版：2.

［3］俞孔坚，俞宏前，宋昱."五水共治"示范工程：金华市浦阳江生态廊道［J］.

景观设计学，2018，1（9）：68.

[4] 蒋谨慎. 生态学马克思主义对技术决定论的生态批判及其启示 [J]. 江汉论坛，2018（10）：70-74.

[5] 卢风. 生态智慧与生态文明建设 [J]. 哈尔滨工业大学学报（社会科学版），2020（5）：123.

[6] 方柏华等著. 基层治理的浦江样本（第 1 版）[M]. 杭州：浙江人民出版社，2016：113.

[7] 张东，唐子颖著. 参与性景观：张唐景观实践手记 [M]. 上海：同济大学出版，2018：130.

[8] Cf. Roger E. Greeley. The Best of Humanism [M]. New York：Prometheus Books，1988：147.

[9] 陈明忠. 关于水生态文明建设的若干思考 [J]. 中国水利，2013（15）：4.

[10] 俞孔坚，李迪华. 可持续景观 [J]. 城市环境设计，2007（1）：7.

[11] 于沁，田舒，车生泉著. 生态主义思想的理论与实践：基于西方近现代风景园林研究 [M]. 北京：中国文史出版社，2013：190.

[12] 韩锋. 文化景观保护的环境哲学溯源 [J]. 中国园林，2020，36（10）：6-10.

生态经济与
绿色发展研究

长江经济带农业绿色发展水平评价及空间差异分析

王绪鑫[1]① 范德志② 资海琼③

（①常州市人力资源和社会保障局 江苏常州 213022
②南京农业大学公共管理学院 江苏南京 210095
③中国五矿二十三冶建设集团有限责任公司 湖南长沙 410014）

摘 要：本文运用组合赋权、聚类分析等方法，对我国长江经济带农业绿色发展水平展开评价与分析，从而为推进农业绿色化转型、实现农业可持续发展提供理论依据。研究发现：长江经济带农业绿色发展整体水平一般，各省市差距较小，但发展特征空间差异显著，湘鄂地区主要为效益优良不够友好型，苏浙沪沿海地区主要为产出高效不够友好型，长江上游与皖赣地区主要为环境友好产出低效型，均体现出农业单方向发展特点，说明目前农业的"绿色"与"发展"仍难以兼顾。由此建议，各省市应在充分发挥长江经济带区域协调功能等优势的基础上，保持现有优势，因地制宜，可通过加大农业科技创新力度与加强激励引导、执法监督等方法，弥补短板，推进农业绿色发展。

关键词：长江经济带；农业绿色发展水平；评价指标；聚类分析；空间差异

一、前言

改革开放 40 多年以来，我国农业取得巨大进展，已然成为世界农业的生产、贸易和消费大国。但同时，我国农业仍具有大而不强，产品多而不优，增长方式粗放等问题[1]。据我国第一次全国污染源普查数据显示，在农业源的主要排放中，化学需氧量达到1324.09 万吨，占全国化学需氧排放的 43.71%，种植业地膜残留量达到 12.1 万吨，总氮、总磷排放分别达到 270.46 万吨和 28.47 万吨，占全国氮、磷排放总量的 57.2% 和64.7%，由此可认为农业生产造成的污染大有取代工业污染而成为头号污染源的趋势[2]，农业绿色发展迫在眉睫。

中共中央、国务院对该问题给予高度关注，2015 年党的十八届五中全会首次提出绿

---

1 ［第一作者］王绪鑫，黑龙江鹤岗人，硕士，科员。主要研究方向为土地资源评价与管理、应急能力评价与管理、行政管理理论与实践。

色发展理念以来，农业绿色发展理念不断深化[3]。综合赵会杰等的分析[4]，本文认为国内学者目前主要围绕农业绿色发展必要性的论证[5]、内涵的阐述[6]、国际经验的借鉴[7]、转型途径的探讨[8]、相关政策执行效果的评价[9]、农业绿色发展水平的评价[10]以及农业绿色发展与农业其他方面之间相互影响的分析[11,12]等七方面展开了研究。其中，农业绿色发展水平评价是目前有关农业绿色发展研究的主要内容之一，受到学者们广泛关注。如贾云飞等运用熵权法对河南省 2008 至 2017 年农业绿色发展水平进行了评价，建议河南省要减少化肥农药使用量、提高要素投入效率等[13]；巩前文等运用层次分析法对我国 2005 至 2018 年农业绿色发展水平展开了分析，认为我国农业低碳生产已经初显成效[14]；金赛美基于 DPSIR 模型构建我国农业绿色发展评价指标体系，并引入 Theil 系数等方法进行分析[15]，等等。综上，农业绿色发展水平评价现有研究方法较为成熟，成果丰硕，为推进我国农业绿色发展做出巨大贡献。但现有成果研究区域均为国家或省份等层面，着重引入时间变量展开趋势分析，很少对特定区域展开横向比较研究，缺少空间差异分析。故本文以长江经济带为例，通过研究其 2018 年农业绿色发展水平，探究其发展特征，并展开空间差异与聚类分析，在此基础上发现其短板与不足，提出针对性建议，以期为长江经济带农业绿色发展实践提供理论依据。

长江经济带作为联动我国"四大板块"区域发展总体战略的重要抓手和推进我国"三大支撑带战略"的重要支撑[16]，根据《全国主体功能区规划》，也是我国重要的农产品主生产区之一，在我国农业发展格局中同样占据重要战略地位[17]。同时，其也是我国生态文明建设的先行示范带，习近平总书记前后两次在推动长江经济带发展座谈会上明确提出，要把修复长江生态环境摆在压倒性位置，共抓大保护，不搞大开发[18]，逐步解决长江生态环境透支问题[19]。所以，对长江经济带农业绿色发展水平展开分析，不仅能够有效实现其农业绿色化转型，保持农业可持续发展，加速农业现代化进程，而且具有强烈的时代意义。

二、研究区概况与数据来源

1. 研究区概况

长江是我国第一大河、世界第三大河，拥有全国 2/5 的淡水资源、3/5 的水能资源储量以及丰富的水生生物资源和巨大的航运潜力，是国家战略水源地和货运量位居全球内河第一的黄金水道[20]，长江经济带便是指沿长江附近的经济圈。长江经济带覆盖上海、江苏、浙江、安徽、江西、湖北、湖南、重庆、四川、云南、贵州等 11 个省市，横跨我国东中西三大区域。其面积约 205.23 万 km²，占全国面积的 21.4%，其中耕地面积约 0.427 亿公顷，占全国耕地总面积的 1/3[21]，人口、粮食产量、农业产值及生产总值等指标均超过全国的 40%[22]，是我国综合实力最强、战略支撑作用最大的区域之一。

2. 数据来源

本文数据主要源于《中国农村统计年鉴—2019》《中国统计年鉴—2019》《中国统计年

鉴—2018》、国家数据网、国家统计局官网，以及长江经济带所覆盖的九省二市的《统计年鉴》《国民经济和社会发展统计公报》《自然资源公报》、统计局官网等。

三、研究方法与数据处理

1. 构建评价指标体系

目前，农业绿色发展水平评价研究开展时间较短，学者们对于评价指标体系仍未形成统一意见[23]。故本文参考相关学术成果[24]，基于农业绿色发展是从农业生产、生态、生活全过程、全方位绿色化以实现经济、社会、生态环境可持续发展目标的内涵，借鉴2016年国家发改委、国家统计局等部门联合印发的《绿色发展指标体系》，结合长江经济带农业绿色发展现状，在科学性、系统性等评价指标选取原则的指导下，围绕资源利用、环境友好、生态系统、经济效益、生产效率，选取36项评价指标，构建长江经济带农业绿色发展水平评价指标体系，即表1。

表1　长江经济带农业绿色发展水平评价指标体系及权重

准则层	指标层	指标计算	单位	属性
资源利用 (0.177)	耕地复种指数 (0.160)	农作物播种面积/耕地面积	%	—
	节水灌溉面积比重 (0.178)	节水灌溉面积/实际耕地灌溉面积	%	+
	单位播种面积农机总动力 (0.121)	农业机械总动力/农作物播种面积	kW·h/hm²	—
	单位农业增加值用电量 (0.125)	农村用电量/农林牧渔业增加值	kW·h/元	—
	人均沼气量 (0.216)	沼气池产气总量/乡村人口	m³	+
	人均太阳能热水器 (0.200)	太阳能热水器/乡村人口	m²	+
环境友好 (0.193)	农膜使用强度 (0.111)	农用塑料薄膜使用量/耕地面积	kg/hm²	—
	农药使用强度 (0.162)	农药使用量/耕地面积	kg/hm²	—
	化肥使用强度 (0.180)	农用化肥施用量/耕地面积	kg/hm²	—
	农林水公共预算支出比重 (0.136)	农林水支出/地方公共一般预算支出	%	+
	节能环保公共预算支出比重 (0.137)	节能环保支出/地方公共一般预算支出	%	+
生态系统 (0.166)	人工造林面积比重 (0.129)	人工造林面积/辖区面积	%	+
	林业有害生物防治率 (0.144)	源于《年鉴》	%	+
	森林覆盖率 (0.186)	源于《年鉴》	%	+
	草原覆盖率 (0.175)	草原面积/辖区面积	%	+
	湿地覆盖率 (0.167)	源于《年鉴》	%	+
	耕地覆盖率 (0.158)	耕地面积/辖区面积	%	+
	自然保护区覆盖率 (0.190)	源于《年鉴》	%	+
	成灾面积比重 (0.124)	成灾面积/受灾面积	%	—

准则层	指标层	指标计算	单位	属性
	单位播种面积种植业增加值（0.182）	农业增加值/农作物播种面积	元/hm²	+
	单位机械动力种植业增加值（0.129）	农业增加值/农业机械总动力	元/kW·h	+
	单位用电量农业增加值（0.157）	农林牧渔业增加值/农村用电量	元/kW·h	+
经济效益（0.190）	农业发展水平（0.145）	农林牧渔业增加值/地区生产总值	%	+
	农业人均 GDP 指数（0.144）	（2018 年农林牧渔业增加值/2018 年乡村人口）/（2017 年农林牧渔业增加值/2017 年乡村人口）	%	+
	农村居民人均可支配收入（0.155）	源于《年鉴》	元	+
	城乡收入比（0.088）	城镇居民人均可支配收入/农村居民人均可支配收入	%	—
	谷物作物单位面积产量（0.065）	源于《年鉴》	kg/hm²	+
	豆类作物单位面积产量（0.073）	源于《年鉴》	kg/hm²	+
	薯类作物单位面积产量（0.078）	源于《年鉴》	kg/hm²	+
	油料作物单位面积产量（0.118）	源于《年鉴》	kg/hm²	+
生产效率（0.273）	糖料作物单位面积产量（0.123）	源于《年鉴》	kg/hm²	+
	茶叶单位面积产量（0.092）	茶叶产量/茶园面积	kg/hm²	+
	水果单位面积产量（0.080）	水果产量/果园面积	kg/hm²	+
	人均猪牛羊肉产量（0.105）	源于《年鉴》	kg	+
	人均水产品产量（0.120）	源于《年鉴》	kg	+
	人均牛奶产量（0.144）	源于《年鉴》	kg	+

2. 数据处理

本文在采用极差标准化对各项评价指标进行无量纲化处理的基础上，运用熵权法与主成分分析法相结合的方式对各项评价指标进行组合赋权，结果见表 1。之后，基于各项评价指标的无量纲化值与权重，利用加权求和法即可求出农业绿色发展水平及各项准则层评价值，结果见表 2。

表 2　长江经济带农业绿色发展水平评价结果

	上海	江苏	浙江	安徽	江西	湖北	湖南	重庆	四川	贵州	云南	均值
资源利用	0.521	0.603	0.657	0.390	0.423	0.488	0.280	0.572	0.645	0.475	0.796	0.532
环境友好	0.380	0.431	0.372	0.549	0.527	0.455	0.327	0.782	0.534	0.862	0.735	0.541
生态系统	0.405	0.461	0.388	0.398	0.427	0.550	0.470	0.422	0.522	0.347	0.431	0.438
经济效益	0.385	0.458	0.587	0.326	0.424	0.493	0.447	0.588	0.602	0.555	0.534	0.491

	上海	江苏	浙江	安徽	江西	湖北	湖南	重庆	四川	贵州	云南	均值
生产效率	0.490	0.672	0.566	0.426	0.386	0.454	0.445	0.331	0.445	0.206	0.525	0.450
农业绿色发展水平	0.440	0.538	0.519	0.420	0.434	0.483	0.397	0.525	0.540	0.470	0.600	0.488

四、结果与分析

(一)准则层评价结果与分析

1. 资源利用

根据表 2 可知，长江经济带整体资源利用效率一般，各省市水平差距较大，江苏、浙江、四川、云南 4 省资源利用效率较高，上海、江西、湖北、重庆、贵州 5 省市次之，安徽、湖南较弱，在空间分布上呈现出"两头高、中间低"的态势。而长江经济带中部地区资源利用的特点就是耕地复种指数较高，但能够有效节水灌溉的耕地面积却较少，且可再生能源利用效率水平偏低，从而产生资源利用效率低的问题。可以看出，中部地区对农业的投入力度较大，但其节能环保、有效利用绿色能源的意识仍然有待加强。

2. 环境友好

根据表 2 可知，长江经济带整体环境友好程度一般，但各省市水平差距极大，贵州环境友好程度极强，重庆、云南较强，江苏、安徽、江西、湖北、四川 5 省次之，上海、浙江、湖南 3 省市最弱。其中，环境友好程度较弱的省份均分布在长江中下游地区，其主要影响因素在于农药、化肥等化学用品投入量过多，公共预算中农林水与节能环保支出较少。这说明中下游地区省份对于节能减排、污染防治以及农林牧渔等事业的发展重视程度不足，百姓利用土地的方式亟须转变，以防止地力退化、环境污染等问题的出现。

3. 生态系统

根据表 2 可知，长江经济带整体生态系统一般，各省市差距较小，大多趋向于 0.4 至 0.5 之间，上海、江苏、江西、湖北、湖南、重庆、四川、云南 8 省市生态系统一般，浙江、安徽、贵州 3 省较弱，在空间分布上并没有明显特征。长江经济带横跨我国东中西三大区域，各省份气候差异明显，湿度、温度等指标均有所不同，其生态系统组成各有所侧重，综合评价中优势与劣势指标互补，大多省份便为一般水平。但各省也可在环境适宜的条件下，提升动植物的多样性，增强农业的抗风险能力和生态保育能力等。

4. 经济效益

根据表 2 可知，长江经济带整体经济效益水平也为一般，各省市之间差距较大，四川经济效益较强，江苏、浙江、江西、湖北、湖南、重庆、贵州、云南 8 省次之，上海和安徽最弱。该结果与人们的传统思维相反，区域经济高速发展的沿海地区，如上海市的经济效益反而低于最内陆的四川省，其主要原因在于沿海等经济发达地区的农户收入更多源于工资性收入，导致农业发展较为迟缓，单位播种面积、机械动力、用电量等农业增加值较少，从而产生经济效益落后的问题。

5. 生产效率

根据表2可知，长江经济带整体生产效率同为一般，各省市之间差距较大，江苏生产效率较高，上海、浙江、安徽、湖北、湖南、四川、云南7省市次之，江西、重庆、贵州3省较低。其中，赣渝黔等地区生产效率低下的问题直接反映在各种农产品的单位面积产量或人均产量上，明显低于江苏等其他省份，说明其农业发展的规模化、集约化水平仍需推进，农业现代化水平有待提升，粮油肉蛋等生活必需品的社会保障能力也亟须加强。

（二）农业绿色发展水平评价结果与空间差异分析

根据表2可知，长江经济带农业绿色发展整体水平一般，各省市之间差距较小，上海、江苏、浙江、安徽、江西、湖北、重庆、四川、贵州、云南等10省市农业绿色发展水平均一般，仅湖南省较弱。而湖南省成为唯一一个长江经济带中农业绿色发展水平较弱的省份，主要是由于其资源利用与环境友好程度较弱，致使整体水平下滑。同时，基于上述分析，本文借鉴相关学术成果[4]，利用SPSS 23.0软件进行聚类分析，发现各省份之间农业绿色发展特征空间差异明显，并在此基础上可分为三种发展类型，具体结果见表3与图1。

表3　长江经济带农业绿色发展类型

类型	省市	优势准则	劣势准则	发展特征
第一类 效益优良 不够友好	湖北、湖南	经济效益 生态系统	环境友好	经济效益发展良好 但环境友好程度不足
第二类 产出高效 不够友好	江苏、浙江、上海	生产效率 资源利用	环境友好	生产效率较为突出 但环境友好程度欠缺
第三类 环境友好 产出低效	重庆、贵州、江西 云南、安徽、四川	环境友好	生产效率 生态系统	面对环境相对友好 但生产效率较为低下

在空间分布上也较为明显，湘鄂地区主要为效益优良不够友好型，苏浙沪沿海地区主要为产出高效不够友好型，长江上游与皖赣地区主要为环境友好产出低效型，如图2。

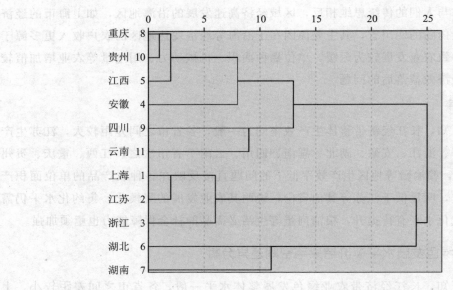

图 1　长江经济带农业绿色发展聚类分析谱系图

图 2　长江经济带农业绿色发展类型空间分布

五、结论与建议

1. 结论

　　本文通过对长江经济带 11 个省市农业绿色发展水平的评价与分析，得出以下结论，并提出相应建议，为有效发挥长江经济带生态优先绿色发展的引领示范功能，全面推进我国农业绿色发展建言献策。

　　（1）长江经济带农业绿色发展整体水平一般，各省市之间差距不大，但其发展特征空间差异显著，湘鄂地区主要为效益优良不够友好型，苏浙沪沿海地区主要为产出高效不够友好型,长江上游与皖赣地区主要为环境友好产出低效型。

(2)农业绿色发展类型的划分均体现出长江经济带各省份农业单方向发展的特点,节能环保、环境友好与生产效率、经济效益之间相互影响、相互制约、相互权衡,"绿色"与"发展"无法兼顾,目前难以达到相互协同的效果,说明其离真正实现农业绿色发展仍然有相当大的差距。

2.建议

湘鄂地区与苏浙沪沿海地区虽然为两种发展类型,但其农业绿色发展主要问题均在于环境友好程度不足,可通过加强激励引导与执法监督的方法来进行弥补。首先,在激励引导方面,可加强农业绿色发展理念的宣传力度,提倡绿色消费,从根本上改善人们的绿色观念;另外也要注重有机肥的推广,可提高有机肥的使用补贴或化肥的使用成本,鼓励农民施用有机肥,实行秸秆还田,降低农膜、农药、化肥等化学用品的使用量,从而起到激励引导作用。其次,在执法监督方面,要坚持从严执法、坚持推进厕所革命,加强农业环境监测,完善相关的预警与奖惩机制,督促农业生产者和农业生产资料企业等群体,以起到执法监督作用。

长江上游与皖赣地区农业绿色发展主要问题在于产出效率低下,可通过加大农业科技创新力度的方法来进行完善。如发展农业育种技术,以培养优质作物;推广测土配方施肥技术,按需施肥以促进作物生长;丰富农业种养模式,推进种养结合;使用农业现代化、智能化机械设备,利用互联网等技术,以有效提高农业生产效率等。同时,政府层面也要给予充分的引导与支持,全面开展农业绿色发展相关工作,在农业投资、市场扩展等方面给出相应的优惠政策,为农户提供便利,以此提升农业产出效率。

同时,长江经济带自身也要充分发挥流域上中下游和东中西部的区域协调功能、新型城镇化和乡村振兴的战略统筹功能、产业转型升级和创新发展的协同互动等功能,有效发挥长江经济带生态优先绿色发展的引领示范功能,以促进农业实现绿色发展。

参考文献

[1] 夏英,丁声俊.论新时代质量兴农绿色发展 [J].价格理论与实践,2018 (9):5-13+53.

[2] 涂正革,甘天琦.中国农业绿色发展的区域差异及动力研究 [J].武汉大学学报(哲学社会科学版),2019,72 (3):165-178.

[3] 魏琦,张斌,金书秦.中国农业绿色发展指数构建及区域比较研究 [J].农业经济问题,2018 (11):11-20.

[4] 赵会杰,于法稳.基于熵值法的粮食主产区农业绿色发展水平评价 [J].改革,2019 (11):136-146.

[5] 于法稳.实现我国农业绿色转型发展的思考 [J].生态经济,2016,32 (4):42-44+88.

[6] 孙炜琳，王瑞波，姜茜，黄圣男. 农业绿色发展的内涵与评价研究 [J]. 中国农业资源与区划，2019，40（4）：14-21.

[7] 崔海霞，宗义湘，赵帮宏. 欧盟农业绿色发展支持政策体系演进分析——基于OECD农业政策评估系统 [J]. 农业经济问题，2018（5）：130-142.

[8] 于法稳. 习近平绿色发展新思想与农业的绿色转型发展 [J]. 中国农村观察，2016（5）：2-9＋94.

[9] 蒋海玲，潘晓晓，王冀宁，李雯. 基于网络分析法的农业绿色发展政策绩效评价 [J]. 科技管理研究，2020，40（1）：236-243.

[10] 龚贤，罗仁杰. 精准扶贫视角下西部地区农业绿色发展能力评价 [J]. 生态经济，2018，34（8）：128-132.

[11] 薛蕾，徐承红，申云. 农业产业集聚与农业绿色发展：耦合度及协同效应 [J]. 统计与决策，2019，35（17）：125-129.

[12] 汪成，高红贵. 粮食安全背景下农业生态安全与绿色发展——以湖北省为例 [J]. 生态经济，2017，33（4）：107-109＋114.

[13] 贾云飞，赵勃霖，何泽军，张朝辉，张锐. 河南省农业绿色发展评价及推进方向研究 [J]. 河南农业大学学报，2019，53（5）：823-830.

[14] 巩前文，李学敏. 农业绿色发展指数构建与测度：2005—2018 年 [J]. 改革，2020（1）：133-145.

[15] 金赛美. 中国省际农业绿色发展水平及区域差异评价 [J]. 求索，2019（2）：89-95.

[16] 吴传清，黄磊. 长江经济带绿色发展的难点与推进路径研究 [J]. 南开学报（哲学社会科学版），2017（3）：50-61.

[17] 吴传清，宋子逸. 长江经济带农业绿色全要素生产率测度及影响因素研究 [J]. 科技进步与对策，2018，35（17）：35-41.

[18] 任胜钢，袁宝龙. 长江经济带产业绿色发展的动力找寻 [J]. 改革，2016（7）：55-64.

[19] 黄磊，吴传清. 长江经济带生态环境绩效评估及其提升方略 [J]. 改革，2018（7）：116-126.

[20] 杨桂山，徐昔保，李平星. 长江经济带绿色生态廊道建设研究 [J]. 地理科学进展，2015，34（11）：1356-1367.

[21] 胡雅杰，张洪程. 长江经济带水稻生产机械化绿色发展战略研究 [J]. 扬州大学学报（农业与生命科学版），2019，40（5）：1-8.

[22] 西部论坛. "新常态"下长江经济带发展略论——"长江经济带高峰论坛"主旨演讲摘要 [J]. 西部论坛，2015，25（1）：23-41.

[23] 张乃明，张丽，赵宏，韩云昌，段永蕙. 农业绿色发展评价指标体系的构建与应用 [J]. 生态经济，2018，34（11）：21-24＋46.

[24] 靖培星，赵伟峰，郑谦，张德化. 安徽省农业绿色发展水平动态预测及路径研究 [J]. 中国农业资源与区划，2018，39 (10)：51-56.

[25] 涂正革，谌仁俊. 中国碳排放区域划分与减排路径——基于多指标面板数据的聚类分析 [J]. 中国地质大学学报（社会科学版），2012，12 (6)：7-13＋136.

筑牢高质量发展绿色屏障
奋力绘就现代化新长沙的绿色生态画卷

潘胜强[1]　　侯德君　　张伊格[2]

（长沙市生态环境局　湖南长沙　410000）

摘　要：为了全面回顾长沙市"十三五"时期生态环境保护工作成效，总结经验做法，分析研判形势，统筹谋划好长沙市"十四五"时期生态环境保护工作重点，开启生态文明建设事业新篇章，奋力绘就现代化新长沙的绿色生态新画卷，现将长沙生态文明建设和生态环境保护工作情况进行梳理总结，并根据《湖南省"十四五"生态环境保护规划》《长沙市"十四五"生态环境保护规划》，对长沙"十四五"时期生态环境保护工作进行展望，构建更优的生态空间格局、更美的生态人居环境、培育更广的绿色低碳生产生活方式、构筑更加牢固的生态安全屏障、实现更高的生态环境治理能力和治理体系现代化水平，"一江六河"河畅水清、岸绿景美，"山、水、洲、城"秀美灵动。

关键词：生态环境保护；成效；形势；总体思路；重点任务

"十三五"期间，是长沙生态环境质量改善成效最大、生态环境保护事业发展最好的五年，人民群众的生态环境获得感不断增强。在肯定成绩、总结经验的同时，对当前生态环境保护工作面临的新形势、新特点、新任务进行了深入分析、科学研判，提出"十四五"工作目标和重点任务。"十四五"时期，是长沙厚植绿色发展优势，打造人与自然和谐共生的美丽长沙的重要窗口期，是深入打好污染防治攻坚战、持续改善生态环境质量的攻坚期，也是推动减污降碳协同增效、促进经济社会发展全面绿色转型、实现生态环境质量改善由量变到质变的关键期，要立足新发展阶段，完整、准确、全面贯彻新发展理念，构建新发展格局，以高水平生态环境保护、高标准环境治理推动高质量发展，形成蓝天常在、碧水长清、城乡更美的生态底色，为全面建设以"三高四新"为引领的现代化新长沙筑牢绿色根基。

1　[第一作者]潘胜强，湖南宁乡人，长沙市生态环境局党组书记、局长、二级巡视员。

2　[通讯作者]张伊格，湖南长沙人，长沙市生态环境局综合协调处科员。

一、"十三五"时期长沙市生态环境保护工作成效

近年来，长沙市坚持以习近平新时代中国特色社会主义思想为指导，全面贯彻落实习近平生态文明思想，坚决扛起生态文明建设的政治责任，坚决打好打赢污染防治攻坚战，生态环境质量持续改善、突出生态环境问题有效整改、环境风险隐患有效管控、生态文明示范创建取得突破，"十三五"生态环境保护各项约束性指标圆满完成，第二次全国污染源普查、固定污染源排污许可全覆盖、执法大练兵、监测大比武等多项工作荣获省部级表彰。

（一）这五年，生态环境保护机制体制日趋完善

一是高规格统筹谋划。成立市突出环境问题整改工作领导小组、市蓝天保卫战工作领导小组、市生态环境保护委员会，统筹谋划、一体推进全市生态文明建设和环境保护工作，生态环境保护的协调联动更加顺畅。二是高标准考核评议。出台《长沙市生态环境保护委员会工作规则》，将污染防治攻坚战目标任务完成情况，纳入对区县（市）以及环委会成员单位的考核考评，以考核带动齐抓共管，生态环境保护"党政同责、一岗双责"进一步压实，"三管三必须"理念进一步深化，大生态环境保护格局持续巩固。三是高效能法制保障。颁布了《长沙市湘江流域水污染防治条例》《长沙市生活垃圾管理条例》《长沙市湿地保护条例》等地方性法规，生态环境保护法律法规体系更加完善。四是高起点改革创新。完成生态环境机构监测监察执法垂直管理制度改革，整合相关部门生态环境职能职责，组建市生态环境局、区县（市）分局；成立市生态环境保护综合行政执法局，组建驻各区县（市）生态环境监测站，生态环境部门实施生态环境保护统一监督管理的机制体制进一步理顺。严格落实湖南省生态环境厅"四严四基"三年行动计划，生态环境治理能力和治理体系现代化水平不断提升。

（二）这五年，生态环境质量持续改善

一是环境空气质量明显改善。2020年，全市环境空气质量优良天数309天，优良率84.4%，未出现重污染天气，相较于2015年，大气环境质量总体上实现"一升两降"，优良率提高10.2个百分点，创2013年国家实施空气质量新标准以来的最好成绩；$PM_{2.5}$、PM_{10}、SO_2、NO_x、CO等主要污染因子浓度不同程度降低，重污染天数明显减少。二是水环境质量大幅提升。"十三五"期间，全市国、省控考核断面年度水质优良率由2016年的91.3%提升至100%；县级及以上饮用水水源地水质达标率稳定保持100%；浏阳河三角洲断面水质由2016年以前的劣Ⅴ类提升并稳定至Ⅲ类，浏阳河获评全国首批示范河湖；沩水胜利断面由2017年的Ⅴ类水质逐年提升至2020年的Ⅱ类水质；龙王港入湘江口水质实现由黑臭到Ⅱ类；"一江一湖六河"化学需氧量、氨氮、总磷等主要水污染物浓度持续下降；建成区黑臭水体全部消除。三是土壤环境风险有效管控。土壤治理与修复项目稳步推进，土壤环境风险得到有效管控，土壤环境质量总体安全可控，污染地块安全利用率

90％以上，受污染耕地安全利用率91％以上。四是声环境质量总体向好。城区声环境质量维持在良好水平，2020 年，长沙市区域环境噪声昼间平均等效声级为 54.3 分贝，区域噪声总体水平为二级；城区道路交通噪声昼间平均等效声级为 69.3 分贝，道路交通噪声强度等级为二级，城区声环境质量稳定。五是固体废物污染防治能力不断加强。大力提升危险废物处置能力建设，强化医疗废物、危险废物处理处置管理，坚决落实"两个 100％"要求。全面落实危险废物转移联单管理制度、登记备案制度、经营许可制度，全面开展危险废物清单管理，完成 10 645 家企业危险废物大调查大排查。六是城乡生态环境更加优美。城乡垃圾分类减量全面推广，城市生活垃圾无害化处理率 100％，全市森林覆盖率达55％。长沙县获评国家生态县，望城区、宁乡市分别荣获国家生态文明建设示范区（市），浏阳市获评全国农村生活污水治理示范市，城乡人居环境更加优美。

（三）这五年，突出生态环境问题得到有效解决

将生态环境保护督察及"回头看"反馈问题、长江经济带警示片披露问题、全国人大执法检查指出问题、审计及巡视巡察反馈的生态环境问题等一并纳入突出生态环境问题整改，统一调度、一体推进，解决了一批基础性、结构性突出环境问题，生态环境保护工作的基础更加牢固。截至 2020 年底，中央层面反馈的 25 个问题，已完成整改 23 个，剩余 2个按整改方案实施；省环境保护督察反馈的 62 个问题，已完成整改 51 个，剩余 11 个有序推进。省生态环境保护督察"回头看"反馈问题 48 个，已制定整改方案，按要求上报省委省政府，各责任单位按整改方案抓紧整改。及时回应群众环境诉求，中央环保督察转办信访件 1503 件、省级环境保护督察转办信访件 1 015 件、中央生态环保督察"回头看"转办信访件 1 121 件，均已办结；省生态环境保护督察"回头看"转办信访件 450 件，2020 年底已办结 362 件。全市生态环境投诉举报从 2016 年的 7 904 件下降至 2020 年 4907 件，下降 37.9％。

（四）这五年，生态环境监管执法更加有力

一是办案效率不断提升。"十三五"期间，全市生态环境执法系统共办理环境违法案件 4 522 起，其中一般罚款案件 3 779 起，罚款 14 520 万元，按日计罚 22 起，查封扣押282 起，限产停产 55 起，移送行政拘留 318 起，移送环境污染犯罪 66 起，各项办案数据均为全省领先，有力震慑了生态环境违法行为。二是执法方式不断优化。全面落实行政执法"三项制度"，基本建立以"双随机一公开"监管为基本手段，以重点监管为补充、以信用监管为基础的监管机制。率先全省出台监督执法"正面清单"，梳理正面清单企业 562家。积极推进非现场监管，强化在线监控、用能监控、视频监控等非现场执法能力建设和运用，开展非现场检查 266 次。三是环境应急体系更加健全。推进环境应急能力标准化建设，完善应急预案体系建设，定期组织开展环境应急管理培训，每年开展全市突发环境事件应急演练，生态环境应急管理与执法人员的环境风险防范意识和应急处理能力得到有效提高。

（五）这五年，高质量发展的绿色根基不断筑牢

落实新闻发布会制度，每年组织"六五"环境日主场活动，加大"两微一网"宣传力度，引导社会公众关注参与生态环境保护。"智慧环保"平台基本建成。空气、水、土壤环境监测网络不断完善，环境空气质量监测网络实现全覆盖，"一江一湖六河"实现水质实时监测预警。落实"放管服"改革要求，实现"一件事一次办""最多跑一次"。实现排污许可登记核发全覆盖，基本建立以排污许可证为核心的固定污染源监管制度体系。发布并实施《长沙市人民政府关于实施"三线一单"生态环境分区管控的意见》，基本建立全市"三线一单"生态环境分区管控体系。全面完成第二次全国污染源普查，获评第二次全国污染源普查表现突出集体。建立健全生态补偿机制，开展环境信用评价，共办理 980 家新、改、扩建企业排污权交易，完成交易金额近 4 000 万元。

二、"十三五"时期长沙市生态环境保护工作积累的经验

"十三五"期间，是长沙市生态环保工作推进力度最大、生态环境质量改善成效最大、人民群众生态环境获得感最多的五年。成绩的取得，最根本在于有习近平生态文明思想的指引，在于全市上下同心、攻坚克难。在推进生态文明建设和生态环境保护的具体实践中，我们做到"六个坚持六个强化"。

一是坚持提升站位，强化理论武装。始终坚持以习近平新时代中国特色社会主义思想为指导，深入学习贯彻习近平生态文明思想和习近平总书记考察湖南重要讲话指示精神，坚决落实打赢污染防治攻坚战的一系列决策部署，走好以生态优先、绿色发展为导向的高质量发展新路子。推动将习近平生态文明思想纳入市、区党校课程和市直单位、区县（市）党委（党组）理论学习中心组重要内容，习近平生态文明思想日益深入人心。二是坚持党建引领，强化队伍建设。全面落实新时代党的建设总要求，牢牢把握全面从严治党的根本，深化思想认识、强化责任担当、抓好整治整改。出台制度保障、激励措施，促使环保队伍的政治能力和专业水平不断提升，有效激活生态环保队伍的内生动力，在接受中央、省生态环境保护督察的大考中锤炼作风、锻炼品质，以党建红引领生态绿，着力打造一支政治强、作风硬、本领高、敢担当，特别能吃苦、特别能战斗、特别能奉献的长沙生态环保铁军。三是坚持高位推动，强化责任落实。市委、市政府主要负责同志坚持担总责、抓统揽，带头落实"党政同责、一岗双责"；市委、市政府研究部署生态环境保护工作已成常态，市委书记、市长讲评蓝天保卫战，市领导带队巡河，市人大常委会、市政协将污染防治攻坚作为法律监督、工作监督、民主监督的重要领域，市纪委市监委开展"洞庭清波"专项行动，生态环境保护大格局持续巩固。四是坚持目标导向，强化三个治理。更加突出精准治污、科学治污、依法治污，聚焦生态文明建设和生态环境保护的各项目标，坚持问题导向、目标导向和结果导向，加强顶层设计，编制"十三五"生态环境保护规划，出台并实施蓝天保卫战"三年行动计划"，湘江保护和治理三个"三年行动计划"等方案，助推目标任务有序推进。在此基础上，每年制定年度方案，科学铺排水、气、

土、噪声等污染防治攻坚项目，以项目建设为抓手，着力补齐生态环境保护基础设施的短板弱项，推动深入解决突出环境问题。五是坚持解决问题，强化整改实效。以环保督察问题整改为契机，统一调度、一体推进突出生态环境问题整改，科学制定整改方案、加大资金投入、加大整改力度，以人民群众生产生活息息相关的环境信访投诉和群众身边的突出生态环境问题为重点，以人民满意为整改标准，解决了一批基础性、结构性问题，生态环境保护工作的基础更加牢固。六是坚持服务人民，强化共治共享。始终坚持以人民为中心的发展思想，坚持把人民群众对优美生态环境的期待作为努力方向。近年来，出台《长沙市生态环境保护工作责任规定》《长沙市较大生态环境问题（事件）责任追究办法》，并先后出台一系列环境保护的法律法规规章，为打好污染防治攻坚战提供了坚强的法律保障。统筹做好疫情防控与生态环境保护工作，出台环评审批和执法监管两个正面清单。强化公众参与，传统媒体、新媒体两手发力，及时发布重要环境信息，第一时间公布环保督察等问题整改情况。畅通举报热线，鼓励群众监督，公众环保责任意识不断提升，营造了生态环境保护的良好氛围。

三、长沙市生态环境保护工作面临的新形势

当前，长沙市生态文明建设仍处于压力叠加、负重前行的关键期，生态环境保护工作压力依然很大，还面临诸多困难与挑战。

（一）对标对表领头雁和示范区的要求差距大

长沙要担当实施"三高四新"战略领头雁，奋力建设现代化新湖南示范区，生态环境保护力度仍需加大、生态环境质量还需持续改善，生态环境保护结构性、根源性、趋势性压力总体上尚未根本缓解，生态环境保护任重道远。

（二）持续改善生态环境质量压力大

环境质量改善成效还不稳定，生态环境质量从量变到质变的"拐点"尚未到来。虽然空气质量优良率逐年提升，但 $PM_{2.5}$ 年均浓度距国家环境空气质量二级标准要求仍有差距，臭氧污染问题日益凸显，重污染天气偶有发生，空气质量受气象条件影响大。水环境质量大幅提升，但"一江一湖六河"整治效果仍不均衡，部分断面月度水质存在超标现象，城乡基础设施建设存在短板，部分老旧小区污水管网覆盖不到位、雨污不分流的历史欠账问题多；规划分流制片区雨污混接、错接的问题突出；水生态及环境应急风险防范能力需要加强。土壤环境安全压力较大，土壤污染底数需进一步核实，部分历史遗留问题场地环境风险隐患较大，农业生活污染负荷较重，部分尾矿库环境风险较大。

（三）调整结构推动绿色发展难度大

我国 2030 年前力争实现二氧化碳排放达峰、2060 年前努力争取实现碳中和，对调整优化产业结构、能源结构、交通运输结构、用地结构提出了更高的要求，总体看来，我市

产业转型成效显著，产业结构不断优化，清洁能源占能源消费比重有所增加，但碳达峰碳中和相关配套政策还不完善，重点行业领域率先达峰的压力大。交通运输严重依赖公路等问题依然突出，循环发展、绿色消费、低碳出行等绿色生活方式还未广泛形成，调整优化结构推动绿色发展任务十分繁重。

（四）突出生态环境问题整改任务重

通过几年的持续攻坚，有效解决了一大批突出生态环境问题，但仍然存在城乡生态环境基础设施建设滞后特别是雨污分流不到位、农业农村面源污染、工矿污染遗留问题、噪声投诉居高不下彻底解决难等突出环境问题，污染地块、危险废物、尾矿库、自然生态破坏等环境风险隐患依然存在，突出生态环境问题整改任务艰巨。

（五）生态环境保护体制机制创新要破解的难题多

生态环境保护责任落实有欠缺，工作推进不平衡。生态环境监测监察垂直管理制度改革后续任务重、责权划分不清晰。生态环境执法监管能力不足，生态环境和法律专业技术人员相对匮乏，乡镇（街道）、园区环境监管缺乏人员机构、力量薄弱。各区县（市）生态环境监测能力不足，监测队伍、实验场地、仪器设备、环境监测网络与配套设施等还有待进一步完善。生态环境治理投入不足、渠道单一，绿色金融政策支撑不够，市场机制不完善。

四、"十四五"时期长沙市生态环境保护工作总体思路和重点任务

（一）总体思路

"十四五"是开启全面建设社会主义现代化国家新征程的第一个五年，既是"两个一百年"的历史交汇期，也是大力推进美丽中国建设的重要时期，具有不同以往的特点与要求，要坚持以习近平生态文明思想为指导，坚定不移贯彻创新、协调、绿色、开放、共享的新发展理念。总体思路是：以减污降碳为总抓手，一手抓源头治理和污染减排、一手抓生态保护和修复，更加突出精准治污、科学治污、依法治污，持续改善生态环境质量、持续推动绿色低碳发展、持续推动突出生态环境问题整改、持续提高资源利用效率，构建更优的生态空间格局、建设更美的生态人居环境、培育更广的绿色低碳生产生活方式、构筑更牢的生态安全屏障、实现更高的生态环境治理体系和治理能力现代化水平。

（二）重点任务

1. 推动绿色低碳发展

一是促进产业结构优化升级。推动工业结构绿色升级、加快能源结构调整优化、推动运输结构高效优化、促进农业结构融合调整。二是促进绿色低碳循环发展。推行清洁生产；推进循环发展，着力推进循环工业、循环服务业、循环农林业。三是倡导培育绿色生

活方式。促进绿色消费行为、推广绿色出行、推进生活垃圾分类处置、提升公民生态文明意识。四是全力推进碳达峰碳中和。明确碳达峰总体思路，按照国家 2030 年实现碳达峰、2060 年实现碳中和的目标，科学制定达峰方案，有序完成达峰任务；完善碳达峰政策机制；开展碳达峰试点示范。

2. 加强生态系统保护与修复

一是强化"三线一单"管控。落实主体功能区战略，构建生态环境分区管控体系，强化"三线一单"成果与国土空间规划等相关规划的衔接，充分发挥"三线一单"成果在产业准入落地实施等方面的作用。二是优化生态空间格局。构建"一江六河、东西两屏、南心北垸"的生态安全格局。打造以"风景名胜区—自然公园—郊野公园—城市公园"不同类型主题组成的片群斑块空间。三是加强生态系统保护与修复。推动建立以国家公园为主体的自然保护地体系，加强生物多样性保护，加快重点区域矿山生态修复。四是深化长株潭生态环境保护一体化。落实《关于长株潭三市保护生态环境、共建生态文明的实施意见》，深化"一江"同治，严格"一心"保护，共建长株潭低碳城市群。

3. 深入打好污染防治攻坚战

一是深入打好蓝天碧水净土保卫战。巩固空气质量"点长制"工作机制，深入开展"十大"专项治理和"五治一提"行动，推进 $PM_{2.5}$ 和臭氧的协同治理，积极应对重污染天气。以"河湖长制"为总抓手，加强"一江六河一湖"流域综合治理，推进湘江保护和治理一号工程。实施土壤环境精细管理，加强土壤污染源头防控，巩固提升耕地安全水平，强化污染地块准入管理，推进土壤管控修复和地下水污染防治工作。二是持续推进噪声污染防治。对人民群众反映强烈的交通、建筑施工、工业、社会生活等领域的噪声污染问题，进行分类施策、专项治理；充分运用大数据平台和信息化手段，加快完善噪声监测网络。三是加强农村生态环境保护。推进农村生活污水治理，加强农村生活垃圾处理，加强农业面源污染防治，加强养殖业污染防治，深入开展人居环境整治，完善农村环境治理机制。四是推进重金属污染防控。实施重金属排放总量控制，加强矿山矿涌水重金属污染治理，加强尾矿库综合治理，加强重金属污染场地治理。

4. 解决突出环境问题

一是解决突出生态环境问题。统一调度、一体推进突出生态环境问题整改，科学制定整改方案，严格执行"清单制＋责任制＋销号制"。二是加强环境风险预警与应急处置。提升环境风险防控能力和污染事故预警应急能力，加强重点风险源环境监管体系建设。三是加强危险废物管控。健全危险废物监管体制，积极参与长株潭危险废物环境风险区域联防联控。强化危险废物源头管控，促进危险废物利用处置企业规模化发展、专业化运营。四是加强核与辐射安全监管。健全核与辐射环境监管制度及监管体系，实现源头预防、过程严管、违法严惩。

5. 完善生态环境治理体系

一是健全党政部门责任体系。落实《长沙市生态环境保护工作责任规定》，专题研究生态环境部门垂直改革后区县一级的环保责权划分，进一步明确县乡（镇）两级党委政府生态环境保护的主体责任，强化考核和责任追究。二是健全企业责任体系。提升企业治污能力，落实排污许可管理要求、推进绿色发展产业，加强环境治理信息公开。三是健全全民行动体系。强化社会监督，积极发挥各类环保社会团体作用，引导公民自觉履行环境保护责任。四是健全环境监管体系。理顺生态环境系统垂改后的生态环境监管机制，创新生态环境监管执法模式，强化"两法"衔接，健全以排污许可制为核心的固定污染源监管制度。五是健全治理市场体系。规范市场秩序，深入推进生态环境领域"放管服"改革。大力发展环保产业，创新环境治理模式，优化价格机制，探索建立生态产品价值实现机制。六是健全信用评价体系。推进政务诚信建设，加快企事业单位信用建设。七是健全法规政策体系。推动餐饮服务业油烟污染防治、环境噪声污染防治等领域的地方立法，加大财税支持，完善金融扶持。八是强化环境治理能力。加强党的全面领导，不断提升生态环境监测、生态环境执法、防范和化解环境风险、生态环境信息科研等方面的能力和水平。

参考文献

[1] 湖南省人民政府办公厅. 湖南省人民政府办公厅关于印发《湖南省"十四五"生态环境保护规划》的通知 [EB/OL]. (2021-9-30). http://www. hunan. gov. cn/hnszf/xxgk/wjk/szfbgt/202110/t20211022_20838349. html.

[2] 长沙市人民政府办公厅. 长沙市人民政府办公厅关于印发长沙市"十四五"生态环境保护规划（2021—2025 年）的通知 [EB/OL]. （2021-12-17）. http://www. chang-sha. gov. cn/zfxxgk/zfwjk/szfbgt/202112/t20211231_10423789. html.

乡村振兴背景下永州森林康养产业发展路径探究

刘燕屏[1]

（中共永州市委党校 湖南永州 425000）

摘 要：为深入贯彻落实习近平总书记在湖南考察重要讲话精神，牢固树立绿水青山就是金山银山理念，永州市依托丰富的森林资源、生态环境，大力发展森林康养产业，积极践行"三高四新"战略。文章首先对发展森林康养产业的现实意义进行概括，认为发展森林康养是新时代高质量发展重要体现；其次，对永州森林康养产业发展具有的资源优势和面临的问题进行分析；最后，从科学规划绘制森林康养产业发展愿景，建立森林康养产业，提高森林康养信息平台传播影响力，鼓励招商引资优化营商环境，引领森林康养产业健康发展等方面提出加快推进永州森林康养产业发展的路径和建议。

关键词：乡村振兴；永州；森林康养

一、前言

2020 年 9 月习近平总书记在湖南考察时强调，"要牢固树立绿水青山就是金山银山的理念，在生态文明建设上展现新作为"[1]。党的十九届五中全会通过的《中共中央关于制定国民经济和社会发展第十四个五年规划和二〇三五年远景目标的建议》强调"促进经济社会发展全面绿色转型，建设人与自然和谐共生的现代化[2]。"党和国家领导人对生态文明建设的高度重视为发展森林康养产业提供了巨大的发展动力。"十四五"时期，永州市将牢记习近平总书记的重要嘱托，深入贯彻湖南省委十一届十二次全会精神，积极践行"三高四新"战略，大力发展以"走进森林、回归自然"为特点的森林康养产业。

二、发展森林康养产业是新时代高质量发展重要体现

发展森林康养产业是顺应新时代高质量发展的需求，2019 年国家林业和草原局、民政部、国家卫生健康委员会、国家中医药管理局联合印发《关于促进森林康养产业发展的

---

1 刘燕屏，湖南永州人，科技与生态文明教研部主任，副教授。主要研究方向为生态文明理论与实践。

意见》（林改发〔2019〕20号）明确指出：森林康养是指把优质的森林资源与现代医学和中医药等传统医学有机结合，开展疗养、养生、康复、休闲等一系列有益人类身心健康的活动[3]。

（一）发展森林康养产业是助推新阶段绿色发展的时代要求

国内外学者研究发现森林康养产业是典型的绿色产业，森林康养产业是将生态环境资源转化为生态产品，又通过生态产品和服务形成更加优良的生态资源的重要载体。党中央、国务院对森林康养产业高度重视，连续在2017、2018、2019、2020年的中央一号文件对发展森林康养产业作出重要安排和部署，强调要在21世纪中叶建成"富强、民主、文明、和谐、美丽的社会主义现代化强国"[4]。

（二）发展森林康养产业是贯彻落实新发展理念的有效途径

发展森林康养产业是贯彻习近平生态文明思想的重要体现，为推进美丽中国建设，实现人与自然和谐共生的现代化提供了新的经济发展方式。森林康养产业利用森林资源、生态资源，打造森林康养健康服务、森林康养休闲旅游、森林康养食品等[5]，这些既有利于保护森林生态系统，又确保森林生态安全。同时，森林康养产业的发展，有利于推动林业系统的国有林场、自然保护区、森林公园等产业升级，提升生态效益和经济效益，增强可持续发展能力，促进一二三产业协同发展。

（三）发展森林康养产业是实施乡村振兴战略的有力举措

习近平总书记指出要让良好生态环境成为乡村振兴的重要支撑点。李克强总理在2021年政府工作报告中也强调加快发展乡村产业，壮大县域经济，拓宽农民就业渠道，千方百计使亿万农民多增收、有奔头。乡村是生态涵养的主要载体，生态振兴是乡村"五个振兴"的重要内容[6]。良好生态环境是最大的发展优势和宝贵财富，发展森林康养产业有利于促进农业绿色发展，改变过去"养口""养胃"粗放式发展，转变为"养眼""养心""养肺""养神"的新发展理念，实现乡村经济多元化多样化发展，促进人与自然和谐共生[7]。永州市近几年来通过发展森林生态旅游带动林区林农致富，以前深居山林的林农可以实现在家门口就业，放下砍树斧头，吃上旅游饭，有力地促进了乡村振兴。

三、永州发展森林康养产业的资源优势与面临的瓶颈

近年来永州市大力发展森林康养产业，基础设施不断完善、产品种类不断丰富、森林康养产业呈现积极向好的态势。但发展森林康养产业过程中也仍然面临瓶颈，主要是缺乏总体发展规划、产业结构不完善、资金投入不足、政策支持力度还不够等问题，制约了森林康养产业的发展。

（一）发展森林康养产业的资源优势

永州作为湖南向南开放的"桥头堡"，既有毗邻两广的区位优势，又有丰富的森林资源、生态资源、文化资源等发展森林康养产业的显著优势。

1. 地理区位优势比较突出

省委领导多次勉励永州争做湖南向南开放的桥头堡，在"敞开南大门、对接粤港澳、加快湖南开放开发"中奋勇争先。近年来，永州致力于打造粤港澳大湾区的后花园，按照构建"一核两轴三圈"区域经济格局的要求，以零陵、冷水滩中心城区为核心，推进零陵冷水滩连城，打造核心增长极，辐射带动全市经济社会发展。中心城区与祁阳、东安、双牌一体化发展，构建 30 分钟"同城圈"，中心城区与县城之间的快速通道建设，构建 60 分钟"协同圈"，同时利用高铁、航空快速通道，主动融入粤港澳大湾区、长江经济带、成渝地区双城经济圈、东盟自由贸易区，形成 90 分钟"融入圈"，永州融入全省、全国新发展格局的血脉更加畅通。

2. 森林康养资源十分丰富

永州有着丰富的山地森林资源，是天然的动植物基因库和重要的天然生态保护屏障，境内有陆生脊椎动物 1 000 多种，维管束植物 2 700 多种，国家一、二级保护动植物就有100 多种。境内森林茂密，水碧天蓝，被誉为"华南之肺"。永州市是全省四大重点林区之一、南岭山脉国家公益林生态重点保护区域、全国南方用材林生产和战略储备基地、全国油茶产业发展示范市、国家森林城市、湖南母亲河——湘江的发源地。永州市林业用地面积 2 320.53 万亩，占国土总面积的 68.9%；有林地面积 1 843.5 万亩，森林蓄积量 6 176.16 万 m³，森林覆盖率达 65.39%，分别居全省第二位、第三位、第六位；还有国家级、省级公益林面积 843.7 万亩；有 29 个国有林场，8 个国家级、4 个省级森林公园、3 个国家湿地试点公园、4 个国家级、2 个省级、34 个县级自然保护区。

3. 生态环境质量不断提高

永州生态环境良好、历史文化底蕴深厚，人称"两汉古郡、楚粤通衢、潇湘绿城、开放新城"，近年来先后获得中国幸福城市 20 强、全国地级市民生发展 100 强、国家森林城市、国家森林旅游示范市、国家卫生城市、国家历史文化名城等荣誉，是中国经济生活大调查最具幸福感城市之一。永州常年空气质量优良率为 100%[8]，主要水域 95% 以上的断面达到国家地表水一、二类标准，整体环境质量位居全国地级市前列，已成功跻身国家森林城市行列。其中江永、零陵、双牌三县区被中国气象服务协会授予 2019 年度"中国天然氧吧"称号。

4. 配套基础设施日益完善

近年来，永州市全面提升森林旅游环境，加强景区道路升级改造，打通各条森林旅游专线。加强了饮用供水、电力设备、互联网、有线电视和移动通信网络等基站建设，实现"水、电、网络、电视、通讯"畅通，为森林康养产业全域发展提供了服务配套设施。

5. 康养环境得到全面改善

在发展森林康养产业中，永州市注重康养环境的改善，通过实施乡村振兴战略，人居环境发生了很大变化。开展了以"三清一改"为主要内容的村庄清洁行动，着力推动农村"厕所革命"、农村生活垃圾处理、农村生活污水治理和村容村貌提升等。如江华县水口镇跻身全省文旅特色小镇，零陵区香零山等8个村镇荣获全国文明村镇称号，永州市累计建设省级、市级美丽乡村示范创建村245个，农村的基础设施和生态环境得到了极大改善。

（二）发展森林康养产业面临的瓶颈

永州市委、市政府始终贯彻生态优先、绿色发展理念，推动森林康养产业健康发展，但在实践发展中也还存在思想观念陈旧、总体规划滞后、产业结构不优、资金投入不足、营商环境不优等现实问题。

1. 发展思想观念陈旧

从政府层面看，地方政府对自身生态资源优势还没有足够重视，简单地认为森林康养产业是单一行业组织生产、经营、服务以及管理活动，没有意识到森林康养产业还融合了医疗、教育、养生、养老、旅游、文化、体育、体验、休闲、娱乐等多个行业融合的生产与服务的集群，没有从产业集群理念来着手，缺乏产业发展总体规划和康养基地的总体规划设计。从民众层面看，大多数民众缺乏对森林康养的全面认识，仅仅停留在游山玩水、旅游观光等休闲旅游初级阶段，缺乏深入全面的了解和体验。

2. 缺乏总体规划设计

虽然近几年永州市委、市政府都出台了关于推进森林康养产业发展的实施方案，但涉及林业、国土、规划、财政、交通、税收、卫生、旅游、体育和民政等相关部门，缺乏对相关部门系统性总体规划，缺乏有效的政策措施和激励机制，以至于很多政策难以实施，工作推进存在很多困难。

3. 产业结构不够完善

森林康养产业在我市还处在发展初期，产业和服务形态比较单一，目前只能提供简单的游、看、玩，基本的吃、住等服务配套设施还存在差距，随着人们生活水平的提高，这种形式已经不能满足人民的需求。

4. 建设资金投入不足

森林康养作为一个新兴产业，运作经验较少，开发利用能否成功、能否回收成本存在不确定性。此外，森林康养产业周期较长，尤其是2020年面对新冠肺炎疫情的影响，虽然政府积极引导，但如何调动相关投资者投资意愿是摆在我们面前的现实问题。

5. 营商环境有待改善

森林康养产业是国家鼓励发展的新兴产业，需要得到国家政策的重点支持。但是在基层，发展森林康养产业的营商环境不优，政策的"含金量"还是非常有限，例如在招商引资中，对于资金、用地、基础设施建设等方面的"硬货"不多，和产业发展需求还有一定差距。

四、积极探索加快永州森林康养产业发展的有效路径

新时代森林康养产业发展要贯彻新发展理念，坚持生态优先、因地制宜、科学开发、创新引领、市场主导五项基本原则，按照经济规律的要求，推进转变经济发展方式，坚持发展速度、质量和效益的有机统一，推动科学发展和高质量发展[9]。

(一)科学规划，绘制森林康养产业发展愿景

"善于观大势、谋大局、抓大事。"这是习近平总书记一贯倡导我们科学工作的方法。

1. 森林环境保护与建设并重

我们应注重生态保护与建设开发之间的平衡，制定科学的永州森林康养产业发展规划。一是确定森林康养产业发展布局。湖南省委第十一届十二次全会明确提出实施"三高四新"战略，特别是围绕产业建设谋划部署了"八大工程"，围绕科技创新谋划部署了"七大计划"，将为永州加快产业发展注入强劲动力。永州在设计森林康养产业发展布局时应尽量统筹兼顾，实现森林康养产业发展的整体布局规划，达到总体规划的目的，努力构建"森林旅游＋森林养老＋森林理疗＋运动健康＋支撑产业"的森林康养产业体系，进一步完善森林康养产业布局和标准体系，促进森林康养产业规范有序发展。二是优化森林康养产业发展布局。"十四五"时期，森林康养产业化发展日益推进，森林康养基地建设将不断增加，优化森林康养产业发展定位，开发具有地方特色的康养项目[10]。永州市高度重视森林康养工作，把发展森林康养产业作为践行绿水青山就是金山银山理念的有效途径，实施乡村振兴战略的重要措施来抓。三是明确森林康养产业发展方向。按照《湖南省森林康养发展规划（2016—2025）》，永州森林康养发展对照湖南省总体规划布局，制定切实可行的发展目标，完善康养经济相关指标，满足不同层次人民群众康养需求，打造省内知名的森林康养目的地和森林康养示范市。

2. 坚持政府引导、市场主导

"十四五"时期永州将瞄准"三类五百强"企业和细分领域龙头企业，利用"港洽周""沪洽周""湘投会"等招商平台开展产业链精准招商，立足实际发展"总部经济""飞地经济"；深化与"一带一路"沿线国家及其新兴市场多领域合作，借力"产业链出海""抱团出海""借船出海"等模式，推动森林康养产业发展，更好统筹高水平走出去和高质量引进来。

3. 开展试点先行、示范引领

永州用足天然温室、物产丰富、风光秀丽、地处湘粤桂结合部等自然资源优势，建设融合林业、农业、中医药产业、医疗保健业等多业态的森林康养产业发展模式。集中打造典型，起到以点带面的作用，提炼总结经验教训，并在全市进行推广。例如 2018 年金洞成为国家森林康养试点基地，全年接待游客 80.5 万人次，实现旅游总收入 3.2 亿元，快速带动了金洞第三产业发展[11]。

（二）融合发展，建立森林康养产业和企业集团

永州市积极融合粤港澳大湾区，充分发挥永州各类特色资源优势，吸纳大湾区溢出资本、技术、产业，因地制宜发展旅游度假的森林康养产业，坚定不移抓项目兴产业强实体，把抓产业项目与优化招商环境结合起来，加快建立森林康养产业和企业集团。

1. 发展优势森林康养旅游

围绕"后花园""菜篮子""原材料"的产业化定位，发展康养旅游成为永州市丰富产品供给、促进文旅消费的一项重要举措。一是生态康养。依托永州市九嶷山、阳明山等景区资源，鼓励针对不同消费需求，开发推出温泉养生、森林旅游、森林探秘、森林音乐会；依托良好的生态环境、茂密的森林植被、富足的负氧离子，大力发展景区森林浴、天然氧吧、竹林疗养、漂流垂钓等森林产品，建设蓝山百叠岭生态观光茶园。二是中医康养。利用丰富的中医药资源，突出中医"治未病"和保健理念，大力发展药膳保健、中医疗法、慢病预防、针灸推拿等康养产品，推出医疗旅游、中医康养、气候医疗等健康旅游产品，建设零陵古城文化健康产业园、道县周敦颐旅游养生园。三是运动康养。丰富的山地丘陵面积，可以发展山地自行车、山地摩托、山地汽车、野外探险、户外露营、攀岩等户外运动康养产品。建设东安舜皇山健康旅游基地，开发了三圣湖水上运动、月岩户外野营探险等，打造了祁阳德辉康养特色小镇。四是田园康养。九嶷山、阳明山、舜皇山 3 个4A 级森林旅游景区和蓝山云冰山公园已成为全市森林康养产业的龙头。舜皇山温泉康养、市植物园休闲康养、金洞生态避暑养心、云冰山避暑观雪等生态节庆康养活动，打造永州全方位多维度立体化的森林康养产业体系。

2. 培育森林康养养老服务企业

我们充分利用健康中国的政策，2021 年永州有 4 家医养结合创建单位纳入"城企普惠"养老行动计划。"十四五"期间，我们将因地制宜，集中力量建设宁远县九嶷富硒谷康养基地、江永县夏层铺健康养老小镇、金洞森林康养示范基地、湘南现代农旅康养文化特色小镇，开发中医药健康养老、景区养老、生态养老、田园养老等多种业态的养老产业新模式。大力发展"森林康养＋"，加快培育具有市场竞争力、具有本地特色的森林康养品牌，延长产业链，提升产业价值。

3. 推进森林康养产品品牌建设

我们充分利用优质的森林和富硒土壤等资源，开发适宜医药康养产品。积极推进新田、道县等县无公害有机食品和特色保健食品生产基地建设。集中培育双牌阳明山中药养生度假基地建设，种植黄连、竹节三七、天麻、杜仲、厚朴、红豆杉等大量药用植物。加快推进湘南精细特色农副产品和粤港澳大湾区菜篮子供应基地建设，发展"两茶一柑一菜一药"和"一县一特"产业，积极发展森林食用香料、森林食用昆虫、森林天然食品添加剂、蜂蜜、木耳、银耳、地瓜、板栗、菇类、蕨菜、百合、五谷粥等绿色天然食品。

（三）品牌宣传，加强森林康养信息平台建设和传播

积极对接大湾区，永州市围绕"千年打卡胜地"开展主题品牌活动，加强森林康养信息平台的建设和宣传，通过品牌宣传和产品推广、线上线下同频共振，努力实现经济效益、社会效益、生态效益相统一。

1. 形象宣传与产品推广有机结合

2021年永州市将围绕"美食、康养、红色"主题线路，推出一系列涵盖文化体验、观光度假、养生养老、乡村旅游、科普研学等要素的文旅康养产品。通过征集和评选，选取凝练最能代表永州森林康养的宣传话语、宣传视频、宣传歌曲、舞蹈等，精心制作永州森林康养宣传手册。

2. 传统媒体与新型媒体有机结合

通过智慧旅游网络信息平台，推送宣传信息、康养环境、康养产品开发、森林旅游、运动保健、养生康复等信息，为林农、基地、游客、企业提供方便快捷的服务。2021年五一、十一黄金周期间通过举办千年打卡永州摄影大赛、节庆会展、康养论坛等大家喜闻乐见的活动，加大永州森林康养推介力度，推进森林康养知识传播，提升永州市森林康养在全省乃至全国的知名度。

3. 线上宣传与线下互动有机结合

依托永州职业技术学院、潇湘技师学院等高校，培养一批森林讲解员、解说员，加强人才队伍建设，为宣传工作打造优秀的人才支撑。探索建立森林康养大数据平台，充分应用5G、数字医疗、人工智能、大数据等新技术新形式，促进医疗技术和旅游服务的双发展，为森林康养产业带来更多创新空间。

（四）惠民利民，引领森林康养产业健康发展

我们发展森林康养产业就是要贯彻新发展理念，就是要坚持以人民为中心的发展思想，树牢为人民谋幸福、为民族谋复兴的发展观、现代观，让发展成果更多更公平惠及全体人民。

1. 加快森林康养林培育和建设

积极推进"高校科研院所科技创新＋永州制造""大湾区科技创新＋永州制造"模式，通过完善激励机制和政策支持，大力引进一批科研院所、粤港澳大湾区的先进培育模式在永州落地、转化。做足生态"绿色文章"，加快森林康养林培育和建设，共享林业"流金淌银"，阔步"绿富美"的故事生动演绎，让永州的每一座青山披绿挂翠，每一条"绿色长廊"纵横交错，让绿色成为永州发展的底色。目前永州市已经有各类森林康养基地45个，其中国家级和省级2个。越来越多的森林康养基地实现了美丽蜕变，生态美景释放生态效益，永州的美丽风景正由点成线、由线到面，越来越多的人民享受良好生态带来的生态红利[12]。

2. 加大森林康养市场主体培育

我们将加强引导，争取到2035年建立科学规范的森林康养市场体系，培育森林康养专业人才队伍，大力招引理念先进、实力雄厚的大企业、大集团投资森林康养产业，创新机制和模式，加大森林康养市场主体培育，推动森林康养产业健康有序发展[13]。例如生态资源得天独厚的双牌县牢牢把握"健康中国""乡村振兴"战略发展契机，精心打造了阳明山"和"文化、"中国银杏第一村"桐子坳村、泷泊国际慢城、五里牌中医药康养、龙洞文化艺术产业园等靓丽的生态名片，有力促进了森林康养产业的发展。

3. 加大招商引资优化营商环境

永州要在新一轮区域经济发展中科学找准自身在国内大循环中的位置和优势，抢抓"一带一路"建设，湖南自贸区和《区域全面经济伙伴关系协定》等重要机遇，积极融入新发展格局的有效路径。认真贯彻落实《优化营商环境条例》，用足用好湖南省招商引资若干政策措施，在用地保障方面，以改革创新的方法盘活土地资源，保障乡村建设与产业项目用地；在资金保障方面，以借船出海的模式提升政策对接能力，支持森林康养与国企央企合作，促进国家储备林政策性贷款落地生效。

参考文献

［1］胡长清. 厚植绿水青山优势　夯实美丽湖南生态根基［J］. 新湘评论，2020（20）：35-36.

［2］赵建军. 建设人与自然和谐共生的现代化［N］. 解放军报，2020-12-25（007）. DOI：10.28409/n. cnki. njfjb. 2020.007505.

［3］湖南省森林康养发展规划（2016—2025年）［J］. 林业与生态，2017（6）：11-15＋27.

［4］郑贵军，段菁阳，刘俊昌. 森林康养产业发展的动力机理研究［J］. 中南林业科技大学学报（社会科学版），2019，13(2)：95-101.

［5］邹庆治. 建设人与自然和谐共生的现代化［J］. 学习月刊，2021（1）：9-11.

［6］中共中央《十四五规划建议》：优先发展农业农村，全面推进乡村振兴［J］. 农业工程技术，2020，40（32）：1-4.

［7］中共中央关于制定国民经济和社会发展第十四个五年规划和二〇三五年远景目标的建议［J］. 内蒙古宣传思想文化工作，2020（12）：8-22.

［8］文紫湘，张华兵. 书写潇湘源头最美诗篇——永州市推动文化生态旅游融合发展走笔［EB/OL］.（2020-4-14）. https://news. yongzhou. gov. cn/2020/0414/522204. html.

［9］中共中央党校（国家行政学院）. 习近平新时代中国特色社会主义思想基本问题［M］. 北京：人民出版社、中共中央党校出版社，2020：142.

［10］王登华，特古斯，刘婧，吕亚娟，王婷，赵一鹤. 中共中央关于制定国民经济和社会发展第十四个五年规划和二〇三五年远景目标的建议［J］. 实践（党的教育版），2020（11）：16-28.

［11］周中心. 美丽金洞白水河 见证发展 70 年［EB/OL］.（2019-04-25）. https://yz. rednet. cn/content/2019/04/25/5390539. html.

［12］王金，龙贵珍. 森林康养点燃绿色经济新引擎［EB/OL］.（2018-8-14）. http://www. 803. com. cn/Finance/content/201808/14/c128937. html.

［13］李振龙. 山西省国有林场全方位推进林区高质量发展［J］. 林业经济，2018，40（6）：98-101.

中国旅游业碳排放—经济发展—生态环境耦合协调时空演变及驱动机制研究

李智慧[1]

（湖南师范大学旅游学院 湖南长沙 410081）

摘 要：正确认识和处理旅游业碳排放—经济发展—生态环境三者之间的关系是旅游业和人地系统可持续发展的前提。运用基于非期望产出的 Super-SBM 模型测算 2000—2018 年中国大陆 30 个省区市的旅游业碳排放效率，将效率分解为技术效率、纯技术效率和规模效率，并以其作为旅游业碳排放系统的评价指标，运用熵值 TOP-SIS 法分别测算旅游业碳排放、经济发展与生态环境的综合评价指数，继而采用耦合协调模型、空间自相关模型和地理加权回归模型，分析旅游业碳排放—经济发展—生态环境耦合协调发展的时空分异特征及驱动因素。结果表明：①研究期内旅游业碳排放综合评价指数呈下降态势，旅游业碳排放还未引起相关部门的重视；经济发展和生态环境的综合评价指数呈上升态势，其中经济发展增长态势最为明显；各省区市旅游业碳排放、经济发展与生态环境的综合发展水平"T"总体呈上升趋势，空间分布呈东部＞中部＞东北＞西部的分布特征。②旅游业碳排放—经济发展—生态环境耦合度处于高水平耦合，但耦合协调度整体偏低，仅达到勉强协调水平；三者系统耦合协调度时序演变整体呈上升态势，但各地区耦合协调水平迥异，东部和中部地区达到了勉强协调水平，东北和西部地区仅达到了濒临失调水平，空间分布呈现出东部＞中部＞东北＞西部的空间格局，地区发展速度也存在差异。③局部省区市耦合协调度的空间集聚特征凸显，在空间上表现为组团式的环状分布，具体呈现出显著的强强集聚和弱弱集聚的空间俱乐部趋同特征。④三者耦合协调度的驱动因素具有明显的空间异质性，技术水平、产业结构、城市化水平为正相关变量，影响强度依次递减，其中，技术水平对西部和东北地区作用最大，产业结构对华南及中部地区作用最大，城市化水平对西部地区作用最大。

关键词：旅游业碳排放；经济发展；生态环境；耦合协调；影响因素

---

1 李智慧，甘肃平凉人，硕士研究生。主要研究方向为低碳旅游经济。

生态文明建设是关系人民福祉、关乎民族未来的长远大计[1]。目前，碳排放引起的气候变化与生态环境问题是生态文明建设和高质量发展的突出短板[2]。旅游业作为碳排放的不可忽视的来源之一，其"无烟产业"的论断已被多数研究否定[3]。相关研究表明，国际旅游业的碳足迹占全球温室气体排放的 8%，预计到 2025 年，全球旅游业碳足迹将扩大40% 以上[4]。作为助推国民经济发展的重要产业[5]，旅游业高速发展所带来的能源消耗和碳排放问题日益凸显，在生态文明建设和高质量发展背景下，旅游业也是实现中国"碳达峰、碳中和"目标不可忽视的产业部门，必须采取减排措施，为"碳达峰"和"碳中和"的实现做出应有的贡献。然而旅游业在促进我国经济快速发展的同时，依然存在着旅游资源无序开发、旅游发展方式粗放、旅游地超负荷运转、旅游业碳排放总量年均增速攀升等现象，从而引发诸多生态环境问题，环境恶化突破其阈值后会增加经济活动成本并制约区域旅游业的可持续发展[6]，而旅游业碳减排正是实现经济与环境协调和促进可持续发展的关键[7]，对国家推进"碳达峰""碳中和"和生态文明建设的总体战略布局具有积极的影响。因此，协调好旅游业碳排放、经济发展与生态环境三者之间的关系有利于推动旅游业可持续发展和高质量发展，对应对全球气候变化、实现经济社会全面绿色转型和建设美丽中国具有一定的现实意义。

一、研究综述

近些年来，学术界对旅游业碳排放的研究逐渐深入。研究内容主要侧重于旅游业碳排放测度[8~10]、碳排放强度[2]、碳足迹[11]、碳排放时空演变[12]、碳排放影响因素[12~14]及旅游业碳排放效率[15~16]等方面。随着旅游业的发展，其涉及行业面越来越广[17]，学界对旅游碳排放的研究重点也逐渐延伸至与之相关的业态互动关系中。其中，与旅游业碳排放相关的二元关系研究较为常见，王凯等[18]利用多元回归模型研究了旅游产业集聚对旅游业碳排放贡献率的影响程度；李彩云等[19]通过"自下而上"法估算了 2003—2012 年敦煌旅游业的碳排放量，并应用脱钩模型分析了碳排放与经济发展的耦合关系。此外，研究视角有展现宏观角度的国家层面[20]和中、微观角度的城市群[21]及省域[22]等；研究方法主要包括 EKC 曲线[23]、脱钩[24]、耦合[19]等。近些年旅游业碳排放的负面影响日益显著，学界关于旅游业碳排放的研究也逐渐从二元关系研究逐渐跨度到与其相关的三元关系研究中。Asma Sghaier[20]对旅游业发展、能源消耗和碳排放之间的关系进行了实证研究；Ya Yen Sun[25]对旅游温室气体排放进行分解，揭示了旅游经济发展，技术效率和碳排放之间的动态关系。张长淮[26]构建了半参数空间向量自回归模型和脉冲响应对旅游碳排放、旅游产业结构与旅游经济增长的关系进行探究。孙媛媛[27]测度了中国各省旅游业发展、国内生产总值（GDP）、碳排放及城镇化水平之间的长期均衡关系，定量分析了旅游业对 GDP、碳排放及城镇化的影响程度。

综上，学界主要聚焦于旅游业碳排放与产业集聚、经济发展、能源消耗及产业结构等之间的关系研究，但与实现生态文明建设及碳达峰、碳中和紧密联系的生态环境的相关研究少见于诸文献，尤其是立足于动态和空间的视角探讨旅游业碳排放、经济发展与生态环境三者之间关系的研究更是鲜见。鉴于此，本文以 2000—2018 年中国大陆 30 个省、自治区、直辖市（以下简称省区，不含西藏和港澳台地区）为研究靶向，研究旅游业碳排放、经济发展与生态环境三者的综合发展指数，并运用耦合协调模型、空间自相关模型和地理加权回归模型探讨三者系统耦合协调发展的时空演变格局、分异特征及影响因素，以期为新时代中国旅游业碳排放、经济发展和生态环境提供理论借鉴，以及更好地促进各省区市低碳经济的发展。

二、研究设计

（一）旅游碳排放—经济发展—生态环境耦合协调机理

旅游业碳排放、经济发展、生态环境三者之间构成了一个相互影响、相互作用又相互联系的巨系统（图 1），对推动生态文明建设具有重要意义。首先，经济发展是旅游业碳排放和生态环境保护的重要支撑。一方面，经济发展为旅游业碳排放提供了强有力的资金保障和技术支持[7]，通过资金投入和技术改进降低旅游业碳排放量，同时淘汰落后旅游产能，促进旅游污染治理水平提高，合理控制旅游业碳排放；另一方面，经济发展的溢出效应为生态环境建设提供正向外部作用，促进旅游产业结构优化，完善生态环境基础设施，减少污染物排放，助推生态环境质量提升[28]。其次，旅游业碳排放是经济发展和生态环境的协调关键。一方面，旅游业碳排放若得到有效控制，将进一步减少经济支出，促进经济发展，并减缓旅游业碳排放与经济发展之间的矛盾。反之，则导致较高的碳减排与环境治理成本增加了经济负担，制约经济发展[29]；另一方面，旅游业碳排放势必造成环境恶化、气候变暖等诸多生态环境问题，旅游业节能减排是保障旅游经济绿色发展、助推生态

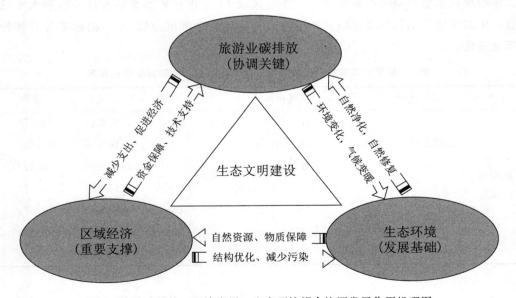

图 1 旅游碳排放—经济发展—生态环境耦合协调发展作用机理图

环境质量提升的有效举措。最后，生态环境是经济发展和旅游业发展的基础。旅游业作为严重依赖生态环境和气候条件的产业，是气候变化影响下极为敏感和脆弱的产业部门之一[30]，所以生态环境至关重要，关乎未来发展。一方面，生态环境作为经济发展的基础，为经济发展提供充足的自然资源和物质保障[6]，同时生态环境也是经济社会协调、旅游业可持续发展的前提与保障，其优劣往往决定了产业经济的发展方向和发展动能；另一方面，生态环境可吸纳、降解、中和旅游业碳排放，良好的生态环境质量将加速其自然净化和修复能力，自然环境中的绿色植物通过光合作用将吸收的二氧化碳转化为氧气，改善、修复并减少旅游业碳排放对生态环境带来的影响。总之，旅游业碳排放、经济发展与生态环境三者之间相辅相成，三者耦合协调发展将进一步推动生态文明建设，对促进区域社会经济可持续发展意义重大。

（二）指标体系构建

在旅游业碳排放效率指标体系构建上，借鉴王坤[31]、王凯[15]等学者的研究成果，构建旅游业碳排放效率评价体系，以旅游业资产固定投资额、旅游业从业人数及旅游业能源消耗量作为投入指标，旅游业总收入为期望产出（旅游收入利用平减指数转为以 2000 年为基期的不变价），旅游业 CO_2 排放量为非期望产出。借鉴 Becken[32] 和 Patterson[33] 通过"自下而上"法，将旅游业划分为旅游交通、旅游住宿及旅游活动三部门来计算旅游业能源消费和 CO_2 排放量，具体计算公式参见文献[15]。基于旅游业碳排放、经济发展、生态环境的作用机理，根据可持续发展内涵、生态文明建设要求和绿色发展理论，参考盖美[7]、周成[6]、马勇[31]等研究成果构建三者系统指标体系（见表 1）。从旅游业碳排放效率和现状出发，选取 7 个指标测算旅游业碳排放综合指数；经济发展分别从旅游市场规模、旅游增长速度及旅游产业水平三个维度选取 11 个指标来测算旅游经济发展水平综合指数；生态环境分别从环境污染、环境投入与治理两个维度选取 11 个指标来综合评价生态环境质量。

表 1　旅游业碳排放—经济发展—生态环境耦合协调评价指标体系

一级指标	二级指标	三级指标	单位	性质	权重
旅游业碳排放	旅游业碳排放效率	技术效率	/	正向指标	0.170
		纯技术效率	/	正向指标	0.210
		规模效率	/	正向指标	0.222
	旅游业碳排放现状	旅游者人均碳排放量	t/人	负向指标	0.111
		碳排放密度	10^4 t/km²	负向指标	0.054
		碳排放强度	t/万元	负向指标	0.155
		碳生产率	%	正向指标	0.078

一级指标	二级指标	三级指标	单位	性质	权重
经济发展	旅游市场规模	旅游总收入	万元	正向指标	0.121
		国内旅游收入	万元	正向指标	0.124
		国际旅游外汇收入	万美元	正向指标	0.070
		旅游总人数	万人	正向指标	0.172
		国内旅游人次	万人	正向指标	0.172
		接待国际游客人次	万人	正向指标	0.077
		人均旅游消费	元	正向指标	0.093
	旅游增长速度	旅游总收入增长率	%	正向指标	0.028
		旅游总人数增长率	%	正向指标	0.030
	旅游产业水平	旅游总收入占 GDP 比重	%	正向指标	0.060
		旅游总收入占第三产业比重	%	正向指标	0.053
生态环境	环境污染	万元 GDP 能耗	10^4 标准煤	负向指标	0.062
		废水排放总量	万 t	负向指标	0.044
		二氧化硫排放量	t	负向指标	0.103
		工业烟（粉）尘排放排放量	t	负向指标	0.017
		工业固体废物产生量	万 t	负向指标	0.089
	环境投入与治理	人均水资源占有量	m^3/人	正向指标	0.093
		环保投资占 GDP 比重	%	正向指标	0.088
		森林覆盖率	%	正向指标	0.199
		建成区绿化覆盖率	%	正向指标	0.038
		工业固体废弃物综合利用率	%	正向指标	0.137
		自然保护区个数	个	正向指标	0.129

（三）研究方法

1. 基于非期望产出的 Super-SBM 模型

传统的 DEA 模型不能充分考虑投入和产出之间的函数关系致使测度的效率值出现误差。为解决纳入非期望产出的 SBM 模型存在多个 DMU 效率值达到前沿生产面的问题[34]，运用基于非期望产出的 Super-SBM 模型，以修正无效 DWU 松弛变量，解决效率排序无效的问题。构建模型如下：

$$\mathrm{Min}\rho = \frac{\frac{1}{m}\sum_{i=1}^{m}(\bar{x}/x_{ik})}{\frac{1}{r_1+r_2}(\sum_{s=1}^{r_1}\bar{y}^d/y_{sk}^d + \sum_{q=1}^{r_2}\bar{y}^u/y_q^{u_k})}$$

$$\bar{x} \geqslant \sum_{j=1,\neq k}^{n}x_{ij}\lambda_j\,;\bar{y}^d \leqslant \sum_{j=1,\neq k}^{n}y_{sj}^d\lambda_j\,;\bar{y}^d \geqslant \sum_{j=1,\neq k}^{n}y_{qj}^d\lambda_j \tag{1}$$

$$\bar{x} \geqslant x_k\,;\bar{y}^d \leqslant y_k^d\,;\bar{y}^u \geqslant y_k^u\,;\lambda \geqslant 0, i=1,2,\cdots,m$$

$$j=1,2,\cdots n \quad n_j=1,2,\cdots n \quad q=1,2,\cdots r_2$$

$$\bar{x} \geqslant x_k\,;\bar{y}^d \leqslant y_k^d\,;\bar{y}^d \leqslant y_k^d\,;\overline{y^u} \geqslant y_k^u\,;\lambda \geqslant 0, i=1,2,\cdots m$$

$$j=1,2\cdots n \quad n_j=1,2\cdots n \quad q=1,2\cdots r_2$$

式中：n 为 DMU 个数，记作 $DMU_j(j=1,2,\cdots,m)$；当前要测量的 DMU 记作 DMU_k。DMU_k 有 m 中投入，$x_{ik}(i=1,2\cdots,m)$；期望产出 r_1 和非期望产出 r_2 构成；x、y^d、y^u 分别为 DMU_k 投入规阵、期望产出规阵和非期望产出规阵中的投影值；ρ 为要计算的旅游碳排放效率值，λ 为权重向量。

2. 熵值 TOPSIS 法

熵值 TOPSIS 是熵值法和 TOPSIS 法的组合。首先，通过熵值法确定各评价指标的权重，再利用改进的 TOPSIS 法实现对评价对象的排序，计算样本集中的各样本与最优解和最劣解的距离，最后利用各备选样本与最优解以及最劣解的相对贴近度作为综合评价的标准[35]，步骤如下：

用极差标准化法对原始数据进行标准化处理，以消除数量级和量纲：

$$正向指标：x_{ij} = (x_{ij} - \min x)/(\max x_j - \min x_j) \tag{2}$$

$$负向指标：x_{ij} = (\max x_{ij} - x_{ij})/(\max x_{ij} - \min x_{ij}) \tag{3}$$

为了消除原始数据标准化后存在零值这种现象，参考于伟[36]等研究成果，对标准化后的数值正向平移 1 个单位，平移之后计算第 j 项指标 i 省份指标值的占比：

$$x_{ij} = x_{ij} + 1, \ y_{ij} = \frac{x_{ij}}{\sum_{i=1}^{n}x_{ij}}(i=1,2,\cdots,n,j=1,2,\cdots,m) \tag{4}$$

计算第 j 项指标的熵值和差异系数：

$$e_j = -k\sum_{i=1}^{n}y_{ij}ln(y_{ij}), d_j = 1 - e_j, (k>0, k=1/ln(n), e_j \geqslant 0) \tag{5}$$

计算评价指标 j 的权重：

$$w_j = \frac{d_j}{\sum_{j=i}^{m}dj}(1 \leqslant j \leqslant m) \tag{6}$$

构建加权规范化矩阵：

$$v_{ij} = w_j \times x_{ij} \tag{7}$$

确定正理想解 V_j^+ 和负理想解 V_j^-：

$$V_j^+ = \{\max V_{ij} \mid i = 1,2,\ldots,m; j = 1,2,\ldots,n; t = 1,2,\ldots,k\}$$

$$V_j^- = \{\min V_{ij} \mid i = 1,2,\ldots,m; j = 1,2,\ldots,n; t = 1,2,\ldots,k\} \tag{8}$$

计算评价对象到正负理想解的欧式距离：

$$D_i^- = \sqrt{\sum_{j=1}^n (V_{ij} - V_j^-)^2}, D_i^+ = \sqrt{\sum_{j=1}^n (V_{ij} - V_j^+)^2} \tag{9}$$

计算相对贴近度 C_i：

$$C_i = \frac{D_i^-}{D_i^+ + D_i^-} \tag{10}$$

其中，$C_i \subset [0,1]$；C_i 值越大，表明评价对象越优。

3. 耦合协调模型

基于耦合协调发展理论，参考周成[6]等研究成果，构建旅游业碳排放、经济发展与生态环境耦合模型。

$$C = \left\{ \frac{e_1 \times e_2 \times e_3}{[(e_1 + e_2 + e_3)/3]^3} \right\}^{1/3} \tag{11}$$

式中：e_1、e_2、e_3 分别为研究区域旅游业碳排放、经济发展与生态环境系统的综合评价值；C 为耦合度，表示三者系统相互作用、影响程度，取值在 $[0,1]$ 之间。当 $C=0$ 时，说明三大系统处于无关状态；当 $C=1$ 时，说明三大系统要素间处于最佳耦合共振状态。

由于耦合度只能体现系统间相互作用的强弱程度，无法反映真实协同水平，因此引入耦合协调模型，以便更好地评价旅游业碳排放、经济发展与生态环境之间耦合发展的协调程度。计算公式如下：

$$D = \sqrt{C \times T} \tag{12}$$

$$T = \alpha e_1 + \beta e_2 + \gamma e_3 \tag{13}$$

式中：D 为耦合协调度，T 为三大系统的综合评价指数，α、β、γ 为 e_1、e_2、e_3 的系数，因旅游业碳排放、经济发展、生态环境同等重要，参考相关文献[6-7]，$\alpha = \beta = \gamma$ 均取值 1/3，并对旅游业碳排放、经济发展与生态环境耦合协调类型进行划分（表 2）。

表 2　耦合协调度度量标准及划分类型

C 值	阶段	D 值	类型
		$0.00 < D \leqslant 0.10$	极度失调
$0 \leqslant C \leqslant 0.3$	低水平耦合	$0.10 < D \leqslant 0.20$	严重失调
		$0.20 < D \leqslant 0.30$	中度失调
		$0.30 < D \leqslant 0.40$	轻度协调
$0.3 < C \leqslant 0.5$	拮抗阶段	$0.40 < D \leqslant 0.50$	濒临协调
		$0.50 < D \leqslant 0.60$	勉强协调
$0.5 < C \leqslant 0.8$	磨合阶段	$0.60 < D \leqslant 0.70$	初级协调
		$0.70 < D \leqslant 0.80$	中级协调
$0.8 < C \leqslant 1$	高水平耦合	$0.80 < D \leqslant 0.90$	良好协调
		$0.90 < D \leqslant 1.00$	优质协调

4. 空间自相关分析

空间自相关分析包括全局自相关和局部自相关。其中，全局空间自相关揭示区域整体内空间依赖程度，判断区域空间集聚特征[37]，计算公式如下：

$$I = \frac{\sum_{i=1}^{n} \sum_{j=1}^{n} w_{ij} (x_i - \overline{x})(x_j - \overline{x})}{s^2 \sum_{i=1}^{n} \sum_{j=1}^{n} w_{ij}} \tag{14}$$

式中：n 为省区市个数，x_i 为第 i 地区观测值；S^2 为样本方差，$\overline{x}$ 为样本均值，w_{ij} 空间权重矩阵。Moran's I 的取值范围为 $[-1, 1]$，大于 0 意味着存在空间正相关，取值越大，区域旅游业碳排放、经济发展与生态环境因相似而集聚的程度越高；小于 0 为空间负相关，取值越小，区域旅游业碳排放、经济发展与生态环境因相异而集聚的程度越高；等于 0 意味着不存在空间自相关。显著性水平通常取 0.05，临界值为 1.96。

局部空间自相关描述的是一个空间研究单元与其相邻单元的相似程度，计算公式如下：

$$I_i = \frac{x_i - \overline{x}}{s^2} \sum_{j=1}^{n} [w_{ij} (x_i - \overline{x})] \tag{15}$$

5. 地理加权回归模型

地理加权回归模型扩展了传统回归，容许局部参数随空间地理位置变化，探索影响因素在不同地理位置的空间变异特征及规律[38]。计算公式为：

$$y_i = \beta_i (\mu_i, \nu_i) + \sum_k \beta_k (\mu_i, \nu_i) x_{ik} + \varepsilon_i \tag{16}$$

式中，y_i 为因变量，(μ_i, ν_i) 是第 i 个样本空间单元的空间位置；$\beta_i (\mu_i, \nu_i)$ 表示第 i 个样本点的常数项估计值；$\beta_k (\mu_i, \nu_i)$ 是连续函数 $\beta_k (\mu, \nu)$ 在样本空间单元的值；x_{ik} 为第 i 个样本点的独立变量，ε_i 为误差修正项。

（四）数据来源

本文以 2000—2018 年为研究时序，以中国大陆 30 个省区市为研究样本，旅游业碳排放效率的投入指标中旅游业资产固定投资额、旅游业从业人数、旅游业能源消耗量等数据及期望和非期望产出指标的旅游总收入、旅游业碳排放量的计算数据等均来源于 2001—2019 年《中国统计年鉴》《中国交通统计年鉴》《中国能源统计年鉴》《中国旅游统计年鉴》以及各省区市统计年鉴等；经济发展系统指标数据来源于 2001—2019 年《中国统计年鉴》《中国旅游统计年鉴》、各省区市统计年鉴及文化和旅游部官网；生态环境系统指标数据来源于《中国环境统计年鉴》《中国环境统计公报》和相应年份各省的统计年鉴、统计公报。

三、研究结果分析

（一）旅游业碳排放—经济发展—生态环境综合评价分析

利用基于非期望产出的 Super-SBM 模型，测算 2000—2018 年旅游业碳排放效率，将效率作为旅游业碳排放系统的评价指标，继而运用熵值 TOPSIS 法计算得出旅游业碳排放、经济发展与生态环境三者系统的贴近度作为其评价值，并通过图 2 和表 3 加以说明。由图 2 可知，生态环境评价指数水平相对较高，整体呈上升态势，2000—2010 年期间上升态势明显，2010—2018 年则呈波动上升的态势。主要是缘于 2010 年之前，虽然全国生态环境脆弱，生态系统质量低，但政府部门重视生态环境保护，不断加强环境规制和环保技术创新，逐步完善环境保护政策，促使生态环境向好发展；2010 年之后，生态环境虽向好发展，但生态保护与发展矛盾依然突出，生态环境指数呈波动上升态势。旅游业碳排放次之，其评价指数整体呈现波动下降态势，由 2000 年的 0.292 下降到 2018 年的 0.277，下降了 5.14%，说明近些年随着旅游业规模的不断扩大，旅游业发展模式粗放，相关环保法律法规未健全，旅游业未实现精细化管理等诸多原因，导致碳排放综合评价指数呈下降趋势。经济发展指数最低，除受 2003 年非典的影响出现小幅度下降外，其他年份均呈现出良好的上升态势，年均增长率为 10.99%。得益于旅游业碳排放、经济发展与生态环境三者子系统的发展，中国旅游业碳排放—经济发展—生态环境综合评价指数也呈现明显的上升态势，年均增长率为 3.89%。

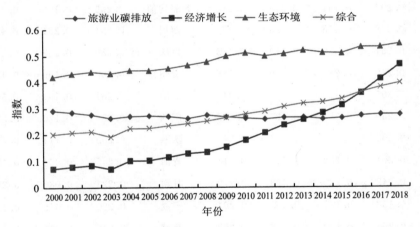

图 2　2000—2018 年中国旅游业碳排放—经济发展—生态环境子系统及综合评价指数发展趋势

从表 3 可知，中国旅游业碳排放—经济发展—生态环境子系统及综合评价指数水平均较低。旅游业碳排放、经济发展与生态环境的评价指数全国均值分别为 0.270、0.183、0.481，三者系统综合评价指数全国均值仅为 0.269。具体来看，旅游业碳排放评价指数相对较高的省区市包括天津、河南和福建等省区市，主要分布在我国的东部地区；旅游业碳排放评价指数较低的省区市包括吉林、内蒙古和山西等省区市，主要分布在华北地区。经济发展评价指数相对较高的省区市主要分布在东部沿海地区，其中包括江苏、浙江、广东和山东等省区市；经济发展指数低的省区市则多集中在西部内陆地区，其中包括甘肃、宁夏、青海和新疆等省区市。生态环境质量评价指数相对较高的省区市主要分布在占有自然优势的东部地区，其中包括福建、广东、海南和浙江等省区市；生态环境质量评价指数相对较低的省区市也主要分布在中部和东部地区，其中包括山西、河南、河北和山东等省区市。旅游业碳排放—经济发展—生态环境综合评价指数相对较高的省区市主要分布在三者系统发展均相对较高的东部地区，主要包括广东、天津、浙江和江苏等省区市；旅游业碳排放—经济发展—生态环境综合评价指数相对较低的省区市主要分布在三者系统均相对较低的西部地区，其中包括宁夏、青海和甘肃等省区市。东部地区旅游业碳排放、经济发展和生态环境质量与西部地区相比存在显著优势，而西部地区由于经济基础薄弱，环保观念落后，旅游业发展模式粗放，生态环境保护滞后等因素的制约，导致旅游业碳排放—经济发展—生态环境的综合评价指数处于相对较低水平。

表3　中国旅游业碳排放—经济发展—生态环境子系统及综合评价指数均值

省区市	旅游业碳排放	经济发展	生态环境	综合	省区市	旅游业碳排放	经济发展	生态环境	综合
北京	0.215	0.248	0.543	0.306	湖北	0.295	0.203	0.490	0.294
天津	0.578	0.162	0.492	0.353	安徽	0.264	0.192	0.506	0.275
上海	0.283	0.235	0.473	0.314	江西	0.250	0.170	0.582	0.274
河北	0.297	0.161	0.339	0.240	中部均值	0.299	0.193	0.464	0.279
山东	0.238	0.278	0.395	0.288	四川	0.291	0.251	0.455	0.307
江苏	0.261	0.333	0.419	0.323	重庆	0.250	0.162	0.516	0.265
浙江	0.269	0.285	0.599	0.348	贵州	0.202	0.199	0.430	0.244
福建	0.305	0.178	0.637	0.317	云南	0.261	0.191	0.543	0.287
广东	0.260	0.353	0.627	0.368	广西	0.236	0.170	0.539	0.266
海南	0.303	0.089	0.623	0.255	陕西	0.265	0.171	0.451	0.261
东部均值	0.301	0.232	0.515	0.311	青海	0.245	0.054	0.438	0.176
辽宁	0.242	0.230	0.423	0.279	甘肃	0.224	0.080	0.378	0.178
吉林	0.158	0.121	0.503	0.204	宁夏	0.220	0.045	0.425	0.160
黑龙江	0.256	0.120	0.573	0.253	新疆	0.249	0.090	0.400	0.201
东北均值	0.219	0.157	0.500	0.245	内蒙古	0.215	0.123	0.418	0.214
河南	0.521	0.230	0.369	0.340	西部均值	0.242	0.140	0.454	0.233
山西	0.194	0.171	0.322	0.208	全国均值	0.270	0.183	0.481	0.269
湖南	0.272	0.192	0.517	0.283					

（二）旅游业碳排放—经济发展—生态环境耦合协调分析

基于耦合协调度模型计算可得2000—2018年中国旅游业碳排放—经济发展—生态环境耦合协调度。从时间演变来看（图3），2000—2003年期间旅游业碳排放—经济发展—生态环境耦合度处于磨合阶段，2003—2018年期间其耦合度均达到高水平耦合且趋于稳定。研究期内，整体耦合度均值为0.853，耦合度处于高度耦合水平。但中国旅游业碳排放—经济发展—生态环境耦合协调度为 0.513，协调水平较低，仅达到勉强协调水平；除 2003 年耦合协调度出现小幅下降外，其他年份均呈现上升态势，年均增长率为 1.90%，增长趋势明显。其中，2000—2008 年耦合协调度处于濒临失调阶段，2008—2016 年达到了勉强协调水平，2016—2018 年首次达到初级协调水平。各地区旅游业碳排放—经济发展—生态环境耦合协调水平迥异，东、中、西、东北耦合协调度分别为 0.554、0.523、0.477、0.492，空间分布呈现出东部＞中部＞东北＞西部的分布特征。东部地区 2000 年耦合协调度为 0.484，为濒临失调，2018 年为 0.665，上升至初级协调，年均增长率为 1.78%；中部、东北、西部地区年均增长率分别为 2.26%、1.73%、1.82%。其中，中部地区增长幅度最为明显，从 2000 年的濒临失调跃升至初级协调，东北地区增长幅度最小。值得注意的是，除 2003 年外，2015 年东北地区耦合协调度也出现小幅度下降趋势，2015 年东北地区经济发展、生态环境均出现了下降趋势。究其原因，可能受到重工业的影响，造成东北地区耦合协调度也出现了下滑现象。

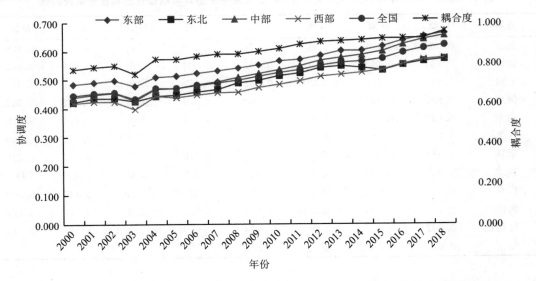

图 3 2000—2018 年中国旅游业碳排放—经济发展—生态环境耦合度及耦合协调度发展趋势

从空间演变来看（表 4），各省区市旅游业碳排放—经济发展—生态环境耦合度除海南、吉林、黑龙江、青海、甘肃和宁夏 6 省区市外，其余 24 省区市的耦合度均在 0.800以上，处于高水平耦合发展。而各省区市耦合协调水平不高，大部分省区市耦合协调度位于 0.5～0.6 之间，仅达到勉强协调发展水平。全国耦合协调水平较低，均值为 0.513，也仅达到勉强协调发展水平。具体来看，旅游业碳排放—经济发展—生态环境耦合协调度高于全国耦合协调发展水平的省区市有 16 个省区市，占总样本的 53.33%，其中，广东耦合协调水平最高，为 0.604，达到了初级协调发展水平，其余各省区市均处于勉强协调发展水平。旅游业碳排放—经济发展—生态环境耦合协调度低于全国耦合协调发展水平的省区市有 14 个，占总样本的 46.67%，其中，海南、黑龙江、重庆、广西和陕西 5 省区市耦合协调度位于 0.500～0.513 之间，处于勉强协调发展水平；河北、吉林、山西、贵州、甘肃、宁夏、青海、新疆、内蒙古9省区市耦合协调度低于0.500，位于濒临失调和失调衰退阶段，尚未实现协调发展，占总样本的30%，其中，宁夏耦合协调度最低，处于轻度失调发展水平；其次为青海、甘肃、新疆3省区市，处于濒临失调发展水平。

整体来看，旅游业碳排放—经济发展—生态环境耦合协调度较高的省区市主要分布在中国的东部地区，东部地区处在开放前沿，有得天独厚的地理区位优势，经济发达，资源丰富，旅游业发展成熟，且位于温带季风气候区，生态环境基础扎实，使得旅游业碳排放—经济发展—生态环境耦合协调度发展具有一定优势。耦合协调度较低的省区市主要分布在西部地区，西部地区受地理位置和自然环境的影响，经济发展较为落后、旅游业发展缓慢且发展模式较为粗放，资源利用率较低，相关政策制度还不完善，各行业间未有效整合，加之本身自然环境恶劣等原因，导致旅游业碳排放—经济发展—生态环境耦合协调度发展水平较低。

表4　2000—2018年中国旅游业碳排放—经济发展—生态环境耦合度及耦合协调度均值

省区	C值	D值	省区	C值	D值	省区市	C值	D值
北京	0.909	0.551	吉林	0.776	0.450	贵州	0.869	0.488
天津	0.859	0.594	黑龙江	0.797	0.502	云南	0.859	0.533
上海	0.947	0.559	东北均值	0.832	0.492	广西	0.833	0.512
河北	0.892	0.486	河南	0.900	0.579	陕西	0.872	0.507
山东	0.937	0.530	山西	0.897	0.451	青海	0.714	0.418
江苏	0.952	0.563	湖南	0.855	0.528	甘肃	0.772	0.419
浙江	0.888	0.583	湖北	0.882	0.528	宁夏	0.690	0.398
福建	0.845	0.562	安徽	0.847	0.520	新疆	0.816	0448
广东	0.903	0.604	江西	0.810	0.520	内蒙古	0.842	0.460
海南	0.754	0.505	中部均值	0.865	0.523	西部均值	0.821	0.477
东部均值	0.889	0.554	四川	0.914	0.550	全国均值	0.853	0.513
辽宁	0.923	0.523	重庆	0.848	0.512			

（三）旅游业碳排放—经济发展—生态环境耦合协调度空间自相关分析

1. 全局空间自相关分析

中国大陆30个省区市旅游业碳排放—经济发展—生态环境耦合协调度在空间分布上可能存在一定的关联性，为了更好地分析其空间分布特征，利用ArcGIS软件计算30个省区市的耦合协调度的全局Moran's I值（表5），并进行显著性检验。2000—2018年中国旅游业碳排放—经济发展—生态环境耦合协调度的全局Moran's I值均为正，并通过了显著性检验（$Z(I) > 1.96$，$P(I) < 0.05$），表明各省区市耦合协调水平存在显著的空间正相关性，呈现出较强的空间集聚特征。全局Moran's I指数在2000—2004年间呈波动态势，表明在此期间，旅游业碳排放—经济发展—生态环境耦合协调度的空间格局易发生变动；2004—2018年间呈现稳定上升的态势，由0.152上升至0.417，上升态势明显，说明旅游

业碳排放—经济发展—生态环境耦合协调度的空间集聚特征凸显且趋于稳定。

表5 中国旅游业碳排放—经济发展—生态环境耦合协调度的全局 Moran's I 值

年份	Moran's I	Z 值	P 值	年份	Moran's I	Z 值	P 值
2000	0.104	1.965	0.098	2010	0.311	4.120	0.000
2001	0.182	2.591	0.010	2011	0.309	4.085	0.000
2002	0.208	2.892	0.004	2012	0.301	3.985	0.000
2003	0.215	2.997	0.003	2013	0.325	4.289	0.000
2004	0.152	2.220	0.026	2014	0.371	4.813	0.000
2005	0.214	2.971	0.003	2015	0.380	4.940	0.000
2006	0.232	3.157	0.002	2016	0.397	5.141	0.000
2007	0.231	3.143	0.001	2017	0.405	5.0232	0.000
2008	0.340	4.454	0.001	2018	0.417	5.362	0.000
2009	0.303	4.012	0.000				

（二）局部空间自相关分析

全局 Moran's I 只是从整体上反映旅游业碳排放—经济发展—生态环境耦合协调度的集聚特征，为进一步分析区域内部空间异质性，根据国家五年规划为时间落脚点，选取研究期内 2000、2005、2010、2015 和 2018 年 5 个年份，同样采用 ArcGIS 软件来测度其局部 Moran's I 值，并绘制其耦合协调度 LISA 集聚图（图4）及分析省区市耦合协调度集散情况及演化特征，总体划分为高—高（HH）、高—低（HL）、低—高（LH）和低—低（LL）的集聚态势。

总体来看，大部分省区市属于高—高类型和低—低类型，表明旅游业碳排放—经济发展—生态环境耦合协调度较高的省区市出现了强强集聚效应，耦合协调度低的省区市则出现弱弱集聚效应，在空间上表现为组团式的环状分布。具体来看，高—高集聚区：耦合协调度属于高—高集聚区的主要集中在东部沿海地区，主要集中在江苏、浙江、福建等地区，空间集聚态势逐渐扩大，并向中部地区集聚。2018 年高—高集聚区较之 2015 年有减小趋势。低—低集聚区：耦合协调度属于低—低集聚区的主要集中在西北地区，主要集中在甘肃、宁夏、青海等省区市，受长期发展的影响，低—低空间集聚态势变动较小。高—低集聚区：耦合协调度属于高—低集聚区的省区市并不多，主要分布在部分西部地区，且数量在减少，说明高值区域受低值区域溢出效应影响较大，正逐渐向低值区域过渡。低—高集聚区：耦合协调度属于低—高集聚区的主要集中在部分东部和中部地区，其中包括河北、安徽、江西等地区。该区省区市呈阶段性变化态势，数量有所波动，空间分布呈趋向中部发展的态势，说明低值区域受高值区域溢出效应影响较大。综合来看，旅游业碳排放—经济发展—生态环境耦合协调度出现了强强集聚和弱弱集聚的空间俱乐部趋同特征，强强集聚主要分布在东、中部地区，弱弱集聚主要分布在西部地区，随社会发展和时间演变，各类集聚类型分布及数量基本保持稳定。

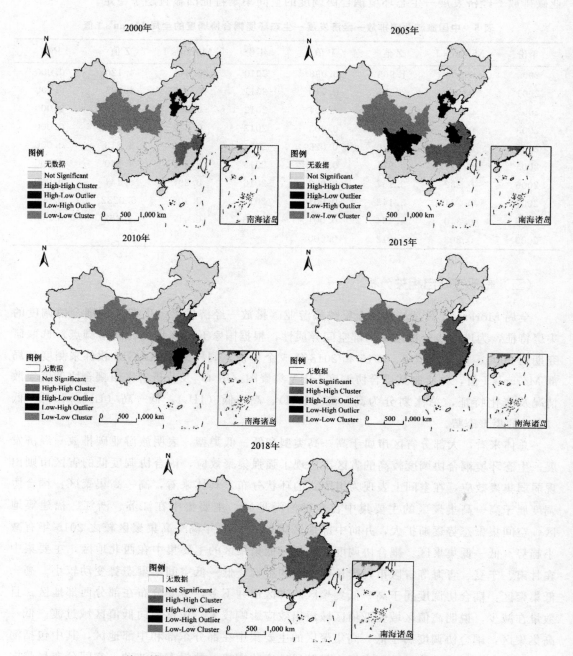

注：该图基于国家测绘地理信息局标准地图服务网站下载的
审图号为 GS（2016）2892 号的标准地图制作，底图无修改。

图 4　旅游业碳排放—经济发展—生态环境耦合协调度局部空间自相关 LISA 集聚图

（四）旅游业碳排放—区域经济—生态环境耦合协调度的驱动因素

1. 变量选取

为探讨旅游业碳排放—区域经济—生态环境耦合协调水平空间差异的驱动因素，本文利用地理加权回归模型对其进行实证分析。为避免变量之间多重共线性对回归结果产生影响，借鉴前人研究成果[12,39]，综合考虑各省区市旅游业碳排放、区域经济与生态环境系统发展的实际情况，最终确定以下因子作为驱动因素，分别为：①产业结构。产业结构调整是公认的最有效减少碳排放，提高碳排放效率的有效措施之一，可以间接的起到保护环境的作用，选取第三产业产值占 GDP 比重来表征。②技术水平。先进技术水平可以节约成本，降低能耗，推动碳排放效率的提高，进而促进生态环境可持续发展，选取专利授权数作为旅游技术水平的衡量指标。③城市化水平。旅游业的发展离不开地区设施的供给，城市化能完善旅游服务设施和生态环境设施，同时也能吸引促进旅游经济、技术、人才的集聚，对旅游业碳排放、区域经济与生态环境具有积极影响，选取城镇人口比重来表征。④政府调控。政府资金、政策和制度对旅游业碳排放、区域经济与生态环境的耦合协调发展起到引导作用，该变量选取人均地方财政支出（元/人）来表征。

2. OLS 模型及其结果

为了进行模型的对比分析，选取以上 4 个驱动因素为自变量，耦合协调度为因变量构建最小二乘法（OLS）模型，拟合优度良好。变量检验显示（表 6），技术水平、产业结构、城市化水平的回归系数均为正数，说明其对旅游业碳排放、区域经济与生态环境三者系统耦合协调度产生正向的影响，且均通过了 5% 的显著性检验。政府调控回归系数为 −1.248，说明政府调控与三者系统的耦合协调度呈负相关关系。

表 6　OLS 模型参数估计及检验结果

参数	系数估值	标准差	T 统计量	显著性 P
常数项	0.510	1.266	8.787	0.000
产业结构	0.047	0.002	0.008	0.007
城市化水平	0.001	0.183	0.835	0.002
技术水平	0.134	0.861	4.023	0.000
政府调控	−1.248	−0.673	−3.715	0.001
R2 Adjusted		0.570		

注：空白为无数据。

3. GWR 模型及其结果

1) 参数估计及检验结果

基于 R²Adjusted 角度确定最终回归模型，OLS 回归校正 R² 为 0.570，而 GWR 得出

的 R^2 为 0.601（表 7），说明 GWR 模型整体的拟合效果较好。此外，通过检验残差的空间自相关进一步判断 GWR 模型拟合的效果，各省市的局部回归模型的标准化残差值的范围在 [−2.082，1.879] 内（图 5a），各省区市通过了残差检验；且残差的 Moran's I 值为 0.006，p 值为 0.736，说明 GWR 模型的残差空间自相关呈现出随机分布，模型整体效果良好。

表 7　GWR 模型参数估计及检验结果

模型参数	数值
宽带	5 045 496.036
残差平方	0.027 9 8
有效数	5.553 0
标准差	0.033 8
赤池信息准则	−107.583 2
可决定系数	0.663 6
校正可决定系数	0.601 0

2）结果分析

技术水平对旅游业碳排放、区域经济与生态环境的耦合协调度作用最大，呈正相关关系。说明技术进步对其耦合协调度产生促进作用。技术进步可减少能源浪费，提升碳排放效率，促进区域经济和生态环境的保护。从回归系数的空间分布来看（图 6b），技术水平对旅游业碳排放、区域经济与生态环境耦合协调度的影响程度存在明显的空间差异，大致呈现出由北向南依次递减的趋势。辽宁、吉林、黑龙江、内蒙古、新疆等省区市受技术水平的正向作用最强，以海南、广东、广西等省区市为代表的华南地区影响则较小。作为老工业基地的东北三省及西部地区的内蒙古和新疆等省区市的共同点是国家政策扶持较多，但技术进步是影响其当下发展的主要因素；而华南地区地处沿海地区，生态环境良好，旅游业发展较为成熟且区域经济迅速，所以，技术进步对其三者的耦合协调水平的提升作用相对较小。

产业结构对旅游业碳排放、区域经济与生态环境耦合协调度也呈现正相关关系，其影响作用仅次于技术水平。产业结构升级可以有效地节约资源，使地区经济效益得到最大化发展，从而提升旅游业碳排放效率，促进生态环境可持续发展。从产业结构回归系数的空间分布来看（图 6c），以内蒙、黑龙江、吉林、辽宁等省区市为代表的东北和华北地区受其影响最小，以海南、广东、广西、云南等省区市为代表的华南和西南地区受到的影响较大。其中，广东受产业结构升级的正向作用最强，说明东部沿海地区地处改革开放前沿，受其地理区位优势的影响，产业结构升级水平较高，对三者系统的耦合协调度提升的动力作用也就越强。而产业结构升级水平较低的东北地区受其动力促进作用则较弱。

城市化水平对旅游业碳排放、区域经济与生态环境的耦合协调度的影响呈正相关关系，是在几个正相关变量中对三者耦合度影响最小。其对耦合协调度的影响呈现出由西向东递减的趋势（图6d）。中国城市化水平，东部高于西部地区，这一现象既有地域因素，也有历史等因素。但城市化水平对耦合协调度的影响程度却与城市化水平空间格局截然相反。以新疆为代表的西部地区城市化水平对其耦合协调度的影响最大，其次是中部、东北和东部地区。东部地区的上海、浙江、福建、广东、海南等省区市对其耦合协调度的影响最小，究其原因是东部地区的城市化水平已经处于相对较高的水平，对三者系统耦合协调度的发展起到了促进作用，但西部地区"政策红利效应"显著，积极响应国家政策，且西部地区的人口区外流动促进了城镇化水平提高，在一定程度上推动三者系统耦合协调度的发展。

政府调控对旅游业碳排放、区域经济与生态环境的耦合协调度呈负相关关系，说明政府调控并没有对其耦合协调度起到促进作用。与我们的预期相反，这可能与中国一直以来的低水平盲目投资和重复投资有关。旅游业涉及广泛的领域，可能存在无效投资现象，加上盲目投资会导致这三个系统之间的耦合和协调程度较低，导致与耦合协调度的有效性没有正相关关系。此外，相关政府部门也可能忽视了旅游产业带动经济发展的同时忽视了给生态环境带来的影响，同时也可能受各部门财政分权和环境分权等问题的影响。从回归系数的空间分布来看，福建、浙江、上海、吉林等东部和东北地区受政府调控的影响最深，以新疆、青海为代表的西部地区受到的影响则较小，从全国范围看，呈现从东向西递减的分布格局（图5e）。

四、结论与讨论

本文从宏观层面，选取2000—2018年中国大陆30个省区市为分析单元，采用熵值TOPSIS法、耦合协调模型和空间自相关等方法，对旅游业碳排放、经济发展、生态环境三者的综合发展指数、耦合协调发展的时空格局演变、空间关联特征和驱动因素进行了系统的实证分析，为更科学地认识中国旅游业碳排放、经济发展和生态环境三者系统的协调关系，进而为确立旅游业节能减排及旅游业可持续发展等提供数据支撑和理论参考。研究结果表明：

（1）2000—2018年，旅游业碳排放、经济发展与生态环境三者子系统中，仅旅游业碳排放综合评价指数呈下降态势，从2000年的0.292下降至2018年的0.277，旅游业碳排放并未引起相关部门的重视，地区空间分布存在差异，具体表现为东部＞中部＞西部＞东北的空间格局。因此，各政府部门要转变对旅游产业为"无烟产业"的认识，合理促进旅游产业优化升级，大力发展低碳旅游。经济发展综合评价指数呈稳定增长的态势，且增长态势最为明显，从2000年的0.072上升至2018年的0.469，这也从侧面说明了旅游业已逐渐成为促进国民经济增长的重要力量，但由于资源禀赋、旅游发展等各种因素，旅游

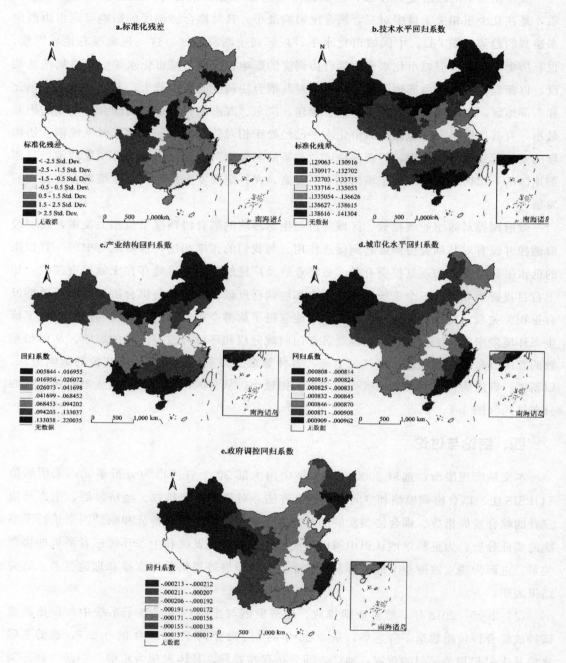

注：该图基于国家测绘地理信息局标准地图服务网站下载的

审图号为 GS（2016）2892 号的标准地图制作，底图无修改。

图 5　中国旅游业碳排放—区域经济—生态环境耦合协调度的 GWR 模型回归系数空间分布

经济发展在空间上呈东部＞中部＞东北＞西部的分异特征；生态环境综合评价指数呈波动上升态势，从 2000 年的 0.420 上升至 2018 年的 0.546，上升了 30%，各省际差异呈缩小态势，空间分布呈东部＞东北＞中部＞西部的空间格局。此外，中国旅游业碳排放—经济发展—生态环境综合评价指数 T 也呈明显的上升态势，空间分布呈现东部＞中部＞东北＞西部的分布特征。综上，中国各省区市旅游业碳排放、经济发展、生态环境等方面存在差异，要清晰认识和重视旅游业碳排放的地区差异减少旅游业碳排放量，还应根据自身资源优势、发展优势和区位优势、因地制宜制定差别化区域发展策略，积极引导旅游业绿色发展，以此来提升三者子系统高质量发展。

（2）2000—2018 年中国旅游业碳排放—经济发展—生态环境耦合度为 0.853，处于高水平耦合，但耦合协调度为 0.513，仅达到勉强协调水平。在整体的时序演变中，耦合协调水平跨度较大，2008 年之前耦合协调度处于濒临失调水平，2008—2016 年之间处于勉强协调水平，2016 年上升至初级协调水平。各地区耦合协调水平迥异，东部和中部地区达到了勉强协调水平，东北和西部地区仅达到了濒临失调水平，空间分布整体呈现出东部＞中部＞东北＞西部的空间格局。其中，中部地区耦合协调水平上升趋势最为明显，其次为西部和东部地区，东北地区增幅最小，2015 年东北地区耦合协调度出现了小幅下降趋势。依据以上结论，笔者认为，东部地区应依托其良好的经济发展和生态环境优势，对外加强产业升级与技术交流，对内加强结构优化调整，在推进旅游节能减排中充分发挥"领头雁"作用。东北地区作为老工业基地，应出台更多吸引高素质人才的政策，完善人才机制，在推动旅游业发展的同时大力推进节能减排和新能源技术领域的科技创新，合理控制能源消耗和污染物排放，推动其耦合协调度向更高水平发展。中部和西部地区自身应积极改变传统的资源依赖与粗放型发展模式，合理配置旅游资源要素，提高资源环境与基础设施利用率，实现旅游业经济由高消耗型向循环节约型的增长方式转变，调整旅游产业部门结构，并注重旅游城市化水平建设，不断优化旅游基础设施和生态环境保护，并加强三者系统的互促关系，使其形成稳定的区域耦合协调、融合互补的格局，进而推动生态文明建设和旅游高质量发展。

（3）中国旅游业碳排放—经济发展—生态环境耦合协调度在省际尺度上表现出显著的全局空间正相关性。研究期内，局部省区市耦合协调度的空间集聚特征凸显，在空间上表现为组团式的环状分布，呈现出显著的强强集聚和弱弱集聚的空间俱乐部趋同特征。强强集聚主要分布在中国的东、中部地区，弱弱集聚主要分布在中国的西部地区。在旅游业发展中，碳排放、经济发展和生态环境在不同范围内产生了实质性空间依赖关系，这些空间依赖关系会随着旅游产业结构升级、经济形势、人口规模、技术创新和制度政策等因素的变化而变化，多方面交织的空间实质性依赖关系对各省区市旅游业碳排放、经济发展与生态环境的耦合协调产生实质性自相关影响。此外，在空间自相关作用下有可能演化为越来越严重的空间马太效应，所以，从空间自相关的视角助力旅游业碳排放、经济发展与生态环境耦合协调发展的最重要任务就是要树立典型意识，重视试点示范的带动作用，无论是协调发展地区还是失调衰退地区都要强调借助空间自相关特征以示范表率作用带动其他省区市向示范省区市靠拢，实现旅游业碳排放、经济发展与生态环境耦合协调水平的整体提高。

（4）旅游业碳排放——区域经济——生态环境耦合协调度的驱动因素具有明显的空间异质性，其中，技术水平、产业结构和城市化水平对三者的耦合协调度发展呈正相关关系，其作用强度依次递减。政府调控对三者的耦合协调度发展呈负相关关系，并没有对其耦合协调度起到促进作用。在驱动因素的发展过程中，技术水平对西部和东北地区作用最大，产业结构对华南及中部地区作用最大，城市化水平对西部地区作用最大，政府调控对东部和东北地区作用最大。因此，各区域应根据自身驱动因素的特点，因地制宜制定差异化发展策略，以推动区域旅游业碳排放、区域经济和生态环境的协调发展。其中，西部地区和东北地区应注重技术水平的提升，制定政策不断吸引人才、资金和技术流入，合理配置旅游资源要素，大力推进节能减排和新能源技术领域的科技创新，实现旅游业经济增长方式由高消耗型向循环节约型转变。同时，西部地区还要注重城市化水平的建设，不断完善城市化基础设施和绿色人居环境整治，提高公共资源的合理配置和高效利用。东北地区和东部地区应发挥政府调控作用，在二氧化硫、氮氧化物、颗粒物等污染物的综合防治、高污染行业清洁生产审核、区域环境质量监管体系和区域环境执法等方面进行协同和联动，此外，还应科学规划旅游业未来发展，严守旅游生态红线和提高旅游经济增长质量，通过加大环保治理力度，助推旅游业碳排放、经济发展与生态环境耦合协调发展。

最后，随着旅游业规模的不断扩大，如何寻求旅游业绿色发展与经济发展最大化、生态环境最优化之间的平衡点，是我们实现生态文明建设和旅游业高质量发展的关键，三者变化趋势及其耦合协调水平直接影响生态文明建设质量和旅游业高质量发展。此外，作为助推中国产业转型升级和居民消费需求升级的战略性新兴产业，旅游业碳减排既是实现旅游业自身可持续发展和高质量发展目标的内在要求，同时也是积极响应国家碳达峰和碳中和战略目标的重大责任。本文仅就2000—2018年中国30个省区市旅游业碳排放—经济发展—生态环境的综合水平及耦合协调度时空分异特征作了初步探讨。未来有必要对其系统发展趋势、耦合协调发展趋势及主要驱动因素的发展趋势进行预测，以便相关部门更有效地制定发展规划；其次，本文以省域为研究单元，未来有必要进一步细化至对地市、县域三者系统耦合协调水平的测度分析，将对各级政府实施旅游业发展及生态文明建设具有更大的实用价值。

参考文献

[1] 谢炳庚，陈永林，李晓青. 耦合协调模型在"美丽中国"建设评价中的运用

［J］. 经济地理，2016，36（7）：38-44.

　［2］潘植强，梁保尔. 旅游业碳排放强度分布及其影响因子的时空异质研究——基于 30 个省（市、区）2005—2014 年的面板数据分析［J］. 人文地理，2016，31（6）：152-158.

　［3］陶玉国，黄震方，吴丽敏，等. 江苏省区域旅游业碳排放测度及其因素分解 ［J］. 地理学报，2014，69（10）：1438-1448.

　［4］Lenzen M，Sun Y，Faturay F，et al. The carbon footprint of global tourism［J］. Nature Climate Change，2018，8（6）：522-528.

　［5］马勇. 中国旅游发展笔谈—旅游生态效率与美丽中国建设（一）［J］. 旅游学刊，2016，31（9）：1.

　［6］周成，冯学钢，唐睿. 区域经济—生态环境—旅游产业耦合协调发展分析与预测 —以长江经济带沿线各省市为例［J］. 经济地理，2016，36（3）：186-193.

　［7］盖美，张福祥. 辽宁省区域碳排放—经济发展—环境保护耦合协调分析［J］. 地理科学，2018，38（5）：764-772.

　［8］Zhong Y，Shi S，Li S，et al. Empirical research on construction of a measurement framework for tourism carbon emission in China［J］. Chinese journal of population，resources and environment，2015，13（3）：240-249.

　［9］Grizane T，Jurgelanekaldava I. Tourist Transportation Generated Carbon Dioxide （CO$_2$）Emissions in Latvia［J］. Environmental and Climate Technologies，2019，23（3）：274-292.

　［10］Puig R，Kilic E，Navarro A，et al. Inventory analysis and carbon footprint of coastland-hotel services：A Spanish case study［J］. Science of The Total Environment，2018，595：244-254.

　［11］Yu L，Bai Y，Liu J，et al. The dynamics of tourism's carbon footprint in Beijing，China［J］. Journal of Sustainable Tourism，2019，27（10）：1553-1571.

　［12］黄和平，乔学忠，张瑾，李亚丽，曾永明. 绿色发展背景下区域旅游业碳排放时空分异与影响因素研究—以长江经济带为例［J］. 经济地理，2019，39（11）：214-224.

　［13］Luo F，Moyle B D，Moyle C，et al. Drivers of carbon emissions in China's tourism industry［J］. Journal of Sustainable Tourism，2020，28（5）：747-770.

　［14］Chengcai Tang，Linsheng Zhong，Pin Ng. Factors that Influence the Tourism Industry's Carbon Emissions：a Tourism Area Life Cycle Model Perspective［J］. Energy Policy，2018，109：704-718.

　［15］王凯，邵海琴，周婷婷，等. 中国旅游业碳排放效率及其空间关联特征［J］. 长江流域资源与环境，2018，27（3）：473-482.［Wang Kai，Shao Haiqin，Zhou Ting-

ting, et al. Carbon emission efficiency of China's tourism industry and its spatial correlation characteristics [J]. Resources and Environment in the Yangtze River Basin, 2018, 27 (3): 473-482.

[16] 吴小明, 黄森. 碳排放约束下中国旅游业绿色发展效率研究—基于修正三阶段 DEA 模型 [J]. 技术经济与管理研究, 2018 (4): 8-13.

[17] 蔡萌, 安德鲁·弗兰. 全球旅游碳排放研究进展 [J]. 中国人口·资源与环境, 2013, 23 (S2): 1-4.

[18] 王凯, 杨亚萍, 张淑文, 等. 中国旅游产业集聚与碳排放空间关联性 [J]. 资源科学, 2019, 41 (2): 362-371.

[19] 李彩云, 陈兴鹏, 张子龙, 等. 敦煌市旅游业碳排放与区域经济的耦合关系分析 [J]. 生态科学, 2016, 35 (1): 109-116.

[20] Sekrafi H, Sghaier A. Exploring the Relationship Between Tourism Development, Energy Consumption and Carbon Emissions: A Case Study of Tunisia [J]. International Journal of Social Ecology and Sustainable Development, 2018, 9 (1): 26-39.

[21] Chen L, Thapa B, Yan W, et al. The Relationship between Tourism, Carbon Dioxide Emissions, and Economic Growth in the Yangtze River Delta, China [J]. Sustainability, 2018, 10 (7): 2118.

[22] 肖艳玲. 广西旅游区域经济与 CO_2 排放的耦合关系研究 [J]. 广西科技师范学院学报, 2016, 31 (4): 152-156.

[23] 王凯, 邵海琴, 周婷婷, 邓楚雄. 基于 EKC 框架的旅游发展对区域碳排放的影响分析—基于 1995—2015 年中国省际面板数据 [J]. 地理研究, 2018, 37 (4): 742-750.

[24] 王凯, 李娟, 席建超. 中国旅游区域经济与碳排放的耦合关系研究 [J]. 旅游学刊, 2014, 29 (6): 24-33.

[25] Sun Y. Decomposition of tourism greenhouse gas emissions: Revealing the dynamics between tourism economic growth, technological efficiency, and carbon emissions [J]. Tourism Management, 2016, 55 (1): 326-336.

[26] 张长淮. 旅游碳排放、旅游产业结构与旅游经济增长的关系研究 [D]. 福州: 福州大学, 2016.

[27] 孙媛媛. 1997—2014 年中国旅游发展效应研究—旅游发展对经济增长、碳排放及城镇化的影响 [J]. 资源与产业, 2018, 19 (4): 74-80.

[28] 仇方道, 顾云海. 区域经济与环境协调发展机制—以徐州市为例 [J]. 经济地理, 2006, 26 (6): 1022-1025+1050.

[29] Zhang J, Zhang Y. Carbon tax, tourism CO_2 emissions and economic welfare [J]. Annals of Tourism Research, 2018, 69: 18-30.

［30］钟林生.《低碳旅游产业发展模式研究》评介［J］.资源科学，2020，42（2）：407.

［31］王坤，黄震方，曹芳东.中国旅游业碳排放效率的空间格局及其影响因素［J］.生态学报，2015，35（21）：7150-7160.

［32］Becken S，Simmons D G，Frampton C，et al. Energy use associated with different travel choices［J］. Tourism Management，2003，24（3）：267-277.

［33］Patterson M，Mcdonald G. How clean and green is New Zealand tourism［M］. Lincoln：Manaki Whenua，2004，56-59.

［34］侯孟阳，姚顺波. 1978—2016年中国农业生态效率时空演变及趋势预测［J］.地理学报，2018，73（11）：2168-2183.

［35］马勇，李丽霞，任洁.神农架林区旅游经济—交通状况—生态环境协调发展研究［J］.经济地理，2018，37（10）：215-220，227.

［36］于伟，吕晓，宋金平.山东省城镇化包容性发展的时空格局［J］.地理研究，2018，37（2）：319-332.

［37］熊国经，熊玲玲，陈小山.泛珠三角洲区域高校科技创新能力评价—基于E-TOPSIS改进因子分析法的实证研究［J］.科技管理研究，2018，38（22）：86-91.

［38］李琼，周宇，田宇，吴雄周，张蓝澜. 2002-2015年中国社会保障水平时空分异及驱动机制［J］.地理研究，2018，37（9）：1862-1876.

［39］任喜萍，殷仲义.中国省域人口集聚、公共资源配置与服务业发展时空耦合及驱动因素［J］.中国人口·资源与环境，2019，29（12）：77-86.

加快发展生态工业园 实现园区高质量发展

蔡 青[1] 张伏中 钱文涛 苏艳蓉 范 翘

（湖南省环境保护科学研究院 湖南长沙 410000）

摘 要：本文指出了生态工业园区的主要特征以及当前国家发展生态工业园区的主要政策措施，论述了湖南省发展生态工业园区的重要意义，并从加强组织领导、科学规划、强化精细化管理、创新发展机制等方面提出了具体建议。

关键词：生态工业园；转变方式；高质量发展

工业园区既是经济发展的引擎，同时也是资源能源消耗、工业污染排放的大户，工业园区已成为工业污染防治和中国温室气体减排的主战场[1]。党的十八大将生态文明建设提升到前所未有的高度，当前至 2035 年是园区生态文明建设的关键时期，是服务国家"生态环境根本好转，美丽中国目标基本实现"宏伟目标的关键发展阶段[2]。

目前，湖南 143 个省级园区，以占全省约 0.5％的国土面积，产出了约 40％的 GDP、70％的规模工业增加值、65％的高新技术产值、50％的实际利用外资额，是全省高质量发展的主战场和主引擎。湖南省"三高四新"战略要求全面推行重点行业和重点领域的清洁生产、绿色化改造，继续打好污染防治攻坚战，继续深化实施生态环保领域重点改革任务，国家生态工业园区建设是工业领域建设生态文明的重要载体，生态工业园区建设成为解决工业园区环境问题，实现开发区转型和区域经济可持续发展的主要途径之一[3]。在经济新常态下，必须要结合湖南省实际，按照生态文明建设的要求，围绕"转方式、调结构、促转型"的主线，大力支持发展以清洁生产和循环经济为特征的生态工业园区，切实走出一条绿色发展、创新发展的新路子。

一、生态工业园区的内涵、主要特征和发展政策

生态工业园区是依据循环经济理念、工业生态学原理及清洁生产要求设计的新型工业园区，是继经济技术开发区、高新技术开发区后第三代工业园区的主要发展形态和改造方向[4]，是区域层面循环经济的具体表现和重要实践。

---

1 ［第一作者］蔡青，湖南华容人，博士，高级工程师。主要研究方向为环境规划区划与环境管理研究。

1. 生态工业园区的内涵

传统经济通过把资源持续不断地变成废物来实现经济的数量型增长，在大量浪费资源的同时也酿成了灾难性的环境污染后果，造成人类"生存困境"。为破解环境保护与经济发展之间的尖锐冲突，仿照自然生态系统运行规律，生态工业园区基于产品代谢和废物代谢两条主线，以园区内生态链和生态网建设为核心，通过理念革新、体制创新、机制创新，把不同工厂、企业、产业联合起来，形成共享资源和互换副产品的产业共生组合，建立起"生产者—消费者—分解者"的循环生产方式，达到相互间资源的最优化配置，可以以较小的资源消耗和环境负荷产生显著的经济贡献，实现园区经济的协调健康持续发展。生态工业园区的雏形是工业共生体，20世纪60年代初开始建设的丹麦卡伦堡生态工业园区是工业共生体的成功典范，也是世界上最早、最为著名的生态工业园区，产生了较好的社会、经济和生态效益，并加快推进了世界范围内生态工业园区建设的研究和实践。

2. 生态工业园区的主要特征

与传统的"设计—生产—使用—废弃"的线性经济模式不同，生态工业园最本质的特征是产业内部、产业之间的合作及产业与周边资源的有机结合，它仿照自然生态系统物质循环方式，遵循"设计—生产—回收—再利用"的经济模式，使上游生产过程中产生的废物成为下游生产的原料，形成一个相互依存、类似于自然生态食物链的"工业生态系统"。此外，生态工业园还具有经济高效、工业系统稳定运行、环境质量良好等特征[5]。

3. 生态工业园区的主要政策

2015年9月，中共中央、国务院印发了《生态文明体制改革总体方案》，要求加快建立生态环境损害责任终身追究制、健全环境治理和生态保护市场体系等八项制度，进一步科学划定生产空间、生活空间和生态空间。工业行业环境保护是生态文明建设的重要战场，《循环经济促进法》《清洁生产促进法》等法律法规明确要求大力发展生态工业园区，并将其作为调整经济结构、转变发展方式、实现节能减排目标的重要措施。2003年以来，原国家环保部、商务部等部委先后印发《关于开展国家生态工业示范园区建设工作的通知》《关于加强国家生态工业示范园区建设的指导意见》等政策文件，明确了税收优惠、资金投入、招商引资等扶植措施，同时，还出台了《生态工业园区建设规划编制指南》《国家生态工业示范园区管理办法》《国家生态工业示范园区标准》等标准、技术规范，为各地规划和建设生态工业园区提供了强大的技术支撑。2012年，国家发改委、财政部出台了《关于推进园区循环化改造的意见》，明确要求按照空间布局合理化、产业结构最优化、产业链接循环化、资源利用高效化、污染治理集中化、基础设施绿色化、运行管理规范化的要求，建设一批"经济快速发展、资源高效利用、环境优美清洁、生态良性循环"的循环经济示范园区。为促进区域资源环境与经济协调发展，早在2001年，中国就在广西贵港开展了以制糖为核心的国家生态工业示范园区建设和探索，截至2019年，全国共有25个省（自治区、直辖市）的93个工业园区开展了国家生态工业示范园区的创建工作，其中51家已正式得到命名，生态工业示范园区的建设为中国工业园区绿色发展树立了标杆。中国生态工业园区建设既是园区环境管理发展的一个重要阶段，也是环境管理的一个重要工具，是各种环境管理要素的集合体[6]。

二、湖南省发展生态工业园区的重要意义

生态工业园区是生态文明在工业领域的重要实践形式，工业生态化的建设是最积极、最活跃，也最能够引领其他文明建设的着力点[2]。发展生态工业园区是推动"调结构、转方式、促转型"的有效途径，既是实现节能减排目标的必然要求，也是区域绿色增长的新动力、新引擎、新形态。面对当前资源短缺、环境污染等问题，大力发展生态工业园区对湖南省社会经济持续健康发展具有十分重要的现实意义。

1. 发展生态工业园区是化解环境风险的关键途径

由于历史局限性，湖南省一些工业企业选址不科学、不合理的问题较为突出。如湘潭竹埠港的企业，排污口离下游长沙市饮用水源只有 10 余公里，株洲清水塘、衡阳水口山等地的一些重污染企业生产区与居民区混杂，污染纠纷不断。为经济持续健康发展，环境敏感区域的工业企业不能简单关停了事，而是要分类处置，对有市场、有技术、有基础的企业，要引导企业搬迁至专业生态工业园区发展，实现集中监管、集中治污，一方面可以从根本上化解环境风险隐患，减少对区域环境敏感目标的影响；另外一方面，可以减少企业与周边群众的各种纠纷，让企业将主要精力放在生产经营上面。

2. 发展生态工业园区是提升资源利用效率的有效手段

长期以来，湖南省有色、化工等行业"散、小、乱、差"的整体发展格局未得到根本性转变，产业链条短，资源浪费严重，如湖南省有色金属产业资源综合利用率比国内外先进水平低 15 个百分点左右。依托科技创新和管理改善，生态工业园区以"减量化、再利用、资源化"为核心，通过企业自身的清洁生产，企业之间的物质交换、能量流动，建立起高效、清洁、安全的资源利用体系，可以以较小的资源消耗产生显著的经济贡献，更好地实现集约发展、低碳发展。

3. 发展生态工业园区是做大做强经济总量的现实需要

作为中部省份，湖南省发展不充分、不全面、不持续的阶段性问题突出。为此，湖南省要直面当前省情，既不唯 GDP 至上，但又要坚持以经济建设为中心，以生态工业园区建设为抓手发挥好工业经济的主导作用、聚集效应，通过改造有色、化工等传统行业，延伸下游高精深加工产业链，在壮大湖南省优势、特色产业集群的同时，大力发展战略性新兴产业，积极培育新的经济增长点，切实做大做强湖南省经济总量，缩小与发达地区的发展差距。

4. 发展生态工业园区是提升区域竞争力的重要保障

工业园区对增加区域财政收入、拉动就业具有极其重要的支撑作用，但随着工业集聚进程的加快，目前遍地开花的工业园区均面临土地资源紧缺、环保标准提高等问题，招商引资过程中简单的土地、税收等优惠政策的边际效益正在递减。发展生态工业园区，通过

对现有经济技术开发区、高新技术开发区的生态化改造，一方面，通过升级园区基础设施和管理水平，可以更好地为企业提供系统优质的服务；另外一方面，在不同产业、企业之间构建互补的生态工业链网，可以实现资源共享和产业共生，吸引关联企业入园聚集发展。

三、湖南省发展生态工业园区的对策建议

作为中部欠发达省份，牢固树立"两山"理念，助推湖南省"三高四新"战略，加快形成节约资源和保护环境的空间格局、产业结构、生产方式、生活方式，湖南省要进一步加大支持力度，推动重点工业园区进行生态化改造，实现社会、经济和生态效益的"多赢"。

1. 加强生态工业园区建设工作的组织领导

成立以省政府主要领导为主任，相关省直部门和各市州人民政府主要负责人为成员的全省生态工业园区建设工作领导小组，下设技术指导、招商融资、基础设施建设等若干工作小组，同时，将生态工业园区建设纳入省政府绩效考核中，进一步加强监督考核力度，切实增强各地发展生态工业园区的紧迫感和责任感。按照省政府的工作组织模式，各市州政府也要成立相应的组织领导机构，明确相关责任人，通过加强组织领导，加快推进各地工业园区生态化改造逐步走向科学化和规范化的轨道。

2. 科学制定生态工业园区发展规划

按照优化国土空间开发格局的要求，根据各地资源禀赋、环境容量、基础设施建设等方面的比较优势，组织对湖南省当前的143家产业园区进行综合分析，确定省级层面要重点支持发展的生态工业园区，并进一步明确各生态工业园区的发展定位，突出建设特色，如水口山有色金属工业园区要明确发展为以有色金属产业冶炼、加工为主体的行业生态工业园区，汨罗循环经济产业园区要明确发展为以电子废弃物回收等为主体的静脉生态工业园区。根据实际情况，组织地方科学编制生态工业园区建设规划，明确建设目标、工作任务和保障措施等内容，并要求地方政府一张蓝图抓到底，一任接一任抓好落实。

3. 切实加大对生态工业园区建设的扶持力度

生态工业园区既是发展外向型经济的重要窗口，也是区域发展的重要引擎，对带动地方经济发展和社会进步具有举足轻重的作用。各级各有关部门对生态工业园区建设要高看一眼，厚爱一等，一方面，要加强对接，充分利用好国家在税收、贷款、财政补贴等方面的相关优惠政策；另外一方面，要将宝贵的土地、环境、资金向生态工业园区内的重点企业倾斜。通过集中资源给予重点支持，进一步夯实区域发展的基础。同时，加强统筹协调和分类指导，避免各生态工业园区盲目开发、无序竞争，尤其要坚决制止"一锅端"式的招商引资行为。

4. 加快完善生态工业园区基础设施建设

以问题为导向，坚持高标准建设的要求和补短板的原则，加快完善相关基础设施建设。加强污水、垃圾收集处理系统建设，减少区域环境负荷；结合"气化湖南"等建设，优先向生态工业园区供气、电和水，加强要素保障；完善道路建设，加强机场、码头、铁路等辐射能力，降低物流成本。同时，重点做好生态工业园区周边防护距离的控制，留足

必要的隔离带、缓冲带，源头控制生产区与居民生活区混杂的情况出现。

5. 强化生态工业园区精细化管理

认真梳理、细化生态工业园区建设、发展过程中的相关任务、主要问题和困难，提出具体的工作措施，并分解落实到相关部门和具体负责人，通过加强督促检查，严格奖惩，确保各项措施及时全面落实到位。强化信息共享，促进政府、企业、公众之间的交流沟通。充分利用数字、信息化等科技手段，实现企业从入园、成长，直至产出的全过程动态监控，及时帮助企业解决相关问题，切实提升园区管理和服务水平。加强对外交流学习，及时吸收消化国内外有关生态工业园区的成功经验。

6. 进一步提升科技支撑能力

建立科学的生态工业园区发展评价体系，明确产业技术水平、资源能源利用效率、污染物排放、经济效益等考评指标。同时，针对有色、化工等传统行业生产、污染治理面临的实际问题和困难，积极整合高校、科研院所、企业的优势科研力量，组建相关工程技术中心开展针对性的研究开发，切实解决生态工业发展中的技术瓶颈问题。尤其是大力支持和鼓励生态工业和循环经济技术体系的创新，将具有全局性、普遍性、关键性的技术问题纳入湖南省重大科技计划，集中力量进行攻关和示范推广。

7. 创新生态工业园区发展机制

结合当前经济体制改革等工作，加强生态工业园区发展过程中有关技术转移、项目培育、资金筹措、企业孵化、企业加速、产业推进、产业转移等相关问题的研究，制定出台相关政策措施，着重建立相关省级风险投资、专项发展基金、招商引资平台等，提升整体竞争实力。鼓励"先行先试"，积极推广示范合同环境服务、绿色供应链管理等工作，建立可持续发展的长效机制。

参考文献

［1］郭扬，吕一铮，严坤等. 中国工业园区低碳发展路径研究［J］. 中国环境管理，2021，13（1）：49-58.

［2］金涌，胡山鹰. 生态文明与生态工业园区建设［J］. 中国科技投资，2013，（16）：27-29.

［3］田金平，刘巍，李星等. 中国生态工业园区发展模式研究［J］. 中国人口·资源与环境，2012，22（7）：60-66.

［4］杜真，陈吕军，田金平. 我国工业园区生态化轨迹及政策变迁［J］. 中国环境管理，2019，11（6）：107-112.

［5］项学敏，杨巧玲，周集体等. 生态工业园规划方法研究与展望［J］. 环境科学与技术，2009，32（1）：95-101.

［6］田金平，刘巍，臧娜等. 中国生态工业园区发展现状与展望［J］. 生态学报，2016，36（22）：7323-7334.

美好生活视域下的生态消费价值建构研究

钟芙蓉[1]

（长沙理工大学马克思主义学院　湖南长沙　410114）

摘　要：生态消费是适应人与自然和谐共生现代化的消费方式，它不仅表现为消费行为上的环境友好特征，而且根植于人的物质生活与精神生活的和谐生态。与美好生活相适应的生态消费，应该是既满足人的美好生活的物质与精神需要，又能实现人与自然和谐共生的消费模式。培育美好生活的生态消费，应该坚持以幸福原则构筑生态消费的社会基础，以精神需要引导生态消费的价值旨归，以合理原则规范生态消费的行为尺度，以共享原则提升生态消费的责任意识。

关键词：生态消费；美好生活；社会生态；精神生态

2021 年中国进入了全面小康社会，随着人民的美好生活需要水平的不断提高，中国将迎来消费的全面升级。"十四五"是我国全面建设社会主义现代化国家的起步阶段，人与自然和谐共生的现代化是题中应有之义。在绿色发展方面，"十四五"规划纲要提出"全面绿色转型"和"全面促进消费"的要求，并提出"促进消费向绿色、健康、安全发展"。我国的消费领域正逐步进入消费升级化和消费生态化的双重转型阶段。生态消费是联结绿色生活方式与绿色生产方式的关键环节。发展生态消费既是我国生态文明建设的必然要求，又是不断满足人民美好生活需要的必由之路。

一、美好生活呼唤生态消费

绿色是美好生活的底色，要引导人民过上美好生活，实现中华民族永续发展，就需要引导人民在日常生活中形成生态消费，使消费结构更加合理适度，提高消费方式的精神价值内涵。

1. 生态消费的价值内涵

在新时代，追求美好生活是人民的共同向往，随着人民的美好生活需要的不断提高，

1　[基金项目] 本文系国家社科基金青年项目"跨文化视角下'美好生活'的价值底蕴及现实构建研究"（项目编号：18CZX052）阶段性成果。

钟芙蓉，讲师，博士。主要研究方向为生态伦理、生活伦理。

生态消费应该成为美好生活的促进和保障因素。

倪琳认为，生态消费是不断提高人们生活质量的，消费水平适度，消费结构合理，消费方式健康、绿色和低碳的消费，它既要满足当代人需求，又不能以危害同代他人和下一代的消费权利为代价，是与经济、人口、资源、环境相协调的消费，是促进人的全面发展的消费。[1]蒋玲指出，生态消费模式是对消费结构中人类本质发展多样性与丰富性的有益补充。[2]

生态消费是人本消费中的有机组成部分，其核心要义是在消费领域实现"人—社会—自然"的和谐生态，它同时包含人与自然的和谐、人与社会的和谐两个维度，这两个维度是相辅相成的，形成人与自然和谐共生的消费方式的完整过程。生态消费是适应人与自然和谐共生现代化的消费方式，它不仅表现为消费行为上的环境友好特征，而且根植于人的物质生活与精神生活的和谐生态。生态消费是基于消费主体的生态理性所体现出来的追求美好生活的消费维度，既体现为消费者对生态环境的责任，又体现为消费者追求全面美好生活的态度与方式。只有人与自然、与社会关系的全面生态化，才能为美好生活提供用之不竭的物质财富和精神养分。

十九大报告提出要实现"人与自然和谐共生的现代化"，要求实现生产方式和生活方式的绿色转型。中国已经迈进了全面建设社会主义现代化国家的新征程，经济建设、政治建设、文化建设、社会建设、生态文明建设都要实现更高水平、更深层次、更全方位的现代化，其中，人的素质的现代化是实现社会主义现代化的关键因素与根本旨归。过去，中国的现代化发展主要是靠生产推动的，出现了一定程度的生产与生活相脱节的现象，使人民在生活中享受了现代化的物质成果，但在精神生活上没有深度参与现代化的发展，这造成了中国现代化之路的深层次矛盾与障碍。人与自然和谐共生的现代化生活应该同人与自然和谐共生的现代化生产相适应，共同助推我国的现代化建设迈上新台阶。

2. 生态消费是美好生活的内在要求

消费是民生问题的晴雨表，是人民生活水平最基本、最直观的体现，反映出人民美好生活需要的特征和趋势。国务院《关于完善促进消费体制机制进一步激发居民消费潜力的若干意见》指出，消费是最终需求，既是生产的最终目的和动力，也是人民对美好生活需要的直接体现。[3]生态消费是美好生活的深层次需要，生态消费与美好生活在本质上是统一的。"美好生活"体现了我国"以人民为中心"的发展要求，它是社会发展的目标追求，更是人的发展的目标追求。美好生活不是在物质丰饶的时代纵欲无度，美好生活所应该倡导的消费，应当包含人文之美与生态之美。生态消费是对美好生活消费需求的量的理性控制，又是对美好生活消费的质的内涵提升。

与美好生活相适应的生态消费，应该是既满足人的美好生活的物质与精神需要，又能实现人与自然和谐共生的消费模式，它不仅要求在消费的总量上有合理的阈值，倡导简约适度、绿色低碳，而且要求在消费质量上有全面的提升，使人在追求环境友好的消费行为的过程中实现人对自身生活需求结构合理安排，全面审视与合理调节理欲关系，促进身心和谐，实现物质生活与精神生活的双富足。

　　美好生活的生态消费使人摆脱在消费自然资源上的动物的方式，不再以本能的孤立的方式来消费自然资源。动物对自然的消费是完全出于本能的，虽然看上去是"生态"的，但是动物没有生态意识，它的存在本身就是生态系统的一部分，当它的种群繁衍数量超过自然的限阈，自然就会通过毁灭来实现再次平衡。动物与自然之间的联系，是本能的、被动的联系。而从人类社会形成开始，人就在生产领域结成了日益普遍的联系，从自发到自觉，人类以互相联结的方式在开发、利用和改造自然的方式上不断提升。但是在消费领域，人们的这种互相联系则严重不足，主要还是处于"我挣钱我消费"的方式，也就是说，人在消费领域中考虑自己与他人、与社会、与自然的联系是严重不足的，那么，这样的消费方式本质上是孤立的，没有摆脱动物性消费的局限。

　　可以说人类尚未学会消费，即人类面对自己创造的"财富"，其智慧与才能却与其创造财富时所显示出的智慧与才能相去甚远，出现了物、财富对人的反向钳制与主宰。[4]要摆脱消费对人的反向主宰，就要使消费回归生活本质，回归人的本质，回归自然生态。这里所指的"人的生活"，是人作为社会存在物的生活，是通过社会联系在一起的人的生活。只有在社会共同体中的生活，才具有美好生活的现实价值，也只有通过追求美好生活的现实活动，促进人与和然和谐共生的愿景才具有实践基础。

　　3. 美好生活与生态消费的辩证统一性

　　美好生活的消费必然是可持续性的消费，人与自然和谐共生是美好生活的外部条件，又是美好生活的基本内涵。良好的生态环境本身就是人民生活幸福的基础和重要组成部分。美好生活的消费需要的提高应该是循序渐进的，消费水平要与社会生产水平保持一致，在社会与自然的大循环下实现合理适度消费。生态消费对于美好生活需要而言，既是促进因素，又是制约条件，二者的辩证关系主要体现在以下两个方面：

　　一方面，美好生活需要是生存需要与发展需要的统一。进入新时代，人民的美好生活需要不断提升，消费需要逐渐朝着高层次、高质量化的方向发展。美好生活着眼于高质量生活，但不代表着人类的生存问题已经解决。就全球而言，气候变化、大气污染、水污染、物种灭绝等生态危机的警报尚未解除，人类的生态空间仍然岌岌可危。就中国而言，进入全面小康社会以后，国民消费能力日趋旺盛，资源环境压力将进一步攀升。美好生活更突出的是发展型、享受型消费，但同时也必须认识到，发展和享受的基础是社会的可持续发展。14亿人民要过上美好生活，对自然资源和环境空间的需求是更高的，处理好人与自然的生存资源分配是美好生活的前提条件和根本保障。

　　另一方面，美好生活需要是创造生活与享受生活的统一。美好生活不是某种既定的生活状况，而是持续发展、不断提高的现实生活过程。从全面小康到共同富裕，人的生活需要逐渐朝着自由全面发展的方向跃升。享受美好生活的福利是必然的要求，是人的自由全面发展的必要条件。但同时，美好生活的真谛是使人真正过上符合人的本质需要的生活，人的本质需要是通过社会化的劳动进行创造，从而实现自我价值。因此，美好生活是人通过自我实现的活动来创造理想生活的过程。生态消费是人通过改变粗放型的消费方式和生活方式，维护良好生态环境的创造性活动，也是检视自身的真实合理需要，提高人的消费主体意识，使消费不断回归生活本质的创造性活动。同时，人有需要、也有责任通过生态消费促进人与自然和谐共生，创造美好生活。

二、生态消费是超越消费主义的必由之路

现代社会的消费伦理是随着工业化、市场化产生的。在工业革命之前，人依靠自然生存，人的生活资料、消费资料直接来源于自然，生产力的低下使节俭成为任何文明体在农业社会时的共同消费美德，除统治阶级之外，浪费是不存在的，对于绝大多数人而言，消费问题主要是消费不足的问题。在这种条件下，人的消费行为本身就属于自然界，消费的主体意识尚未产生。工业革命后，大量剩余产品的出现，西方资本主义国家率先进入了消费社会，形成了消费主义意识形态。

1. 对消费主义的生态批判

进入消费社会后，经济增长的重心，从生产转向了消费。资源的有限性与市场和欲望的无限性之间的矛盾，是消费伦理的共同关切，对消费社会、消费主义的批判，始终伴随着对资源有限性的担忧。鲍德里亚指出，我们处在"消费"控制着整个生活的这样一种境地[5]，发出"极大丰盛是否在浪费中才有实际意义"[6]的拷问，并且深刻地揭示消费社会的弊端，"消费社会需要商品存在，但更确切地说，需要摧毁它们"[7]。

市场的繁荣造成了物质用之不竭的假象，造成过度消费、奢侈消费、炫耀消费，既扭曲了人的需要，又造成人与自然关系日益紧张，产生消费异化。从人本意义而言，消费主义最大的危机是使消费的目的性与其工具性产生分裂，这是造成消费异化的根源。消费本来是人的满足自我需要的活动，是人生活的一部分，却成为资本满足其增殖需要的活动，使消费脱离生活。消费成为资本的工具，就是人和人的生活成为资本的工具。享乐主义引发人性的贪婪，超前消费造成金融危机，炫耀消费加剧社会不公，这些消费主义的负面现象背后，一切都以牺牲生态环境为代价。

消费主义在消费心理上是孤立的，人只有占有物时才能感受到自己与社会的联系，才能彰显自己的社会地位，导致社会成员之间的联系不是通过社会的有机联系来实现的，而是通过人与社会造物之间的联系来实现的，这是社会关系的物化。消费主义使人看起来成了物的主人，但实际上被物所奴役，被资本所奴役。消费主义也使人与自然的联系失去了生命的维度，变成了对物的占有，使人的自然属性与社会属性背道而驰，使人的美好生活愿景与实际生活为渐行渐远，使人创造的财富吞噬了自己，使人对物质占有的无限性追求与自然资源的有限性之间紧张对立，实际上就是使人与他自己、与他自己所赖以生存的社会和自然相对立。

2. 超越消费主义的中西方生态消费进路

正是由于快速生产、快速消费，西方国家最早尝到了生态危机的恶果。20世纪60年代以来，西方的环境保护主义运动影响日益广泛，在生产和消费领域也发生了重大转变，可持续发展理念逐渐深入人心，循环经济、绿色消费、可持续消费成为新的消费潮流。西

方从进入消费社会、消费主义，发展到倡导绿色的、环境友好的消费，有一个市场的长期发育的过程，主要由市场发展和消费者的意愿推动。在循环经济中做得最好的德国和日本，都注重通过立法来倡导绿色消费理念，德国政府将"为子孙后代负责"这一理念写入基本法，不仅要求政府积极行动，而且要求生产者和消费者都具有环保理念，将环保作为一种永恒运动，使政府与公众共同参与其中。[8]日本则从小学开始就重视培养"聪明的消费者"的消费教育，培养学生日常生活正确消费、环境保护和资源节约意识。[9]欧盟国家也建立了一系列法律和激励政策来规范和引导消费者节约资源、保护环境。

西方发达国家在倡导可持续消费的问题上，已经经过了关键的立法阶段，并形成了与之相适应的经济发展模式和社会行为模式，同时与传统的宗教观念或社会文化观念相衔接，消费者的行为和心理较为成熟，消费者的主体意识较强，消费的社会生态已形成较好的基础。但是总体而言，西方国家也没有走出一边提倡环保与一边存在消费主义的怪圈，高消费、超前消费与生态消费、节约消费并存，其本质是资本主义工业化无法走出自身的固有弊端。然而，在可持续的消费立法和消费伦理文化的倡导方面，西方国家的许多具体做法是值得借鉴的。

中国人自改革开放以来才逐渐进入自主消费阶段，改革开放以前，无论是农耕社会还是计划经济，消费都缺乏自主性，消费的是物的使用价值，节俭是消费伦理的主流。20世纪80年代，"能挣会花"的消费观念传遍全国；20世纪90年代初到21世纪初，住房按揭实现了一大部居民购房的消费需求，其背后有"超前消费"伦理观念的支持；2001年中国加入世贸组织，中国成为世界工厂，经济力量迅速崛起，社会成员的收入增加了，但社会生活中"炫耀型"消费负面影响日益显现。[10]近年来，在出口、投资等传统经济增长因素的热度不断下降的情况下，消费领域异军突起，成为拉动经济增长的重要引擎。尤其是在新冠肺炎疫情的冲击下，消费成为稳定国民经济的"压舱石"。

如果仅仅把中国的消费主义现象归结为西方价值观的影响是有失偏颇的，因为中国的传统社会消费观与西方相比有很大差异，自从深度参与全球化之后，在经济迅速增长的同时也一定程度出现了消费主义的特征。由此可见，影响消费观念与消费行为的第一位因素是生产因素，第二位才是伦理因素。因此，市场自身的自发性是不容忽视的，只有充分认清社会生产方式和社会财富状况对社会成员消费模式的影响，才能从道德和文化层面对人们的消费行为和消费心理进行引导。进入全面小康社会后，我国居民的生活也将逐渐被"物的丰盛"所包围，面对我们所创造出来的日益增长的社会财富和日益"人化"的自然，我们应该如何与之相处？又应该如何自处？

资本逻辑与人本逻辑的博弈，是消费伦理的核心问题。消费伦理对生态问题的担忧，实际上是对人类未来生存和发展的担忧。资本逻辑走不出消费主义的泥潭，在这种情况下，人本逻辑只能实现局部的改善，这正是西方马克思主义生态批判的局限。要跳出资本逻辑与生态危机，需要发展模式及文明模式的转型，中国已经找到这条必由之路——建设社会主义生态文明。中国的生态文明建设，致力于把良好生态环境福祉惠及全体人民，只有以人民的美好生活需要为根本的价值旨归，才能够破除西方那种因阶级阶层利益分化所导致的对生态环境保护问题上的立场对立。生态文明建设的总体战略，目前在落实层面上最薄弱的环节是对人民生活方式和消费行为的规范和引导。生态消费实际上是人民共建共享美好生活的一种现实行动，基于对美好生活的向往和不断实现人的自由全面发展的渴望，引导促进人民团结起来履行消费者的生态保护责任，实现中华民族永续发展，是破除消费主义怪圈的人本逻辑动力所在。

三、生态消费的挑战与机遇

全面小康必须是"五位一体"小康，目前民生问题与生态问题的短板仍然比较显著。在国家层面，发展经济和保护生态仍是一对突出矛盾，而在人民生活领域，随着人民收入水平和生活水平的不断提高，消费领域所产生的资源消耗与环境污染问题日益严峻，全面促进消费与保护生态环境的矛盾十分突出。从全面建成小康社会到全面建设社会主义现代化国家，对生态消费而言，存在一定的挑战，但更多的是机遇。

1. 发展生态消费的现实挑战

随着人民生活水平的不断提高，未来国民消费总量的提高和消费质量的提升，必将引起资源和环境压力的进一步攀升。从消费总量来看，在没有完成绿色发展的转型之前，内需的扩大和升级所带来的资源环境压力将是一个严峻的挑战。农村消费市场正在崛起，出现了大量的改善生活的刚需型消费。在疫情时代，国家一方面要通过全面促进消费来刺激生产，一方面又要促进消费方式向绿色、健康、安全的方向发展，从而实现绿色生产和绿色生活的双转型。就目前而言，消费刺激生产的效果显著，消费倒逼生产的机制尚未形成。从消费质量来看，当人的基本需要得到满足后，即对物质的使用价值的消费得到了有效的、稳定的满足后，随着生活水平的提高，消费的无限性——消费的精神需要将不断提高。如果不适时引导消费的精神价值，则会使人在日渐富裕的时代，把无限的精神追求寄托在无限的消费之中，造成人的物化和社会、经济、环境的不可持续发展。

现阶段，我国的消费形势总体呈现出扩大消费总量、提高消费质量和消费方式生态化转型的"三期叠加"特征。可以说，中国从"消费革命"到"生态消费革命"，中间没有一个依靠市场和消费者自身逐步觉醒的较长周期。"转型剧烈"和"三期叠加"，使我国的消费者缺少一个自我成长的时间。从消费心态来看，相比于西方发达国家的居民已经经历了一个较长阶段的富裕生活，形成了较稳定的消费观念而言，我国消费者对社会和个人所创造出来的财富，还缺少理性的认识和把握，即对"何为小康生活"与"何为富裕生活"还缺少充分的思想准备，而富裕给人们展示出来的第一感受是财富增加、物质充裕，这会造成居民物质消费欲望的增长和消费行为的盲目性。

消费者的主体性不强、消费行为的扁平化、消费行为的社会化不足等几个方面的原因，使我国的消费者缺少生态消费的意识。消费主体性是相对于消费客体而言的，在消费客体（包括物质消费和精神消费）面前，中国消费者的自主性还没有充分觉醒，一方面渴望个性化，但很多时候的"个性化"是对符号消费的模仿行为。中国出现了同质化的趋势，国人在追求个性化消费的同时，其实不够个性，所谓的"个性"，更多时候是攀比与炫耀。近年来互联网营销的热度持续上升，又推动了消费的新浪潮，在消费心理上更多地体现为对物的占有和符号化消费对个人身份的彰显。

王宇等通过对 2004—2018 年生活领域资源能源绩效指数、生活源污染物排放量研究指出，中国在生产领域中资源环境效率提升带来的环境积极影响尚不能弥补和抵消生产和消费领域规模扩张产生的环境负面影响，消费领域的绿色转型进程缓慢甚至退步并直接拖滞了中国发展整体绿色转型的步伐和深度。[11]国合会"绿色转型与可持续社会治理专题政策研究"课题组指出，中国消费领域对资源环境的压力持续加大、问题日益凸显。从中国整体绿色发展转型进程和状态看，不平衡不协调的问题比较突出。在整个经济社会系统中，经济维度的绿色转型发展较快较好，社会维度相对滞后。[12]

生产与生活作为经济运行的供给侧与需求侧，目前我国绿色产品的供给水平不足、质量不高，粗放式增长的模式尚未根本扭转，而在生活的需求侧，人们消费绿色产品、调整消费结构的意识更是明显落后于生产领域的绿色转型。我国促进绿色发展的法律政策主要集中在生产领域，对消费者的约束和激励机制较少，这就造成消费者的生态责任意识薄弱。虽然近年来我国人民的生态环境保护意识不断提高，生态环境质量已经成为人们最关注的发展问题之一，但总体上还是呈现"高认知度"和"低践行度"的困境。现实的困境和挑战同时也表明了我国发展生态消费的空间和机遇非常广阔，亟待通过法律政策约束、文化教育引导来促进消费者从意识到行为的转变。

2. 发展生态消费的机遇

按照经济发展规律，生态消费应该是富起来以后的消费方式。当恩格尔系数很高的时候，人们的消费水平低，那不是生态消费，而是生存型消费，而且无法避免贫穷地区的人们为了生存去破坏自然生态。贫穷是最大的污染，这在历史上都是屡见不鲜的。我们全面打赢了脱贫攻坚战，消灭了绝对贫困，拔掉了物质上的"穷根"，要巩固脱贫成果，避免刚富起来的农村居民出现报复性消费，就必须拔掉精神上的"穷根"。消费转型升级将带来绿色低碳消费的机遇，我国居民的消费水平总体上正在从温饱型向发展型、享受型转变，人们在消费中更加注重身心健康，消费行为中精神内涵日益丰富和提升，生活水平的提高是发展生态消费的必要条件。绿色是从高速度消费增长向高质量消费发展全面转变的必要条件。我国既要努力提高居民的消费总量和消费质量，切实满足人民的美好生活需要，又要加快促进消费方式的生态化转型。

从整体发展水平而言，我国发展生态消费具备较好的基础：第一，中国已经建立起生态文明的制度四梁八柱，能够对绿色发展实现制度上的整体协调，具备将生态文明制度体系从生产领域扩展到生活领域的制度建设基础；第二，在绿色生产上已经积累了一定的经验，并初步建立起了绿色金融体系，能够在生产上逐步提高以满足人民不断增长的生态消费需求；第三，人民生活水平不断提高，在消费结构上呈现升级的趋势，客观上有利于生态消费的形成；第四，收入分配制度不断调整，持续地促进分配的公平正义，正逐步从全面小康迈向共同富裕，收入分配的均衡有利于遏制消费过度和消费不足，促进生态消费；第五，2060 年实现"碳中和"的目标将对经济社会发展产生深刻的影响，"十四五"规划纲要提出了"碳达峰"的远景目标，削减和抵消碳排放将会成为未来几十年我国经济发展和居民生活的主导方式，相应的减排措施和制度建设也将逐步落地。

与此同时，新冠肺炎疫情的大流行，也使人们的行为方式和思维方式发生了重大变化：第一，人们对人与自然关系的认识更加深刻，拒食野生动物形成了普遍共识，保护生态的意识不断增强；第二，万众一心携手抗疫使国人的家国情怀得到升华，对人与社会的关系认识加深，公民的文明素质显著提高，社会成员的责任感显著增强；第三，人们对健康更加关注，更看重生活本身，疫情使人们更多地回归生活、重视生活，这些都对消费心理与消费行为产生了直接的影响。在疫情倒逼之下所产生的这些转变，使国人社会责任意识与生态责任意识迅速提升，对何为美好生活的体会也更加深刻，疫情考验和提升了中华民族的生态文明素质，这为生态消费的发展提供了良好的契机。

四、培育与美好生活相适应的生态消费

生态消费应该以自然生态来制约社会生态，以社会生态来促进自然生态。培育美好生活的生态消费，应该坚持以下四个维度：

1. 以幸福原则构筑生态消费的社会基础

消费不等于幸福，但消费影响幸福。当人的基本需要满足后，消费什么、消费多少、怎样消费才算幸福，受到整个社会消费水平的影响。受到消费影响的幸福，是具有相对性的，因为消费与幸福之间隔着一个对比的参照系。国人的结婚"标配"，从"三转一响"到"三大件"，再到"房子、车子、票子"，消费的对比参照系在提高，但消费满足心理及其幸福影响机制是一样的。那就是在一定时代下，消费是否满足了社会成员维持其基本尊严的需要。我们要承认消费对比参照系的存在，并且致力于打造一个符合人的美好生活需要的合理参照系。如果对比参照系是攀比、炫耀、欲望，那么越消费就越不幸福；如果对比参照系是合宜、适度、内涵，那么不仅有利于人们形成简约适度的消费方式，而且能够提升人们对消费的真正的自主选择。当人拥有了在生活中支配物质需要与精神需要合理配比的能力后，他就能把握自身的选择，做出合理适度的消费行为，从而充分考虑自身消费行为对自然生态的影响，践行生态消费。生态消费的良好习惯的形成，应当以一定社会条件下人的基本尊严得到满足的幸福原则，通过培养人的理性消费心理及其行为能力来实现。

2. 以精神需要引导生态消费的价值旨归

美好生活消费的显著特征是温饱型消费得到满足，享受型和发展型消费比重不断提高。如何避免在物质丰盛时代享乐主义泛滥？享受型消费多少才是合理的？应当提高消费的精神需要比重，包括提升物质消费的精神内涵和文化精神消费。发展型消费也主要是精神消费，发展型消费有利于提高人的主体性，提高消费者的消费理性。可见，美好生活的消费需要中的精神消费占比将不断上升，质量也将不断提高，应当以合理性引导人们在享受生活的同时减少资源浪费、提高生活的品质，更重要的是提供优质的文化、教育、服务

消费品来满足人们日益提高的享受型和发展型需要，促进人的素质的提高，培育消费者的精神生态。能够做出持续的生态消费行为的人，在其内心世界，必然是一个实现了精神生态的人。

3. 以合理原则规范生态消费的行为尺度

要克服消费主义的负面影响，就必须引导人们理性地认识自身的真实需要，摒弃虚假需要、纠正异化需要。那么，真实需要就一定合理吗？在特定的阶段下，这两者之间可能会存在一定矛盾。因为真实需要是对个人需要而言的，而合理需要是对社会需要而言的。有时候，真实的需要未必合理，因为如果当社会无法满足大多数人的某一项真实需要时，它就在那个阶段不具备合理性，只能通过发展生产来逐步实现，而不能够杀鸡取卵。合理需要必须以整体的生态限阈为底线，要求消费者履行作为社会成员的责任，使个人的真实需要与社会、自然生态所要求的合理需要之间实现动态的统一。例如，扩大消费必然增加碳排放，在碳中和目标的制约下，人们都应该适度减排，但将来随着国土绿化面积的增加和碳减排技术的进步，我们所产生的碳排放能够得到更好的处理，那么在碳中和的前提下，人们的消费量又可以适当提高，如此就能实现动态平衡，这实际上就是要求个人把自己的真实消费需要与社会的生产水平和自然的承载能力保持一致。

4. 以共享原则提升生态消费的责任意识

人民的美好生活指的是全体人民，而非部分人或少数人，资源共享是美好生活的应有之义。同时，共同的社会生活是美好生活的社会基础，如果没有共性与共同体的生活，所谓的"美好"本身也是不存在的。因此，要强化社会共同体和人与自然生命共同体意识，引导人民共享自然资源。当代人的消费公正是消费代际公正的前提，为了不损害后代人满足其需要的能力，前提是要实现当代人的消费利益的和谐公正。贫富差距会引起过度消费和消费不足，要解决消费不平衡问题，就要调节收入分配，促进社会财富分配的公平正义，防止高收入人群的炫耀性消费与收入水平逐步提高的群体出现报复性消费。只有克服社会成员在消费上的无序竞争，人们才能以整体性的观点来把握自身消费行为是否适度合宜，才能充分考虑自身的消费行为是否会对他人、社会和自然产生影响，才能共享消费资源，共创美好生活。

五、结语

新时代的高质量发展与高质量生活都离不开生态消费，全面促进消费的着力点在于消费质量的提升，既要运用好以生态消费促进绿色发展的工具性，又要把握好以生态消费提升美好生活品质、增进人民福祉的目的性，使消费摆脱资本逻辑，向人本逻辑、生活逻辑回归。同时也要引导人民把握好个人生活中消费的工具性与目的性，把生态消费作为处理好消费创造美好生活和享受美好生活的重要价值原则，使人民在"绿水青山"与"金山银山"中共创共享美好生活。

参考文献

［1］倪琳. 中国生态消费发展评价指标体系与实证评价［J］. 中国国土资源经济，2014，（5）：68.

［2］蒋玲. 生态消费模式的价值蕴含及建构路径［J］. 内蒙古大学学报（哲学社会科学版），2021，（1）：50.

［3］中共中央国务院. 关于完善促进消费体制机制进一步激发居民消费潜力的若干意见［M］. 北京：人民出版社，2018：1.

［4］罗建平. 破解消费奴役——消费主义和西方消费社会的批判与超越［M］. 北京：社会科学文献出版社，2015：7.

［5］［6］［7］［法］让·鲍德里亚著，刘成富，全志钢译. 消费社会［M］. 南京：南京大学出版社，2014：5、23、26.

［8］［9］孙世强. 生活性消费、经济增长与消费伦理嵌容［M］. 北京：社会科学文献出版社，2018：84、102.

［10］周中之. 全球化背景下的中国消费伦理［M］. 北京：人民出版社，2012：13-16.

［11］王宇，王勇，任勇，俞海. 中国绿色转型测度与绿色消费贡献研究［J］. 中国环境管理，2020，（1）：42.

［12］国合会"绿色转型与可持续社会治理专题政策研究"课题组. 绿色消费在推动高质量发展中的作用［J］. 中国环境管理，2020，（1）：27.

相对落后地区新型城镇化与生态环境交互关系分析

——以湘西自治州为例

邵 佳[1]

（湖南第一师范学院商学院　湖南长沙　410000）

摘　要：以湘西自治州为例，在城镇化与生态环境交互关系分析的基础上，构建城镇化与生态环境交互关系评价指标体系，运用灰色关联分析与 TOPSIS 相结合的方法，计算研究区城镇化与生态环境综合指数，基于脱钩弹性系数的城镇化与生态环境交互关系模型及评定标准，分析研究区近十年内城镇化与生态环境的脱钩类型。研究结果表明：2009—2018 年，湘西自治州各县、市城镇化进程稳步推进，生态环境质量整体有所提升；各县、市的脱钩弹性系数变动幅度较大，各种脱钩状态相互并存，交替出现。提升城镇化与生态环境实现扩张耦合协调发展的关键是，构建新型城镇化发展的新体系，从制度和源头上推进绿色发展路径下的新型城镇化进程；积极发展生态产业，不同主体相互协同，形成合力；倡导生态环保理念，使绿色文化畅行整个湘西自治州。

关键词：新型城镇化；生态环境；交互关系；脱钩弹性系数

推进新型城镇化建设，是实现我国社会主义现代化的必由之路，而推动生态文明建设则是关乎人民福祉，民族未来的大计。在生态文明理念和原则指导下，推进新型城镇化建设，实施乡村振兴战略，推动区域协调发展，这不仅有利用于解决我国城乡发展不平衡不协调的矛盾，促进农业农村发展，也有利于提升我国城镇化水平和质量。湘西自治州既是城镇化进程相对落后的地区，也是长江经济带重要生态安全屏障带和国家重点生态功能区。在推进新型城镇化，实施乡村振兴战略进程中，如何做到降低生态风险、保护生态环境，实现城乡协调可持续发展，将是以生态为特色、发展为核心的湘西自治州面临的重大课题。

目前，国内外学者围绕城镇化与生态环境交互耦合机理、城镇化与生态系统协调发展

1　[基金项目] 本文系国家社科基金项目"武陵山连片特困区城镇化与生态风险的交互机制研究"（项目编号：18BJY057）阶段性成果。

邵佳，湖南湘阴人，副教授，博士。主要研究方向为城镇化与生态系统安全性评估。

等展开了诸多研究。在城镇化与生态环境相互影响的理论体系研究方面，主要包括压力—状态—响应（PSR）理论模型、环境库兹涅茨理论、脱钩理论、耦合裂变律、动态层级律、随机涨落律、非线性协同律、阈值律和预警律等，相关理论与模型是研究城镇化与生态环境相互作用的重要基础，对系统揭示相对落后地区城镇化进程与生态环境演变进程之间的作用机理具有重要的理论指导意义。此外，城镇化与生态环境发展关系的实证研究内容也较为丰富，国内外学者运用 GIS、RS、数值模拟等方法分析了城镇化对气候[1-2]、生物多样性[3-4]、水环境[5-6]、土地[7]的影响，其研究尺度涵盖了国家[8-9]、城市群[10-1]、城市[12-13]，这些实证研究对于具体区域实现城镇化与生态环境耦合协调发展具有重要的实践指导意义。但是在研究尺度上，目前研究缺少对经济发展相对落后、生态功能重要、生态环境脆弱地区的关注，而恰恰是这些地区，在城镇化进程中往往以牺牲环境为代价，加剧了生态问题的严峻性。有鉴于此，本文以湘西自治州为例，基于城镇化与生态环境交互关系的分析框架，从城镇化与生态环境两个子系统出发，构建城镇化与生态环境交互关系评价指标体系，运用灰色关联分析与 TOPSIS 相结合的方法，计算该区域城镇化与生态环境综合指数，在此基础上测度湘西自治州城镇化与生态环境脱钩弹性系数，判断两者的脱钩类型及状态，剖析经济社会发展过程中存在的问题，进而提出针对性的发展对策，以期为该地区实现城镇化与生态环境协调发展提供指导和借鉴。

一、城镇化与生态环境交互关系分析及指标体系构建

（一）城镇化与生态环境交互关系分析

城镇化是以农业为主的传统乡村型社会向以非农产业为主的现代城市型社会逐渐转变的复杂过程。新型城镇化的核心在于不以牺牲农业与粮食、生态与环境为代价，其内涵主要由人口城镇化、经济城镇化、土地城镇化、社会城镇化等部分组成。生态环境系统是由生态系统和环境系统中的各个元素所组成的一个复杂系统。新型城镇化系统与生态环境系统彼此之间相互影响、相互作用。

具体而言，人口城镇化使得城市文明向乡村传播、渗透、融合，带来了人口整体素质的提升，绿色生活、消费方式得到推广，环境保护意识增强，有利于减轻生态环境的压力，然而随着城镇人口逐渐增多，城市人口密度逐渐增加，噪音、尾气、生活垃圾的排放给生态环境带来巨大压力；经济城镇化主要表现为农业活动向非农活动的转变，产业的集聚带来规模经济效益，经济总量水平明显提升，产业结构不断优化，经济稳定性得到增强，自然资源的利用效率得到提高，但是产业聚集会消耗更多的自然资源，生产所产生的废水、废气、固体废物也会增加生态环境的压力；土地城镇化可以促使各类生态要素和生产主体实现在空间上的聚集，有利于专业化的分工协作，提高资源的配置效率，然而随着农村地域向城市地域的转换，这会导致土地资源紧张、生态景观破坏、生物多样性减少，破坏区域生态格局，降低土地的生态功能，威胁区域生态安全；社会城镇化表现为城市生活方式向农村地区渗透、扩散，人们的生活方式与消费理念随之改变，进而影响了资源的

利用方式和环境的保护效果。

城镇化和生态环境之间存在着极其复杂的交互关系，城镇化进程中的每个方面会对生态环境带来双重影响，而生态环境通过自身的响应对城镇化进程的每个方面都有一定的促进与约束作用。新型城镇化的发展要以节约自然资源、保护生态环境为前提，生态环境也要为新型城镇化的发展提供良好的发展空间和物质基础，这样两个系统之间才能够产生协同效应，实现城镇化系统与生态环境系统之间协调、健康、稳定发展。

(二) 城镇化与生态环境交互关系评价指标体系构建

参考相关研究成果[14-16]，充分考虑研究区的实际情况及数据的可得性，从人口、经济、土地、社会等四个方面构建城镇化发展指标，以此为基础衡量研究区城镇化综合发展水平；从环境污染和资源消耗等两个方面构建生态环境综合指标，以此为基础衡量研究区生态环境整体质量。

表 1　城镇化与生态环境交互关系评价指标体系

准则层	系统层	指标层	指标属性
城镇化系统	人口城镇化	城镇人口比重 X_1	正向指标
		二、三产业就业人口比重 X_2	正向指标
	经济城镇化	人均 GDP X_3	正向指标
		二、三产业占 GDP 比重 X_4	正向指标
	土地城镇化	人均建成区面积 X_5	正向指标
		人均拥有道路面积 X_6	正向指标
	社会城镇化	燃气普及率 X_7	正向指标
		城镇固定资产投资 X_8	正向指标
生态环境系统	环境污染	单位土地面积工业废水排放量 Y_1	负向指标
		单位土地面积固体废弃物产生量 Y_2	负向指标
		单位土地面积二氧化硫排放量 Y_3	负向指标
		城镇生活污水处理率 Y_4	正向指标
	资源消耗	单位 GDP 能耗 Y_5	负向指标
		森林覆盖率 Y_6	正向指标
		人均耕地面积 Y_7	正向指标
		工业固体废弃物综合利用率 Y_8	正向指标

二、研究方法与数据来源

（一）研究方法

1. 基于灰色关联和加权 TOPSIS 法的城镇化指数、生态环境综合指数计算

TOPSIS 法基本原理是通过检测多属性评价问题中评判对象与正、负理想解之间的距离来进行排序[17]。灰色关联系数改进的加权 TOPSIS 模型是对标准化后的评价矩阵进行加权，计算灰色关联系数，构建灰色关联系数矩阵，确定正、负理想对象，计算评价对象与正、负对象间欧氏距离的相对大小，构造相对贴近度指标，以该指标作为评价依据，具体建模与实施步骤如下[17]。

构建评价矩阵。设有 n 个评判对象，m 个评判指标，评判 x_{ij} 表示第 i 个评价对象中第 j 个评判指标。则建立初始评判矩阵为：

$$X = \begin{bmatrix} x_{11} & x_{12} & \cdots & x_{1m} \\ x_{21} & x_{22} & \cdots & x_{2m} \\ \vdots & \vdots & \ddots & \vdots \\ x_{n1} & x_{n2} & \cdots & x_{nm} \end{bmatrix},$$

$$X = \{x_{ij}\}_{n \times m} (0 \leqslant i \leqslant n, 0 \leqslant j \leqslant m) \tag{1}$$

原始指标归一化。由于原始指标数据间存在量纲差异，且各指标对评价目标的影响方向不同，为了消除其影响，必须对矩阵 X 进行同向无量纲化处理。本文采用极差法对各个指标进行处理。经处理后的样本矩阵转化为矩阵 A_{ij}，$A_{ij} = \{a_{ij}\}_{n \times m}$，其中，$a_{ij} \in [0, 1]$。

构建加权标准化评价矩阵。运用熵权法计算各指标权重 $W = \{w_1, w_2, \cdots w_m\}$，依据公式 $b_{ij} = w_i \cdot a_{ij}$，构建如下加权评价矩阵：

$$B = \begin{bmatrix} w_1 a_{11} & w_2 a_{12} & \cdots & w_m a_{1m} \\ w_1 a_{21} & w_2 a_{22} & \cdots & w_m a_{2m} \\ \vdots & \vdots & \ddots & \vdots \\ w_1 a_{n1} & w_2 a_{n2} & \cdots & w_m a_{nm} \end{bmatrix} \tag{2}$$

构建绝对差值矩阵。选取参考数列 $b_{0j} = \{b_{0j} \mid j = 1, 2, \cdots, m\}$，其中 b_{0j} 为每个指标的理想值，选取方法为：对于正向指标，在初始评价矩阵中寻找该指标最大值，该指标值在加权评价矩阵中所对应的值就是理想值；对于逆向指标，在初始评价矩阵中寻找该指标最小值，该指标值在加权评价矩阵中所对应的值就是理想值。依据公式（3）构建绝对差值矩阵 C：

$$c_{ij} = |b_{ij} - b_{0j}| \tag{3}$$

构造关联系数矩阵。依据公式（4）计算评价指标 b_{ij} 与最优值 b_{0j} 的关联系数：

$$\zeta_{ij} = \frac{\min\limits_{i} \min\limits_{j} c_{ij} + \rho \max\limits_{i} \max\limits_{j} c_{ij}}{c_{ij} + \rho \max\limits_{i} \max\limits_{j} c_{ij}} \tag{4}$$

式中，$\min\limits_{i}\min\limits_{j}c_{ij}$，$\max\limits_{i}\max\limits_{j}c_{ij}$ 分别为绝对差值矩阵中的两级极小差和两级极大差；$\rho\in(0,$ $\infty)$ 称为分辨系数，ρ 越小，分辨力越大，当 $\rho\leqslant0.563$ 时，分辨力最好，通常取 $\rho=$ $0.5^{[18]}$，通过计算所得到的关联系数矩阵为：

$$\zeta_{ij}=\begin{bmatrix} \zeta_{11} & \zeta_{12} & \cdots & \zeta_{1m} \\ \zeta_{21} & \zeta_{22} & \cdots & \zeta_{2m} \\ \vdots & \vdots & \ddots & \vdots \\ \zeta_{n1} & \zeta_{n2} & \cdots & \zeta_{nm} \end{bmatrix} \tag{5}$$

评判对象贴近度计算。将上述所得的关联系数矩阵作为新的评价矩阵，以此来确定正、负理想解：

$$\zeta_0^+=\{\max\limits_{1\leqslant i\leqslant n}\ \max\limits_{1\leqslant j\leqslant m}\zeta_{ij}\}$$
$$\zeta_0^-=\{\min\limits_{1\leqslant i\leqslant n}\ \min\limits_{1\leqslant j\leqslant m}\zeta_{ij}\} \tag{6}$$

评价对象与正、负理想解的距离为：

$$d_i^+=\sqrt{\sum_{j=1}^m(\zeta_{ij}-\zeta_0^+)^2} \tag{7}$$

$$d_i^-=\sqrt{\sum_{j=1}^m(\zeta_{ij}-\zeta_0^-)^2} \tag{8}$$

评价对象与正理想解的贴近度为：

$$E_i^+=\frac{d_i^-}{d_i^++d_i^-},0\leqslant E_i^+\leqslant1 \tag{9}$$

贴近度 E_i^+ 反映了评价对象靠近正理想解远离负理想解的程度，通过贴近度值降序排列，可以对评判对象进行选择、评判[17]，本文以计算所得的贴近度分别代表研究区城镇化综合指数 CUI 与生态环境综合指数 CEI。

2. **基于脱钩弹性系数的城镇化与生态环境交互关系模型及评定标准**

在计算城镇化综合指数和生态环境综合指数的基础上，本文参照 Tapio 的研究方法，计算湘西自治州城镇化与生态环境脱钩的弹性系数。

$$\varepsilon_t=\frac{\Delta CEI_t}{\Delta CUI_t}=\frac{(CEI_t-CEI_{t-1})/CEI_{t-1}}{(CUI_t-CUI_{t-1})/CUI_{t-1}} \tag{10}$$

式中，ε_t 代表第 t 时期的脱钩弹性系数；ΔCEI_t 代表第 t 时期研究区生态环境综合指数的变动率；CEI_t 和 CEI_{t-1} 分别代表第 t 期和第 $t-1$ 期的生态环境综合指数；ΔCUI_t 代表第 t 时期研究区城镇化综合指数的变动率；CUI_t 和 CUI_{t-1} 分别代表第 t 期和第 $t-1$ 期的城镇化综合指数。

借鉴相关研究成果[19-20]，脱钩状态、分类及判断标准如下表所示。

表 2　脱钩弹性系数及脱钩状态

脱钩状态	城镇化综合指数变化率	生态环境综合指数变化率	脱钩弹性系数
扩张型绝对脱钩	>0	<0	<0
衰退型绝对脱钩	<0	>0	<0
扩张型相对脱钩 I	>0	>0	[0, 0.25)
衰退型相对脱钩 I	<0	<0	[0, 0.25)
扩张型相对脱钩 II	>0	>0	[0.25, 0.5)
衰退型相对脱钩 II	<0	<0	[0.25, 0.5)
扩张型相对脱钩 III	>0	>0	[0.5, 0.75)
衰退型相对脱钩 III	<0	<0	[0.5, 0.75)
扩张型相对脱钩 IV	>0	>0	[0.75, 1)
衰退型相对脱钩 IV	<0	<0	[0.75, 1)
扩张耦合临界状态	>0	>0	1
衰退耦合临界状态	<0	<0	1
扩张耦合协调状态	>0	>0	>1
衰退耦合协调状态	<0	<0	>1

（二）数据来源

研究数据来自 2009—2018 年湘西自治州相关统计资料，主要来源是《湘西州统计年鉴 2009—2018》、湘西州统计信息网、中国湘西网等。

三、城镇化与生态环境耦合协调特征分析

（一）湘西自治州城镇化综合指数、生态环境综合指数分析

根据收集、整理得到的湘西自治州各县、市的指标数据，得到各研究区的初始评价矩阵 X，由于篇幅所限，本文仅介绍吉首市城镇化综合指数计算过程。

$$x = \begin{bmatrix} 67.03 & 50.26 & 22675 & 94.27 & 99.77 & 13.55 & 61.56 & 738856 \\ 70.27 & 51.90 & 24730 & 94.19 & 94.21 & 13.14 & 66.78 & 304849 \\ 71.01 & 51.63 & 28482 & 94.70 & 92.59 & 13.08 & 65.31 & 422300 \\ 72.21 & 52.66 & 31537 & 94.70 & 130.08 & 13.5 & 67.61 & 523500 \\ 72.27 & 59.98 & 33904 & 94.63 & 129.55 & 13.6 & 70.93 & 667642 \\ 73.24 & 60.70 & 35806 & 94.57 & 126.32 & 13.72 & 72.96 & 801642 \\ 73.26 & 61.85 & 39364 & 94.62 & 125.76 & 15.44 & 77.62 & 985291 \\ 73.52 & 66.95 & 42043 & 94.79 & 153.06 & 34.91 & 77.57 & 1212047 \\ 73.91 & 71.25 & 44817 & 95.50 & 147.87 & 34.17 & 81.1 & 1539623 \\ 74.06 & 75.55 & 47486 & 95.73 & 143.24 & 31.92 & 86.41 & 1701283 \end{bmatrix}$$

运用极差法对原始数据进行处理，得到归一化评价矩阵 A_{ij}：

$$A=\begin{bmatrix} 0 & 0 & 0 & 0.050 & 0.119 & 0.021 & 0 & 0.311 \\ 0.461 & 0.065 & 0.083 & 0 & 0.027 & 0.003 & 0.210 & 0 \\ 0.566 & 0.054 & 0.234 & 0.328 & 0 & 0 & 0.151 & 0.084 \\ 0.737 & 0.095 & 0.357 & 0.328 & 0.620 & 0.019 & 0.243 & 0.157 \\ 0.745 & 0.384 & 0.453 & 0.286 & 0.611 & 0.024 & 0.377 & 0.260 \\ 0.883 & 0.413 & 0.529 & 0.247 & 0.558 & 0.029 & 0.459 & 0.356 \\ 0.886 & 0.458 & 0.673 & 0.278 & 0.549 & 0.108 & 0.646 & 0.487 \\ 0.923 & 0.660 & 0.781 & 0.389 & 1 & 1 & 0.644 & 0.650 \\ 0.979 & 0.830 & 0.892 & 0.846 & 0.914 & 0.966 & 0.786 & 0.884 \\ 1 & 1 & 1 & 1 & 0.838 & 0.863 & 1 & 1 \end{bmatrix}$$

运用熵权法，得到吉首市城镇化各指标权重 $W=$（0.04488，0.13719，0.08837，0.11186，0.10147，0.32089，0.08719，0.108147），在此基础上，得到加权评价矩阵：

$$B=\begin{bmatrix} 0 & 0 & 0 & 0.006 & 0.012 & 0.007 & 0 & 0.033 \\ 0.020 & 0.009 & 0.007 & 0 & 0.003 & 0.001 & 0.018 & 0 \\ 0.025 & 0.007 & 0.021 & 0.037 & 0 & 0 & 0.014 & 0.009 \\ 0.033 & 0.013 & 0.032 & 0.037 & 0.063 & 0.006 & 0.021 & 0.017 \\ 0.033 & 0.053 & 0.040 & 0.032 & 0.062 & 0.008 & 0.033 & 0.028 \\ 0.040 & 0.057 & 0.047 & 0.028 & 0.057 & 0.009 & 0.040 & 0.038 \\ 0.040 & 0.063 & 0.059 & 0.031 & 0.056 & 0.035 & 0.056 & 0.053 \\ 0.041 & 0.091 & 0.069 & 0.043 & 0.101 & 0.321 & 0.056 & 0.070 \\ 0.044 & 0.114 & 0.079 & 0.095 & 0.093 & 0.310 & 0.069 & 0.096 \\ 0.045 & 0.137 & 0.088 & 0.112 & 0.085 & 0.277 & 0.087 & 0.108 \end{bmatrix}$$

取 $b_0=$（0.0449，0.1372，0.0883，0.1119，0.1015，0.3209，0.0872，0.1081）为参考数列，根据式（3）～（4）计算各指标灰色关联系数并得到关联系数矩阵：

$$\zeta=\begin{bmatrix} 0.781 & 0.539 & 0.645 & 0.602 & 0.642 & 0.338 & 0.648 & 0.683 \\ 0.869 & 0.556 & 0.664 & 0.589 & 0.619 & 0.334 & 0.700 & 0.597 \\ 0.892 & 0.553 & 0.703 & 0.681 & 0.613 & 0.333 & 0.684 & 0.618 \\ 0.931 & 0.564 & 0.739 & 0.681 & 0.806 & 0.338 & 0.709 & 0.638 \\ 0.934 & 0.655 & 0.768 & 0.668 & 0.803 & 0.339 & 0.747 & 0.667 \\ 0.968 & 0.666 & 0.794 & 0.656 & 0.781 & 0.340 & 0.773 & 0.697 \\ 0.969 & 0.683 & 0.847 & 0.665 & 0.778 & 0.359 & 0.839 & 0.743 \\ 0.979 & 0.775 & 0.892 & 0.701 & 1 & 1 & 0.838 & 0.809 \\ 0.994 & 0.873 & 0.944 & 0.903 & 0.949 & 0.937 & 0.856 & 0.928 \\ 1 & 1 & 1 & 1 & 0.907 & 0.785 & 1 & 1 \end{bmatrix}$$

根据公式（6）确定正、负理想解，再根据公式（7）、（8）计算各评价对象与正理想解和负理想解的距离：

$$\begin{cases} d_1^+ = 1.1558 \\ d_1^- = 0.8536 \end{cases}, \begin{cases} d_2^+ = 1.1563 \\ d_2^- = 0.8927 \end{cases}, \begin{cases} d_3^+ = 1.1142 \\ d_3^- = 0.9487 \end{cases}, \begin{cases} d_4^+ = 1.0285 \\ d_4^- = 1.0737 \end{cases}, \begin{cases} d_5^+ = 0.9688 \\ d_5^- = 1.1259 \end{cases}$$

$$\begin{cases} d_6^+ = 0.9488 \\ d_6^- = 1.1647 \end{cases}, \begin{cases} d_7^+ = 0.8880 \\ d_7^- = 1.2340 \end{cases}, \begin{cases} d_8^+ = 0.4636 \\ d_8^- = 1.5585 \end{cases}, \begin{cases} d_9^+ = 0.2267 \\ d_9^- = 1.6845 \end{cases}, \begin{cases} d_{10}^+ = 0.2343 \\ d_{10}^- = 1.7888 \end{cases}$$

根据公式（9）计算各评价对象与正理想解的贴近度：

③ $$\begin{cases} E_{11}^+ = 0.4248, \ E_{12}^+ = 0.4357, \ E_{13}^+ = 0.4599, \ E_{14}^+ = 0.5108, \ E_{15}^+ = 0.5375 \\ E_{16}^+ = 0.5511, \ E_{17}^+ = 0.5815, \ E_{18}^+ = 0.7708, \ E_{19}^+ = 0.8814, \ E_{20}^+ = 0.8842 \end{cases}$$ ③

以计算所得的正理想解的贴近度作为城镇化综合指数，类似于城镇化综合指数的计算过程，同理可以得到研究区生态环境指标的正理想贴近度，即生态环境综合指数：

$$\begin{cases} E_{21}^+ = 0.5247, \ E_{22}^+ = 0.5113, \ E_{23}^+ = 0.4671, \ E_{24}^+ = 0.5075, \ E_{25}^+ = 0.4932 \\ E_{26}^+ = 0.5178, \ E_{27}^+ = 0.5028, \ E_{28}^+ = 0.6412, \ E_{29}^+ = 0.6372, \ E_{30}^+ = 0.6624 \end{cases}$$

重复上述步骤，可以得到湘西自治州州内各县市的城镇化综合指数及生态环境综合指数。

表 3　城镇化综合指数及生态环境综合指数

地区	指数	2009	2010	2011	2012	2013	2014	2015	2016	2017	2018
吉首市	城镇化综合指数	0.425	0.436	0.460	0.511	0.538	0.551	0.582	0.771	0.881	0.884
	生态环境综合指数	0.525	0.511	0.467	0.508	0.493	0.518	0.503	0.641	0.637	0.662
泸溪县	城镇化综合指数	0.259	0.312	0.424	0.526	0.494	0.514	0.508	0.559	0.681	0.764
	生态环境综合指数	0.527	0.443	0.451	0.489	0.513	0.515	0.527	0.601	0.622	0.659
凤凰县	城镇化综合指数	0.174	0.198	0.234	0.277	0.336	0.412	0.501	0.554	0.705	0.786
	生态环境综合指数	0.489	0.448	0.462	0.490	0.472	0.463	0.474	0.546	0.657	0.727
花垣县	城镇化综合指数	0.382	0.351	0.398	0.449	0.437	0.512	0.510	0.583	0.733	0.745
	生态环境综合指数	0.511	0.518	0.489	0.555	0.528	0.556	0.661	0.671	0.693	
保靖县	城镇化综合指数	0.474	0.484	0.493	0.512	0.509	0.553	0.579	0.605	0.672	0.686
	生态环境综合指数	0.426	0.435	0.496	0.556	0.588	0.564	0.562	0.616	0.655	0.661
古丈县	城镇化综合指数	0.260	0.360	0.336	0.361	0.408	0.477	0.522	0.580	0.677	0.706
	生态环境综合指数	0.534	0.513	0.513	0.490	0.423	0.406	0.421	0.519	0.559	0.638
永顺县	城镇化综合指数	0.243	0.365	0.432	0.441	0.489	0.515	0.541	0.653	0.694	0.700
	生态环境综合指数	0.453	0.443	0.433	0.483	0.433	0.450	0.469	0.498	0.553	0.562
龙山县	城镇化综合指数	0.191	0.217	0.309	0.420	0.437	0.477	0.498	0.551	0.718	0.727
	生态环境综合指数	0.473	0.498	0.473	0.480	0.449	0.468	0.491	0.558	0.573	0.582

从整体上来看，湘西自治州近年来一直以生态文明立州，坚持"生态环保""科技创新"的新型工业发展取向，积极发展循环经济，推进技术创新，重点发展新材料、新能

源、电子信息、节能环保、食品加工等产业，创建了一批有影响力的循环经济示范企业和园区，充分利用其独特的自然风光和神秘的民族文化，推动生态文化与旅游的深度融合，壮大生态旅游业发展，州内各县市城镇化进程不断加速，生态环境质量得到明显提升。

从评价结果来看，各县市的城镇化综合指数、生态环境综合指数都呈现不断上升的趋势。具体来看，州府吉首市的城镇化指数相对最高，该市是全国 18 个高速公路枢纽城市之一，张吉怀高铁通车，交通瓶颈不断突破，该市新型工业化发展迅速，湘西高新技术产业开发区是湘西州电子信息产业的核心区域，在智能终端领域形成了一定集聚态势，智能终端产业也逐渐成为湘西州工业重要的新兴经济增长点；城镇化指数相对较高的凤凰县，其生态环境综合指数也是州内最高的，该县城镇化的快速推进与生态环境质量的提升主要依赖于生态旅游业的发展，文化旅游产值占 GDP 比重超过 70%，成功创建了国家全域旅游示范区。此外，泸溪县高新区是湖南省新型工业化产业示范基地，也是中南地区较大的高性能复合材料产业基地；花垣县是全国较大的电解锰生产基地，也是大湘西神秘旅游的重要节点，边城茶峒、十八洞村等特色旅游成为民族文化旅游的亮丽名片，文化旅游产业成为该县经济新的增长点。这两个县的城镇化综合指数在州内相对较高。城镇化综合指数相对较低的保靖县、古丈县、永顺县和龙山县近年来的城镇化进程也在不断加速，这些地区在提升旅游业发展的同时壮大工业的发展，积极推动工业园区的建设，改善园区基础设施，吸引更多的优质企业入驻园区，推动当地经济的发展。与此同时，州内各县、市城镇化基础设施配套体系建设加快，污水垃圾处理、城乡电网、燃气管网、信息网络等工程建设项目为城镇居民创造了良好的人居环境，构建了以政府为主导、企业为主体、公众积极参与的环境治理体系，充分发挥环评制度，"三废"排放明显减少，从源头防范环境污染与生态破坏，教育、卫生、科技等方面的投入力度也不断加大，生态环境综合指数均有不同程度的提升，整体而言，城市发展的质量不断提高，发展潜力不断增强。

（二）湘西自治州城镇化与生态环境脱钩指数与状态分析

基于计算所得的城镇化综合指数与生态环境综合指数，可得到 2009—2018 年研究区城镇化综合指数变化率以及生态环境综合指数变化率，根据公式（10），进一步计算两者之间的脱钩弹性系数。

表 4　脱钩弹性系数

时期	吉首市	泸溪县	凤凰县	花垣县	保靖县	古丈县	永顺县	龙山县
2009—2010	−0.998	−0.781	−0.619	−0.179	1.087	−0.103	−0.043	0.396
2010—2011	−1.556	0.047	0.170	−0.426	7.527	0.001	−0.127	−0.117
2011—2012	0.783	0.359	0.327	1.046	3.282	−0.625	5.930	0.039
2012—2013	−0.539	−0.807	−0.168	1.179	−12.467	−1.042	−0.959	−1.579
2013—2014	1.977	0.120	−0.081	−0.098	−0.475	−0.229	0.749	0.456

续表

时期	吉首市	泸溪县	凤凰县	花垣县	保靖县	古丈县	永顺县	龙山县
2014—2015	−0.526	−1.921	0.105	−12.876	−0.087	0.391	0.856	1.112
2015—2016	0.846	1.411	1.443	1.333	2.123	2.068	0.293	1.297
2016—2017	−0.043	0.153	0.742	0.056	0.585	0.465	1.750	0.084
2017—2018	12.506	0.489	0.936	2.101	0.380	3.213	2.018	1.367

从脱钩弹性系数的变动来看，2009—2010 年、2010—2011 年、2012—2013 年、2014—2015 年和 2016—2017 年，吉首市城镇化与生态环境脱钩指数小于 0，城镇化综合指数变化率为正值，生态环境综合指数变化率为负值，属于扩张型绝对脱钩状态，表明这五个时期吉首市城镇化的进程中伴随着生态环境的恶化，特别是 2010—2011 年，生态环境综合指数的下降率超过了城镇化综合指数的增长率，城市发展对生态环境产生较大负面影响，经济社会的发展质量不高，代价较大。2011—2012 年、2015—2016 年，吉首市城镇化与生态环境脱钩弹性系数分别为 0.783、0.846，处于扩张型相对脱钩Ⅳ，生态环境综合指数由负转正，城市发展的同时生态环境质量也在逐步提升，然而这两个时期生态环境综合指数的变动率依然低于城镇化综合指数的变动率，且扩张型相对脱钩状态并不稳定，在下一时期脱钩弹性系数又再次转为负值。2013—2014 年与 2017—2018 年是吉首市实现高质量发展的两个时期，在这两个时期，城镇化综合指数的变化率与生态环境综合指数的变化率均大于 0，而且后者的增长率明显高于前者的增长率，城镇化与生态环境实现了扩张耦合协调发展的状态。

2009—2010 年、2012—2013 年和 2014—2015 年，泸溪县城镇化与生态环境脱钩弹性系数小于 0，在 2009—2010 年，生态环境综合指数的变化率为负数，该时期处于扩张型绝对脱钩状态，而在 2012—2013 年和 2014—2015 年，这两个时期的城镇化进程放缓，表现为城镇化综合指数的变化率降为负值，处于衰退型绝对脱钩状态。在其余时期该县的城镇化综合指数与生态环境综合指数均大于 0，但 2010—2011 年、2013—2014 年和 2016—2017 年这三个时期脱钩弹性系数相对较小，处于扩张型相对脱钩Ⅰ，2011—2012 年和 2017—2018 年这两个时期脱钩弹性系数稍有上升，处于扩张型相对脱钩Ⅱ，特别是在 2015—2016 年，该县脱钩弹性系数达到 1.411，城镇化与生态环境实现扩张耦合协调发展状态。

近年来凤凰县城镇化进程稳步推进，研究期内的城镇化综合指数变化率始终大于 0，且大多数时期城镇化综合指数的变化率高于生态环境综合指数的变化率，在 2010—2011 年和 2014—2015 年处于扩张型相对脱钩Ⅰ，2011—2012 年处于扩张型相对脱钩Ⅱ，这三个时期的脱钩弹性系数虽然大于 0，但仍然偏低，与最终实现耦合协调发展的状态存在一定的距离。2016—2017 年与 2017—2018 年，这两个时期的脱钩弹性系数接近 1，处于扩张型相对脱钩Ⅲ和扩张型相对脱钩Ⅳ这两种状态，在 2015—2016 年，脱钩弹性系数大于 1，在该时期实现了城镇化与生态环境的扩张耦合协调发展。然而在 2009—2010 年、

2012—2013 年和 2013—2014 年这三个时期的脱钩弹性系数均小于 0，这是由于在上述三个时期内生态环境指数的变化率为负值所导致的，处于扩张型绝对脱钩状态。

研究期内花垣县脱钩弹性系数的变动幅度较大，2009—2010 年、2010—2011 年、2013—2014 年和 2014—2015 年这四个时期的脱钩弹性系数均为负值，其中 2009—2010 年和 2014—2015 年这两个时期是由于城镇化综合指数的变化率为负值导致了衰退型绝对脱钩状态；2010—2011 年和 2013—2014 年这两个时期则是由于生态环境综合指数变化率为负值导致扩张型绝对脱钩状态。2012—2013 年，尽管城镇化与生态环境脱钩弹性系数大于 1，但是其城镇化综合指数变化率与生态环境综合指数变化率均为负值，属于衰退耦合状态。2011—2012 年、2015—2016 年、2016—2017 年和 2017—2018 年，这四个时期的城镇化与生态环境脱钩弹性系数均大于 0，且城镇化综合指数变化率与生态环境综合指数变化率均为正值，特别是近年来花垣县脱钩弹性系数大于 1，表明该县已进入了扩张耦合协调发展的阶段。

保靖县在 2009—2010 年、2010—2011 年和 2011—2012 年这三个时期的脱钩弹性系数大于 1，且城镇化综合指数的变化率与生态环境综合指数变化率均大于 0，处于扩张耦合协调状态。然而在 2012—2013 年、2013—2014 年和 2014—2015 年这三个时期中脱钩弹性系数变为负值，其中在 2012—2013 年，城镇化进程放缓，城镇化综合指数变化率降为负值，导致脱钩弹性系数由正转负，陷入衰退型绝对脱钩状态，在后两个时期，则是由于生态环境综合指数不断下降，其变化率为负值，导致脱钩弹性系数为负，属于扩张型绝对脱钩状态。2015—2016 年，该县脱钩弹性系数大于 1，再次实现了扩张耦合协调发展状态，2016—2017 年和 2017—2018 年，脱钩弹性系数稍有下降，但仍然大于 0，分别处于扩张型相对脱钩Ⅲ和扩张型相对脱钩Ⅱ两种状态。

古丈县在研究期内的发展状态可以分成两个阶段，第一个阶段包括 2009—2010 年、2010—2011 年、2011—2012 年、2012—2013 年和 2013—2014 年这五个时期，第二个阶段包括 2014—2015 年、2015—2016 年、2016—2017 年和 2017—2018 年这四个时期。在第一个阶段，大部分时期脱钩弹性系数小于 0，且都是由于生态环境综合指数变化率小于 0 所导致的，属于扩张型绝对脱钩状态，在 2010—2011 年，尽管脱钩弹性系数大于 0，但由于城镇化综合指数的变化率与生态环境综合指数变化率小于 0，所以处于衰退耦合状态。在第二个阶段，城镇化综合指数的变化率与生态环境综合指数变化率均大于 0，脱钩弹性系数也都大于 0，在 2014—2015 年和 2016—2017 年这两个时期处于扩张型相对脱钩Ⅱ，在 2015—2016 年和 2017—2018 年则实现了扩张耦合协调发展的状态。

永顺县在 2009—2010 年、2010—2011 年和 2012—2013 年这三个时期的脱钩弹性系数小于 0，这三个时期二者的扩张型绝对脱钩状态是由于生态环境综合指数下降导致生态环境综合指数变化率为负值所产生的。在其余时期，城镇化综合指数和生态环境综合指数变化率均大于 0，具体来看，在 2015—1016 年，脱钩弹性系数相对较低，处于扩张型相对脱钩Ⅱ，在 2013—2014 年和 2014—2015 年，这两个时期脱钩弹性系数缓慢增加，脱钩状态从扩张型相对脱钩Ⅲ转变为扩张型相对脱钩Ⅳ。在 2011—2012 年、2016—2017 年和

2017—2018 年这三个时期，脱钩弹性系数均大于 1，生态环境综合指数的增长率大于城镇化综合指数的增长率，实现了扩张耦合发展状态。

龙山县城镇化进程稳步提升，研究期内城镇化综合指数一直呈现不断增加的变化趋势，其变化率均大于 0，生态环境综合指数的变化率在 2010—2011 年和 2012—2013 年这两个时期为负值，因此这两个时期的脱钩弹性系数小于 0，处于扩张型绝对脱钩状态。其余时期的脱钩弹性系数都大于 0，在 2011—2012 年和 2016—2017 年处于扩张型相对脱钩Ⅰ，在 2009—2010 年和 2013—2014 年处于扩张型相对脱钩Ⅱ，特别是在 2014—2015 年、2015—1016 年和 2017—2018 年这三个时期，脱钩弹性系数均大于 1，实现了扩张耦合协调发展状态。

四、结论与建议

对于 2009 年以来，湘西自治州城镇化与生态环境脱钩弹性系数及状态的分析，有助于更深入、全面的认识相对落后地区城镇化与生态环境的互动关系。从研究结果来看，各县、市的城镇化综合指数、生态环境综合指数都有不同程度的提升，表明城镇化进程在不断推进，生态环境整体质量得到改善。此外，各县、市的脱钩弹性系数变动幅度较大，绝大多数时期的绝对脱钩状态是由于生态环境整体状况的下降，导致生态环境综合指数的变化率降为负值所产生的，在某些时期，各县、市实现了扩张耦合协调发展的状态，但这种状态并不稳定，很多时候没有持续下去，各种脱钩状态交替出现。

进一步推动湘西自治州新型城镇化进程，实现湘西自治州经济社会与生态环境的协调发展，主要取决于城镇化与生态环境实现扩张耦合协调发展状态的能力，具体政策建议如下：

第一，结合湘西自治州实际情况，突出时代特征、山区特点、少数民族文化特色，对州内土地利用、综合交通、基础设施、历史文化遗产、环境保护与生态建设等方面进行科学规划，构建新型城镇化发展的新体系，从制度和源头上为推进绿色发展路径下的新型城镇化进程提供有力保障。

第二，积极发展生态产业，为新型城镇化提供物质支撑。依托湘西自治州的自然与资源优势，发展以无公害产品、绿色产品为主的生态农业，即做强水果、畜牧水产、特色经济作物和中药材等为主的特色产业；以循环经济为主要经济技术模式，高效利用自然资源，积极推广清洁生产技术，切实解决工业生产过程中的环境污染问题，着力打造先进装备制造、电子信息、新材料、环保新能源、生物制药等新兴产业；以保护生态环境和民族传统文化为根基，深入挖掘民族文化生态内涵，与州内秀丽的自然景观相结合，整合旅游资源，科学规划和制定旅游线路，不断壮大以观光、度假、科考、探险、生活体验等为主要形式的生态旅游业的发展。

第三，政府、社区、学校等不同主体开展绿色生态建设宣传、教育工作，抓好绿色生态基础教育、专业教育、社会教育和岗位培训，将绿色环境道德教育、绿色行政意识、绿色经济意识、绿色科学意识等有机结合起来，使绿色文化畅行整个湘西自治州，提高城镇居民的生态环保意识。

参考文献

[1] C. M. Kishtawal et al. Urbanization signature in the observed heavy rainfall climatology over India [J]. International Journal of Climatology, 2010, 30 (13): 1908-1916.

[2] 焦毅蒙, 赵娜, 岳天祥, 邓佳音. 城市化对北京市极端气候的影响研究 [J]. 地理研究, 2020, 39 (2): 461-472.

[3] 成方妍, 刘世梁, 侯笑云, 武雪, 董世魁, Ana Coxixo. 云南南部城市化对生态系统服务的生物多样性保护的影响（英文）[J]. Journal of Geographical Sciences, 2019 (7): 1159-1178.

[4] Deplazes Peter, Hegglin Daniel, Gloor Sandra, Romig Thomas. Wilderness in the city: the urbanization of Echinococcus multilocularis. [J]. Trends in parasitology, 2004, 20 (2): 77-84.

[5] 郑德凤, 徐文瑾, 姜俊超, 吕乐婷. 中国水资源承载力与城镇化质量演化趋势及协调发展分析 [J]. 经济地理, 2021, 41 (2): 72-81.

[6] Kalhor K, Emaminejad N. Sustainable development in cities: Studying the relationship between groundwater level and urbanization using remote sensing data [J]. Groundwater for Sustainable Development, 2019, 9: 100243.

[7] 白素苹, 陈银蓉, 甘臣林. 武汉市城镇化发展水平与土地承载力状态测度 [J]. 城市问题, 2019 (12): 49-56.

[8] 刘耀彬, 李仁东, 宋学锋. 中国城市化与生态环境耦合度分析 [J]. 自然资源学报, 2005 (1): 105-112.

[9] Solomon Nathaniel, Ozoemena Nwodo, Abdulrauf Adediran, Gagan Sharma, Muhammad Shah, Ngozi Adeleye. Ecological footprint, urbanization, and energy consumption in South Africa: including the excluded [J]. Environmental Science and Pollution Research, 2019, 26 (26): 27168-27179.

[10] Dame J, Schmidt S, J Müller, et al. Urbanisation and socio-ecological challenges in high mountain towns: Insights from Leh (Ladakh), India [J]. Landscape and Urban Planning, 2019, 189: 189-199.

[11] 梁龙武, 王振波, 方创琳, 孙湛. 京津冀城市群城市化与生态环境时空分异及协同发展格局 [J]. 生态学报, 2019, 39 (4): 1212-1225.

[12] 韩燕, 张玉婷. 甘肃省城镇化与生态环境耦合协调度 [J]. 水土保持研究, 2021, 28 (3): 256-263.

[13] 唐志强, 秦娜. 张掖市新型城镇化与生态安全耦合协调发展研究 [J]. 干旱区地理, 2020, 43 (3): 786-795.

[14] 赵建吉，刘岩，朱亚坤，秦胜利，王艳华，苗长虹. 黄河流域新型城镇化与生态环境耦合的时空格局及影响因素 [J]. 资源科学，2020，42（1）：159-171.

[15] 熊曦，肖俊. 武陵山片区城镇化与生态环境耦合协调度时空分异——以六个中心城市为例 [J]. 生态学报，2021，41（15）：5973-5987.

[16] 郭莎莎，陈明星，刘慧. 城镇化与资源环境的耦合过程与解耦分析——以北京为例 [J]. 地理研究，2018，37（8）：1599-1608.

[17] 王新民，秦健春，张钦礼，陈五九，陈宪龙. 基于 AHP-TOPSIS 评判模型的姑山驻留矿采矿方法优选 [J]. 中南大学学报（自然科学版），2013，44（3）：1131-1137.

[18] 吴晓，吴宜进. 基于灰色关联模型的山地城市生态安全动态评价——以重庆市巫山县为例 [J]. 长江流域资源与环境，2014，23（3）：385-391.

[19] 赵兴国，潘玉君，赵庆由，胡志丁，姚辉，杨小燕. 科学发展视角下区域经济增长与资源环境压力的脱钩分析——以云南省为例 [J]. 经济地理，2011，31（7）：1196-1201.

[20] 李坦，王静，张庆国，崔玉环，姚佐文. 合肥市生态足迹时空特征与脱钩效应变化及灰色预测分析 [J]. 生态学报，2019，39（5）：1735-1747.

湘赣边区域生态
合作研究

湘赣边花炮产业绿色环保发展对策探析

——基于浏阳花炮产业发展的思考

李晓军[1]

（中共浏阳市委党校　湖南长沙　410300）

摘　要：习近平生态文明思想已经深入人心，绿色发展理念成为共识。湘赣边区域的浏阳、醴陵、万载、上栗等花炮主产区，面对绿色环保要求，必须认真对待产业发展中存在的污染要素和政策瓶颈，适应生态文明建设，实现产品创新、产业转型、环境共治、合作共赢可持续发展，让花炮产业在发展中力促老区人民扶贫富民。

关键词：花炮；湘赣边；绿色环保；发展对策

习近平生态文明思想是生态文明建设的根本遵循和行动指南。生态文明建设本质上就是建设资源节约、环境友好、生态安全的社会，实现人与自然和谐共生之现代化的过程。习近平同志指出，"生态环境问题归根结底是发展方式和生活方式问题，要从根本上解决生态环境问题，必须贯彻创新、协调、绿色、开放、共享的发展理念"。绿色发展"目的是改变传统的'大量生产、大量消耗、大量排放'的生产模式和消费模式，使资源、生产、消费等要素相匹配相适应，实现经济社会发展和生态环境保护协调统一、人与自然和谐共处"，"加快形成绿色发展方式，是解决污染问题的根本之策"。

作为世界花炮主产区湘赣边区域的浏阳烟花，迄今已有近 1 400 年历史，是国家级非物质文化遗产，随着改革开放的步伐走出了国门，成为世界各国人民欢庆的重要消费品。但是过往时期传统花炮在燃放过程中短时间产生的粉尘污染、有害气体污染、噪声污染以及燃放后的固体废弃物污染等环境问题和造成的资源浪费、安全压力等因素已成为花炮产业可持续发展的关键瓶颈。目前全国禁限放烟花爆竹城市达到了 2 000 个以上，禁限放城市接近全国城市 65% 左右，而且已经开始由城市向农村拓展，极个别城市已经推行全地域、全时段禁售、禁放。一时间，湘赣边区域花炮产业关停、压减、转行等，整个产业几近腰斩。面对最严环保态势，湘赣边区域的花炮产业如何实现产品创新、产业升级、环境

共治、合作共赢可持续发展，在发展中力促老区人民扶贫富民？近几年，浏阳花炮产业进行了一些探索，取得了较好的效果。特别是今年建党百年大庆浏阳烟花绽放在北京上空，给全国人民留下了深刻的印象。浏阳烟花何以实现由传统非环保产业成功转型为生态型产业，这是本课题着力关注的视角。笔者为此采取现场调研、案例分析、文献查阅、问卷调查和专家访谈等形式，对浏阳花炮产业绿色环保发展进行了综合性调研分析，形成有关对策建议，希冀为湘赣边花炮产业整体实现绿色环保发展提供决策参考。（说明：因2020、2021年受新冠肺炎疫情影响，整个产业数字无法作为正常发展对比参考数字，故下文中有关调研数字获取年限截止为2018年、2019年）

一、花炮的产业价值与污染类别认识

（一）花炮产业的经济效益和民生价值——以浏阳为例

1. 花炮产业具有可观的经济效益

目前国家花炮主产区集中在湖南浏阳市、醴陵市，江西万载县、上栗县四个地方。其中作为全球烟花爆竹生产贸易基地，浏阳花炮产量占据全国85％以上，销量占全球60％以上，质量和品牌享誉全球。多年来，浏阳花炮承担国内外重大活动焰火燃放表演，推动中国传统文化输出、助力融入"一带一路"建设，加快湖南"创新引领、开放崛起"步伐，成为独具特色的湖湘文化名片。近年来，浏阳花炮奋力践行"三高四新"战略，规范安全管理、加强产品创新、引进培育人才，提升了产业链现代化水平，在高质量发展中迈出了新的步伐。2018年浏阳花炮产业集群实现总产值246.4亿元，同比增加7.9％。其中出口销售额35.9亿元，同比增加13.9％；国内销售额154.1亿元，同比增加6.6％；原辅材料及相关产业实现56.4亿元，同比增加8％。经过近20年的发展，浏阳花炮已经形成了较为完整的产业链，有力地促进了浏阳区域经济发展。一是带动了矿产、造纸、印刷、包装等行业的发展；二是形成了一个集原材料供应、生产经营、科研设计、包装印刷、仓储物流、焰火燃放、文化创意为一体的产业集群，被列为省重点扶持的50个优势产业集群之一；三是有效推动了浏阳房地产业、餐饮业、酒店业、零售业、汽车销售业、旅游业等产业发展。

2. 花炮产业具有特殊的脱贫致富效应

湘赣边同属革命老区，老区人民脱贫致富的压力大。如浏阳作为革命老区，现有150万余人，其中一半在农村。作为劳动密集型产业，烟花爆竹产业链为浏阳30余万农村人口提供了生活保障，对有效安排农村剩余劳动力、保障和改善农民生活、促进农村经济发展、维护社会稳定起到了十分积极作用，是革命老区实行精准扶贫的有效途径。调研中了解到，一箱价值100元的烟花，其中25元工资（给农村弱势农民），6元税收，8元物流运费，12元利润，45元原材料销售，还有4元其他费用。按此折算，2018年花炮产业总产值246.4亿元中发放的社会工资有61.6亿元，人均发放2万余元，达到脱贫标准。烟花爆竹尽管属于高危产业，但因这种强大"扶贫、富民"功效，历来被就业艰难、无力离土离乡的老区农民们珍视，成为维系生存、满足老区困难群体对美好生活向往的重要途径。

（二）花炮污染类别认识

1. 花炮产业主要污染类别

目前花炮燃放对于环境的影响更多是集中在对于燃放花炮产生的 $PM_{2.5}$、PM_{10}、SO_2、CO 等大气污染物和噪声污染方面，还有燃放后的固体废弃物污染和造成的资源浪费等。

一是粉尘污染。在花炮生产过程中，特别是烟火药剂的粉碎、筛选、配料、混合等工序中，会产生大量粉尘，对环境造成污染。花炮的主要成分是黑火药，含有硫黄、木炭粉、硝酸钾和氯酸钾，为了达到闪光的效果还要加入铝、铁、锑等金属粉末以及其他金属类火焰着色物如钡盐、锶盐、铜盐等无机盐类，当花炮点燃后，木炭粉、硫黄粉、金属粉末等在氧化剂的作用下迅速燃烧，产生含碳、氮、硫等的气体及金属氧化物的粉尘，同时产生大量光和热。因此，导致花炮燃放期间，空气中颗粒物 $PM_{2.5}$ 中 K、Ba、Pb、Cu 等元素含量迅速上升，尤其是 $PM_{2.5}$ 浓度会瞬间上升。

二是有害气体污染。制造花炮所用的烟火药剂的化学成分主要有两大类：第一类是氧化剂，如硝酸盐类、氯酸盐类等；第二类是可燃物质，如硫黄、木炭、镁粉和赤磷等。花炮在高温、高压条件下燃放时，爆竹中的化学物质发生一系列化学反应，放出大量的 CO、SO_2、氮氧化物等气体。

三是噪声污染。人类适宜的声音环境是 15～40 分贝，无害声音环境为 60 分贝以下，而传统花炮所产生的声音在 100 分贝左右，远远超出了无害声音环境。在夜间人们所能接受的噪音不得超过 45 分贝，相当于蛙鸣声。而春节期间集中燃放花炮的噪声可以高达 135 分贝，远远超过人的听觉范围和耐受限度。另外噪音还会损害人的心血管系统，影响人的神经系统，使人急躁、易怒，影响睡眠、造成疲劳等。

四是固体废弃物污染。花炮生产过程中使用了不同种类的化工原材料，在燃放时将会产生一定的固体废弃物及花炮碎屑。在这些固体废弃物中含有多种金属与非金属元素的化合物，如 As、Sb、Sr、Ti、Al 等，还可能有一些未完全燃烧的残留物质，如碳粉、金属或塑料粉末等。而且花炮燃放后的满地纸屑、烟尘，严重影响了环境卫生，大量堆积加大了环境治理的成本。

2. 花炮污染的客观认识

客观地分析，来自各方数据已明确佐证：花炮并不是造成雾霾等环境问题的主要因素。有关数据分析结果表明，花炮在燃放后的短时间内对局部环境空气会有影响，但燃放产生的有害物质影响范围小、时间短、扩散快，且总量较少，只是短时间的一种暂时效应，不会影响人民群众的日常生活。

中国科学院大气物理研究所研究员王跃思博士表示："燃放烟花爆竹对大气是有影响的，但不是起决定性的因素，其影响是短暂、微弱的，一般会在短时间内消散。"2015年，中科院大气物理研究所研究员张仁健课题组与同行合作，对北京地区 $PM_{2.5}$ 化学组成及季节变化研究发现，北京 $PM_{2.5}$ 有 6 个重要来源，分别是土壤尘、燃煤、生物质燃烧、汽车尾气与垃圾焚烧、工业污染和二次无机气溶胶，这些源的平均贡献分别为 15％、18％、12％、4％、25％和 26％。北京理工大学已故教授级高工赵家玉多次测试，花炮燃放时产生的烟雾绝大部分是超过 PM_{20} 的肉眼可见的烟尘，人体自身的抵御系统完全可以阻止其进入肺部，$PM_{2.5}$ 以下的固体颗粒物则微乎其微。另外，2019 年 5 月 10 日晚在浏阳举办的第十四届中国国际花炮文化节开幕仪式上，8 万发礼花共 28 分钟燃放时长，根据环保数据检测显示，当天空气质量良，与去年同期持平，第二天空气质量恢复优。

二、浏阳花炮产业的发展现状

根据浏阳近十年的统计年鉴，本文摘取了近十年的浏阳花炮产业群总产值、国内销售产值、国外销售产值以及原辅材料等相关行业产值（图 1），以及该四项产值的年同比增长（图 2）和距平值情况（图 3，即从平均值看行业产值发展）。综合图 1、图 2 和图 3 的曲线变化，可以得出如下结论：

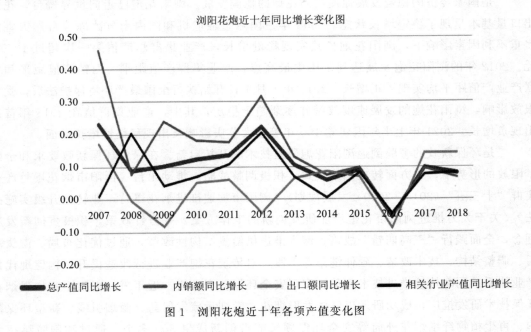

图 1　浏阳花炮近十年各项产值变化图

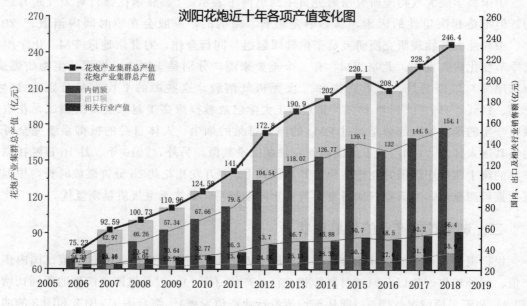

图 2　浏阳花炮近十年同比增长变化图

一是国家经济的稳健发展促使浏阳花炮的稳健发展。浏阳花炮已走向世界舞台，花炮出口量基本呈现了稳定增长状态。2008 年在国际金融危机和国内南方冰冻等自然灾害的多重不利因素影响下，浏阳花炮依然实现稳健增长，产业集群总产值第一次超过 100 亿元。2012 年的浏阳花炮发展达到了历史最高点，产业集群产值距平、内销产值距平和关联产业产值距平均实现了正增长。2015 年 1 月 1 日开始执行全国最严环境保护法后，受禁限放影响，浏阳花炮的发展速度放缓并逐渐趋于稳定，其中，产业集群值在 2016 年首次出现负增长。2021 年上半年因建党 100 年等重大节庆影响又出现稳健性增长局面。

二是环保新政的考验倒逼浏阳花炮研发技术的开拓启新。在绿色环保新政要求和全国禁限放的形势下，一方面转变思维模式，积极调整战略。推动出台《浏阳市烟花爆竹产业集群"十三五"（2016—2020）发展规划》《浏阳市加速推进烟花爆竹产业转型升级实施办法》《关于大力推进浏阳市花炮产业研发创新的工作方案》等方针政策，积极贯彻新发展理念，全面践行"三高四新"战略，深入推进供给侧结构性改革，通过优化布局、淘汰落后、调整结构、技术改造、延伸链条等手段，对传统花炮产业进行改造提升，构建现代化产业体系。同时持续推进技术变革，实现安全环保转型升级。近年来，浏阳不断加强烟花环保技术研发推广，成功研发出气体发射烟花、微烟无硫发射药、微烟引线、新型环保鞭炮、再生植物纤维烟花外筒等安全环保领域前沿创新成果 300 多个。通过和国防科技大学、南京理工大学等专业院校合作，积极推动产品工艺创新，健全产业研发机制，全行业推出了近 300 多款安全、无噪、低烟、可控、趣味性和观赏性强的城市烟花产品，得到了市场的广泛认可。

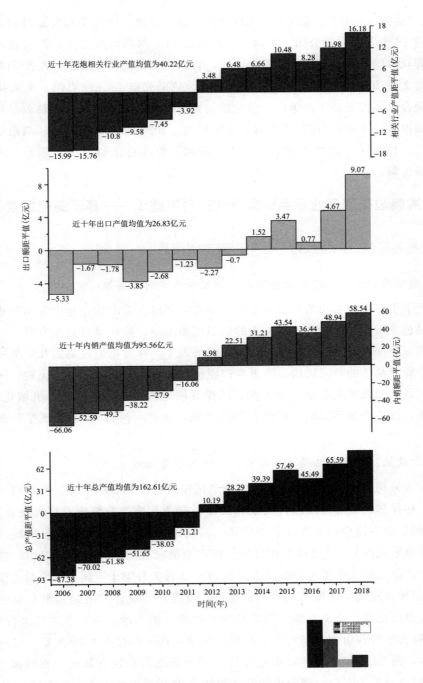

图 3　浏阳花炮近十年各项产值距平值变化图

三是科技创新文化赋能浏阳烟花成功转型为"安全、绿色、创新"型文旅产品。一方面，浏阳花炮产业利用技术和规模优势，通过技术创新、创意创新、产业升级等方式，规范安全管理、加强产品创新、引进培育人才，使产业基础实现新提升，烟花产业链实现全要素数字化转型。如近年成功研发出的城市创意烟花、情景微焰火、精品礼花弹等系列产品在春节、"建党 100 年"、全运会等大放异彩。另一方面，加大烟花文旅融合，促使浏阳烟花与国内 18 个方特主题公园、珠海长隆海洋公园、深圳世界之窗、武汉花博汇、北京世界公园等众多国内外知名景区、景点合作，打造大型烟花实景表演、小型创意音乐烟花表演等烟花文旅项目，实现了烟花与音乐旋律、炫酷光电、LED 影像、无人机表演等的多元跨界融合，不仅延伸了花炮产业价值链，还塑造了"城市烟花"的精致品牌，推进烟花文化与城市共生共荣，"花"开全国的大好局面。2021 年 1 月至 6 月，浏阳焰火企业在多个省（市、自治区）燃放文旅焰火 900 多场次，燃放总金额约 1.2 亿元，占据国内约 85％的市场份额。

三、湘赣边花炮产业绿色环保发展的对策建议——基于浏阳探索的思考

（一）提高站位，积极践行习近平生态文明思想

1. 低碳节约、绿色环保是大势所趋，积极研发应对是关键

在习近平生态文明思想的指引下，进一步树牢"绿水青山就是金山银山"理念，坚持生态优先绿色发展，对保护与发展关系的认识更加深刻，抓环保就是抓发展、就是抓可持续发展观念逐步深入人心。近些年，浏阳市广纳人才，针对花炮污染的几个关键领域，支持行业建立规范科学的科研机构，改进生产原材料和技艺，研发微烟、无硫、无味、少残渣的环保产品，加快推进花炮产业安全、环保发展进程，提升集约化、机械化、标准化、信息化水平，打造产品环保型、过程安全型产业，让"一河诗画 满城烟花"真正成为人们的向往。

2. 出台政策、完善立法是民生所向，依法治理是核心

花炮作为劳动密集型产业对湘赣边革命老区扶贫富民的影响举足轻重，建议工信、科技、应急、环保和民政等部门出台政策和法规，推动花炮产业健康有序发展。如 2019 年"两会"期间，湖南籍全国人大代表张学武、黄晓玲为中国烟花爆竹行业提案《让烟花爆竹在中国城市重现绽放》《支持烟花爆竹传统产业健康发展，杜绝'一刀切'禁放政策》，为烟花爆竹产业发展发出了迫切的呼声。2019 年 3 月 7 日第十三届全国政协委员诸葛彩华《关于合理引导和规范烟花爆竹生产经营燃放，促进产业良性发展的提案》也已获批。同时，地方政府将花炮产业发展纳入依法治理的轨道。如长沙、浏阳等地已出台相关政策，《长沙市政府关于长沙市烟花爆竹产业发展规划（2019—2025 年）的批复》提到要不断优化产业结构，到 2025 年，长沙市烟花爆竹生产企业总数在现有基础上再压减 25％左右。《浏阳市人民政府关于印发〈浏阳市推动花炮产业 高质量发展十条〉的通知》规定到 2025 年，浏阳花炮生产企业总数要在现有基础上压缩至 300 家以内。

3. 创新机制、扶优促强是内生动力，优化改革环境是保障

加快花炮产业新旧动能转化，解决单一企业规模小、产业集中度低、大公司优势不明显等问题，通过兼并、重组等方式培育品牌企业或企业集团，助推花炮企业做大做强，并

利用花炮国际网络渠道，带动国内花炮产业的整合。如浏阳近几年在"花炮原材料、工艺、环保"等方面的革命性升级举措，强力推进花炮企业实现"厂房建设标准化、生产流程机械化、生产工艺科技化、信息技术网络化"四大改造和"安全型、环保型"产业要求，初步实现了花炮产业的转型升级。2021年春节部分城市禁改限，浏阳市第一季度烟花爆竹产业同比增长340％，内销更是达到了390％，这是一个可喜的变化。但不管怎样，全国花炮产业发展还需要更多政府部门的关注和支持，整个行业发展环境还需要进一步优化。

（二）守正出新，塑造"文旅型烟花"印象

世界烟花看中国，中国烟花看浏阳。世界份额60％的烟花都来自湖南浏阳，烟花已经成为浏阳对话世界的共同语言，也是走向世界的湖湘文化名片。为了解新时代民众对花炮的文化情结，我们开展了一次网上花炮问卷调查，涉及花炮污染认知、联想排序等问题，共收到有效问卷293份。其中，关于对"烟花"二字联想的排序结果如下：

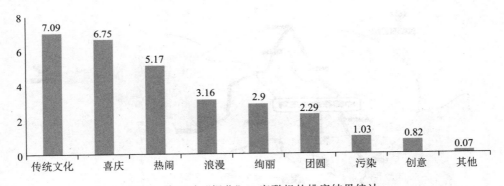

图4　关于对"烟花"二字联想的排序结果统计

如图4所示，花炮与"传统文化"之间的情结关联最重，将花炮与"污染"相关联的认识则排在了后面，这也充分说明了花炮本身蕴含的文化价值。在绿色发展理念和生态环保共识之下，融合文化、安全、环保、科技等要素，建议将花炮定性为"文旅型烟花"，通过"文旅型烟花"品牌的塑造，推动花炮产业发展从主要依靠要素投入向更多依靠创新驱动转变，从主要发挥传统比较优势向更多发挥综合竞争优势转变，从产业价值链中低端向中高端延伸。具体提出以下几点建议。

一是聚焦燃放，融合安全、环保和科技，打造"文旅型烟花"品牌。以"烟花＋文化＋科技"为核心，以焰火燃放为载体，以技术输出为主体，使"文旅型烟花"成为集文化创意、生态环保、人工智能、媒体艺术等要素深度融合的高端新兴产业。如浏阳孝文科技研发的智能喷花机，浏阳花火剧团分赴各地呈现适合地方特色的重大节日焰火表演。尤其是2021年春节期间经过创意改装的一款烟花品牌"加特林"一跃成为全球"网红烟花"，短短一个春节浏阳全市共售出了160万箱，创造了近4亿元的货值，足见"文旅型烟花"的市场魅力和经济价值。

二是整合湖湘文化与湘赣边红色文化、革命文化，构建"文旅型烟花"印象。如浏阳的"浏阳花炮"是国家地理标志产品（2003），花炮的制作技艺被国务院批准进入"国家级非物质文化遗产"（2006），烟花爆竹被国务院明确为传统文化产品（2016）并在《消费品标准和质量提升规划（2016—2020）》中列为重点发展项目，这充分说明烟花已经作为国家传统文化存在。一方面，浏阳人民赋予烟花有思想、有担当、敢为人先的文化艺术情怀，相继提出数字烟花、创意烟花、生态烟花等新概念，实现传统烟花产业从内容到形式的整体进化，使其成为精神文明的特色引信。另一方面，浏阳烟花以文化出口的方式，积极搭载"湘欧快线""文化湘军"的快车，输出"世界烟花看浏阳"的湖湘印记。这些都充分说明"文旅型烟花"印象的认识基础已经完备，可以开始更高层次的整合推进。

（三）加强合作，形成国际国内合作联盟

湘赣边区域密集地分布着众多的花炮生产和运销企业，其产值占全球花炮产值的80%，故而有中国花炮"金三角"之称。

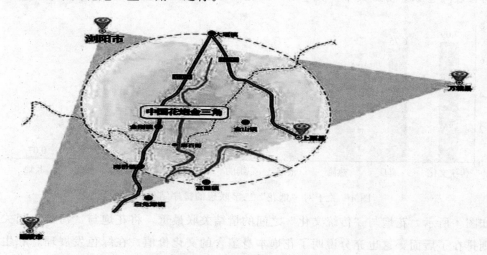

图 5　湘赣区域花炮产业

首先，加强国内花炮主产区的合作。应借助湘赣两省合作的契机，着力打造湘赣边国内花炮主产区合作联盟。在对区域产业状况进行评估的基础上，建立"花炮经济区"等共同工作平台，着力在以下几个方面通力合作。一是统一颁布产业政策、环评标准，实现湘赣两省花炮在技术和环保系数方面的统一，避免花炮中"质劣价优"的"劣币"淘汰"质优价优"的"良币"现象。二是统一进行资源配置，合力攻坚研发难关，按照主产区共同的标准在"十四五"期间全部淘汰本区域内低端、高污染、高危险的花炮产品，组团谋求产业转型升级。三是各大花炮主产区间实行花炮产品自由流通，通过打造花炮产业国际电子商务平台，组建统一的花炮网络贸易信用认证中心，实现产品与终端客户的便捷交易。降低流通成本，实现跨区域的产业运营合作，致力把花炮产业培育成为国内生态环保绿色文化优势产业。

其次，加强国际融合合作。一是积极引进国外在花炮产业环保领域的先进技术，促进湘赣两省花炮产业实现环保技术革新。二是融和国际地域文化特色，丰富载体（如动漫、网游、国际著名景点），让花炮深度融合国外景区、国际文化项目、国际流行卡通等，走好国际化合作道路，增强花炮的国际综合竞争力。三是加强国际间烟花燃放技术培训与交流，如与美国、西班牙、日本、意大利等国合作，加大技术人员培训力度，积累技术经验。四是鼓励湘赣边花炮创意、生产、燃放、销售等单位强强联合，以文化为媒、以创意为要，以技术为本，积极抢占国际节庆市场，主动参与国际烟花燃放项目，共同争取承揽国际重大合作项目和工程，拓展海外市场。五是正确引导国内外主流融媒体舆论，为"文旅型烟花"品牌强势发声，让"文旅型烟花"成为中国文化对外交流互鉴的有力载体。

参考文献

[1] 李晓丹，张增一. 对中国报纸关于"巴黎会议"报道的话语分析 [J]. 自然辩证法研究，2018，34（4）：84-89.

[2] 姜欢欢，原庆丹，李丽平，张彬，李媛媛，黄新皓. 从参与者、贡献者到引领者——我国环保事业发展回顾 [J]. 紫光阁，2018（11）：49-50.

[3] 庄贵阳，薄凡，张靖. 中国在全球气候治理中的角色定位与战略选择 [J]. 世界经济与政治，2018（4）：4-27＋155-156.

[4] 钟声. 全球气候治理，需要行动的合力 [N]. 人民日报，2019-01-29（003）.

[5] 赵宗慈，罗勇，黄建斌. 全球增暖 1.5℃ 的再思考——写在 SR15 发表之后 [J]. 气候变化研究进展，2019，15（2）：212-216.

[6] 程天金，李宏涛，杜譞，温源远. 全球环境与发展动态及"十三五"期间需关注的重大问题研究 [J]. 环境保护，2015，43（11）：42-46.

[7] 联合国环境规划署. 全球环境展望 5 [M]. 北京：中国环境科学出版社，2012.

[8] 任勇. 中国执政党力推生态文明，成为全球最具环保意识政党 [J]. 世界环境，2017（1）：33-34.

[9] 潘本锋，李莉娜. 春节期间燃放烟花爆竹对我国城市空气质量影响分析 [J]. 环境工程，2016，34（1）：74-77＋30.

湘赣边区域生态城镇化发展水平测度研究

肖 俊[1] 熊 曦

（中南林业科技大学商学院 湖南长沙 410004）

摘 要：从城镇化与生态环境耦合协调度为切入点，利用耦合协调模型，评价分析湘赣边区域在2013—2019年期间的生态城镇化发展状况并提出相关建议。结果表明，湘赣边区域城镇化与生态环境总体实现了较高水平的生态城镇化；长沙市的核心效应明显，领跑湘赣边区域生态城镇化进程，同时湘赣边区域内部差异明显；区域内部城市分别存在城镇化滞后与生态治理困境问题，阻碍城镇化与生态环境迈向更高位耦合协调，影响生态城镇化进程。未来推动湘赣边区域的生态城镇化必须要新型城镇化建设与生态环境保护两手抓，以打造绿色工业、培育生态旅游、红色文化旅游为抓手提升城镇化水平，将湘赣边区域有机地融合成为以绿色为底色的现代化生态型城市群。

关键词：生态城镇化；耦合协调；生态环境；湘赣边区域

一、引言

我国的工业化与城镇化在经历了40年的快速增长后来到了历史高位。在新的发展阶段面临着如何实现可持续发展的新的"时代之问"，解决城镇化发展与生态环境不协调问题，实现自然环境、人与城镇的良性互动成为"时代之需"，从而生态城镇化应运而生，推动生态城镇化亦成为"时代之治"。如何在城市群城镇化推进过程中统筹经济、社会系统与自然系统的协调共生，在生态环境可承载力内、在资源节约与环境保护的前提下推动城市群高质量发展成为重要的现实问题与热点难题。而关键中的关键就是要认清城市群生态城镇化发展水平。生态城镇化以可持续发展理论、生态城市理论为支撑，要求兼顾城镇化发展过程中的经济发展水平、资源利用水平、环境协调发展水平，做到城镇化与生态环境互利共生、交互耦合协调发展，进而提升城市群的生态城镇化发展水平。

---

1 ［第一作者］肖俊，湖南娄底人，硕士研究生。主要研究方向为生态技术经济及管理。

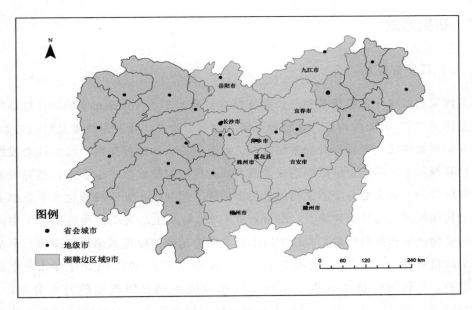

图1 湘赣边区域9市概况

湘赣边区域内森林覆盖率高，生态环境良好，是大美之地，同时区域整体城镇化率低，经济社会发展也相对滞后，是欠发达地区。湘赣边区域合作发起于2014年，先后受到从国家层面到省、市层面有关部门的重视与支持，发展至2020年湘赣区域已包括24个县（市、区），包括湖南省的平江县、浏阳市、醴陵市、茶陵县、炎陵县、攸县、桂东县、汝城县、安仁县、宜章县等10个县（市），江西省的井冈山市、永新县、遂川县、莲花县、上栗县、湘东区、安源区、芦溪县、铜鼓县、万载县、修水县、上犹县、崇义县、袁州区等14个县（市、区），涉及湖南省的岳阳市、长沙市、株洲市、郴州市与江西省的吉安市、萍乡市、宜春市、赣州市与新余市9个地级市，总面积5.05万km²，户籍人口1 365万人，截至2019年GDP总量达到33 067亿元，占湖南省与江西省两省GDP总量的51.26%，可见湘赣边区域在湘、赣两省的经济社会发展中充当着举足轻重的作用，在党中央、国务院促进中部地区高质量发展和支持革命老区振兴发展决策的有关部署下，推动湘赣边区域城镇化与生态环境的耦合协调发展是促进湘赣边区域高质量发展、提升生态城镇化水平的核心所在。故本文选取湘赣边区的9个地级市作为研究对象，分析评价城镇化与生态环境耦合协调发展情况，寻找中心城市实现综合、高质、生态城镇化的有效途径，积极打造以绿色为底色、以生态为名片的湘赣边绿色发展和生态文明建设的创新区，不断增强湘赣边老区人民获得感、幸福感和安全感，走出一条绿色、生态、可持续的城镇化高质量发展新路。

二、研究方法

（一）构建指标体系

西方国家的城镇化进程较早并已长期维持在较高水平，Northam（1979）总结出城镇化发展总体呈"S"形曲线特点，其过程可划分为三个阶段，分别为缓慢发展的初始阶段、急剧上升的加速阶段与平缓提升的最终阶段。在急剧上升的加速阶段，经济社会发展不仅需要自然界源源不断的能量供给而造成资源消耗，同时粗放式生产也会给自然界带来环境污染，该阶段为工业文明与生态文明的矛盾多发期。而我国正处于城镇化水平急剧上升时期，针对我国城镇化与生态环境[1]，Zhang Y（2021）从生态文明的角度提出了中国绿色城镇化的概念框架和战略构想，并认为以生态文明为基础的绿色城镇化应围绕三个基本任务和两个战略展开。[2] Liu Y B, Ren-Dong L I, Song X F（2005）提出了城市化生态环境耦合度模型，并利用该技术分析了中国地区耦合度和耦合协调度的时空分布，得出：1985—2002年，城市化生态环境耦合协调度较低，耦合协调度的时间序列基本处于抵抗阶段；其次，耦合度和耦合协调度存在明显的区域差异；与此同时，存在空间对应的耦合协调度之间的关系和经济发展的水平，耦合协调度较高的省（地区）的经济水平发展程度越高，协调度越低。[3]

国内学术界主要从演化模拟和空间分布两方面开展了大量的工作。一是针对城镇化与生态环境耦合系统的演化模拟，任宇飞团队提出关注城市群地区城镇化与生态环境近远程耦合关系、挖掘城镇化与生态环境近远程耦合主导路径与动态演变特征、加强中国城镇化与生态环境近远程耦合理论研究，是推动中国城镇化与生态环境耦合研究迈向新的发展阶段的重要方向。[4] 唐志强（2020）、黄冬梅（2020）提出城镇化快速发展既推动了国家经济增长，又产生了严重的生态环境问题。随着集聚经济不断发展，城镇化形态逐渐由单中心向多中心空间格局（包括极化和扁平式两种类型）演变。[5-6] 崔学刚团队（2020）经过一系列研究，认为按照地理学科发展趋势，对城镇化与生态环境耦合的研究将由定量描述转入动态模拟，并提出应从技术和理论2个层面实现城镇化与生态环境耦合动态模拟模型的进一步发展，并加强对微观过程的模拟。[7] 方创琳团队（2019）在城镇化与生态环境耦合的理论研究上总结出城镇化与生态环境耦合的10种交互方式与6种类型，创建了城镇化与生态环境耦合圈理论，构建了耦合调控器来推动城镇化圈与生态环境圈之间由低级耦合向高级耦合方向演进，使得理论研究进入了一个新阶段。[8] 在此基础上，方创琳、周成虎（2016），刘海猛（2019）等学者进一步解析了城镇化与生态环境耦合系统的内涵，提出了"耦合魔法"概念，通过"耦合线"链接各系统、各要素，多维度、立体化地展示了城镇化与生态环境耦合系统的演化和运动机理，拓展了人地系统耦合研究的分析维度。[9-10] 在多学科交叉融合的科学发展趋势下，崔学刚、方创琳和刘海猛（2019）以跨学科方法为支撑，推动动态模拟技术整合与数据共享；以应用为导向，揭示城市群等重点地区的近远程关系链条与主控要素的动态演化模式，为区域可持续城镇化提供决策支持。[11]

二是针对城镇化与生态环境耦合协调的空间分布。杜霞（2020）、赵建吉和刘岩等（2020）在借鉴国际上对环境与城镇化的数理研究方法上，通过构建新型城镇化与生态环境的耦合协调模型，定量测度某段时间内新型城镇化与生态环境耦合协调的时空格局并提出采取差异化的策略来推动新型城镇化与生态环境耦合发展。[12-13]近年来我国出现了一批特大城市群，面对特色化的国家政策引导与地区发展需求，许多学者进行了针对性的深入研究。孙黄平、黄震方（2017）对泛长三角城市群城镇化与生态环境耦合协调度的空间特征及驱动机制展开分析，得出耦合度呈"上升—稳定—下降"的倒"U"型曲线变化，协调度保持上升趋势，并呈现出中部高南北低、东部高西部低的空间分布趋势。[14]陈肖飞、郭建峰、姚士谋（2018）对长三角城市群进行研究得出新型城镇化与生态承载能力协调度差异较大，但总体处于低度协调阶段。[15]李波、张吉献（2015）针对中原经济区域提出中原地区各市城镇化水平与生态环境质量的耦合发展度在空间上表现出明显的局部空间自相关集聚格局，总体趋势为西北高东南低。[16]张荣天、焦华富（2015年）揭示了2000—2012年省际城镇化与生态环境系统耦合协调度呈现上升态势，总体处在磨合阶段；省际城镇化与生态环境耦合协调具有显著地域空间分异，东部地区整体上高于中西部地区。[17]王少剑、崔子恬、林靖杰（2021）对珠三角地区进行分析并通过构建"规模—密度—形态"三维城市生态韧性评价体系得出2000—2015年珠三角各市的城镇化水平总体不断提升，生态韧性水平持续降低，两者耦合协调度总体由基本协调向基本失调下滑。[18]此外，任亚文（2019）、周正柱和王俊龙（2020）构建了城镇化与生态环境耦合协调发展评价指标体系，并进行协调类型划分与主控因素的分析，为城镇化与生态环境耦合协调发展提供重要支撑。[19-20]

城镇化与生态环境耦合协调的研究，是目前国际研究的热点与前沿领域，随着整体城镇化水平的提升与对生态环境的进一步重视，学术界不断提出新概念、新理论，引入新方法，开展了大量的理论与案例研究，研究体系越来越系统化、成熟化。本研究会在现有理论与实证研究基础上，进一步细化耦合协调度的分类体系及其判别标准，尽可能使不同时期的不同地区有更为科学、精准的分析评价，更好地认识湘赣边区域城市群城镇化与生态环境的协调耦合程度。对湘赣边区域开展城镇化与生态环境耦合协调研究能为当地进一步开展经济建设，处理好人与自然关系，协调推动生态文明建设提供指导，也对其他同类型地区具有参考意义。为准确评价城镇化与生态环境综合值，在科学性、可比性、简易性等基本原则与参考已有研究成果的基础上，本文在城镇化系统与生态环境系统指标的选取上充分考虑到湘赣边区域城镇化建设进程与生态环境基本条件，构建了2大目标层、6个系统层共25项基础指标的评价指标体系，如表1所示。

表 1 湘赣边区域城镇化与生态环境耦合协调度指标体系及指标权重

准则层	系统层	指标层	指标属性
城镇化 综合水平	人口城镇化	城镇人口占总人口比重（%）x1	正向指标
		城乡人均可支配收入比 x2	负向指标
		城镇登记失业率（%）x3	负向指标
	经济城镇化	GDP 总量（元）x4	正向指标
		非农产业占 GDP 比重（%）x5	正向指标
		全社会固定资产投资额 x6	正向指标
		高技术产业增加值占 GDP 比重（%）x7	正向指标
		社会消费品零售总额 x8	正向指标
		全要素生产率 x9	正向指标
		实际利用外资总额占 GDP 比重（%）x10	正向指标
		规模工业增加值增速（%）x11	正向指标
	社会城镇化	科技经费投入力度（%）x12	正向指标
		每万人在校大学生数（人/万人）x13	正向指标
		每万人拥有医院病床数（个/万人）x14	正向指标
		每万人拥有专利申请授权数 x15	正向指标
生态环境 综合水平	生态环境状态	空气质量优良率（%）y1	正向指标
		森林覆盖率（%）y2	正向指标
		人均公园绿地面积（平方米/人）y3	正向指标
	生态环境压力	人均工业废水排放量（吨/人）y4	负向指标
		万元 GDP 能耗（吨标准煤/万元）y5	负向指标
		人均工业二氧化硫排放量（吨/人）y6	负向指标
		人口自然增长率（‰）y7	负向指标
	生态响应能力	一般工业固体废物综合利用率（%）y8	正向指标
		生活垃圾无害化处理率（%）y9	正向指标
		城市污水处理率（%）y10	正向指标

（二）数据处理

本文研究对象为湘赣边区域的 9 个地级市，时间跨度为 2013—2019 年，所选数据主要来源于《中国统计年鉴》《中国城市统计年鉴》《中国区域经济统计年鉴》及各省（市、区）相关年份的统计年鉴。本研究采用 Min-Max 标准化方法对面板数据进行无量纲化处理，并进一步选择熵值法对指标权重进行设定，运用综合评价模型对城镇化与生态环境两大系统进行综合评分计算。

表 2　数据处理公式

公式	
标准化处理	$X_{ij} = \dfrac{x_{ij} - \min(x_{ij})}{\max(x_{ij}) - \min(x_{ij})}(+)$ ； $X_{ij} = \dfrac{\min(x_{ij}) - x_{ij}}{\max(x_{ij}) - \min(x_{ij})}(-)$（$Yik$ 亦同）
熵值法	$p_{ij} = \dfrac{X_{ij}}{\sum\limits_{i=1}^{n} X_{ij}}$ ；$e_j = -(1/\ln(n)) * \sum\limits_{i=1}^{n} p_{ij}\ln(p_{ij})$；$w_i = \dfrac{1 - \sum\limits_{i=1}^{n} e_j}{n - e_j}$（$wk$ 亦同）
子系统综合评价得分	$f(x) = \sum\limits_{i=1}^{m} w_i X_{ij}$ ；$g(y) = \sum\limits_{k=1}^{n} w_k Y_{ik}$

其中 x_{ij} 表示 i 系统的第 j 个城镇化综合水平评价指标样本值，y_{ik} 表示 i 系统的第 k 个生态环境综合评价指标样本值，X_{ij} 代表系统 i 指标 j 的标准化指标值，$\max(x_{ij})$ 代表系统 i 指标 j 的最大值，$\min(x_{ij})$ 代表系统 i 指标 j 的最小值，同理可得生态环境水平评价指标标准值 Y_{ik}；w_j 与 w_k 分别为在运用主成分分析法后城镇化系统第 j 个指标权重和生态环境系统第 k 个指标权重；m 与 n 分别为城镇化系统与生态环境系统指标数量，$f(x)$ 与 $g(y)$ 分别代表城镇化子系统与生态环境子系统的综合评价得分。

（三）城镇化与生态环境耦合协调度测算

本研究引用物理学概念"耦合"，用来分析研究城镇化水平与生态环境的耦合协调关系，反映该地区两个系统在经济社会发展过程中城镇化建设与生态环境水平之间交互胁迫的程度。前文已经将指标进行了标准化，确定了各指标的权重，并得到两个系统的综合得分，接下来需要构建耦合协调度模型并进行计算。

表 3　耦合协调度测算公式

	C	T	D
公式	$C = \sqrt{\dfrac{f(x) \times g(y)}{\left[\dfrac{f(x) + g(y)}{2}\right]^2}}$	$T = \alpha f(x) + \beta g(y)$	$D = \sqrt{C \times T}$

其中 C 表示城镇化与生态环境的耦合度，且 $C \in [0,1]$，C 越接近于 0 表示两个系统间的耦合度越小，越接近于 1 表示两个系统间的耦合度越大。"耦合"这个概念是说明两个系统间互相影响的程度，不能反映协调发展水平，所以需要引入协调发展指数对城镇化和生态环境发展的协调程度进行进一步的评价；T 表示综合协调指数，T 值越大说明协调发展的程度越高。α 与 β 表示各系统在综合发展中的影响作用与程度，$\alpha + \beta = 1$。由于在经济社会发展中，城镇化建设与生态环境保护有了同样的深刻影响，故取 $\alpha = \beta = 0.5$ 来表示两子系统同等重要性；D 表示城镇化与生态环境的耦合协调度，$D \in [0,1]$，D 越大表示两个系统的耦合协调程度越高，反之亦然。该指标不同于耦合度 C，它在考虑了系统之间的动态性和不平衡性后，能更好地反应两者之间的协调程度。

（四）协调度评价

本研究参考了黄金川、方创琳、刘海猛、刘耀彬等学者的耦合协调划分标准，在考虑湘赣边区域的实际情况后，尽可能更为科学、准确地分析不同时期、不同地区的耦合协调度情况，更好地认识湘赣边区域生态城镇化发展状态，本文根据 D 的大小将耦合协调度共划分为 3 大阶段共 10 小类，再结合 $f(x)$、$g(y)$ 的相对大小，确定城镇化与生态环境相对发展程度，在 10 小类耦合协调度的基础上再分为 30 种基本类型，以说明湘赣边区域生态城镇化发展程度与各自的发展类型。具体如表 4 所示：

表 4　城镇化与生态环境耦合协调类型

阶段	耦合协调阶段 $D\in[0.6,1]$					过渡阶段 $D\in[0.4,0.6]$		失调衰退阶段 $D\in[0,0.4]$		
耦合协调度	(0.9),1]	(0.8),0.9]	(0.7),0.8]	(0.6),0.7]	(0.5),0.6]	(0.4),0.5]	(0.3),0.4]	(0.2),0.3]	(0.1),0.2]	(0),0.1]
耦合协调类型	优质耦合协调类	良好耦合协调类	中级耦合协调类	初级耦合协调类	勉强耦合协调类	濒临失调衰退类	轻度失调衰退类	中度失调衰退类	严重失调衰退类	极度失调衰退类

在此基础上，本研究根据城镇化系统 $f(x)$ 与生态环境系统 $g(y)$ 的相对大小进行细分，定义 $f(x)-g(y)>0.1$ 为生态环境滞后型，定义 $|f(x)-g(y)|<0.1$ 为城镇化与生态环境同步型，定义 $f(x)-g(y)<-0.1$ 为城镇化滞后型，由此可以分出 30 种城镇化与生态环境耦合协调度基本类型。

三、生态城镇化时空分异分析

（一）时序变化

1. 城镇化水平与生态环境水平

2013—2019 年湘赣边区域各城市的城镇化水平差异明显，城镇化进程步调不一，同时也出现明显的"一核"现象，如表 5 所示。长沙市城镇化水平一路领先于其他地级市，其城镇化水平在波动中维持在较高位，这说明长沙市城镇化水平出现过紧张状态但总体上不断走向优质，实现有效增长。面临增长速度换档期、结构调整阵痛期与前期刺激政策消化期的"三期叠加"等复杂严峻的宏观经济形势，长沙市经济发展遇到挑战，GDP 增速由 2012 年的 13.2% 下滑到 2013 年的 12%，再到 2015 年的 9.9%，自 21 世纪以来 GDP 增速首次跌破 10%。为了有效应对经济下行压力，长沙市先后开展了"六个走在前列"大竞赛活动、加快建成"三市"、强力实施"三倍"战略、全面推进"四更"长沙、实行"创新引领、开放崛起"战略打造"三个中心"等一系列战略举措，提振了长沙市经济社会发展，拉动了城镇化水平的稳步前进。株洲市的城镇化水平在湘赣边区域中仅次于长沙市，在 2013—2019 年间面对复杂多变的外部环境，其城镇化进程在 2016、2017 年面临了现实阻碍。迎战风险、应对挑战，株洲市先后提出了"三个率先"总目标与"四个第一"总要求、开展"项目攻坚年"和"企业帮扶年"活动、坚持"稳中求进"工作总基调等举措，实现了城镇化水平的稳步提升。郴州市、萍乡市与吉安市在 2013 年—2019 年间城镇化进程略有加快。萍乡市的城镇化率在湘赣边区域始终表现抢眼，从 2013 年的 63.45％发展到 2019 年的 70.01％，成为除长沙市外城镇化率唯一一个突破 70％的城市，郴州市与吉安市的城镇化率也分别提升到 56％与 52.52％，在湘赣边区域中处于中等水平。而岳阳市、九江市、宜春市与赣州市在内外经济形势挑战与长沙市"一核"的存在下，经济实力并不突出，城镇化水平并没有实现突破性提升。

表 5　湘赣边区域 9 市城镇化水平与生态环境水平

		2013	2014	2015	2016	2017	2018	2019
长沙市	FX	0.837	0.937	0.946	0.925	0.970	0.922	0.954
	GY	0.512	0.587	0.500	0.556	0.673	0.603	0.613
株洲市	FX	0.465	0.477	0.477	0.404	0.410	0.481	0.487
	GY	0.485	0.546	0.520	0.609	0.529	0.682	0.704
岳阳市	FX	0.300	0.268	0.368	0.314	0.270	0.247	0.256
	GY	0.415	0.363	0.399	0.426	0.462	0.470	0.455
郴州市	FX	0.250	0.310	0.236	0.334	0.308	0.285	0.273
	GY	0.487	0.515	0.569	0.666	0.506	0.499	0.549
九江市	FX	0.263	0.265	0.315	0.351	0.307	0.363	0.300
	GY	0.549	0.605	0.587	0.581	0.351	0.349	0.465
萍乡市	FX	0.308	0.223	0.230	0.286	0.348	0.308	0.322
	GY	0.552	0.580	0.603	0.602	0.509	0.690	0.729
宜春市	FX	0.273	0.218	0.207	0.272	0.217	0.235	0.216
	GY	0.683	0.742	0.699	0.566	0.610	0.610	0.579
赣州市	FX	0.321	0.181	0.204	0.241	0.271	0.185	0.241
	GY	0.588	0.616	0.566	0.578	0.600	0.588	0.596
吉安市	FX	0.257	0.217	0.191	0.238	0.262	0.230	0.260
	GY	0.807	0.817	0.878	0.845	0.621	0.674	0.662

2013—2019 年湘赣边区域的生态环境水平总体得到提升，各城市发展均衡且较城镇化水平而言维持在较高水平，如表 5 所示。其中株洲市、萍乡市、长沙市与郴州市生态环境水平提升最为显著，分别增长了 45.1％、32.1％、19.7％与 12.7％，四个城市均为国家森林城市，在生态保护、环境治理等方面取得了傲人的成绩。株洲市作为老工业基地，在重工业的滚轮快速发展的阴霾下生态环境已付出了惨痛代价，近几年来，株洲市从整治和转移老工业区、渌江沿岸生态治理到持续推动造林行动，致力于还株洲一片绿水青山，全力推动工业绿色转型，将株洲市建设为轨道交通装备制造高地、南部中国交通枢纽，其

万元 GDP 能耗也从 2013 年 0.5（吨标准煤/万元）下降到 0.24（吨标准煤/万元），践行绿色发展，建设美丽株洲。萍乡市在新型城镇化建设中实现了从实现了从工业城到生态城的华丽转身，在"绿盾"专项行动中建成省级自然保护区 2 个、国家和省级森林公园 14 个、国家和省级湿地公园 5 个，森林覆盖率达 67.25%，湿地保护率达 76.07%。对于城市环境治理，长沙市开展以"环境保护三年行动计划"为代表的一系列环境治理行动严控污水排放，鼓励发展生物能、光伏电源、风能等绿色能源，创新垃圾收集方式，密集规划城市沿路垃圾箱设置。郴州市自 2013 年始，全面实施青山、碧水、蓝天、净土四大工程，作为湘江源头，郴州市在"三江"流域水源保护、城区综合治理、东江湖生态治理等方面收效显著，使得其森林覆盖率达 67.94%，湿地保护率达 72.09%，并出台《生态郴州建设四年行动计划（2017—2020 年）》确定"绿色家园""绿色产业""绿色保护""绿色文化"四大工程确保生态文明建设持续发力，写好这张生态名片。

2. 生态城镇化水平—耦合协调度

根据 2013—2019 年湘赣边区域城镇化水平和生态环境水平指数，计算得出城镇化与生态环境耦合协调度 D，如表 6 所示。

表 6 湘赣边区域 9 市耦合协调度

	2013	2014	2015	2016	2017	2018	2019
长沙市	0.809	0.861	0.829	0.847	0.898	0.863	0.874
株洲市	0.689	0.715	0.705	0.704	0.683	0.757	0.749
岳阳市	0.608	0.558	0.619	0.605	0.594	0.583	0.565
郴州市	0.591	0.632	0.606	0.687	0.628	0.614	0.622
九江市	0.616	0.633	0.656	0.672	0.573	0.596	0.611
萍乡市	0.642	0.600	0.610	0.644	0.648	0.679	0.685
宜春市	0.657	0.634	0.617	0.626	0.603	0.615	0.607
赣州市	0.659	0.578	0.583	0.611	0.635	0.575	0.608
吉安市	0.675	0.649	0.640	0.670	0.635	0.627	0.644

表 6 可知，在 2013—2019 年间，耦合协调度水平有所提升的城市有长沙市、株洲市、郴州市与萍乡市，而岳阳市、九江市、宜春市、赣州市与吉安市的耦合协调度水平均有所下降。其中长沙市与株洲市在湘赣边区域中城镇化与生态环境互利共生情况最为突出，长沙市的耦合协调度水平始终维持在 0.8 以上，株洲市也相对稳定在 0.7 以上。本研究在表 4 确定的耦合协调度类型的基础上，根据城镇化水平与生态环境水平的相对数值，确定了湘赣边区域 9 个城市的耦合协调度基本类型，如表 7 所示。

表 7　湘赣边区域 9 市耦合协调度基本类型

	2013	2014	2015	2016	2017	2018	2019
长沙市	良好耦合协调—生态环境滞后型	良好耦合协调—生态环境滞后型	良好耦合协调—生态环境滞后型	良好耦合协调—生态环境滞后型	良好耦合协调—生态环境滞后型	良好耦合协调—生态环境滞后型	良好耦合协调—生态环境滞后型
株洲市	初级耦合协调—同步型	中级耦合协调—同步型	中级耦合协调—同步型	中级耦合协调—城镇化滞后型	初级耦合协调—同步型	中级耦合协调—城镇化滞后型	中级耦合协调—城镇化滞后型
岳阳市	初级耦合协调—城镇化滞后型	勉强耦合协调—同步型	勉强耦合协调—同步型	初级耦合协调—城镇化滞后型	勉强耦合协调—城镇化滞后型	勉强耦合协调—城镇化滞后型	勉强耦合协调—城镇化滞后型
郴州市	勉强耦合协调—城镇化滞后型	初级耦合协调—城镇化滞后型	初级耦合协调—城镇化滞后型	初级耦合协调—城镇化滞后型	初级耦合协调—城镇化滞后型	初级耦合协调—城镇化滞后型	初级耦合协调—城镇化滞后型
九江市	初级耦合协调—城镇化滞后型	初级耦合协调—城镇化滞后型	初级耦合协调—城镇化滞后型	初级耦合协调—城镇化滞后型	勉强耦合协调—同步型	勉强耦合协调—同步型	初级耦合协调—城镇化滞后型
萍乡市	初级耦合协调—城镇化滞后型	初级耦合协调—城镇化滞后型	初级耦合协调—城镇化滞后型	初级耦合协调—城镇化滞后型	初级耦合协调—城镇化滞后型	初级耦合协调—城镇化滞后型	初级耦合协调—城镇化滞后型
宜春市	初级耦合协调—城镇化滞后型	初级耦合协调—城镇化滞后型	初级耦合协调—城镇化滞后型	初级耦合协调—城镇化滞后型	初级耦合协调—城镇化滞后型	初级耦合协调—城镇化滞后型	勉强耦合协调—城镇化滞后型
赣州市	初级耦合协调—城镇化滞后型	勉强耦合协调—城镇化滞后型	勉强耦合协调—城镇化滞后型	初级耦合协调—城镇化滞后型	初级耦合协调—城镇化滞后型	勉强耦合协调—城镇化滞后型	初级耦合协调—城镇化滞后型
吉安市	初级耦合协调—城镇化滞后型	初级耦合协调—城镇化滞后型	初级耦合协调—城镇化滞后型	初级耦合协调—城镇化滞后型	初级耦合协调—城镇化滞后型	初级耦合协调—城镇化滞后型	初级耦合协调—城镇化滞后型

首先，湘赣边区域城镇化与生态环境耦合协调度总体起点高、水平高，在 2013 年除郴州市以外其余城市便已步入耦合协调阶段并实现了在该阶段基础上的不断成长，特别是长沙市已经步入良好耦合协调类型城市行列。湘赣边区域生态城镇化发展至 2019 年，除岳阳市以外其余 8 个城市均保持在初级耦合协调类型之上，并相较 2013 年发展出一个中级耦合协调类型城市——株洲市；其次，湘赣边区域 9 个地级市的耦合协调度类型相对稳定，长沙市实现了良好耦合协调的稳步发展并逐渐向优质耦合协调转变，九江市、萍乡市、宜春市、赣州市与吉安市基本维持在初级耦合协调层次。株洲市与郴州市则实现了稳中有进，株洲市从初级耦合协调类型强势成长为中级耦合协调类型，郴州市也跨出过渡阶段保持初级耦合协调的良好发展情况。而岳阳市的耦合协调发展从耦合协调阶段滑落至过渡阶段，其耦合协调类型也从初级耦合协调衰退为勉强耦合协调；最后，湘赣边区域内 9 个城市的城镇化与生态环境子系统耦合协调基本类型主要是城镇化滞后型，虽然耦合协调度水平较高，但是城镇化质量和环境问题也同时存在，同样制约着区域生态城镇化水平。从表 5 可知，岳阳市、宜春市、赣州市与吉安市在 2019 年城镇化水平在湘赣边区域 9 市中相对落后，这 4 个城市的城镇化率在 2019 年均未达到 60%，分别是 59.2%、51.22%、

51.85％与52.52％，而其非农产业占GDP比重亦在湘赣边区域9市中排名靠后，除岳阳市达到90％以外其余3市均在90％以下。株洲市、岳阳市与九江市在不同时期出现过城镇化与生态环境同步发展但并未形成持续有效的稳定增长模式。长沙市则是唯一一个属于生态环境滞后型城市，这就要求长沙市需要在城镇化建设进程中加强生态环境保护、加大生态治理力度，要在《长株潭城市群生态绿心地区总体规划（2010—2030）》的指导下确保生态安全、坚守生态底线、提升生态功能，同时要加快绿色、高效、低碳的新型产业发展进度，坚持以机械制造、食品及农产品加工、汽车制造三大龙头产业与新材料、互联网产业两大新兴产业为主的22条产业链为支撑，让长沙走出一条高科技、高效益、低耗能、低污染的新型城镇化发展道路。

（二）空间分布

根据2013—2019年湘赣边区域9市各自的城镇化综合水平和生态环境综合水平，计算得出这三个城市的城镇化与生态环境耦合协调度D，以此来衡量生态城镇化发展水平，本研究选取2013年、2016年与2019年的情况进行分析，利用Arcgis软件绘制空间分布图，在空间分异分析上对湘赣边区域9市生态城镇化整体水平进行分析，如图2所示。

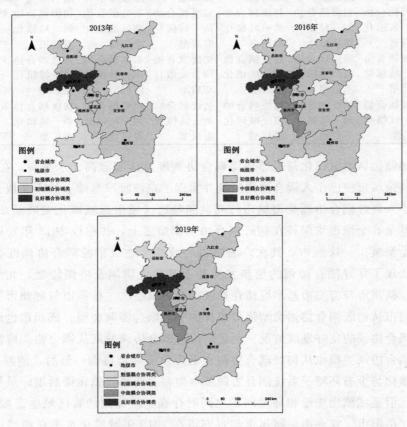

图2　湘赣边区域9市耦合协调度类型空间分布图

湘赣边区域 9 市的城镇化与生态环境耦合协调发展在 2013—2019 年间整体情况向前推进。但同时不同城市所属不同省份，经济发展现状具有现时差异，自然条件也具有先天禀赋不同，使得区域内部各城市耦合协调度空间分布存在差异性，核心城市特征较为明显，发展进程逐渐拉大，总体呈西部地区好于东部地区的分布趋势。

城市群内"一核"现象明显，辐射带动效应也愈发明显。长沙市一直保持在良好耦合协调类并持续向优质良好耦合协调类发展，其生态城镇化进展顺利。在城镇化方面，面对转变经济发展方式，建设新型城镇化遭遇的阻碍，长沙市在不同时期，针对不同境遇，长沙市加快建成全面小康之市、两型引领之市、秀美幸福之市"三市"进程，全面推进能量更大、实力更强、城乡更美、民生更爽的新长沙建设，实行"创新引领、开放崛起"战略打造"国家智能制造中心、国家创新创意中心、国家交通物流中心"等一系列战略举措，提振了长沙市经济社会发展，拉动了城镇化水平的稳步前进。在生态环境方面，在 2007 年长沙市便入选"国家森林城市"，森林覆盖率在 2013 年已达到 58.1%，生态环境自然禀赋优良。另外从 2008 年开始，长沙市实施了多个"环境保护三年行动计划"、环城绿带生态圈建设、"一江八河"及主要支流水系岸线宜林绿化等具体项目来加大生态环境保护与生态治理力度，很好地践行着"绿色承诺"，实现了天更蓝、水更碧、土更净。同时，长沙市生态城镇化的逐渐成熟亦带动了周边城市的发展，株洲市生态城镇化进程不断加快，坚持以轨道交通装备产业为核心的机械制造业助力城镇化稳步前进；湘赣边区域内发展进程逐渐拉大，生态城镇化层次逐渐分明。继良好耦合协调类城市—长沙市作为核心城市出现之后，株洲市也成长为中级耦合协调类，区域内出现多种耦合协调类型城市。郴州市在 2013 年属于勉强耦合协调类城市而在 2016 年、2019 年变为初级耦合协调类城市，成为主要耦合协调类型城市，而岳阳市在经历初级耦合协调后再衰退到过渡阶段的勉强耦合协调类型城市；西部地区耦合协调度整体高于东部地区。在 2013 年、2016 年和 2019 年，东部地区的九江市、宜春市、吉安市和赣州市均属于初级耦合协调类城市，而西部的长沙市在 2013—2019 年间的耦合协调度均在 0.8 以上，属于良好耦合协调类，株洲市总体维持在中级协调发展型，期间出现过初级耦合协调情况，在波动中保持了较高水平。

四、结论与启示

（一）结论

（1）湘赣边区域城镇化与生态环境协调耦合发展起点较高，且总体维持在协调发展阶段，实现了持续的较高耦合的协调发展，具有良好的生态城镇化程度与水平。湘赣边区域跨越了过渡阶段，历经了勉强协调、初级协调、中级协调和良好协调四个发展期，稳定处于协调发展阶段，整体持续向高水平耦合协调迈进，生态城镇化进展不断加快。

（2）从空间分布来看，长沙市的"一核"现象明显，湘赣边区域内部分化持续存在，区域内没有形成合力促进生态城镇化共同发展。在高水平城镇化与不断改善的生态环境支撑下，长沙市的耦合协调度一直在湘赣边区域内处于领先定位，维持在高水平状态。株洲市在长沙市核心效应的影响下耦合协调度得到持续提升，生态城镇化道路越走越宽。

(3) 在 2010—2018 年，湘赣边区域 9 市存在城镇化滞后与生态环境滞后的问题，同时存在且没有出现实质好转，制约了生态城镇化发展进程。长沙市也面临着将生态治理手段与能力提升到新高度，以追赶上城镇化进程的脚步的难题，其余城市均存在提高城镇化水平与质量的现实困境。两种困境都限制了各自城市实现城镇化与生态环境耦合协调发展迈出实质性、跨越性的步子。

(二) 启示

(1) 加快城镇化建设步伐，改善湘赣边区域城镇化水平滞后的突出问题。工业化带动城镇化，城镇化支撑耦合协调发展，重点推进交通基础设施联通与产业转型升级振兴建设。加快湘赣边区域内高速铁路、高速公路、国省干线互联互通，做到打开通道、构建枢纽、完善路网，为区域内外要素流动、信息互享、经济对接打通大动脉；加快产业向高效、绿色、低碳转型升级进程。其中浏阳市、醴陵市要集中力量办大事、办好世界花炮之都与国际陶瓷之都，而株洲市、岳阳市、郴州市等要加强产业园区承载能力建设，株洲市要高质量、高水平建设"一谷三区"，加快建设老工业城市转型发展示范区，岳阳市需持续加快生物医药、建筑材料、智能制造三大产业链发展，全力推动高新园区和产业项目建设，郴州市要坚持以国家可持续发展议程创新示范区、中国（湖南）自贸试验区郴州片区建设为引领，着力打造三大千亿优势工业集群，加快城镇化建设步伐。萍乡市、吉安市、宜春市、九江市与赣州市要积极利用环鄱阳湖城市群平台，稳步提升科创能力与开放力度、质量，同时在生态文明背景下继续寻求生态保护与经济的协调发展，保持固有优势，提高区域经济生态化水平和资源综合利用能力。

(2) 湘赣边区域生态城镇化的建设既要依托于良好的自然环境，也要以深根于自然亦能支撑发展的绿色产业为引领，加快推进生态旅游资源与红色文化旅游提升建设。美丽生态是美丽国家建设与美丽城市建设的核心要义，加快落实生态环境保护治理工程，长沙市与株洲市要继续加快"绿心"建设步伐，构筑永续性生态屏障，并稳步推进污染防治攻坚工程，岳阳市与九江市要完善洞庭湖与鄱阳湖湖域生态环境修复与生态治理工作，打好生态环境保卫战，郴州市、赣州市、吉安市、宜春市要加强湘江与赣江等流域综合治理，完善生态保护补偿协议、强化水安全保障能力；湘赣边区域要依托于丰富的红色文化资源和生态旅游资源打造"红"与"绿"两张特色名片，举办一批艺术节与博览会，建设一批文化公园与广场，打造一批红色旅游与生态旅游景区。以红与绿为底色，以文化与生态为抓手，推出一批与生态文明相适应的旅游城市、海绵城市、森林城市，将湘赣边区域有机地融合成为现代化生态型城市群，为生态城镇装点上真正的绿色本色。

(3) 统筹湘赣边区域耦合协调发展，弥合区域内部空间差异。整合区域内先进生产要素，带动湘赣边区域绿色产业的发展，提高绿色 GDP 比重，实现向绿色工业的跨越，打造生态城镇的绿色心脏。要完善区域内基本公共服务保障，促进教育均衡、医疗覆盖、社会保障一体化。同时要建立全方位、全区域联防联控长效机制，做到生态环境治理举措互通、经济发展战略互联，强化各方共识，做到信息互享、政策互通、合作互信，做到湘赣边区域城镇化与生态环境高水平的耦合协调发展，高质量实现生态城镇化，创造湘赣边区域既有绿水青山又有金山银山的双赢结局。

参考文献

[1] Northam，R M. Urban Geography. 2nd edn. New York：John Wiley & Sons，1979：65-67.

[2] Zhang Y. China's Green Urbanization in the Perspective of Ecological Civilization [J]. Chinese Journal of Urban and Environmental Studies，2021，09（1）：2150001.

[3] Liu Y B，Ren-Dong L I，Song X F. Analysis of Coupling Degrees of Urbanization and Ecological Environment in China [J]. Journal of Natural Resources，2005，20（1）：105-112.

[4] 任宇飞，方创琳，李广东，孙思奥，鲍超，刘若文. 城镇化与生态环境近远程耦合关系研究进展 [J]. 地理学报，2020，75（3）：589-606.

[5] 唐志强，秦娜. 张掖市新型城镇化与生态安全耦合协调发展研究 [J]. 干旱区地理，2020，43（3）：786-795.

[6] 黄冬梅，刘小玉，郑庆昌，刘骏. 多中心格局对城镇化与生态环境耦合协调发展的影响研究——以福建省两大都市区为例 [J]. 生态学报，2020，40（21）：7886-7896.

[7] 崔学刚，方创琳，李君，刘海猛，张蔷. 城镇化与生态环境耦合动态模拟模型研究进展 [J]. 地理科学进展，2019，38（1）：111-125.

[8] 方创琳，崔学刚，梁龙武. 城镇化与生态环境耦合圈理论及耦合器调控 [J]. 地理学报，2019，74（12）：2529-2546.

[9] 刘海猛，方创琳，李咏红. 城镇化与生态环境"耦合魔方"的基本概念及框架 [J]. 地理学报，2019，74（8）：1489-1507.

[10] 方创琳，周成虎，顾朝林，陈利顶，李双成. 特大城市群地区城镇化与生态环境交互耦合效应解析的理论框架及技术路径 [J]. 地理学报，2016，71（4）：531-550.

[11] 崔学刚，方创琳，刘海猛，刘晓菲，李咏红. 城镇化与生态环境耦合动态模拟理论及方法的研究进展 [J]. 地理学报，2019（6）：1079-1096.

[12] 赵建吉，刘岩，朱亚坤，秦胜利，王艳华，苗长虹. 黄河流域新型城镇化与生态环境耦合的时空格局及影响因素 [J]. 资源科学，2020（1）：159-171.

[13] 杜霞，孟彦如，方创琳，李聪. 山东半岛城市群城镇化与生态环境耦合协调发展的时空格局 [J]. 生态学报，2020，40（16）：5546-5559.

[14] 孙黄平，黄震方，徐冬冬，施雪莹，刘欢，谭林胶，葛军莲. 泛长三角城市群城镇化与生态环境耦合的空间特征与驱动机制 [J]. 经济地理，2017，37（2）：163-170＋186.

[15] 陈肖飞，郭建峰，姚士谋. 长三角城市群新型城镇化与生态环境承载力耦合协调研究：基于利奥波德的大地伦理观思想 [J]. 长江流域资源与环境，2018，27（4）：715-724.

[16] 李波，张吉献. 中原经济区城镇化与生态环境耦合发展时空差异研究 [J]. 地域研究与开发，2015，34（3）：143-147.

[17] 张荣天，焦华富. 中国省际城镇化与生态环境的耦合协调与优化探讨 [J]. 干旱区资源与环境，2015（7）：12-17.

[18] 王少剑，崔子恬，林靖杰，等. 珠三角地区城镇化与生态韧性的耦合协调研究 [J]. 地理学报，2021，76（4）：973-991.

[19] 任亚文，曹卫东，张宇，苏鹤放，王雪微. 长江经济带三大城市群城镇化与生态环境时空耦合特征 [J]. 长江流域资源与环境，2019，28（11）：2586-2600.

[20] 周正柱，王俊龙. 长江经济带城镇化与生态环境耦合协调关联性研究 [J]. 城市问题，2020（4）：21-32.

"绿水青山就是金山银山"理论的
湘赣边区域实践路径

——以浏阳市"两山"实践创新基地建设为例

张伏中[1]　蔡　青[2]　苏艳蓉　钱文涛

（湖南省环境保护科学研究院　湖南长沙　410000）

摘　要： "绿水青山就是金山银山"（以下简称"两山"）理论是习近平生态文明思想的重要组成部分，揭示了资源生态价值转化成经济财富的实践关系。浏阳市作为湘赣边区域性中心城市，积极践行"两山"理论，坚持生态优先，以"两山"理念引领高质量发展；聚力创新突破，以系统协调集聚发展新优势；强化特色打造，以示范创建带动生态产业化。

关键词： 湘赣边区域；生态文明；浏阳市

党的十八大以来，中国将生态文明建设纳入中国特色社会主义事业"五位一体"总体布局，努力建设美丽中国，实现中华民族永续发展[1]。2018 年，"生态文明"写入宪法，召开全国生态环境保护大会，正式确立习近平生态文明思想，生态环境保护事业进入了新的历史发展阶段。"绿水青山就是金山银山"理论是习近平生态文明思想的重要组成部分，生态文明示范创建作为当前推进生态文明建设的一个重要载体和平台[2]，"两山"实践创新基地重点在"点"，以县、乡、村为单元，也可以流域为单元，重点探索"绿水青山就是金山银山"的转化模式[3]。为了深入贯彻习近平生态文明思想，进一步探索"两山"理论实践路径的典型做法和经验，许多地区正在着力推进"两山"实践创新基地创建工作[4-5]。截至 2021 年 10 月，生态环境部分五批命名了 136 个"绿水青山就是金山银山"实践创新基地，浏阳市被授予第五批"两山"实践创新基地称号。

近年来，湘赣两省积极探索区域协调发展新模式，提出合作共建"湘赣边区域合作示范区"，合作制定了《湘赣边区域合作示范区发展规划》。2020 年 7 月，湖南省政府印发实

1　［第一作者］张伏中，湖南岳阳人，博士，高级工程师。主要研究方向为生态文明示范创建、生态修复研究等相关工作。

2　［通讯作者］蔡青，湖南华容人，博士，高级工程师。主要研究方向为环境规划区划与环境管理研究。

施《湖南省推进湘赣边区域合作示范区建设三年行动计划（2020—2022 年）》（湘政办发〔2020〕30 号），明确示范区将建设成为全国绿色发展和生态文明建设的创新区。本文以浏阳市"两山"实践创新基地为例，探讨了"两山"理论的湘赣边区域实践路径，为湘赣边区域生态文明建设工作提供借鉴。

一、区域概况

湘赣边区系湘赣革命根据地与湖南、江西两省交界地区重叠地带，涉及两省 18 个县（市、区），其中，湖南涉及浏阳市、醴陵市、茶陵县、炎陵县、攸县、平江县、桂东县、汝城县；江西涉及井冈山市、永新县、遂川县、莲花县、上栗县、湘东区、铜鼓县、万载县、修水县、上犹县，总面积 4.09 万 km²，人口 1 030 万。

浏阳市位于湘赣边境，湖南省东部偏北。全市自东向西为浏阳河上、中游及部分下游，西北部为捞刀河上、中游，南为南川河。浏阳东南西北分别与江西省宜春市袁州区、铜鼓县、万载县、萍乡市上栗县，湖南株洲市的荷塘区、芦淞区、石峰区、醴陵市，长沙市长沙县、雨花区，岳阳市平江县等 11 个区（县、市）交界，边界线总长 571.75 km；浏阳境内东西长 125.8 km，南北长 80.9 km。境内总面积 5 007 km²，占全省总面积 21 万 km² 的 2.38%。《浏阳市国民经济和社会发展第十三个五年规划纲要》明确提出，浏阳将发展定位为省会副中心和湘赣边区域性中心城市。

二、"两山"实践创新基地建设的重要意义

（一）践行习近平生态文明思想的政治担当

"两山"理论是习近平生态文明思想的重要组成部分，阐述了发展与保护的辩证关系，揭示了"保护生态环境就是保护生产力、改善生态环境就是发展生产力[6]。"

浏阳开展"两山"实践创新基地建设，有助于加快形成节约资源和保护环境的空间格局、产业结构、生产方式和生活方式，有利于把经济活动、大众行为限制在自然资源和生态环境能够承受的限度之内，实现绿色发展，是践行习近平生态文明思想、深入贯彻新发展理念的重要举措。

（二）推进经济高质量发展的重要抓手

"两山"理念已经成为全党全社会的共识和行动，成为新发展理念的重要组成部分。"绿水青山就是金山银山"的论断代表着人类对经济发展与环境保护之间关系认识的最新高度。它揭示了自然生态本身的经济价值属性，保护自然生态资源就是增值自然资本[7]。

自然生态资源优势是浏阳经济发展的主要动力之一，充分保护好、利用好这些高品质的自然生态资源，对标国际、国内一流旅游目的地，以国际化视野谋划和推动旅游业的转型升级和品质提升是浏阳市的首要任务，伴随生态旅游示范工程建设的全面推进，浏阳市开展"两山"实践创新基地建设，有利于保护高品质旅游资源，保障"青山常在，绿水常

在"，是推进经济高质量发展的重要抓手。

（三）加快生态文明建设的重要举措

2018 年，中共中央、国务院印发了《中共中央 国务院关于全面加强生态环境保护 坚决打好污染防治攻坚战的意见》，将生态文明示范创建正式上升为国家生态文明建设战略任务，明确了生态文明示范创建的定位[8]。

近年来，浏阳市立足新发展阶段、贯彻新发展理念、融入新发展格局，坚定不移走生态优先绿色发展之路，突出产业升级、乡村振兴、城市提质、改革创新等工作，积极打响"一河诗画，满城烟花"的城市品牌，城乡品质不断得到提升，打造了"业兴、民富、水清、林绿、景美、韵醇"的全域生态综合体，并且在守护绿水青山、壮大金山银山形成了一系列浏阳模式与经验，为湘赣边区域其他县域生态文明建设提供了可借鉴、可复制的经验模式。

三、"两山"实践创新基地建设的实践路径

（一）坚持生态优先，以"两山"理念引领高质量发展

浏阳市是湖南省人口第一、面积第二大县，是"千年古县""中国生态魅力市""全国十佳生态文明城市""美丽中国典范城市""中国优秀旅游城市"，是湖南省生态环境保护"四严四基"制度创新试点县。在全国县域经济与县域综合发展百强县中排名第 9 位，域内现有工业企业 3 613 家，约占长沙市 1/3，湖南省 1/13，生态红线划定总面积为 610 km²，占浏阳市域面积 12.19%，占长沙市生态红线面积 81.83%。近年来，浏阳认真落实中央、省、市关于生态文明建设领域的各项决策部署，生态环境保护工作连续三年获评长沙市绩效考核一等，多项工作获中央、省、市各级领导肯定。

1. 环境质量实现突破

2018—2020 年，浏阳市环境空气质量优良率分别达 94.2%、95.3%、99.7%，达到国家环境空气质量二级标准。境内浏阳河、捞刀河与南川河出境断面水质年均值、饮用水水源地水质达标率连续三年保持 100%。2020 年，浏阳市获评住建部全国农村生活污水治理示范县，在全省率先实现旱厕清零目标；浏阳河成功创建水利部全国示范河流；浏阳经开区获批工信部国家级绿色工业园区；第二次全国污染源普查工作中浏阳市被国务院评为先进集体，并涌现出了一批先进个人；固定污染源排污许可工作中浏阳市获评全国先进集体，同时也涌现出了一批先进个人。

2. 产业发展质效齐升

浏阳经开区综合竞争力连续多年领跑全省产业园区；农业总产值由 144.6 亿增至 193 亿，建成高标准农田 64.6 万亩，建成油茶林 78 万亩，花卉苗木基地 17.8 万亩，上市企业增加至 9 家；旅游业发展迅速，接待游客人次年均增长 16.65%，旅游综合收入年均增

长 16.7%。县域旅游经济增长质量综合排名全省第二、在旅游经济资源环境排名全省第一，打响了浏阳"红色＋绿色"特色旅游品牌。实现脱贫 1 4828 户 47 718 人，33 个省定贫困村全面退出。

3. 区域合作形成引领

围绕建设省会副中心和湘赣边区域中心城市的发展定位，引领湘赣边区域发展，湘赣边区域开放合作成员单位已扩展至 24 个。成立湘赣边红色文化旅游共同体，共同举办红色旅游节会，打造三条跨区域精品旅游线路。共同建设湘赣边区域"初心源"旅游环线，发行区域旅游"一卡通"，鼓励两省居民交流互动，合力建设长江中游城市群生态"绿心"。加强流域水环境联防共治，促进渌水流域水环境持续改善，浏阳市与醴陵市本着互惠互利、共同合作的原则，就渌水流域建立了横向生态保护补偿机制。

(二) 聚力创新突破，以系统协调集聚发展新优势

浏阳坚持因地制宜、独具一格的原则，以点带面，整体推进"两山"实践创新基地建设。以浏阳河为轴，打造浏阳河生态山水风光带；以"生态＋乡村旅游"为核心，打造大围山生态经济旅游开发区；以"生态＋红色文化"为核心，打造湘赣边区域合作乡村振兴示范区；以"生态＋绿色园区"为核心，打造工业新城战略发展区；以加强"绿心"保护为重点，打造长株潭一体化绿心保护试验区。形成了"一轴四区，三核一心"的"两山"理论浏阳特色实践路径。

1. 浏阳河生态山水风光带

立足"浏阳河""浏阳烟花"两大世界级 IP，大力推动"一河两岸"项目建设，将浏阳河打造成集"生态山水风光带、特色文旅创意湾、现代服务集聚地、人文乡愁追忆廊、都市幸福滨水区"五大功能于一体的 5A 级旅游景区。

2. 大围山生态经济旅游开发区

围绕"旅游新方向·中国大围山"战略目标，以大围山森林公园、大围山镇、小河乡、张坊镇、达浒镇的"一园四镇"开发模式，打造万亩杜鹃、西溪磐石大峡谷、白沙豆腐等文旅品牌，形成以绿色生态乡村旅游为主导，产业融合发展的经济格局。

3. 湘赣边区域合作乡村振兴示范区

充分挖掘湘赣合作战略蕴含巨大发展机遇、发展红利和发展空间，加快打造湘赣边一小时红色旅游经济圈，加快推动秋收起义干部学院、胡耀邦故里研学实践教育营地等项目建设，以生态＋红色文化带动乡村振兴。

4. 工业新城战略发展区

依托浏阳经开区优势基础和未来机遇，突出新型物流、数控机床、工业机器人、自动化、3D、5G、大装置、新材料等领域，建设航空制造与智慧物流、智能装备、未来科技、电子信息与生命科学、中央创新区的五大产业功能组团，不断提升经济"含绿量"，助力

金阳新城实现产景交融，高质量发展。

5. 长株潭一体化绿心保护试验区

在"绿心"地区乡镇大力发展"土地合作型""乡村服务型""物业经营型""产业带动型"集体经济，严格项目准入，强化生态治理，全力守护长株潭城市群一体化发展的重要战略空间和生态屏障。

（三）强化特色打造，以示范创建带动生态产业化

以"两山"实践创新基地建设有力促推"个十百千"（依托 1 个生态产业服务中心，发展生态米、小水果、黑山羊、蜂蜜、油茶、花、蔬菜、特色水果、乡村旅游、手工制作木等 10 个特色生态农业产业，做强 100 个生态产业基地，培育 1 000 名生态产业示范户）和"百社千户"（创建 100 家生态产业示范合作社和 1 000 家生态家庭农（林）场或专业种养大户的生态产业致富工程落实落地；加快形成"一区、四带、多点"（国家农业绿色发展先行区，浏东休闲农业发展带、浏西花卉苗木产业带、浏南红色文旅产业带、浏北优质水稻示范带）的乡村产业布局，不断拓宽绿水青山和金山银山的双向转化通道，让优良生态环境成为浏阳人民的"幸福不动产、绿色提款机"。

1. "守绿换金"转化发展优势

守住发展和生态两条底线，积极把生态优势转化为发展优势，让绿水青山和金山银山紧密咬合、无缝对接。在柏加镇，把守护"绿色心脏"作为时代使命，提质传统花木产业，做强做精花木产业，花木储量资产总额约 300 亿元，成为中南六省最大的花木生产基地。在大围山，以涵养水土激活现代农业，用特色水果、农家乐等产品增值绿水青山，实现了由昔日的林场景区向生态旅游产业园区转变，实现旅游产业收入达到 100 亿元，带动 1 万个就业岗位。

2. "添绿增金"打造生态银行

通过坚持不懈地开展复绿、增绿、添绿、补绿等生态环境保护与建设，打造经济社会发展的"生态银行"。在田溪村，村民众筹植绿复绿，高标准打造西溪磐石大峡谷风景区，开发有机种养殖业、自然教育、森林康养，挖掘发展客家文化特色，实现了由昔日的林场向生态旅游产业园区的转变，人均年收入从 2015 年的不到 5 000 元增长至 2020 年 1.2 万元。在苍坊村，保护绿色生态资源，充分挖掘红色文化资源，围绕"红色旅游"主题，流转土地资源发展乡村休闲生态游，引进红色研学基地，开展红色文化教育，全年研学旅游人数突破 5 万人。

3. "点绿成金"激发产业活力

注重因地制宜，因势利导，发展"生态＋"产业，探索形成了符合自身条件、本地特点的有效模式和典型经验。在永安镇，以村级土地合作社与湾塘盘古生态种养专业合作社组建湾里旅游开发公司的方式，通过打造"老种子博览园"，带动老种子加工厂、老种子主题民宿等绿色农业主题产业，打造出老种子科研育种、袁隆平超级水稻院士实验基地等

20 多个项目，与官渡镇竹联村"诗画中州"一同被列入国家级田园综合体功能区试点。在小河乡，以"旅游＋文化"模式，展现"世外原乡，画里小河"的美好画面。2021 年春节以来，仅鱼鳞叠水坝吸引了 15 万余名游客前来旅游观光，成为新的"网红"打卡点。

参考文献

[1] 胡锦涛. 坚定不移沿着中国特色社会主义道路前进 为全面建成小康社会而奋斗：在中国共产党第十八次全国代表大会上的报告 [R]. 北京：人民出版社，2012.

[2] 黄润秋. 以示范创建为抓手 深入推进生态文明建设 [J]. 中国生态文明，2019（1）：6-9.

[3] 关于印发《国家生态文明建设示范市县建设指标》《国家生态文明建设示范市县管理规程》和《"绿水青山就是金山银山"实践创新基地建设管理规程（试行）》的通知 [EB/OL].（2019-09-11）. http://www.mee.gov.cn/xxgk2018/xxgk/xxgk03/201909/t20190919_734509.html.

[4] 张彦丽，丁苹华，张亚峰. 乡村绿水青山转化为金山银山实践路径研究——以蒙阴"两山"实践创新基地为例 [J]. 中国生态文明，2020（6）：69-75.

[5] 董战峰，张哲予，杜艳春等."绿水青山就是金山银山"理念实践模式与路径探析 [J]. 中国环境管理，2020，12（5）：11-17.

[6] 中共中央宣传部. 习近平新时代中国特色社会主义思想三十讲 [M]. 北京：学习出版社，2018.

[7] 中国共产党第十九届中央委员会第四次全体会议公报 [R/OL].（2019-10-31）[2020-9-20]. https://politics.gmw.cn/2019-10/31/content_33282748.htm.

[8] 中共中央 国务院关于全面加强生态环境保护 坚决打好污染防治攻坚战的意见 [EB/OL].（2018-06-24）. http://www.gov.cn/zhengce/2018—06/24/content_5300953.htm.

湘赣边区域城镇化高质量发展的影响因素研究

阳欣怡[1①]　　文俊宇[①]　　马学文[①]　　熊曦[2②]　　柴　俊[①]　　刘硕璞[①]

（①中南林业科技大学商学院　　湖南长沙　　410004
②中南林业科技大学生态经济与绿色发展研究中心　　湖南长沙　　410004）

摘　要： 本文研究了湘赣边区域城镇化高质量发展的主要影响因素，并以区域内湖南省4个市区以及江西省5个市区为代表，从经济、生态、公共服务以及城乡协调发展四个方面建立了城镇化质量评价体系，对9个城市进行了城镇化高质量发展程度的综合测评，并在此基础上利用变异系数法、多元回归分析的方法探究了影响湘赣边区域形成高质量城镇化发展的几个关键因素。经研究发现，经济社会发展、公共服务完善以及城乡协调程度是影响区域城镇化提质的关键因素，并针对关键影响因素提出了相关建议。

关键词： 高质量；城镇化；湘赣边区域

一、引言

中国共产党第十九次全国代表大会提出要实施区域协调发展战略推动中部地区崛起，而城镇化高质量发展正是促进区域经济协调发展的重要动力。所谓城镇化质量是指城镇化发展成果能满足城乡居民不断增长的物质文化需求的程度，是过程和结果的统一，也是效率和公平的统一，进而实现公平协调的城乡关系。湘赣边区域地处湖南省与江西省的交界处，具有先天地理位置优势，两省交通便利、资源丰富并拥有深厚的红色文化底蕴和独特的文化旅游资源，十分利于区域内部特色旅游业等关联产业的发展，从而形成区域产业高度协同发展以推动区域经济快速增长，是实施中部地区崛起战略的中坚力量。2020年，湘赣两省联合编制《湘赣边区域合作示范区建设总体方案》进一步明确合作范围，包括湖南省的长沙市、株洲市、岳阳市、郴州市，江西省的萍乡市、九江市、赣州市、宜春市以及吉安市，共计9个市24个县（市、区），其区域总面积达5.05万km²。近年来，中部地区经济发展、软实力增强、基础设施逐渐完善，在国家经济社会发展发挥了重要作用，截至2020年湘赣边区域城镇化率已达60.57%，十三五期间为达成全部人口如期脱贫的目

1　[第一作者] 阳欣怡，湖南郴州人，硕士研究生。主要研究方向为农业技术经济与管理。
2　[通讯作者] 熊曦，湖南双峰人，副教授，博士，硕士研究生导师。主要研究方向为工业化与城镇化。

标，该区域的基础设施建设不断加强和完善，投入使用效率极大提升，尤其体现在交通网络建设、文化交流等方面，但同时中部地区发展不平衡不充分问题依然突出，而我国现阶段正处于以人为本、规模和质量并重的新阶段，因此推动区域城镇化高质量发展在这一阶段尤为重要。2021 年，为确保区域城镇化高质量发展，湖南、江西两省积极响应国家号召，实施区域重大战略并致力于打造湘赣边区乡村振兴示范区域，将湘赣边区域建设成为乡村振兴示范县和示范点。因此，本文试图利用变异系数法和多元线性回归法对该区域城镇化高质量发展的影响因素进行相关研究，找出对提质工作产生影响的关键因素，并针对性地提出改善建议，对确保湘赣边区域开展城镇化高质量工作具有一定的现实意义。

在现有文献中，大部分学者对城镇化影响因素的研究主要集中于人口、经济、社会以及生态环境城镇化等相关方面。叶裕明（2001）较早地对中国城镇化质量进行了探究，并分别从城市现代化和城乡一体化两个方面建立评价指标体系对城镇化的发展质量进行定量分析和评价[7]。郭叶波（2013）从城镇化与质量两个角度，分别进行单独定义并认为城镇化质量评价应从城市发展质量、城镇化推进效率、城乡协调程度三个维度进行评价指标体系构建[6]。奚昕（2020）等认为要通过"产业、人口、城市"三者互动来促进城乡区域经济统筹协调以推进城镇化整体发展[3]。熊曦（2020）从农产品物流与城镇化协同发展的角度，提出人均 GDP、农产品批发市场个数、一般公共预算支出、电子商务企业数量是影响两者形成高质量发展的四个关键因素[5]。赵奎（2021）对新型城镇化质量进行了评价后，将城镇化质量发展情况分为了高质量发展型、高质量萎缩型、中等质量缓慢型以及低质量滞后型四种类型[1]。

综上所述，当前对于城镇化如何提高发展质量与其相关影响因素的相关研究较为集中，在各大区域城镇化发展现状、资源、优势等方面均存在不同程度差异的情况下，如何有针对性地找出推进各大区域城镇化高质量发展的关键影响因素研究甚少。因地制宜地制定规划并实施，对提升城镇化整体发展质量十分重要，因此本文就湘赣边区域实际情况建立城镇化高质量发展指标体系，对其区域内部九大城市进行测评并对产生影响的关键因素进行探究，从而提出相应的改善建议。

二、湘赣边区域城镇化高质量发展评价

1. 指标体系构建

城镇化发展要实现高质量成果，需要的是可持续和可协调的发展，才能同时有效提高区域城镇化工作的质量与效率。本文在构建评价指标体系时，结合湘赣边区域内部特征及特色，分别从经济、生态、公共服务及城乡协调四个方面选取了如表 1 所示的一级指标：经济社会、人居环境、公共服务以及城乡协调四类指标及十五个指标要素对该区域城镇化高质量发展进行了综合测评。

（1）经济社会发展。由人均 GDP、社会消费品零售总额、第二产业 GDP 占比、第三

产业 GDP 占比以及旅游业总收入共五个指标要素构成。主要通过反映当前区域经济发展规模、发展潜力和各类产业结构占比情况，从而对该地区经济发展质量进行评价判断。

（2）人居环境发展。由森林覆盖率、人均公园绿地面积两个指标要素构成。通过区域内各市绿色覆盖面积以及各市公园绿地建设情况可以反映出当前居民所居住地区环境发展现状。

（3）公共服务发展。由万人拥有卫生机构床位数、各级学校在校人数、公共图书馆藏书量、教育支出占公共支出比例、卫生健康支出占公共支出比例、社会保障支出占公共支出比例共六项指标要素构成，考察该片区的基础设施建设完成情况以及社会公共服务完善水平，以对当地居民生活水平进行及时了解。

（4）城乡协调发展。由城乡居民人均可支配收入差值、城乡居民人均消费支出差值共两个指标要素构成，城乡居民人均可支配收入差值可直接体现出城镇居民与农村居民的收入差异，结合城乡人均消费支出差可以侧面反映出城乡居民消费水平以及消费结构的区别，从而体现出城乡居民生活水平的差异。

表 1　城镇化质量发展评价指标体系及权重

一级指标	指标内涵	二级指标	指标属性	指标权重
经济社会	经济发展	人均 GDP	正向	6.70%
		社会消费品零售总额	正向	11.76%
	产业发展	第二产业产值占 GDP 比重	正向	9.86%
		第三产业产值占 GDP 比重	正向	1.47%
		旅游业总收入	正向	5.96%
人居环境	生态环境	森林覆盖率	正向	1.36%
		人均公园绿地面积	正向	1.89%
公共服务	基础设施	每万人拥有医疗床位数	正向	15.41%
		各级学校在校人数	正向	19.64%
		公共图书馆藏书量	正向	12.50%
		教育支出占公共支出比例	正向	2.35%
		卫生健康支出占公共支出比例	正向	3.39%
		社会保障支出占公共支出比例	正向	2.96%
城乡协调	城乡差异	城乡居民人均可支配收入差值	负向	1.63%
		城乡居民人均消费支出差	负向	3.12%

2. 研究方法与数据来源

本文采用变异系数法对湘赣边区域所覆盖的九大城市城镇化高质量发展水平进行了综合评价。采用变异系数法可以通过各因素取值差值大小反映出影响评价对象的关键因素，该方法对取值差异大、波动大的因素赋予更高权重，从而可以从众多影响城镇化高质量发展的因素中找出关键因素，为下一步的研究提供导向。

变异系数法赋权的步骤如下：

（1）根据湘赣边区域九大城市的指标数据，分别计算出每个城市各个指标的平均数和标准差；

（2）根据平均数和标准差计算出各指标的变异系数：

$$V_i = \frac{\sigma_i}{x_i}(i = 1,2,3\cdots\cdots)$$

式中 V_i 是第 i 项指标的变异系数；σ_I 是第 i 项指标的标准差；x_i 是第 i 项的平均数。

（3）利用变异系数求出各项指标的权重：

$$权重公式：W_i = \frac{V_i}{\sum\limits_{i=1}^{n} V_i}(i = 1,2,3\cdots\cdots)$$

（4）利用各指标权重计算出湘赣边区域九大城市城镇化质量发展综合测评分数。

$$综合测评分数公式：X_j = \sum\nolimits_{i=1}^{n} W_i Y_{ij}$$

式中 j 代表第 j 县市区，i 代表第 i 项指标要素。

本文对湘赣边地区所覆盖的九个城市进行高质量发展水平综合测度的考察数据主要来源于《湖南省统计年鉴 2020》《江西省统计年鉴 2020》以及各市区人民政府网站公开数据。

3. 指标权重与质量评价

如表 2 所示，通过对湘赣边区域所覆盖的九大城市城镇化高质量发展情况进行综合测评可知：首先，从区域整体而言，湖南省长沙市的城镇化质量发展情况为区域内最好，江西省赣州市城镇化质量发展水平次之，其中绝大部分城市城镇化质量综合测评得分均低于区域城镇化质量综合得分均值；其次，从两省城镇化质量发展情况分别来看，湖南地区长沙市与其余三个城市得分差距较大，郴州、岳阳市与省会城市地理距离较远但得分情况相对于与省会城市相邻的株洲市得分要稍好，可看出距离省会城市较远的郴州与岳阳城镇化发展工作正重点向提质转移，而株洲市则由于其位置优势可依靠省会城市带动作用，使得城镇化提质工作开展相对较缓；相反，江西地区以赣州市为首城镇化提质工作开展的较为顺利，与省会城市临近的宜春市、吉安市城镇化质量发展情况均为较好，而相对距离省会城市较远的萍乡市城镇化质量则仍存在一定的发展空间。对此，本文试图进一步找出影响城镇化过程中提高质量的主要因素，从而对下一步提高该区域城镇化质量发展协调程度提供思路。

表 2　湘赣边区域城镇化质量发展综合测评

地区	城市	得分	地区	城市	得分
湖南省	长沙市	2.00		长沙市	2.00
	郴州市	1.07		赣州市	1.19
	岳阳市	1.05		宜春市	1.08
	株洲市	1.04		吉安市	1.08
	赣州市	1.19	湘赣边区域	郴州市	1.07
	宜春市	1.08		九江市	1.07
江西省	吉安市	1.08		岳阳市	1.05
	九江市	1.07		株洲市	1.04
	萍乡市	1.00		萍乡市	1.00
	均值				1.18

三、湘赣边区域城镇化高质量发展的影响因素分析

1. 模型构建

本部分利用多元线性回归分析法，就影响湘赣边区域城镇化高质量发展的相关因素进行了具体分析。通过上文中对湘赣边区域九大城市的城镇化高质量发展水平综合评测的结果可知，人均 GDP、社会消费品零售额、第二产业产值占 GDP 比重、旅游业总收入、人均绿地面积、各级学校在校人数、城乡居民人均可支配收入差值以及城乡居民消费支出差值均占有较大权重，可见一个区域的城镇化发展质量与其经济发展、人居环境建设、公共服务水平以及城乡协调程度等因素有着密不可分的关系。因此本文将城镇化高质量发展程度作为因变量 Y，影响高质量发展的因素作为自变量，并通过逐步回归，筛选出有效变量，结果如表 3 所示，共得出 6 个有效回归模型具体包括以下：

（1）各级学校在校人数。该指标包括了从小学到高校在读学生总人数，通过各级学校在校学生数量的真实综合情况来反映该区域教育事业普及程度及发展水平，从而进一步体现出该区域对公共事业与基础建设的支持程度。

（2）人均 GDP。通过人均 GDP 的数值可以衡量出研究对象中各县市区居民生活水平当前状况以及人民的富裕程度，从而反映该地区经济的大体发展走势以及经济结构等状况。

（3）社会消费品零售总额。消费是作为推动经济发展的三大力量之一，通过社会消费品零售总额不仅可以很好地反映出该区域零售市场的变动情况，而且可以从侧面观察人们消费水平的变化，从而反映出居住于该区域的居民购买力以及人们的物质文化生活水平发展情况。

（4）城乡居民人均可支配收入差值。城镇居民可支配收入与农村居民可支配收入在计算上存在一定的差异，但结果都是代表能用于家庭日常生活的收入，从而可以通过城乡居

民人均可支配收入的差值反映出城乡居民的收入差异。

（5）城乡居民消费支出差值。城镇居民消费支出与农村居民消费支出均表示用于满足家庭日常生活消费的全部支出，包括食品、交通、居住、文娱、社会保障以及设备等其他商品消费共 8 种支出，反映出城乡居民在日常生活花销方面的区别。

（6）旅游业总收入。湘赣边区域蕴藏丰富的自然和文化旅游资源，通过向国内外游客提供旅游产品、劳务等所获得的货币收入总额，可以在一定程度上反映该区域的旅游经济规模与经营状况。

通过利用以上六个可以反映该区域城镇化质量的自变量进行逐步线性回归分析，所构建的具体回归模型如下：

$$Y_i = \alpha_i + \beta_1 X_1 + \beta_2 X_2 + \beta_3 X_3 + \beta_4 X_4 + \beta_5 X_5 + \beta_6 X_6 + \varepsilon_i$$

式中 X_1 为各级学校在校人数、X_2 为人均 GDP、X_3 为社会消费品零售总额、X_4 为城乡居民人均可支配收入差值、X_5 为城乡居民消费支出差值、X 旅游业总收入、α 为截距项、β 为回归系数、ε 为随机变量、i 代表第 i 个县市区。

2. 回归分析

如表 3 所示，通过逐步回归结构发现：R^2 为模型拟合优度，回归结果中 $R^2 = 1$ 代表线性拟合方程能够真实反映数据的程度，说明该模型能够较好地反映真实数据情况且回归情况良好，F 表示模型的方差检验统计量，其对应的 P 小于 0.05，表示该模型有效，回归系数 β 所对应的 P 小于 0.05，表示 6 个自变量对因变量 Y 均有显著影响。综上所述，6 个模型均有效。

表 3　影响因素回归分析结果

	变量	β	T	P	R^2	F	P
1	（常量）	4 465.77	13.43	0.00	1.00	2 704 513.92	0.00
	各级学校在校人数	0.20	1 644.54	0.00			
2	（常量）	2 784.785	4.037	0.01	1.00	2473034.97	0.00
	各级学校在校人数	0.197	1 036.28	0.00			
	人均 GDP	0.038	2.61	0.04			
3	（常量）	555.526	3.89	0.01	1.00	106 300 303.93	0.00
	各级学校在校人数	0.196	6 449.34	0.00			
	人均 GDP	0.07	28.64	0.00			
	社会消费品零售总额	0.128	19.54	0.00			
4	（常量）	167.18	2.122	0.10	1.00	688 752 427.20	0.00
	各级学校在校人数	0.20	17 851.36	0.00			
	人均 GDP	0.07	71.279	0.00			
	社会消费品零售总额	0.12	47.792	0.00			
	城乡居民人均可支配收入差值	0.03	6.26	0.00			

续表

	变量	β	T	P	R^2	F	P
	（常量）	−42.80	−0.861	0.45			
	各级学校在校人数	0.20	29 913.39	0.00			
5	人均GDP	0.07	194.08	0.00	1.00	4 119 489 199.99	0.00
	社会消费品零售总额	0.12	126.71	0.00			
	城乡居民人均可支配收入差值	0.02	9.76	0.00			
	城乡居民消费支出差值	0.03	5.19	0.01			
	（常量）	0.196	97 210.55	0.05			
	各级学校在校人数	0.067	953.78	0.00			
	人均GDP	0.118	459.83	0.00			
6	社会消费品零售总额	0.022	50.82	0.00	1.000	103 255 912 379.764	0.00
	城乡居民人均可支配收入差值	0.024	18.92	0.00			
	城乡居民消费支出差值	0.072	9.39	0.00			
	旅游业总收入			0.01			

由以上回归分析结果可知，经济、公共服务以及城乡协调发展均会对城镇化质量推展工作产生较为明显的影响，这是由于处于中部地区的湘赣边在进行城镇化提质工作中，经济在推动社会发展中发挥了重要支撑作用，从上表 4 中可知，人均 GDP、社会消费品零售总额以及旅游业总收入显著性值都是远小于 0.05，不仅能够直接地反映出湘赣边区域的经济发展状况，而且可以间接地反映出居民生活的经济水平状况和富裕程度，因此可以看出经济发展对该区域是否能实现高质量发展具有举足轻重的地位；其次，社会公共服务的完善程度与基础设施的建设情况可以直接表明在该区域生活的居民可获幸福感的程度，而由于省际的政策隔阂，该区域两省之间在基础设施与公共服务之前的共建共享能力仍有待提高；最后，城镇化的快速发展为城镇聚集了大量的人力资源、资本要素等，最明显地体现在城镇居民与农村居民之间的收入以及消费结构产生了一定的差异，因此进一步提高城乡协调程度，缩小城乡差距仍然存在一定的难度。

四、结论与建议

本文通过收集湘赣边区域九大城市的相关数据，进行了城镇化质量发展评价指标体系构建，并通过变异系数法确认相关指标的权重对九大城市的城镇化质量进行了综合测评，继而利用多元线性回归分析法对城镇化高质量发展相关的影响因素进行了分析，发现经济社会、公共服务以及城乡协调三大因素会对城镇化高质量发展产生较为明显的影响。因此，湘赣边区域要实现城镇化高质量发展的目的，需将工作重心逐渐集中到经济、公共服务以及城乡协调发展等相关问题上。对此，本文针对实现湘赣边区域实现城镇化高质量发展提出了几点改善建议：

第一，以城乡"协作"为基础。为防止区域城镇化高质量发展过程中城乡差距进一步拉大，在湘赣边区域内部九大城市因地制宜进行各自发展规划编制的同时，可采取"跨省协作""城市带动"的形式促进两省、城乡之间的互动,建立沟通与交流的平台,达到取长补短、优势互补的目的,提高区域整体的城乡发展协调程度。

第二,以服务"共享"为重点。以交通为例,交通网络的建成与完善,对助推湘赣边建设"省际通道建设区域合作示范区""交通＋红色文化旅游"融合发展示范区具有重要意义。推动基础设施互联互通和基本公共服务共建共享,不仅需要政府在政策上给予足够支持,同时也需要社会和区域人民的大力配合,只有各方参与共同努力,才能够使人们享受到高质量城镇化的成果、实现宜居生活。

第三,以红色"文化"为动力。湘赣两省是著名的革命根据地,众多重大革命历史事件均发生在此,同时也赋予了该区域独特的"红色文化",因此要打造红色旅游品牌,进一步推进湘赣边区全国红色旅游合作交流,传承革命基因,传播红色文化。此外,还可将红色文化与当地特色农业资源相结合,带动当地关联产业的发展,从而推动该区域旅游业发展,助力区域经济发展实现农民增收,为区域居民不断争取获得感与幸福感。

第四,以生态"绿色"为底色。进行城镇化建设的过程中要不断优化社会结构和经济发展的同时,更要保护和保留区域独特的自然生态优势,一方面在加强区域生态环境保护合作、强化生态保护预防措施的基础上,利用湘赣边区域自然优势进行旅游业的再开发,将绿色与该区域鲜明的红色文化进行联合,共同打造"红色生态"的精品游;另一方面,生态发展是形成高质量城镇、绿色城镇化的基础,两省通过共同协作,搭建合作平台构建高质量绿色产业链,从而推动区域绿色农业产业发展。

综上所述,湘赣边区域城镇化高质量的可持续发展需要经济、交通、环境等各方面的配套,才能够实现。只有全区域一条心,共同携手才能稳固湘赣边区域在中部崛起战略中的中坚地位。

参考文献

[1] 赵奎. 新型城镇化质量测评及动力因素研究——基于安徽省地级市数据分析[J]. 重庆文理学院学报(社会科学版),2021,40(4):76-87.

[2] 仇怡,邓雯璐. 新型城镇化空间格局演变及影响因素分析——基于湖南省13个地级市的经验证据[J]. 城市学刊,2020,41(3):1-7.

[3] 奚昕,曹晨,甘梦溪. "产城人"视角下安徽省新型城镇化质量评价和影响因素研究[J]. 安徽师范大学学报(自然科学版),2020,43(3):292-299.

[4] 熊曦,闫跳跳,段宜嘉. 长江中游城市群创新水平的空间差异及成因[J]. 湖南工业大学学报(社会科学版),2020,25(2):75-83.

[5] 熊曦,周家宇. 湖南省工业绿色制造体系建设及高质量发展对策[J]. 湖南行政学院学报,2020(2):95-104.

[6] 郭叶波.城镇化质量的本质内涵与评价指标体系[J].学习与实践,2013(3):13-20.

[7] 叶裕民. 中国城市化质量研究[J]. 中国软科学,2001(7):28-32.

湘赣边区域农林生态特色产品品牌培育研究

杨　坤^{1①}　熊　曦^{2①}　段宜嘉^②　王谦尧^③

（①中南林业科技大学商学院　湖南长沙　**410004**

②湖南财政经济学院　湖南长沙　**410205**；湖南省经济地理研究所　湖南长沙　**410004**

③泰兴市农产品加工园区　江苏泰州　**225400**）

摘　要： 培育农林生态特色产品品牌是将生态优势转化为发展优势的有效路径。湘赣边区域凭借得天独厚的生态环境和自然条件，形成了一批品质基础好的农林产品，加上红色文化的丰富内涵，地理标志性产品和区域公用品牌建设成效显著，但也存在农林产品品牌力不强、品牌培育的基础薄弱、品牌培育的外部环境脆弱、品牌产品的产业规模小等现实问题。新时代背景下，湘赣边区域农林生态特色产品发展需注重品牌培育，围绕重点产品、重点基地、重点企业，打造一批具有湘赣边区域特色的农林生态特色产品，实现产业规模化、品牌高端化，进而助推湘赣边区域快速发展。

关键词： 湘赣边区域；农林生态特色产品；品牌培育

十九大报告指出"既要创造更多物质财富和精神财富以满足人民日益增长的美好生活需要，也要提供更多优质生态产品以满足人民日益增长的优美生态环境需要"。2020年的中央农村工作会议明确提出"要深入推进农业供给侧结构性改革，推动品种培优、品质提升、品牌打造和标准化生产"。其中，优质生态产品是从人们赖以生存的自然资源中创造出的，是人们对美好生活更高的期待。在生态文明建设的大背景下，通过培育优质农林生态特色产品品牌，提升农产品特色化、品牌化水平，是区域经济持续健康发展的重要支撑。对此，学者就农林生态特色产品品牌培育给予了高度的关注。如学者认为农产品品质对于农产品品牌形象提升以及农业转型升级具有重要影响[1]。有学者指出要实现生态产品的价值转换，应以政府为主导，着力解决中小企业、消费者难题，三方合力打造区域公共品牌[2]。还有学者认为绿色生态品牌培育要从品牌共识、品牌意识、品牌站位、品牌建设资源等多方面发力[3]。这些学者对农林生态特色产品品牌培育的重要性及措施研究，为具有良好品牌培育基础的区域奠定了坚实的理论基础。而对于生态环境保护较好的革命老区

1　[第一作者]杨坤，湖南怀化人，硕士研究生。主要研究方向为涉农企业管理。

2　[通讯作者]熊曦，湖南双峰人，副教授，博士，硕士研究生导师。主要研究方向为工业化与城镇化。

来说，进行农林生态特色产品品牌培育将更具价值[4]。国务院关于新时代支持革命老区振兴发展的意见进一步指出"加强绿色食品、有机农产品、地理标志农产品认证和管理，推行食用农产品合格证制度"及"做大做强水果、蔬菜、茶叶等特色农林产业"；2021年《省政府工作报告》明确"大力推进湘赣边区域合作示范区建设，深入实施湘赣边区域合作示范区十大重点工程"。作为典型革命老区的湘赣边区域，大力发展现代农业示范工程，依托生态资源优势，成长了一批湘赣边优质特色农产品，不断培育壮大"湘赣红"区域品牌，形成"品牌＋特色＋示范"的湘赣边现代农业发展体系。因此，在当前生态文明建设以及大力支持革命老区建设的大背景下，展开湘赣边区域农林生态特色产品品牌培育研究具有十分深远的意义。

一、湘赣边区域农林生态特色产品品牌培育的基础和问题

1.1 农林生态特色产品品牌的形成基础

湘赣边农林生态特色产品具有良好的品牌基础，依托优良的产品品质、一批地理标志性产品及区域公用品牌形成了一定的品牌效应[5]，农林生态特色产品品牌自身的知名度与美誉度促使消费者形成对该品牌的信任度与忠诚度，如图1所示。

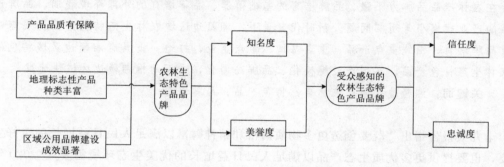

图1　农林生态特色产品品牌培育基础

1.1.1 产品品质有保障

湘赣边区域主要由湖南省和江西省的9市24县（市、区）组成。该区域生态资源优势明显，气候适宜，森林覆盖率高，水土条件良好，较容易形成优质的农林产品，目前已形成了中药材、粮食、油料、水果、蔬菜、茶叶、花卉等一批特色产业。同时，湘赣边区域依托全国农产品质量安全示范区，建立产前、产中、产后农产品质量安全监管机制，全面保障农林产品品质。

1.1.2 地理标志性产品种类丰富

湘赣边区域内涵盖了山地、丘陵、平原、盆地多种地形，生态环境好，具备多种农林产品适宜生长的条件。由此形成了铜鼓黄精、袁州茶油、大围山梨、浏阳黑山羊等独具特色的地理标志性农产品品牌，一些典型的地理标志性产品名录如表1所示。

表 1　湘赣边区域典型的地理标志性产品目录

产品名称	所有权单位	产品名称	所有权单位
铜鼓黄精	铜鼓县	铜鼓宁红茶	铜鼓县
袁州茶油	袁州区	修水宁红茶	修水县
修水杭猪	修水县	井冈红米	井冈山市
井冈竹笋	井冈山市	遂川狗牯脑茶	遂川县
大围山梨	浏阳市	浏阳金橘	浏阳市
天岩寨柑橘	浏阳市	浏阳黑山羊	浏阳市
葛家鸡肠子辣椒	浏阳市	汝城白毛茶	汝城县
酃县白鹅	炎陵县	炎陵黄桃	炎陵县
醴陵玻璃椒	醴陵市	平江烟茶	平江县
平江白术	平江县		

3. 区域公用品牌建设成效显著

湘赣边区域的"湘赣红"品牌是以地域特性和产业特色为基础,赋予红色文化内涵,由湖南、江西两省共同打造的湘赣边全域农副产品的区域公用品牌。截至今年3月,"湘赣红"品牌正式授权的企业有84家,其中湖南省57家,江西省27家,授权产品涵盖粮食、蔬菜、水果、茶叶、畜牧等八大类156款。在"湘赣红"区域公用品牌母品牌下,各市区也形成了一批具有地区特色的农林产品品牌,湘赣边区域一些农林品牌典型产品如表2所示。其中遂川狗牯脑茶、修水宁红茶、宜春大米、修水金丝皇菊、上犹绿茶成功入选2020年江西农产品"20大区域公用品牌","湘赣红"区域公共品牌成为湘赣边区域合作示范区的一张靓丽名片。

表 2　湘赣边区域部分地区农林品牌典型产品状况

地区	农林品牌产品
崇义县	刺葡萄、鲜食竹笋、茶油、脐橙、高山有机大米
上犹县	上犹绿茶
袁州区	宜春大米、袁州茶油、宜春野茶油、袁州松花皮蛋、袁州苎麻
铜鼓县	铜鼓宁红茶、铜鼓野生红豆杉群落
万载县	万载县的辣椒、百合、康乐黄鸡
莲花县	"吉内得"天然富硒米、"胜龙"牛肉、莲花白鹅、莲花血鸭、莲荷
修水县	宁红茶、双井绿、金丝皇菊、修水水稻
井冈山市	井冈红米,井冈楠竹、方竹、淡竹、观音竹、寒竹、苦竹、凤尾竹、实心竹
遂川县	遂川的金橘、板鸭、狗牯脑茶
浏阳市	大围山梨、浏阳金橘、天岩寨柑橘、浏阳黑山羊、葛家鸡肠子辣椒

地区	农林品牌产品
宜章县	宜章脐橙、宜章香柚、宜章红薯、莽山红茶、莽山苦笋
汝城县	汝城白毛茶、朝天椒、汝城黄金奈李、汝华野鸭
炎陵县	炎陵黄桃、炎陵红茶、酃县白鹅、山茶油
茶陵县	大蒜、生姜、白芷
攸县	茶油、鸾山黄桃、酒埠江春茶
平江县	平江酱干、烟茶、白术

（二）农林生态特色产品品牌存在的主要问题

1. 农林产品的品牌力不强

湘赣边区域虽然具有大量优质农产品，也形成了一批地理标志产品和区域性农林生态特色产品品牌，基本可以满足市场多样化的需求，但是形成著名农业品牌的农产品数量较少，不具备较强的知名度、美誉度和诚信度，大部分涉农产品离著名农业品牌相距甚远，如表 3 所示。

表 3　湘赣边区域农林行业典型产品品牌形成情况

类别	典型产地与名称	品牌状况
水果	炎陵黄桃	是地标产品，是著名农业品牌
	崇义刺葡萄	不是地标产品，不是著名农业品牌
	浏阳金橘	是地标产品，不是著名农业品牌
茶叶	修水宁红茶	是地标产品，不是著名农业品牌
	炎陵红茶	不是地标产品，不是著名农业品牌
	莽山红茶	不是地标产品，不是著名农业品牌
蔬菜	汝城朝天椒	不是地标产品，是著名农业品牌
	万载辣椒	不是地标产品，不是著名农业品牌
	茶陵生姜	不是地标产品，不是著名农业品牌
油料	袁州茶油	是地标产品，不是著名农业品牌
畜禽	酃县白鹅	是地标产品，不是著名农业品牌
	莲花白鹅	不是地标产品，不是著名农业品牌

2. 品牌培育的基础薄弱

小农户是我国农业生产经营的主体，但在品牌建设中小农户的作用较弱，因此农业龙头企业等生产经营主体成为品牌建设的主力。虽然"湘赣红"品牌正式授权的企业有 84 家，但较为缺乏农业龙头企业及企业家精英，致使湘赣边区域仍然以小规模生产和分散经营为主，缺乏对品牌建设的长期规划，品牌建设基础不够牢固。

3. 品牌培育的外部环境脆弱

一方面，企业投入建设优势品牌的实践经验不足，容易忽视当地独特的自然环境条件和优势农产品，品牌同质化现象明显，反而优势品牌得不到较大投入。另一方面，地方政府在农林产品品牌建设过程中缺乏正确的引导与支持。譬如在农产品生产、加工、流通等过程中各项标准衔接不当，缺乏统一的生产标准制度，以及在农产品质量安全认证、冷链仓储基础设施建设、品牌宣传等方面缺乏社会资金引入机制。

4. 品牌产品的产业规模小

湘赣边区域农林特色产品产出规模效率不高的问题较为突出。目前，湘赣边区域的农产品中大规模打开市场的较少，大部分处于初级产品阶段，精深加工的农产品较少，产品附加值低。从图 2 可以看出，2019—2020 年 24 县（市、区）所属 9 市的农林牧渔业总产值总体上增长较为缓慢，其中岳阳、赣州两市的农林牧渔业总产值增长较快，这与湘赣边区域资源禀赋、文化底蕴、优质产品形成的优势地位是不对称的。

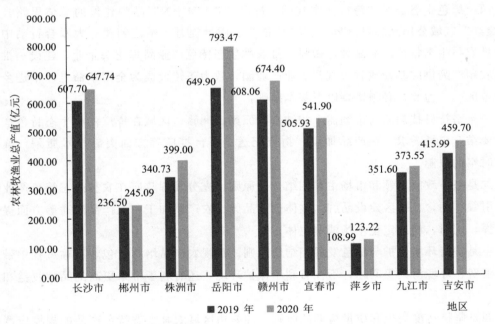

图 2　湘赣边区域 9 市 2019—2020 年农林牧渔业总产值

注：数据来源于各省市 2019 年和 2020 年国民经济和社会发展统计公报（http://tjj.hunan.gov.cn/、http://tjj.jiangxi.gov.cn/）

5. 农林产品品牌的标准化生产水平较低

湘赣边区域农产品生产采用标准化生产的较少。虽然 24 个县（市、区）有众多国家地理标志产品和区域品牌产品，但是仅有几个国家质量标准，如 GB/T 20355—2006 赣南脐橙、GB/T 19691—2008 狗牯脑茶。因此，在农产品生产、采购、物流过程中标准化程度均有待加强。

6. 农林产品品牌意识较差

由于农林产品的生产特性,湘赣边区域部分农林生态特色产品品牌近年来受到品牌成长的风险伤害,也存在着"重创建、轻保护"现象,这一方面主要是因为部分经营主体品牌培育积极性不高、缺乏风险意识以及防范风险的能力,对于品牌侵权等行为未能及时采取有效的措施,不利于品牌长期发展。

二、湘赣边区域农林生态特色产品品牌培育的思路和任务

(一)总体思路

2021年《中共湖南省委常委会工作要点》明确指出:"支持建设一批乡村振兴示范县和示范点,打造湘赣边区乡村振兴示范区。"因此,湘赣边区域农林生态特色产品品牌发展要以推动高质量发展为主题,以大力支持革命老区振兴发展为契机,立足湘赣边红色文化资源、绿色生态资源和跨省合作基础,按照"1+24+N"品牌建设的总体思路,依托"湘赣红"区域公用品牌母品牌,在宣传推广、质量提升、示范创建三大联合行动中,做优一批农林生态特色产品品牌,做强一批农林生态特色产业品牌龙头企业,建设一批省级优质农副产品供应基地或省级现代农业产业园,致力于建设成为全国革命老区推进乡村振兴示范区[6]。为此,必须坚持以下基本原则:

一是坚持科技创新与市场需求相结合的原则。湘赣边区域在推广农林生态特色产品品牌时要结合市场需求,在产品加工、物流配送、平台推广等方面突破技术瓶颈,解决地域、时空的限制。

二是坚持政府引领和市场主导相结合的原则。充分发挥政府在农林生态特色产业发展中的引领作用,在园区建设品牌、主体创建品牌、农产品加工、农产品流通等方面提供有力支撑,同时,精准定位市场消费主体。

三是坚持环境保护与绿色发展相结合原则。重视农产品培育及包装运输过程中带来的资源浪费、环境污染等问题,不仅有利于保护环境,还有利于带来更高的品牌收益和品牌声誉。

四是坚持适度规模和质量协调的原则。湘赣边区域农林生态特色产品的规模应严格控制在生态环境可承载的范围之内,重点保障农产品品质,切实维护品牌形象。

五是坚持重点发展与差异发展相结合的原则。湘赣边区域的24县(市、区)应结合自身优势,依托地理标志产品,重点发展优势产业,与其他地区错位发展,避免进行同质化竞争。

六是坚持红色文化和品牌内涵相融合的原则。红色文化具有深厚的群众基础,将红色文化融入品牌内涵、品牌包装、品牌故事中,能建立鲜明的品牌定位,同时有效保护和传承红色文化资源和红色精神遗产。

（二）主要任务

1. 加快推进特色农林产品产业基地（产业带）建设

加快推进农林生态特色产品区域布局，重点打造一批具有湘赣边特色的优质农林产品生产基地或产业带。

表 4　湘赣边区域农林生态特色产品生产产业布局

产业名称	主要基地布局区域
水果产业	崇义县、铜鼓县、修水县、遂川县、浏阳市、宜章县、汝城县、炎陵县、攸县、平江县等地
蔬菜产业	崇义县、上犹县、铜鼓县、万载县、修水县、遂川县、浏阳市、宜章县、汝城县、茶陵县等地
茶叶产业	上犹县、铜鼓县、修水县、遂川县、宜章县、汝城县、炎陵县、茶陵县、攸县、平江县等地
畜禽产业	万载县、莲花县、遂川县、浏阳市、汝城县、炎陵县、平江县等地
油茶产业	崇义县、袁州区、遂川县、炎陵县、攸县、平江县、修水县等地
林木产业	铜鼓县、井冈山市、平江县等地
粮食产业	崇义县、袁州区、莲花县、修水县、井冈山市、茶陵县、平江县等地
中药材产业	袁州区、万载县、莲花县、修水县、遂川县、茶陵县等地

2. 加快培育和发展重点农林产品品牌

湘赣两省联合培育浏阳黑山羊、赣南脐橙、炎陵黄桃等国家农产品地理标志产品，同时，大力培育湘赣边"湖南茶油、湖南红茶、岳阳黄茶、湘南脐橙、浏阳花木、攸县香干、炎陵黄桃、桂东绿茶、汝城辣椒、安仁枳壳"等十大区域特色农产品。

3. 加快推进重点农林产品企业建设

一是推进农产品加工业企业建设。加快发展水果、茶叶、油茶、竹木、蔬菜、豆干、畜禽等特色农产品加工业，根据农产品特性进行简单加工和精深加工，实现农产品从低端产品到高端产品的转变。

二是培育壮大农业产业化龙头企业。争取培养一批区县级、市级、省级农业产业化龙头企业。加大对农业产业化龙头企业的扶持力度，如郴州市汝华生态食品有限公司等等。

4. 加快完善农林产业品牌服务体系

组建农产品品牌服务队伍，加强对农产品注册农产品商标和认证"三品一标"的指导，加大对具有一定基础和优势的农产品扶持力度，同时，充分利用广播、电视、报刊、农博会等各种平台宣传，引导更多社会资源向优质农产品和优势农业产业转移。

（三）培育重点

1. 特色种植业产品

一是重点发展以遂川狗牯脑茶、上犹绿茶、修水宁红茶、莽山红茶、桂东绿茶等为主的优质茶叶。

二是重点发展以赣南脐橙、炎陵黄桃、大围山梨、浏阳金橘、崇义刺葡萄、茶陵大蒜为主的优质果蔬。

2. 高效生态特色养殖业

大力发展以鄱县白鹅、康乐黄鸡、"胜龙"牛肉、浏阳黑山羊等为主的畜禽养殖业。

3. 特色竹木产业

依托井冈山市丰富的竹类资源，深入挖掘楠竹、方竹、淡竹、观音竹、寒竹、苦竹、凤尾竹、实心竹等竹木价值，发展竹地板、竹家具、竹凉席、竹户外建材、竹筷等竹木产品加工业。

三、加快湘赣边区域农林生态特色产品品牌培育的对策措施

积极培育湘赣边区域农林生态特色产品品牌有利于建设湘赣边区域合作示范区，也是推进湘赣边区域高质量发展的重要举措[7]。品牌是农林产品核心竞争力的体现，农林生态特色产品品牌培育是一个系统工程，如图3所示，需要一定的品牌基础进行系统培育，从而培育出一批具有产品知名度与美誉度、消费者忠诚度与信任度的湘赣边区域农林生态特色产品品牌[8][9]。

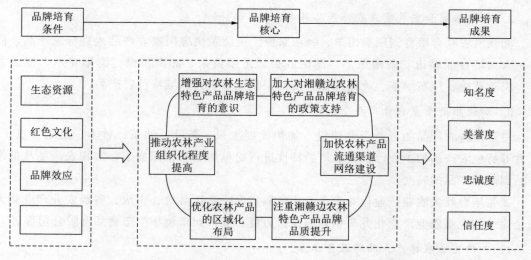

图3　湘赣边区域农林生态特色产品品牌培育系统

（一）增强对农林生态特色产品品牌培育的意识

一方面，要增强品牌建设意识，培育具有广泛影响力的农林生态特色产品品牌。政府

在农林产品品牌建设中发挥引导作用，要以强化农业品牌基础为抓手，展开标准建设，借助互联网等手段，科学推进品牌基础研究、评审认证、宣传推广、质量追溯等工作。品牌培育主体要以"生态""特色""红色"等关键词为主题，树立明确的品牌态度。另一方面，要增强品牌保护意识，培育具有持久生命力的农林生态特色产品品牌。既要重创建、也要重保护，既要重视提升经营主体生产质量安全意识、也要加快建设农产品质量检测中心，共同维护品牌形象，从而提升湘赣边红色文化保护传承成效以及"湘赣红"品牌信誉。

（二）推动农林产业组织化程度提高

新型农业生产经营主体是农林生态特色产品品牌扩大市场的主力，积极发展新型农业生产经营主体，开创新型合作模式，有利于农业提质增效。湘赣边区域要充分发挥浏阳市湘赣边区域合作领导小组办公室作用，要加快建设省级优质农副产品供应基地和省级现代农业产业园，培育壮大一批特色农产品优质农副产品供应与精深加工基地，延长农林产品产业链，积极开展"龙头企业＋基地＋市场"跨区域合作化生产。譬如生物医药产业首先要依托示范区资源禀赋，整合农户成立专业合作社，建设药材种植加工基地和野生中药材保护基地，同时鼓励龙头企业建立中药材集散中心、中药材特色产业园、中药材研究中心和区域医疗中心。

（三）优化农林产品的区域化布局

湘赣边区域的 24 县（市、区）应根据各地区的实际情况，着力于形成农林产品的规模化生产和区域化布局。

在赣州，应重点发展绿茶、刺葡萄、脐橙、油茶等特色产业。在宜春，应着重培育大米、茶叶、油茶、竹木、中药材等优势产业。在萍乡，应巩固发展天然富硒米、肉牛、白鹅、花卉等产业化项目。在九江，应着重发展茶叶、大米等特色产业。在吉安，应重点建设狗牯脑茶、红米、毛竹等优质产业示范基地。在长沙，应加强培育大围山梨、金橘、黑山羊等特色产业。在郴州，应重点培育水果、蔬菜、茶叶等优势产业。在株洲，应集中力量发展黄桃、白鹅、大蒜等优质农产品。在岳阳，应继续发展酱干等加工产业。

（四）注重湘赣边农林特色产品品牌品质提升

只有将农林产品特色及品质与市场需求有机结合起来，农林特色产品品牌才能不断成长。一方面，要加强产品创新，深化湘赣两省的务实创新合作。引入专技人才，加强与科研院所等机构合作，对初级农产品进行简单加工和精深加工，实现科技成果转化，增加农产品附加值。另一方面，要加强品牌质量监管，深化湘赣两省的高质量合作。湖南与江西以构建品质支撑体系为合作形式，继续打造全国农产品质量安全示范区，完善产品质量安全追溯系统以及农产品质量检测中心，重点监管农产品生产过程中投入品及产地环境、农产品流通加工、农产品销售等方面，要求农林品牌产品实施标准化生产。

（五）加快农林产品流通渠道网络建设

健全县乡村三级电商服务体系和物流配送体系是加快湘赣边示范区县城建设的有效举措，完善的流通渠道网络有利于农林产品品牌迅速打开市场。

一是深入批发市场。借助批发市场的优质客源，发挥其品牌优势，迅速提高农林生态特色产品的市场占有率和知名度。

二是强化仓储物流设施。针对农林产品的特性，要建立和完善覆盖运输、仓储、装卸搬运、流通加工、配送全流程的冷链物流体系，实现农林产品流通的规模化和产业化。

三是搭建展销平台。要加快布局特色农产品产销平台和农产品电商平台，通过广播、电视、报刊等途径宣传品牌故事，媒体推广与地面推广相结合。

（六）加大对湘赣边农林特色产品品牌培育的政策支持

政府是品牌基础的夯实者、品牌成长的引导者、外部环境的监管者，政府出台的政策则为"湘赣红"区域公用品牌母品牌以及一大批农林特色产品品牌培育提供助力。

一是加大财政政策支持。加大转移支付在农林生态特色产业的力度，加大对新型农业经营主体资金支持力度，如尽快拨付农业生产救灾资金等等。此外，还应在农产品生产过程中的技术引入、设备更新、土地需求等方面给予适当的支持。

二是加大投融资政策支持。设立湘赣边区域合作示范区建设省预算内专项，优先考虑品牌形象较好、知名度较高的农林生态特色产品品牌以及农林龙头企业，鼓励各大银行参与农林产品品牌培育，鼓励保险机构开发特色优势农作物保险产品，减少农业信贷担保相关费用。

三是加大对口帮扶政策支持。建立乡镇村帮扶机制，加强专技人才、高新技术、项目引入、企业入驻等方面的对口支援。

四是加大其他政策支持。对于龙头企业、优质示范基地、已获得"三品一标"认证及著名品牌的优质农产品和突出贡献个人，政府应给予适当奖励。

参考文献

[1] 刘玉春. 云台农场围绕田园风光和特色产品 倾力打造生态休闲农业的金名片 [J]. 中国农垦，2014（10）：26-27.

[2] 余丹. 生态产品价值实现的"南平探索"——以建阳区武夷德懋堂项目为例 [J]. 经济师，2021（5）：127-128＋130.

[3] 蔡玮. 打造江西绿色生态品牌 提升我省农业质量效益 [N]. 江西政协报，2021-02-19（003）.

[4] 黄勇. 深化区域合作推进精准脱贫的湘赣边试验 [J]. 法制与社会，2018（26）：135-136.

［5］熊曦，段佳龙，李璐，肖俊，郭洁萍．区域性农林生态特色产品品牌资源挖掘及培育——以大湘南地区为例［J］．中南林业科技大学学报（社会科学版），2019，13（2）：74-79＋85.

［6］柳思维，熊曦．大湘西农林生态特色产品品牌培育研究［J］．中南林业科技大学学报（社会科学版），2018，12（1）：1-6.

［7］吴砾星．推动湘赣边区域协调发展［N］．农民日报，2021-03-12（005）.

［8］郑琼．河南省大别山区特色农产品品牌建设研究［J］．河南农业，2021（1）：55-57.

［9］刘霞．培育一个地标 形成一个品牌 带动一个产业［N］．云南政协报，2021-08-23（002）.

湘赣边区域生态文明建设的协同发展长效机制研究

宋婷婷[1][①]　熊　曦[②]　焦　妍[2][①]　柴　俊[①]

（①中南林业科技大学商学院　湖南长沙　**410004**
②中南林业科技大学生态经济与绿色发展研究中心，湖南长沙，410004）

摘　要：加快推进革命老区高质量发展是实施区域协调发展战略的关键所在。湘赣边区域作为典型的革命老区，其丰富的绿色生态资源、红色文化旅游资源，要求在共建合作示范区过程中要坚持绿色发展观、统筹考虑，协同推进生态文明、经济、政治、文化、社会建设。本文立足湘赣边区域生态文明建设的现状，构建了五位一体的生态文明建设协同发展长效机制，其中生态文化建设是思想保证，生态经济发展是物质基础，明晰目标责任体系是考核标准，生态文明制度是制度保障，坚守生态安全是自然基础。

关键词：革命老区；生态文明建设；协同发展

一、引言

生态文明建设是我国现代化建设的重大战略之一，关系人民福祉、关系民族未来的大计。十八大以来，生态文明建设受到前所未有的重视，尤其强调要坚持绿色发展，把生态文明建设融入经济建设、政治建设、文化建设、社会建设各方面和全过程，加大生态环境保护，推动生态文明建设在重点突破中实现整体推进。而加快推进革命老区高质量发展作为实施区域协调发展战略的关键，对于实现区域协调发展、乡村振兴具有重要意义。

湘赣边区域是典型的革命老区，是中国革命和中国共产党的重要策源地，是中国人民军队的重要建军地。鉴于两省的光荣革命传统、优秀红色基因以及经济发展水平较低的现状，湖南、江西拟合作共建湘赣边区域合作示范区，并将致力于打造全国乡村振兴先行区、红色文化传承地、生态文明建设示范区、省际合作发展示范区、产业协同发展示范区。湘赣边区域丰富的绿色生态资源、红色文化旅游资源，要求在共建合作示范区过程中要坚持绿色发展观、统筹考虑，协同推进生态文明、经济、政治、文化、社会建设。本文

1　［第一作者］宋婷婷，硕士研究生。主要研究方向为企业组织与战略管理。
2　［通讯作者］焦妍，硕士研究生。主要研究方向为涉农企业管理。

尝试构建湘赣边区域生态文明建设的协同发展长效机制，突破湘赣边区域经济发展与生态文明建设在协同上的局限性，以期推动湘赣边区域生态文明建设与经济、社会可持续发展，为其他革命老区建设提供建议、参考。

二、湘赣边区域生态文明建设的协同发展长效机制

"物质文明、政治文明、精神文明、社会文明、生态文明共同发展、全面发展、协调发展"的科学理念，决定了生态文明建设具有多维性和复杂性，单一发展生态文明难以适应新发展阶段的要求。因此需要构建囊括多方面的生态文明体系发展格局，发挥不同方面的相互支撑和促进作用，不断增强可持续发展能力。根据生态文明体系建设格局要求，构建五位一体的推进湘赣边区域生态文明建设的协同发展长效机制（见图1）。其中，生态文化建设是思想保证，生态经济发展是物质基础，明晰目标责任体系是考核标准，生态文明制度是制度保障，坚守生态安全是自然基础[1]。

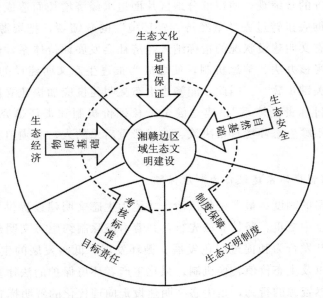

图1　湘赣边区域生态文明建设的协同发展长效机制

1. 以生态文化建设作为思想保证

以生态价值观念为准则的生态文化是生态文明建设的灵魂。良好的生态文化体系包括人与自然和谐发展，共存共荣的生态意识、价值取向和社会适应。将生态文化体系建设作为生态文明建设的内核，才能从根本上减少人为对自然环境的破坏，才能真正把环境污染治理好、把生态环境建设好[2]。因此推进湘赣边生态文明建设协同发展，就需坚持"以人为本"的原则，坚守生态价值观，倡导生态伦理和生态道德，引导人民树立绿色、环保、节约的文明消费模式和生活方式，使低碳环保的理念深入人心，使绿色生活方式成为习惯，使生态文化真正发挥价值引领作用。

2. 以生态经济建设作为物质基础

多年来，我国部分地区错误地采取了"先污染，再治理"的经济发展方式，造成了生态失衡、资源浪费、环境污染、经济结构失调等问题，尤其是不可持续和不可协调问题更为突出。若要改变种种生态问题，必须要走生态和谐发展道路，加快经济生产方式转变发展绿色经济，科学合理开采资源、高效利用能源，实现生态保护和绿色经济和谐发展[3]。绿水青山就是金山银山，实现湘赣边生态文明建设协同推进，需要发展以产业生态化和生态产业化为主体的生态经济体系，抓好生态工业、生态农业、生态旅游，促进一二三产业融合发展，让生态优势变成经济优势，让生态经济建设为生态文明建设提供坚实的物质基础。

3. 以目标责任建设作为考核标准

生态环保目标落实得好不好，领导干部是关键。过去以 GDP 增长率作为经济社会发展评价体系首要标准的政绩观，使得部分地区片面追求经济增长而造成生态环境严重破坏的教训屡见不鲜。彻底扭转过去"重经济、轻环境"的政绩观，把资源消耗、环境损害、生态效益等体现生态文明建设状况的指标纳入经济社会发展评价体系，建立体现生态文明要求的目标体系、考核办法、奖惩机制，使之成为推进生态文明建设的重要导向和约束，是生态文明建设的关键步骤[4]。因此，湘赣边生态文明建设应加快建立健全"以改善生态环境质量为核心的目标责任体系"，建立健全考核评价机制和责任追究制度，压实责任、强化担当，对那些不顾生态环境盲目决策、造成严重后果的人，必须追究其责任，而且应该终身追究。

4. 以生态文明制度体系建设作为制度保障

只有实行最严格的制度、最严密的法治，才能为生态文明建设提供可靠保障[5]。制度是生态文明建设的重中之重，坚持立法先行，并着力破除制约生态文明建设的体制机制障碍，建立有效约束开发行为和促进绿色发展、循环发展、低碳发展的生态文明法律制度、生态保护补偿机制以及生态价值转换机制，强化生产者环境保护的法律责任，规范各类开发、利用、保护自然资源的行为，是生态文明建设走向现代化的鲜明标志。

5. 以生态安全作为底线

生态安全关系人民群众福祉、经济社会可持续发展和社会长久稳定，是国家安全体系的重要基石[6]，也是城市发展赖以持续的生态基础条件，是"维护区域与城市生态系统完整性""引导城市合理扩张""平衡生态保护和社会经济发展"等建设目标所需要的刚性格局。构建以生态系统良性循环和环境风险有效防控为重点的生态安全格局，是加强湘赣边区域生态文明建设的应有之义，也是湘赣边生态文明建设必须守住的底线。因此维护好生态系统的完整性、稳定性和功能性，处理好生态环境保护的资源环境瓶颈以及生态承载力不足的问题，确保生态系统的良性循环，是湘赣边区域生态文明建设的重要着力点。

三、湘赣边区域生态文明建设的条件和基础

1. 生态文化建设取得良好成效

生态文化建设是决定区域生态文明建设成败的关键，作为生态文明建设的"排头兵"，湘赣两省通过环境治理重点工程项目建设，尊重自然、保护自然的生态文明理念逐渐成为社会的普遍认知。绿色生态是湘赣最大的财富、最大的优势、最大的品牌。湖南自20世纪90年代始，以"一湖四水"为主战场，扎实推进湘江保护和治理"一号重点工程"及洞庭湖生态环境专项治理，不断优化生态空间和筑牢生态屏障，使生态价值观念逐渐深入人心；江西从1983年开始实施"山江湖工程"，通过打造系统全面的山水林田湖草生命共同体，统筹推进全流域治理、全要素保护，全面实施国土绿化、森林质量提升、湿地保护修复等重大工程以及鄱阳湖越冬候鸟保护、湿地保护、"绿盾"等专项行动，全社会的生态文明意识愈发牢固。

2. 生态逐渐融入经济发展全过程

推动绿色发展，促进人与自然和谐共生，这是湘赣边区域要走的高质量发展之路[7]；如何将生态优势转变为经济优势，这是湘赣边区域近年来一直在探索的产业生态化和生态产业化协同发展之路。目前，湘赣边区域已初步形成以烟花鞭炮、陶瓷、电子信息、生物医药、旅游、生态农业为主导的产业体系，是中国花炮之乡、中国花卉苗木之乡、中国傩文化之乡和世界釉下五彩瓷原产地，产业特色明显（见图2）。

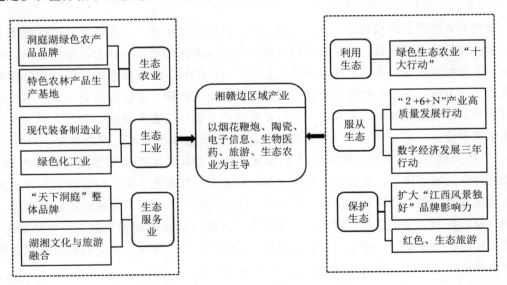

图 2 　湘赣边区域生态经济发展现状

一方面，湖南以产业生态化贯彻落实"生态强省"战略、服务绿色发展、改善生态环境质量的重要抓手，鼓励通过多种措施发展生态产业，现代产业体系建设不断向前迈进。通过重点扶持绿色农产品生产、打造洞庭湖绿色农产品品牌、支持建设生态化、标准化特

色农林产品生产基地等措施发展生态农业；以发展壮大农产品加工、现代装备制造、绿色化工等具有湖区特色的主导优势产业，推动生态工业发展；实施"天下洞庭"整体品牌战略，传承湖湘文化，促进文化与旅游融合发展，打造优质生态服务业。另一方面，江西则以"一产利用生态、二产服从生态、三产保护生态"的绿色发展理念为指导，开辟了生态经济发展新途径。通过实施"2＋6＋N"产业高质量跨越式发展行动，全力做优做强做大航空、电子信息、装备制造等优势产业；实施数字经济发展三年行动，加快打造南昌VR、鹰潭移动物联网、上饶抚州大数据等数字产业，使得江西绿色经济含量进一步提升，"生态＋"和"＋生态"逐渐融入经济发展全过程。

3. 目标责任考核体系逐渐完善

作为生态文明建设的先行者，湘赣边区域肩负着为全国生态文明体制改革探索典型经验和成熟模式的重任。目前，湘赣两省已逐渐建立绿色发展评价体系与绿色考核评价体系，引导各级干部树立新发展理念和正确政绩观，同时完善生态环境保护责任体系，严格落实党政同责、一岗双责、失职追责、终身追责，以期促使领导干部提高保护环境的主动性和自觉性。围绕"后果严责"，湘赣两省全面推行自然资源资产离任审计、生态环境损害责任追究制度，省级环保督察实现设区市全覆盖，并将生态文明建设纳入全省高质量发展考评。对违背科学发展要求、造成资源环境生态严重破坏的要记录在案，实行终身追责，不得转任重要职务或提拔使用，已经调离的也要问责；对不顾资源和生态环境盲目决策、造成严重后果的，严肃追究有关人员的领导责任，使得生态文明建设指挥棒更加有力[8]。

4. 生态文明制度体系逐渐建立

建成具有湘赣边区域特色、系统完整的生态文明制度体系，是推进湘赣边区域生态文明试验区建设的重要任务。近年来，湘赣边区域以全面深化改革为动力，聚焦重点、难点问题，大胆探索、先行先试，深入推进生态文明制度创新，积极探索生态保护和治理的有效模式。一方面，湖南按照源头预防、过程控制、损害赔偿、责任追究的思路，率先出台了省级生态文明体制改革实施方案，实行差别化的生态环境准入政策，生态文明建设的制度体系逐步建立；另一方面，江西以高度的政治责任感和使命感，全力种好改革"试验田"，以体制创新、制度供给和模式探索为重点，着力加强生态文明领域各项改革创新，围绕构建六大制度体系，扎实推进各项改革，形成了一批制度成果。同时双方还建立跨省河流信息共享机制、协同管理机制、联合巡查执法机制、跨省河流管护联席会议制度、河流联合保洁机制、水质联合监测机制、流域生态环境事故协商处置机制、联络员制度等，构建省际河长协作机制，将进一步加强湘赣边区域跨省河流管理，推动湘赣边区域合作示范区建设战略合作框架落地见效，实现流域联防联控。

5. 生态安全屏障不断筑牢

湘赣边区域内县（市、区）森林覆盖率均在55％以上，其中13个县森林覆盖率在70％以上，而且罗霄山脉是长江支流赣江和珠江支流东江的发源地、我国南方地区的重要生态安全屏障。因此守住自然生态安全边界，促进自然生态系统质量整体改善，这是湘赣边区域生态文明建设的底线所在。

湖南按照优化国土空间功能格局、推动经济绿色转型、改善人居环境的基本要求，在重点生态功能区、生态敏感区和脆弱区划定生态保护红线，其生态保护红线空间格局为"一湖三山四水"；江西生态保护红线基本格局为"一湖五河三屏"，按照生态保护红线的主导生态功能，分为水源涵养、生物多样性维护和水土保持 3 大类共 16 个片区。湘赣两省一直坚决把严守生态保护红线作为生态文明建设的重要内容，要求各级党委、政府要坚决落实严守生态保护红线的主体责任，负责本区域内生态保护红线的落地、保护和监督管理，切实履行好对生态保护红线内各类自然生态系统的保护管理责任，确保生态功能不降低、性质不改变、面积不减少，有效维护生态安全，为湘赣边区域生态保护与建设、自然资源有序开发和产业合理布局提供了重要支撑[9]。

四、湘赣边区域生态文明建设面临的压力和挑战

1. 生态价值理念践行度不高，生态文化建设仍需强化

生态文化建设重在提高全社会的生态认知和生态行为，将生态平衡置于价值优先地位，将生态系统整体的完整、和谐、稳定、可持续发展作为生产生活的价值底线[10]。湘赣边区域生态文明建设经过两省多年努力，符合两省特色的生态文化逐渐呈现繁荣发展的局面。但仍不乏部分地区过于追求经济发展而忽视生态环境保护，或在生态文明建设上不重视、不作为，或疲于应付政绩考核。例如浏阳、醴陵、上栗、万载等花炮四大主产区，如何规范企业生产，将绿色发展落到实处，弘扬生态文化，变革价值理念是重中之重。

2. 发展基础薄弱，生态经济发展任重道远

湘赣边区域拥有丰富的红色文化旅游、绿色生态资源，做好红色文化传承、推动产业分工协作、实现公共服务共建共享，这是发展生态经济的基本条件。产业是区域经济社会发展的核心推动力[11]，当前湘赣边区域经济增长主要依靠传统的高能耗的方式，而且多个县市地区尚未形成完整产业链条、产业体系，特色农业、旅游资源也存在开发不足的问题。同时湘赣边区域生态经济发展依旧受到创新驱动积累不足、基础设施不健全、交通受阻等因素制约，产业生态化发展体系尚未完全形成。

3. 常态化工作机制缺失，目标责任需进一步厘清

生态文明建设领域涉及范围较广，督察强度较大，容易出现某些地区疲于应付，容易形成不考核不行动的路径[12]。当前湘赣边区域环境保护工作的责任体系和"大环保"工作格局已经初步形成，政府相关部门环境保护责任逐渐明晰，环境保护工作的责任体系也不断压实，但如何将湘赣两省各自所包括的生态文明建设任务纳入常态化工作交流之中，并把共同重点生态环境保护或修复工作责任进一步理清，疏通两省合作交流的梗阻，依旧是湘赣边区域建成生态文明建设创新区需要努力的方向。

4. 生态价值转换机制探索不足，生态文明制度尚未健全

绿水青山是湘赣边区域宝贵的自然资源，如何显山露水，变生态优势为发展竞争力，

完善的生态价值转变机制是关键。近年来，湘赣两省积极探索"两山"转换机制，一方面，湖南努力做好"点绿成金"文章，推进生态产品价值实现，努力提供更多更优质的生态产品；另一方面，江西以抚州国家生态产品价值实现机制为试点，探索了生态产品价值核算、确权、抵押等模式，打通了"两山"转化新通道的资溪县"两山银行"，并在中国人民银行资溪县支行挂牌成立。但充分探索符合湘赣边区域特色的生态产品价值转换模式，并建设成为全国示范区，在实践中依旧受到政策支持不足、环保资金投入不足等因素制约，所以切实将生态价值转换机制变为促进湘赣边区域经济社会发展的重要推动力量，仍任重道远。

5. 经济建设与生态保护对立统一，生态安全压力增加

区位条件优越、地缘文化相近、红色基因传承、合作交流密切，这些为湘赣边区域合作示范区建设奠定了良好的基础，但仍不可忽视当前建设过程中发展与生态保护之间的矛盾统一性。一方面，由于湘赣边区域经济发展水平较低，需要不断推进交通基础设施联通、红色文化旅游提升、产业转型升级振兴、新型城镇化等十大重点工程建设；另一方面，湘赣边区域以山地、丘陵为主，适宜开发利用的土地资源较少，经济建设过程中就更需注重生态环境保护，合理布局生态空间。

五、湘赣边区域生态文明建设协同发展的实现路径

1. 知行合一，不断厚植生态文明思想

随着生态文明建设的不断深入，绿色发展理念重要性日益突出，它从根本上影响了经济社会发展的效率和效果。建立湘赣边区域绿色发展和生态文明建设的创新区，不仅需要统一规划、统一管理，更要以弘扬生态价值理念先行，以红色为魂、以"三农"为先、以创新为要、以产业为基、以设施为桥、以绿色为底、以文旅为媒、以民生为重。通过多种形式不断宣扬生态文明价值理念，广泛宣传简约适度的生活理念，积极倡导绿色低碳的生活方式，营造全社会崇尚、践行绿色新发展理念的良好氛围；同时不断完善湘赣边区域生态文明教育体系，实施生态文化品牌战略，打造一批有影响力、代表性的生态文化品牌，大力促进生态文化产业发展，真正使践行生态文化成为湘赣边区域的普遍认知。

2. 突出特色，全力构建绿色生产和绿色消费模式

发展生态经济，需要立足湘赣边区域各县市的优势资源，构筑资源、市场、产业紧密结合的绿色可持续发展体系[13]。因此应着力突出各县市地区特色（见表1），以扩大总量和提质增效并重，促进一二三产业融合发展和推动绿水青山向金山银山转换。第一产业方面，湘赣边区域应联合培育浏阳黑山羊、赣南脐橙、炎陵黄桃等国家农产品地理标志产品，共同创建全国农产品质量安全示范区；第二产业方面，浏阳、醴陵、上栗、万载四大花炮主产区以发展绿色花炮产业为重，湘东区则着力发展绿色陶瓷产业；第三产业方面，成立湘赣边红色文化旅游共同体，引领推出4条湘赣边旅游经典线路，合力打造全国红色旅游胜地。

表 1　湘赣边区域各县（市）发展特色一览表

省	县（市）	关键词	发展特色
湖南	平江县	农产品	平江是全国粮食、牲猪、木材、楠竹、黑山羊、水果等农产品生产大县，"平江面筋""平江酱干"获评地理标志证明商标。
	浏阳市	烟花	浏阳是国家命名的中国烟花之乡，蔬菜、烤烟、小水果、黑山羊等特色农业产业发展态势良好，并创建了"农品浏香"区域公用品牌。
	醴陵市	陶瓷、花炮	醴陵是世界釉下五彩瓷原产地、中国"国瓷""红官窑"所在地和花炮祖师李畋故里，是"中国陶瓷之都"和"中国花炮之都"。
	茶陵县	茶	茶陵县因陵谷多生茶茗而称"茶乡"，是中国第一个工农兵政府诞生地，在新民主主义革命和斗争中，为新中国的诞生作出了重大牺牲，留下许多宝贵的遗产。
	炎陵县	炎帝陵祭典	炎陵是中华民族始祖炎帝神农氏安寝之处，"炎帝陵祭典"是国家首批非物质文化遗产，同时也是井冈山革命根据地核心六县之一，有"湖南第一森林覆盖率""亚洲第一氧吧"等珍贵自然资源，是"中国最具幸福感县级城市"。
	攸县	茶油	攸县为湖南综合油料大县、湖南省茶油大县，国家园林县城，油茶、楠竹、中药材、特色水果蔬菜产业发展较快。
	桂东县	党的群众路线发源地	桂东是井冈山革命根据地的重要组成部分，属一类革命老区，毛泽东、朱德、彭德怀、陈毅、任弼时等无产阶级革命家曾在这里开展革命活动，是党的群众路线发祥地、《三大纪律·八项注意》颁布地、工农红军长征首发地。
	汝城县	湘南暴动策源地	汝城是一块红色的土地，是湘南暴动的策源地和中心区，毛泽东、朱德、彭德怀、陈毅等老一辈无产阶级革命家曾留下光辉足迹，养育了朱良才、李涛两位开国上将及宋裕和等开国功臣。
	安仁县	神农故郡	安仁是国家首批认定的革命老区县、为天下第一福地，因"仁者安仁"而得县名，始祖神农曾在此"遍尝百草、教化农耕"。
	宜章县	湘南起义策源地	宜章县是湖南"南大门"，是湘粤对接第一城，形成了"两区四园"新兴产业发展格局；是革命老区县，是朱德、陈毅领导湘南起义的策源地和首义地，是工农红军二万五千里长征突破的第三道防线所在地。
江西	井冈山市	中国革命的摇篮	井冈山是"中国革命的摇篮"和"中华人民共和国的奠基石"。二十世纪二十年代末，毛泽东、朱德等老一辈无产阶级革命家率领中国工农红军来到这里开展了艰苦卓绝的井冈山斗争，创建了中国第一个农村革命根据地，点燃了中国革命的星星之火，开辟了"农村包围城市，武装夺取政权"具有中国特色的革命道路，中国革命从这里走向胜利；孕育了伟大的井冈山精神，激励无数英雄儿女前赴后继。
	永新县	三湾改编发生地	永新县是全国著名的将军大县、全国书法之乡、中国绿色名县，是井冈山革命根据地的重要组成部分、湘赣革命根据地的中心，原湘赣省委所在地，"三湾改编""龙源口大捷"发生地。
	遂川县	农产品	遂川素有"中国金橘之乡""中国板鸭之乡""中国油茶之乡"之美称，"狗牯脑茶"、金橘、板鸭为地理标志。

省	县（市）	关键词	发展特色
	莲花县	莲花一支枪	莲花曾是井冈山革命根据地的重要组成部分和湘赣革命根据地的中心区域之一，是湘东南特委、苏维埃政府和湘赣省委、省苏维埃政府的所在地，"莲花一支枪"革命斗争的故事名闻遐迩。
	上栗县	烟花	上栗是中国烟花爆竹之乡、中国傩文化之乡、中国民间艺术之乡、中国现代民间绘画之乡、江西省森林城市。
	湘东区	陶瓷	湘东是赣西工业经济重镇，工业起步早、发展快，已形成以陶瓷、冶金、化工、水泥建材等为支柱的工业体系，是"中国工业陶瓷之都"，黄兴、王震等老一辈革命家曾在这里留下光辉的足迹，素有"民间文化艺术之乡""民间绘画之乡""铜管乐之乡""花锣鼓之乡""傩文化之乡"的美誉。
	安源区	中国工人革命运动的摇篮	安源区是中国近代工业最早崛起的地区之一、20世纪初中西方经济文化交流最早的地方之一、中国工人革命运动的摇篮、湘赣边界秋收起义的策源地及主要爆发地，先后获得全国科技进步先进县、中国十大生态旅游示范城市、十佳营商环境县区。
江西	芦溪县	革命老区	芦溪是革命老区，国内革命战争时期湘赣两省苏维埃政府曾设于此，毛泽东、彭德怀、陈毅等老一辈革命家也曾在此浴血奋战。
	铜鼓县	国家生态文明示范县	铜鼓是赣西门户，是全国一类革命老区县、国家级生态县、国家重点生态功能区、国家生态文明建设示范县和中国南方红豆杉之乡。
	万载县	花炮，有机产品认证示范县	万载有1400多年的花炮生产历史，是全国四大花炮主产区之一，有"国家现代农业示范区""国家有机产品认证示范县""国家有机食品生产基地""全省生态文明建设示范县"等荣誉，同时也是革命老区、红色故土。
	修水县	秋收起义策源地	修水是著名的革命老区，是秋收起义的重要策源地。在秋收起义中，修水铸造了"三个第一"的伟大丰碑：即中国工农革命军第一面军旗在这里设计、制作并率先升起；中国工农革命军第一军第一师在这里组建；秋收起义第一枪在这里打响。修水是全国无公害茶叶生产基地县、全国特色产茶县、中国名茶之乡和江西最大的蚕桑基地县，是"宁红茶""双井绿"的原产地。
	上犹县	中国天然氧吧	上犹县素有"水电之乡、茶叶之乡、旅游之乡、中国观赏石之乡、中国天然氧吧"美誉；土地革命战争时期，是中央苏区的重要组成部分，并一度成为河西区革命斗争的领导和指挥中心。
	崇义县	林业	崇义县有"全国重点林业县、全国山区综合开发示范县、全国绿化模范县、全国林业分类经营试点县、全国文化工作先进县、中国魅力名县"等称号，第二次国内革命战争时期，崇义是湘赣革命根据地的一部分。
	袁州区	袁州会议	袁州区有中国宜居城市、国家森林城市、省级生态文明城市、中国最佳候鸟城市等多个荣誉称号，也是红色故土，著名的"袁州会议"在这里召开，推动了苏维埃运动的兴起。

3. 常态考核，强化生态环保责任落实

推进湘赣边区域合作向更高层次、更宽领域迈进，需要湘赣两省在机制共建上持续用力。因此首先要继续健全湘赣两省生态文明绩效评价考核和责任追究制度，将其融入政府决策和考核体系，在机制体制上保障生态文明思想落地生根，引导各部门自觉应用新发展理念综合决策[14]；其次要全力加强湘赣边区域生态文明建设的政策支撑，落实议定的合作事项，并细化政策措施，建立信息交流、执法配合、产业合作、人员交往常态化工作机制，同时加强统筹、定期调度，强化生态环保责任落实，确保各项政策落地见效[15]。

4. 价值转换，健全生态文明制度体系

顺畅的体制机制是湘赣边区域生态文明建设的基础条件[16]，其能够有效促进绿水青山转换为金山银山，提升资源配置效率。湘赣边区域要不断健全体制机制，充分发挥制度完善对生态文明建设的推动作用，具体包括：完善自然资源高效利用制度，健全分类规范和运行有效的自然资源产权制度体系[17]；完善生态环境保护监测制度，通过技术创新提高生态环境监测工作的准确性、完整性、科学性；完善生态环境保护修复制度，健全统筹山水林田湖草保护和修复制度体系[18]；创新生态价值实现机制，将绿色生态资源有效转换为经济发展动能。

5. 坚守红线，优化生态国土空间布局

生态系统是一个区域的屏障，防治环境污染需要从加强森林资源管理和重点流域管理，维护好生物多样性，构建良好的生态治理系统开始。构建湘赣边区域生态文明建设创新区，首先应坚持以绿色为底，科学规划国土空间布局，做好各县市区建设用地规划；其次严守生态保护红线，强化山河湖海保护措施，加大保护治理力度；再次要注重将科技创新成果有效应用于生态保护，不断提升生态环境监测信息化和预警预测能力，推进生态环境网格化管理，畅通、规范信息传输、信息管理机制；最后以政府为主导，构建政府、企业、公民等多方共同参与的生态环境保护体系，最大限度实现人人监督和保护和减少人的影响和破坏，全力筑牢湘赣边区域生态保护屏障，维护生态安全。

参考文献

[1] 李华军. 经济高质量发展的协同体系及绩效评价 [J]. 会计之友，2021（15）：32-37.

[2] 李新安，李慧. 中国制造业绿色发展的时空格局演变及路径研究 [J]. 区域经济评论，2021（4）：64-73.

[3] 彭艳玲，郭子豪，王玉. "十四五"云南生态文明建设主要路径研究 [J]. 生态经济，2021，37（6）：205-208.

[4] 郇庆治. 论社会主义生态文明经济 [J]. 北京大学学报（哲学社会科学版），2021，58（3）：5-14.

[5] 魏振香，史相国．生态可持续与经济高质量发展耦合关系分析——基于省际面板数据实证 [J]．华东经济管理，2021，35（4）：11-19.

[6] 杨开忠．习近平生态文明思想实践模式 [J]．城市与环境研究，2021（1）：3-19.

[7] 郇庆治．"十四五"时期生态文明建设的新使命 [J]．人民论坛，2020（31）：42-45.

[8] 王淑新，胡仪元，唐萍萍．集中连片特困地区乡村振兴与绿色发展协同推进的长效动力机制构建 [J]．当代经济管理，2021，43（4）：33-38.

[9] 郑勇．基于生态文明建设与发展理念的农产品绿色营销策略研究 [J]．农业经济，2020（8）：141-142.

[10] 谢海燕，贾彦鹏，杨春平．生态文明与经济建设协调发展的实现路径 [J]．宏观经济管理，2020（5）：30-36.

[11] 兰绍清．发挥"多区叠加"优势推进区域生态文明建设——以福州市为例 [J]．福建论坛（人文社会科学版），2019（12）：199-204.

[12] 新时代我国生态文明区域协同发展战略研究 [J]．中国工程科学，2019，21（5）：74-79.

[13] 吴旭晓．区域生态文明建设水平测评及其驱动因素研究 [J]．区域经济评论，2019（4）：134-142.

[14] 王仲颖，苏铭，惠婧璇，高翔．构建绿色发展目标责任制度 [J]．宏观经济管理，2019（6）：61-66.

[15] 李宇，钟志强，刘晓文，董家华，项赟．江苏、广东两省生态文明建设水平特征分析 [J]．生态经济，2019，35（2）：214-218.

[16] 龙晓华．加强生态文明建设　推动区域绿色发展 [J]．中国行政管理，2018（8）：156＋159.

[17] 杨丹辉．绿色发展：提升区域发展质量的"胜负手"[J]．区域经济评论，2018（1）：9-11.

[18] 黄晓园，王永成，罗辉，余鑫，宋子亮．自然保护区周边社区生态文明建设绩效评价研究——以轿子山保护区社区为例 [J]．生态经济，2017，33（5）：186-190.

偏远山区红色资源开发与利用的调查与思考

——以浏阳市小河乡为例

龚建方[1]

（中共浏阳市委党校　湖南长沙　410300）

摘　要：湖南省浏阳市小河乡地处湘鄂赣三省交界处，是中国革命的策源地之一，湘鄂赣革命根据地浏阳小河乡革命文物群是湖南省保存体系最为完整的革命文物群。目前小河乡有各类革命遗址 106 处，登记在册的有 55 处。小河乡在革命遗址和红色资源保护和开发利用方面已取得一定成效，但目前仍然存在群众保护意识淡薄、管理体制不顺、经费投入偏少、宣传教育模式单一等实际问题。本文以小河乡红色资源开发与利用为着眼点，提出系列对策和措施，从而切实保护和开发利用好红色遗址遗迹。

关键词：红色遗址遗迹；苏区精神；小河革命根据地

红色遗址遗迹孕育着丰富的红色文化，是红色文化的重要载体，是一笔宝贵的革命历史文化遗产。小河乡是湘鄂赣苏区大后方，地处湘鄂赣三省的边沿，早在第一次国内革命时期，这里就建立了党的组织。小河是中国革命的策源地之一，是一片浸透烈士鲜血的红色土地和有着光荣革命传统的革命老区。小河乡目前登记在册的 55 处革命遗址、遗迹是我省难得的成体系的革命文物群。在湘鄂赣革命根据地斗争中，浏阳市党员有 75 000 人支援红军，从 1923 年到 1949 年的 26 年里，有 15 万浏阳人为国捐躯，其中有姓名可查的革命烈士就有 2 万余人。有的一家五兄妹中 4 人为国捐躯，有的一家 13 人满门忠烈，他们用鲜血和生命染红了这片土地，用丹心一片的家国情怀铸就了小河人刚毅忠勇的精神。

一、保护与利用现状

1927 年秋，小河乡范家祠堂是工农革命军第三团的后方医院，根据地省委、苏维埃政府、军区、学校、医院、兵工厂等都曾建在这里；总前委根据中央意图，第二次进攻长沙，毛泽东、朱德率红一军团与彭德怀的红三军团在浏阳永和市石江村李家大屋会合，整编为红一方面军，也是红一方面军、湖南省苏维埃政府、湘鄂赣省苏维埃政府逐鹿湘鄂赣

1　龚建方，湖南泸溪人，办公室主任。主要研究方向为党史教育、红色资源开发。

的后方基地之一，毛泽东、朱德、彭德怀、滕代远、黄公略、邓萍、王震、王首道、宋任穷、李志民等老一辈革命家曾在这里战斗和工作过。小河现存许多值得后人纪念和瞻仰的革命遗址，是我们的宝贵财富。目前，小河有各类革命遗址 106 处。

1. **国家级文物保护单位 2 家**

红一方面军后方医院旧址—范家祠堂、红十六军临时军部旧址——黄五美祠为国家级文物保护单位，但都没有设办事机构。

2. **市、县级文物保护单位 17 家**

红五军随营学校（六兴祠），湖南省苏维埃政府石印局遗址（焙上王家大屋），湘鄂赣省苏维埃造币厂旧址（焙上王家大屋），中共浏阳县第六次代表大会会址（横岭五美祠），湘鄂赣省苏维埃政府裁判部旧址（造上），汤平将军故居（马坳）、湘鄂赣红军兵工厂（火烧屋），罗汉纪念馆公园（石牛），红十八军诞生地（牛形下），中国人民解放军湘鄂赣辖区第一纵队二大队成立遗址（小洞），红十八军被服缝纫厂（老街），浏阳县苏维埃转运分局（麻衣庙），严坪小洞碉堡战斗遗址（严坪小洞），中共浏阳第五次党代会遗址（小洞蓝家祠堂），浏阳苏维埃赤色学校旧址（斗下窝），湘鄂赣省苏维埃政府保卫局遗址（造上），小河烈士纪念主墓（老板栗下）等 17 处为市级文物保护单位。同时，在这些革命遗址中，国家级、省级文物保护单位保护情况相对完好，但其他遗址的保护情况不容乐观，管理形势严峻。重要的革命文物仅小河乡民间记录，登记在册的就 106 处。旧址等或被拆除或倒塌，已不复存在；红一方面军医院第三分院旧址、红五军二纵队驻地遗址、工农革命军第三团标家滩会议旧址、湘鄂赣苏维埃工农兵银行遗址、湘鄂赣红军兵工厂、湖南省苏维埃政府遗址等，损毁严重、濒临倒塌。

3. **再生性红色资源 5 家**

红色遗址遗迹也叫革命遗址遗迹，主要是土地革命时期有关的遗址、遗迹和纪念设施。主要分为原生性与再生性红色资源两大类。原生性红色资源主要是指革命战争时期留下来的红色遗产；再生性红色资源则主要是新中国成立后地方政府为纪念革命先烈，相继修建的人民纪念碑、烈士陵园（墓）和罗汉纪念馆、石牛公园等。

4. **保护与抢救行动**

1951 年 8 月，中央人民政府南方慰问团副团长罗其南同志，代表中央人民政府授牌红一方面军后方医院（范家祠堂）为红一方面军活动旧址。1980 年花园生产队迁入江西白水乡农民王德宏入户，并将范家祠堂出售给王德宏，后被范氏人士范定华、范日葵等人购回抢救保护。1983 年端午节，部分房屋被洪水冲毁。均由范氏族人自筹资金抢救保护修复。

2009 年市委市政府吴震、孙建科、刘仙娥、易利文、张贤近等老领导高度重视，组织一次小河革命根据地旧址遗址群保护座谈会，对红一方面军后方医院旧址进行了一次以旧修旧维护。为以后纳入国家级文物保护单位作出极大贡献。2014 年秋，省文物局、长沙市文物局、浏阳市委宣传部、小河乡政府，对旧址（范家祠堂）进行全面规划、并先期实施了布展、陈列及对外开放。2018 年 11 月，在小河乡党委、政府的支持下，由范日葵、王箕诚等十多位老同志牵头，自筹资金，拍摄十集《红军后代话红军》纪实文献片。该剧组拍摄中，得到了田心、新河、潭湾、乌石、皇碑等支村两委鼎力相助。通过两年多时间拍摄、寻访、挖掘，发现重要的革命文物就有近百处，影片杀青后，得到了省委宣传部、省委党史研究院、浏阳市委宣传部等部门的高度重视与肯定。

二、存在的问题

红色旅游资源作为革命实践物质和革命精神载体，资源整合对于革命老区来说意义重大，比如有许多红色景区处于偏远山区，首先，就会对前来参观纪念地、感悟革命先烈英勇事迹的游客产生一定的出游成本负担。另外，偏远山区的红色景区相配套基础设施相对发展得不是很完善。交通设施、饮食住宿环境以及专用停车场等都存在一定的劣势。其次，当地政府对红色景区缺少统一完善的规划。存在着线上宣传的与线下参观体验感相差甚远现象，当地相关部门应该通过修缮景点主体，尽量做到对革命历史的还原，让前来参观的游客深刻体会到艰苦奋斗、不屈不挠的革命内涵。最后，偏远山区的红色资源的开发利用挖掘深度还不够，红色旅游形式缺乏特色、单一化，有些景区未能体现当地革命老区具备的特色以及独特的革命精神。红色景区展现形式大同小异，对游客的吸引力大大减少。多年来，小河乡虽地处偏远，但在革命遗址保护和开发利用方面做了一些有益的探索，并取得了一定成效。但仍存在一些薄弱环节，存在诸多困难，面临严峻形势。

1. 群众保护意识较差，自然风化、人为损害严重

在红色历史文化遗产保护方面，目前还存在对红色文化遗产保护的重要性认识不足，保护力度不够，特别是对遗址的不可再生性缺乏认识，尚存遗址风化腐蚀严重，有的遗址房梁断裂、屋顶倒塌，有些已经遭到损毁、破坏，造成了无法挽回的损失。红五军随营学校（六兴祠）于 20 世纪 90 年代拆除办成学校与公办幼儿园，仅留下一间残墙破壁。湘鄂赣苏维埃工农兵银行遗址、湘鄂赣红军兵工厂、湖南省苏维埃政府遗址等，损毁严重、濒临倒塌。除自然因素以外，被损毁的革命遗址很多也是人为原因造成的，很多旧址遗址被当地村民损毁没能保存下来。

2. 管理体制不顺，遗址保护机制尚未完善

目前对小河革命旧遗址保护机制尚不完善，保护模式和机制没有形成统一的统筹规划。对其开发利用也是处于一种低层次开发状态中。据统计，目前小河有超过八成的重要革命旧址和遗址没有得到恢复和保护。同时，由于宣传力度不够、规划建设层次低，一些遗址和爱国主义教育基地知名度偏低、展览内容单一、陈列手段落后，甚至在整个小河都没有配讲解员。只有极少部分革命遗址被纳入文物保护单位，还有许多重要的革命遗址未列入文物保护单位，即使被列入文物保护单位的部分遗址由于缺少资金投入，也未能得到很好修缮和维护。

3. 缺少有效管护机制，经费严重不足，保护管理工作举步维艰

据相关统计，小河革命旧址和遗址归集体和私人所有的分别占总数的五成和四成，并

存在多头管理、条块分割现象，对于管理和使用造成了不便。另外，经费短缺是制约革命遗址无人看护和维修的瓶颈。尽管近年来各级政府非常重视文物保护工作，但由于这些遗址房屋损毁严重，维修资金需求量大，现有的文物保护经费只是个别保护，大部分只是挂了一个保护单位的牌子。《中共中央关于进一步加强和改进新形势下党史工作的意见》（中发〔2010〕10 号）要求把革命遗址的保护经费在各级政府安排的文物保护专项经费中解决，但在实践中却难以落实。其他未列入保护单位的大批遗址，其保护工作更无从谈起。

4. 部分遗址急需修缮，革命遗址开发滞后，教育作用发挥不够

据统计，目前小河已消失的革命遗址达 62 处，加上保护情况较差的共计 44 处，占遗址总数的 44.7%。如，红十八军诞生地（牛形下），红十八军被服缝纫厂（老街）、中共浏铜万扩大会议旧址（茶子排）等遗址，由于年久没有做好维护修缮，已经破烂不堪；中共湘鄂赣省委遗址（肖家塅范家老屋）、工农革命军三团驻地旧址（中院廖家祠堂）、毛泽东第一次来小河住址（罗汉故居）、工农革命军第三团扩红操场旧址（肖家塅岗上）、毛泽东宣传党和工农红军政府操场（石牛）、红一方面军前敌委员会旧址（盆形大屋）、中共湘鄂赣省委后方委员会旧址（盆形大屋）、红十八军军委旧址（盆形大屋）等遗址，大部分原建筑已经损毁，现仅存一些原墙基或断壁残垣。

三、对策与建议

偏远山区红色资源丰富。一方面，针对偏远山区特殊的地理环境，人文风情，要以红色旅游为主线，着力发展地区绿色经济，要走红色旅游与绿色旅游相融合的路子来带动乡村经济的发展，带动农民就业，实现偏远地区的可持续发展。另一方面，要抓住红色资源的教育价值，用好、用活红色旅游资源。应该将红色旅游开发利用的目的、价值等通过各种形式的教育宣传课堂来传递给广大党员干部和群众，提升党员干部、青年学生等群体对红色旅游资源的利用价值的认识，学习其蕴含的精神价值，使其在学习工作环境中不忘共产党初心，在生活中更加坚持不懈地去努力。红色革命遗址是我们的宝贵的红色精神财富，是优良的爱国主义教育基地和党性教育红色基地。赓续红色血脉，保护和开发利用革命遗址，我们当代共产党人责无旁贷。

1. 全面摸清"家底"，强化干部群众的遗址宣传保护意识

由党史、民政、文物、史志、民间团体等相关部门组成联合调查组，认真开展革命遗址普查工作，对全市范围内 278 处进行核查，特别是仅湘鄂赣苏区小河革命旧址遗迹遗址就有 106 处。要对重要机构旧址，重大战役战斗遗址和重要革命人物故居进行一次全面摸排调查，彻底摸清全市红色遗产的"家底"。想方设法动员全社会参与到文物保护事业中，很多重要文献文物都是通过群众捐赠而来，对于有重要价值的文物资料的捐赠者，颁发捐赠证书并予以一定物质奖励。

2. 总体规划，突出重点，对重要革命遗址进行抢救性保护

认真统筹做好小河革命旧址和遗址的保护和开发利用总体规划。首先，做好总体规划，

分类分批进行汇总，其次，要将重要的革命遗址和人物故居单列进行重点保护，最后，对已经出现损坏的旧址遗址要进行保护，乡村两级要下沉到村民家中进行保护宣传，不能随意霸占使用和损坏。做到科学保护，有计划地对本区域内的红色资源进行维护和开发。

3. 健全社会参与机制，加大革命遗址保护经费投入

革命遗址保护需要有一定的经费保障，目前在实践中革命遗址保护的经费申请存在一定的困难。笔者建议每年根据实际情况加大对革命遗址和旧址的保障资金进行日常的修缮和维护，并且明确相关部门责任到人来做专项保护开发工作，所在乡镇要积极配合支持，也应该列入乡镇工作考核内容。鼓励民间、个人、公司参与保护行列，拓宽保护资金筹措渠道，建立革命遗址管理基金，切实解决小河革命旧遗址群保护资金严重匮乏问题。

4. 整合资源，抓好红色文化的开发利用

要深入挖掘小河革命旧遗址的精神内涵，积极推介小河革命根据地红色文化、革命精神。一方面通过打造爱国主义教育基地，形成一批产学研示范点。另外一方面要整合红色旅游和绿色旅游，培育形成完整的旅游精品线路。同时，吸引社会资本加大对红色革命遗址的建设和开发，提升革命遗址周边的道路交通以及基础硬件设施水平，为开发红色旅游提供基础保障。

5. 创新传播方式，多渠道多媒体开展爱国主义教育宣传

调动与奖励民间自媒体、影视公司的积极性。引进民间自媒体，如头条、大鱼、百家、抖音、快手等自媒体平台，通过多种渠道和多媒体方式对红色革命旧址遗址进行全方位和立体式以及延伸式的宣传来弘扬红色革命精神。打造关于红军长征精神的产品，包括图书出版、影视、动漫、游戏等，从而进一步以红色文化形象、品牌打造跨行业、跨艺术的综合性产品，如红仔主题公园、红仔主题旅游等。

参考文献

[1] 卢丽刚. 红色旅游资源的保护与开发 [M]. 成都：西南交通大学出版社，2011.

[2] 黄细嘉，龚志强，等. 红色旅游资源与老区发展研究 [M]. 北京：中国财政经济出版社，2010.

[3] 王亚娟，黄远水. 红色旅游可持续发展研究 [J]. 北京第二外国语学院学报，2005（3）：32-34＋27.

[4] 王晖. 中国红色旅游生态化转型升级研究 [D]. 湖南农业大学，2013.

[5] 罗鹏. 生态哲学视野下的生态文明建设路径研究 [D]. 广西师范大学，2014.

[6] 刘希刚. 马克思恩格斯生态文明思想及其在中国实践研究 [D]. 南京师范大学，2012.

[7] 彭曼丽. 马克思生态思想发展轨迹研究 [D]. 湖南大学，2014.

借鉴浏阳市先进经验
探索乡村振兴农村环境整治的可行路径

胡瑞彬[1]

（怀化市生态环境局　湖南怀化　418099）

摘　要：在全国乡村振兴战略热潮的推动下，湖南省长沙市浏阳市坚持"全域统筹、因地制宜、循序渐进"原则全力推进农村环境连片整治，打造出独具特色的"美丽屋场"，成为全省农环整治标杆。怀化市通道县溪口镇杉木桥村作为怀化市特色少数民族村镇，其生态环境优美、生态基底优越，通过借鉴浏阳市典型做法，结合自身实际，在环境专项整治、产业发展规划、农村污水治理、垃圾分类减量化、生态文明示范镇村建设等方面探索适于杉木桥村的可行路径。

关键词：乡村振兴；农村环境整治；探索；路径

党的十九大报告中首次提出"实施乡村振兴战略"，为新时代乡村全面振兴提供了根本遵循和行动指南，以此在全国掀起了全面推进实施乡村振兴战略的热潮[1,2]。2018年，中共中央一号文件《关于实施乡村振兴战略的意见》提出"以绿色发展引领乡村振兴"[3]，明确按照"产业兴旺、生态宜居、乡风文明、治理有效、生活富裕"的总要求，通过持续推进农村环境综合整治，不断改善农村生态环境质量，打造绿色生态宜居的美丽镇村。湖南省委、省政府贯彻落实国家乡村振兴战略要求，于2018年制定出台《湖南省农村人居环境整治三年行动实施方案（2018—2020年）》[4]，在全省范围内形成以县级行政区为基本单元，整体推进农村环境综合整治的模式[5]，涌现出长沙县、浏阳市等全省农环整治先进典范，其中浏阳市于2019年获得国家生态文明建设示范县命名，今年又进入湖南省申报"绿水青山就是金山银山"实践创新基地推荐名单。近年来，怀化市积极落实省委、省政府关于乡村振兴农村环境综合整治决策部署，大力推进农村人居环境整治，今年7月市委、市政府印发了《怀化市农村人居环境"五治"专项整治行动方案》[6]，以"治垃圾、治水、治厕、治房、治风"为抓手开展全市"五治"整治试点镇村建设。现以通道县溪口镇杉木桥村为例，借鉴全省农环整治先进典范浏阳市经验，因地制宜探索怀化市乡村振兴农村环境整治的可行路径。

1　胡瑞彬，湖南怀化人，生态环境事务中心科员。主要研究方向为环境规划与管理工程。

一、浏阳市典型做法

近年来，浏阳市坚持"全域统筹、因地制宜、循序渐进"原则[7]，在全省范围内创新理念推出美丽乡村"幸福屋场"建设，以改善人居环境、完善基础配套、发展优势产业、挖掘特色亮点等为抓手，以"美丽屋场"激活"美丽经济"，在农村污水生态治理、农村垃圾分类回收、农村环境美化及特色文化传承的典型做法值得学习和借鉴。

1. 整体推进农村污水生态治理

通过多种形式的生态治理修复措施，农村生活污水真正做到了可有效回用且不外排，即使外排也能够达标，据了解近年来浏阳河水质均值已达到地表水Ⅱ类要求。

一是精确到户的"改厕"，对厕所进行改造。运用改进的"三格化粪池处理设备＋人工湿地"体系对粪污进行无害化处理后再外排至人工湿地及仿生处理系统处理后又可回用于农灌绿化等。二是对产生污水量较多的村进行生活污水"黑灰"分离。铺设分离管网将生活污水中的"黑水"和"灰水"进行分开外排，分别经管网进入地埋式仿生处理系统处理后可回用于农灌绿化等。三是根据村小组的农户数设置氧化塘及人工湿地全覆盖。通过氧化塘及人工湿地对流进水体进行生物处理，经处理后又可回用于农灌绿化等。四是个体农户家的种菜水体不乱排。农田浇灌用水主要来源于菜园设置的集水池，收集到自然雨水浇灌菜地，当水量超出限度后经菜园排水沟进入村雨水收集沟渠进入村里的氧化塘。五是进行小微水体生态治理修复。水体周边护坡种植香蒲、凤眼莲等水生修复植被，水体中设置水浮莲等根系具有强大吸附作用的水体修复植被搭配固定在浮板上，既美观又实用。

2. 积极开展农村垃圾分类回收

一是规范垃圾的处理方式。要求每家每户的生活垃圾采取"两桶四分法"，即每户配备"可回收垃圾桶""其他垃圾桶"各1个，按可回收物、餐厨垃圾（易腐垃圾）、有毒有害垃圾、其他垃圾等4类进行分类，可回收物、其他垃圾投入相应分类桶，有毒有害垃圾由农户独袋装存，餐厨垃圾饲养家禽或堆沤肥田；每个村都设置了垃圾分拣站配备了数名保洁员，村保洁员及时对农户初分类的垃圾进行分类收集，可回收物和有毒有害垃圾分类转运至分拣站后交由市资源回收总站统一收集处理，其他垃圾转运至镇（乡）垃圾中转站压缩处理后运至终端处理场所处理；农户垃圾每2～3天收处一次，严禁露天堆放、露天焚烧（含简易焚烧）、乱填乱埋垃圾等行为。二是做好村保洁队伍的管理。按照每150户配备1名保洁员的比例，建立稳定的专职保洁员队伍，要求上门分类收集农户垃圾，做好公共区域日常保洁，同时要加强技能培训、绩效评估、工作激励，建立保洁员"基础工资＋绩效奖惩"工作考核激励制度，通过"财政补助、社会引资、村民缴费"等多元化投入保证保洁队伍的长效可持续运转。三是建立农户垃圾分类评比制度。各乡镇（街道）每季度至少开展一次农户垃圾分类评比并公布结果，引导群众自觉参与、自主管理垃圾分类减量；各乡镇（街道）每月垃圾分类减量任务数完成情况纳入绩效考核和季度讲评内容，确保垃圾分类减量工作长效运行[8]。

3. 注重农村环境美化及特色文化传承

一是利用宣传栏、壁画等形式宣传绿色生态理念，无论是在村里指定位置的公共宣传栏，还是农户家楼房的侧墙壁或者是村部大楼垃圾分拣站等，通过生动有趣的标语、壁画让大家看到了解到绿色生活"小贴士"，用照片墙记录老百姓的幸福瞬间，都为美丽新农村增色不少。二是建立"农耕文化展览馆"以及农户民宿，利用农户自家房屋建立的农耕文化展览馆，记录了当地特色农耕文化。村委会引进专业旅游管理公司，利用农户自家房屋作为民宿基础，采取村委会负责软装投入、村民负责硬装投入、公司负责经营运维的"三方共管"形式并以 1∶3∶6 的盈利比例分成，构建了一套成熟的"美丽屋场"民宿经营模式，不仅推动当地旅游产业同时还能让村民增收。

二、怀化市典型镇村做法

1. 溪口镇杉木桥村现状

怀化市通道县溪口镇杉木桥村地处溪口镇北部，区位优越，交通便利，北与绥宁交界，东与万佛山镇毗邻，怀通高速、武靖高速、S221、S243 四条主干道均交汇于杉木桥村，已经形成"×"型交通网络主框架，融入了桂林、怀化、黎平机场、武冈机场"二小时"经济圈。杉木桥村生态秀美、风光旖旎，生态基底优越，以山地、丘陵为主，为典型的"九山半水半分田"，境内峰峦叠翠，溪河交错，全村总面积 31 750 多亩，其中耕地面积 1 778 亩，人均耕地 1.22 亩，山林面积 25 960 亩，国家级森林生态公益林多亩，森林覆盖率高达 81.07%，素有"天然氧吧"之美誉。通过实地调研走访了解到，目前杉木桥村为巩固拓展脱贫攻坚和乡村振兴有效衔接，村支两委采取"合作社＋农户"的模式，大力发展种养殖产业，洋溪河产业带已初具规模、初显成效，发展有机富硒大米、再生稻、稻鱼虾蟹水产养殖特色产业。

据了解，借助近两年怀化在全市全面推行生态文明建设示范镇村创建工作，杉木桥村农村环境整治工作已逐步开展，但各项工作未形成有效机制且存在个别较有代表性的问题：一是集体经济发展单一。杉木桥村于 2018 年成立通道羊溪河水产养殖专业合作社，截至目前，产业园养殖面积共有 90 余亩，已开发 20 余亩用作小龙虾、稻花鱼养殖，由于养殖技术和管理问题，未能取得收益，加上市场原因，屯养塘库存 5 万元稻花鱼发生滞销，合作社上年度集体经济经营性纯收入仅 3 万元。二是农村人居环境有待提升。杉木桥村整体生活环境卫生较为整洁，但还存在生活垃圾沿河岸倾倒现象，垃圾分类意识欠缺等现象；生活污水没有集中收集，厕所黑水和生活灰水混合雨水直排羊溪河和附近小微水体，造成水体富营养化明显；定溪组国家传统村落长期失修，坍塌荒废明显。三是农村环境综合治理资金匮乏，各部门的项目资金较为分散，没有统筹使用。

2. 怀化市典型镇村农村环境综合整治存在的问题

通过调查研究，近年来怀化市持续不断推进农村环境综合整治工作，"十三五"期间通过市、县两级政府和相关部门的共同努力，全市共建成 20 吨/日以上的农村集中式污水处理设施 182 个，完成农村污水治理村 1 384 个（全市 2 455 个行政村），整治率 56.4%，但标准不统一，未形成长效管理机制，环境综合整治效果不明显。

一是各县市区申报农村环境整治项目和资金的积极性不高。根据省生态环境厅印发的《关于进一步加强水污染防治资金项目管理的通知》精神，生态环境部门不得作为水污染防治资金项目的业主单位，加上地方政府申报中央专项资金需配套 40% 左右的地方财政资金，加上前期包装项目还需要一笔费用，而怀化市作为后发展地区，财政十分困难，资金投入压力巨大，导致各县市区向上争取项目积极性不高。二是相关部门在农村环境治理中各自为政现象依然存在。农村点多面广，农业农村、生态环境、水利、住建等部门都有相关的治理责任，但各部门治理的重点各有侧重，加上治理标准、考核要求都不尽相同，导致很多时候这些部门都各自为政，分别实施，没有很好地整合项目和资金，整村整乡的统筹制定整治规划和项目实施，从而导致乡村环境整治标准不一致、污水治理不系统、垃圾分类不规范、整治成效不明显。三是农村环境整治设施后期运维难。近年来，农村环境综合整治特别是生活污水治理工作虽取得了一定成效，但客观地讲，部分农村污水治理设施没有专人管理、缺乏运维资金、管护不到位，以及配套的污水收集管网铺设不到位等问题依然存在。

三、几点思考和建议

浏阳市以提升农民生活品质为核心，以农村人居环境整治为抓手，贯彻落实乡村振兴相关工作规定及要求，创新思维给全省乡村振兴农村环境整治工作提供了示范样板，在获评国家级生态文明建设示范区的基础上于今年入围了湖南省申报国家"绿水青山就是金山银山"实践创新基地名单，工作成效显著。基于怀化市乡村振兴工作开展以及杉木桥村农村环境整治工作现状，结合当地实际情况，从环境专项整治、产业发展规划、农村污水治理、垃圾分类减量化、生态文明示范镇村建设等方面借鉴浏阳市经验，得出几点思考和建议。

1. 关于环境专项整治的思考和建议

对杉木桥村的生态环境开展调查评估，摸清生态环境现状，为产业发展提供数据基础依据，依托环境监测单位对生态环境现状情况进行采样监测，进一步了解该村水质、土壤的基本情况，针对数据结果提出相应建议。一是开展市级环境专项整治示范镇村。根据怀化市农村人居环境"五治"专项整治行动，建议今年在各县市区选择 1~2 个村作为农村人居环境专项整治的示范村，整合农村农业、住建、生态环境、水利、林业、交通等部门的资金和项目，统筹调度、统筹使用、统筹推进、统一标准，以点带面，加快示范村的硬化、绿化、美化、量化的进程，市（县市区）政府以奖代补的形式，给予示范村经济和政策上的支持，为试点运转提供资金和项目支持，同时建议该项工作纳入县（市、区）对乡镇工作的年度考核，推动该项工作能够持续推进，以试点模范作用推动环境专项整治。二是采取镇村协力层层推进模式。召开村支两委、村小组、乡贤会议，通过会议进行工作动员，观摩学习全省先进典范市州人居环境治理成功的经验，并将专项整治工作以村民自治形式全面推进，充分发挥好集体带头作用和村民积极性、自觉性。

2. 关于产业发展规划的思考和建议

通过开展生态环境调查评估，摸清杉木桥村生态环境现状，得出相应基础数据依据，明确产业发展的方向。一是扎实开展规划编制。做好乡村振兴的规划，结合当地村情村貌及现有资源，会同村支两委从村庄历史、建筑、人文、乡情及现状等方面摸清底数，结合全县全镇发展规划制定出符合本村的"十四五"和2035年长远规划，保证村经济环境有序优质发展。二是合理规划弥补短板。通过走访调研，针对杉木桥现有产业存在的问题以及为今后的产业发展出谋划策，改变现有村水产养殖合作社发展方向，打破仅靠鱼虾贩卖一条途径的营收模式，合作扶持有机富硒米厂的扩产和规模，探索建立全镇第一家桶装、瓶装矿泉水厂，打造水产养殖、有机富硒米、本土矿泉水品牌形成"三条腿"走路模式，多产业开花结果。

3. 关于农村污水治理的建议

一是学习浏阳市农村环境综合整治"治厕""治水"的先进理念，在杉木桥村逐步推行农户个体菜园集水池、沤粪池建设，完善村镇雨水溢流沟渠建设；推动建设村镇氧化塘，设置人工湿地，试点化建设地埋式仿生污水处理系统，探索构建农村污水生态处理体系；尝试引入改进式粪污无害化处理设施，完善管网架构，让全村逐步建成生活污水不外排、不乱排，产生污水均能得到有效治理的生态治理系统。二是开展小微水体生态治理修复建设，流经杉木桥村镇的溪流因常年受周边村民的生活污水直排影响，部分指标低于地表水Ⅲ类水质要求，通过完善村镇污水管网建设，在水体周边护坡种植水生修复植被，水体中设置水生修复植物浮板，使杉木桥村的水体环境治理得到改善和提升。

4. 关于垃圾分类减量化的建议

一是建议开展农村垃圾分类回收处理体系，因杉木桥村居民分布较为分散，重点分为三个片区，建议分区先后顺序开展农村垃圾分类试点。二是参照"浏阳模式"，通过利用弃置房屋改造修建村垃圾分拣站，根据户数聘请村保洁员，成立一支由贮存队伍和村支两委共同管理的保洁队伍，制定相关管理办法和考核激励制度，开展技能培训，明确垃圾收运次数。三是学习"两桶四分法"，每户配备"可回收垃圾桶""其他垃圾桶"各1个，并由该组组长作为"两桶"监管员，管理村民垃圾初分类。四是建立农户垃圾分类评比制度和奖励机制，村委会每季度开展一次农户垃圾分类评比并公布结果，鼓励村民定期进行垃圾回收奖品兑换，引导群众自觉参与、自主管理垃圾分类减量。

5. 关于生态文明示范镇村建设的建议

自2018年以来，国家、省全面推进生态文明建设示范市县创建工作，怀化市积极响应，立足全域生态区位优势，打造生态文明示范建设长效机制试点[9]，将自身生态优势转化为经济优势。在这样的生态文明示范创建热潮下，怀化市落实省创建工作要求，自2020年启动怀化市生态文明建设示范镇村创建工作，配套出台《怀化市生态文明建设示范镇村管理规定》及《怀化市生态文明建设示范镇村建设指标》[10]，以市级生态文明建设示范镇村为引领，全面助力怀化生态文明创建工作，截至目前已有 18 个各具特色的美丽镇村先后获得命名。将杉木桥村创建怀化市生态文明建设示范镇村工作纳入通道县年度重点工作，根据创建要求形成申请文件，整理相关申报材料，优化完善特色产业现场，积极申报 2021 年怀化市生态文明建设示范镇村并争取获得命名，切实将自身"生态佳"优势转化为生态文明示范建设的闪亮名片。

参考文献

［1］习近平．决胜全面建成小康社会 夺取新时代中国特色社会主义伟大胜利［N］．人民日报，2017-10-28（001）．

［2］习近平．决胜全面建成小康社会 夺取新时代中国特色社会主义伟大胜利——在中国共产党第十九次全国代表大会上的报告［J］．时事报告（党委中心组学习），2017（6）：5-9．

［3］中共中央国务院关于实施乡村振兴战略的意见［N］．人民日报，2018-02-05（001）．

［4］中共湖南省委办公厅，湖南省人民政府办公厅．中共湖南省委办公厅 湖南省人民政府办公厅关于印发《湖南省农村人居环境整治三年行动实施方案（2018—2020 年）》的通知［EB/OL］．（2018-07-20）．http：//www. hunan. gov. cn/hnszf/szf/hnzb/2017_101252/2017nd1q_104374/swbgt_98719//201808/t20180823_5082181. html．

［5］姚斌，彭小丽．湖南省推进农村环境综合整治［J］．中国机构改革与管理，2018（8）：48-51．

［6］怀化市住房和城乡建设局．关于印发《怀化市农村垃圾专项整治工作实施方案》的通知［EB/OL］．（2017-10-13）．http：//www. huaihua. gov. cn/zjj/c100647/201710/216a476d749c4044a134501538ecbc09. shtml．

［7］金台资讯．浏阳上榜农村人居环境整治成效明显激励候选县 湖南唯一［EB/OL］．（2021-3-24）．https：//www. 163. com/dy/article/G5S4IFEV05346936. html．

［8］中共长沙市委实施乡村振兴战略工作领导小组办公室关于印发《2020 年农村人居环境整治"优秀乡镇""基本合格乡镇"评比方案》的通知［EB/OL］．（2020-09-10）．

［9］怀化市生态环境保护委员会办公室关于印发《怀化市建立生态文明示范建设长效机制试点工作方案》的通知［EB/OL］．（2021-04-16）．

［10］怀化市生态环境局关于印发《怀化市生态文明建设示范镇村管理规定》及《怀化市生态文明建设示范镇村建设指标》的通知［EB/OL］．（2020-07-31）．

部分论文摘要

生态艺术特色小镇发展的道路解析

王译萱[①]　曹晓梅[②]　张仰杰[②]　潘妍[②]　郭曦宇[②]

(①中南林业科技大学商学院　湖南长沙　410004
②湖南工商大学　湖南长沙　410205)

摘　要: 一直以来,中国现代化进程中重塑农业、农村、农民新形象的根本依靠是土地和生态。长沙县原双河村以农村土地改革为切入点,谋划浔龙河生态小镇建设,通过土地经营权改革,引入工商资本下乡,融合发展生态农业、农产品加工业、文化教育、休闲旅游、健康养老等产业,配套发展乡村地产,创新"生态+服务"的农村供给,为当前供给侧改革创造了一个农村样板,为振兴乡村提供了可复制的核心路径。长沙县浔龙河生态小镇以"五推动五落地"为路径,即情怀推动规划落地、改革推动项目落地、资本推动产业落地、生态推动特色落地、党建推动社会治理创新落地,加快了生态小镇的建设步伐,实现了从"贫困山村"向"特色小镇"穿越。在此期间,浔龙河小镇"土地改革+资本下乡+生态供给"的发展模式为解决"三农"问题提供了借鉴,它的成功坚持了"五个必须",即必须以规划为先导、必须以农民为中心、必须以资本为纽带、必须以助农为目标以及必须以生态为根本。因此,浔龙河生态小镇的成功向我们展示了可预见的未来农村"五个农村化"的发展方向,即农村公共服务社区化、土地权益资产化、居民自治组织化、产业发展融合化以及发展路径信息化。实施乡村振兴战略,解决好"三农"问题,需要城乡融合发展。浔龙河实践告诉我们,如果让企业成为乡村建设的投融资主体,成为投资风险的主要承担者,促进生产要素在城乡之间自由流动,就必须加强制度创新,使资本为农业强、农民富、农村美发挥积极作用。此外,浔龙河生态小镇的发展模式提供了"四个坚持,四个处理"作为示范性意义:一是坚持农民利益优先,处理好农民、企业、政府的关系,这是解决改革方向和动力的问题。二是坚持资本主导优先,处理好改革、发展、分享的关系,严格界定各类主体的责任与义务,确定利益关系,让农民和企业都能得到切实的利益。三是坚持生态保护利用优先,处理好农村发展与生态保护的关系,充分尊重、保护土地和生态在农村改革中的价值。四是坚持组织化管理优先,处理好村与企业的关系,更好地发挥好村级组织属地管理职能,促进新经济组织的发展。

关键词: 浔龙河生态小镇,发展路径,发展模式,发展方向,发展经验

绿色人力资源管理在印刷企业
环境管理中的实践与启示

王明波

（湖南天闻新华印务有限公司　湖南长沙　410219）

摘　要：有效的绿色人力资源管理，对于帮助实现环境管理目标有着重要的现实意义。本文从具体企业的管理实践入手，在实证中探讨实施绿色人力资源管理对激发员工绿色行为的实效性，以拓展绿色人力资源管理的研究范围，为企业实施绿色人力资源管理提供决策参考。

目前国内关于如何实行绿色印刷的研究不少，而国有印刷类企业如何开展绿色人力资源管理的相关研究却处于空白阶段。本文采用案例研究的方法，并结合社会责任理论，以一家国有印刷企业为对象进行相关分析与研究。该企业作为国有企业，实行绿色管理的时间较长，实施的措施和积累的实践经验具有一定的典型代表性和研究参考价值。一般来说，企业及其员工的环保意识发展往往存在被动局限参与、相对主动、高度自觉三个阶段，前两个阶段中企业主管和员工的环保意识和绿色技能明显不足，考核体系缺乏生态效益和社会效益的指标设计，员工的"绿色、低碳"意识亟须强化。这些年来，该企业一直致力构建和完善绿色人力资源管理体系，促使企业向环境管理高度自觉的阶段发展：一是将绿色理念融入招聘机制；二是强化绿色环保培训制度；三是建立科学合理的绿色绩效管理模式和相应的激励体系；四是加强企业内外绿色文化宣传；五是扩展员工参与绿色环保的参与空间。研究发现，这一系列绿色人力资源管理措施，既提升了员工的环保意识，又助力了企业危废环境治理，企业取得了良好的经济效益、生态效益和社会效益，环保成效获广泛认可，多次获授"环境保护先进单位""绿色印刷示范企业"等荣誉。

在招聘录用中加强环保意识态度的考察，培训中增加环保要求、社会责任、节能减排等内容，确立员工岗位环保职责、将环保指标纳入绩效考核，提供与环保相关的薪酬设计和荣誉奖励，拓展员工参与环保活动的渠道等手段，能有效将地绿色人力资源管理融入企业经营管理中，助力环保目标实现和环保绩效提升，促进企业社会责任担当。

关键词：绿色人力资源管理；绿色印刷；绿色理念；环境管理

论长江流域生态环境的司法保护

——以典型案例为切入点

王 琦

（南京师范大学法学院 江苏南京 210023）

摘 要：长期以来，长江流域的生态环境破坏问题一直阻碍着我国产业化升级和社会转型的顺利进行。自 2018 年开始，党和政府愈加重视长江流域的生态环境保护问题。2020 年 12 月，十三届全国人大常委会第二十四次会议通过《长江保护法》。最高人民法院发布《长江流域生态环境司法保护状况》白皮书以及长江流域水生态司法保护典型案例。典型案例包括非法捕捞水产品、采矿、环境污染等。

当前，"绿水青山就是金山银山"的发展理念深入人心，环境治理工作正处于压力叠加、负重前行的关键时期，人民群众对良好环境治理的需要日益增长。保护长江流域的生态环境，是全国各族人民的共同期望和福祉。促进实现长江经济带绿色协调发展是与国家总体发展挂钩的重大战略。如何在维持经济发展稳定的同时，处理好长江流域生态环境保护问题正成为我国亟待解决的现实问题。

近年来，长江流域各级人民法院通过审判相关环境资源案件，为长江流域生态环境提供了司法保护。长江流域生态环境司法保护有利于深入贯彻习近平生态文明思想和习近平法治思想，充分发挥人民法院司法为民的审判职能和及时修复长江流域生态环境。

长江流域生态环境司法保护是一项庞大的系统性工程。我国各级人民法院在长江流域生态环境司法保护工作中，应当遵循科学的司法理念，准确把握长江流域经济社会发展与生态环境保护二者之间的辩证关系；应当认真落实公正司法的要求，在审判相关案件时，既不要放过破坏生态环境的违法行为，也不要出现错误裁判的情形；应当着力实现司法公开的目标；应当做到开放、透明，以便于人民群众对其进行监督，通过司法公开倒逼长江流域生态环境案件的依法审理。

关键词：长江流域；生态环境；司法保护；长江保护法

绿色发展理念下长株潭区域制造业
高质量发展路径研究

车靖宇 张 杰 孙鹏涛 张 磊

（中南林业科技大学商学院 长沙 410004）

摘 要：当前，我国社会经济高速发展，综合国力显著提升，取得了世界瞩目的成就。随着中国特色社会主义进入新时代，高质量发展被提上日程，提出在现代化背景下建立产业体系，并以实体经济为依托，坚定不移建设制造强国。经济的飞速发展也带来了一系列的环境问题，生态环境恶化和资源短缺已经成为制造业可持续发展的重要限制因素。长株潭区域是长江中游城市群重要组成部分，制造业涉及面广，但环境承载能力有限。因此在原有制造体系基础上进行完善是目前需要解决的关键问题，同时也是转化发展动能的重要举措。有鉴于此，本文以绿色发展理念下长株潭区域制造业高质量发展路径为研究对象，首先明确践行绿色发展理念以及在制造业发展过程中引入绿色发展理念的重要性，提出高质量发展的条件和基础来源于创新和区域间的协调。其次，从制造业概况、制造业产品结构、资源利用状况、能源使用现状、出口产品碳排放现状等五个方面阐述长株潭区域制造业高质量发展现状。另外，找出长株潭区域制造业绿色高质量发展中存在的问题，具体而言就是：制造业绿色发展思想不到位；制造业绿色经济发展体制不健全；资源创新不足和循环利用不充分；制造业绿色发展得不到政策支持。最后，针对性地提出切实可行的策略。在政府宏观政策方面，提出征收碳税，构建绿色财税体系；加大研发资金的投入，促进绿色产品结构的优化升级；政府和企业加大合作力度来提高绿色发展速度的政策。在产业和企业中微观层面的对策方面，要建立健全制造业绿色发展推广体系，加大资源的创新和循环利用力度；培育发展绿色创新技术，提升自主创新能力。本研究旨在坚定不移践行"绿水青山就是金山银山"理念，以"绿色制造"为主线，推进区域环境和水污染联防共治，共同推进固废处置与土壤修复，强化环境治理联合监管，大力推进长株潭区域制造业高质量发展，最终实现全国全面绿色转型发展先行示范区的战略目标，推动"三高四新"要求落细落实。

关键词：绿色发展理念；长株潭区域；制造业；高质量发展

绿色发展理念下浏阳市生态文明建设研究

任春悦

（湖南师范大学旅游学院　湖南长沙　410081）

摘　要：生态文明建设是践行绿色发展理念的一条有效途径。文章基于浏阳市生态文明建设现状，探索生态文明建设的迫切性，研究发现其在农村人居环境治理和土地节约集约利用方面取得显著成效，进而从生态宣传、土地利用、招纳人才三个方面总结浏阳市生态环境治理经验，接着探讨浏阳市生态文明建设在水域保卫、造绿行动、区域融合发展和产业绿色转型等领域面临的挑战，最后针对以上问题提出相应的解决策略：提高风险防范意识，做好预防工作；创新生态制度，深入推进三年造绿行动；加强区域合作，打造湘东开放门户；落实产业绿色发展，优化营商环境等，以期贯彻落实绿色发展理念、进一步推进浏阳市生态文明建设与区域经济协调发展、协同并进。

关键词：绿色发展理念；生态文明建设；浏阳市

2021年春季华北地区一次典型沙尘重污染天气过程研究

刘志远[②] **刘属灵**[①] **张爱国**[①] **邵景安**[②]

（①重庆师范大学地理与旅游学院

②重庆师范大学三峡库区地表过程与环境遥感重庆市重点实验室）

摘　要：沙尘天气能够造成空气中颗粒物浓度升高和能见度水平明显降低，进而严重影响城市空气质量、经济社会发展和人民身体健康。因此对沙尘天气进行研究分析可在一定程度上减少其危害，为治理和改善提供参考。本研究以2021年3月华北地区出现的第1次大范围沙尘导致的空气重污染特征与路径来源为研究对象，结合地面气象小时监测数据、主要污染物浓度和空气质量指数（AQI）数据，利用空间插值、地理探测器和后向轨迹模型等方法分析大气污染过程并揭示主要污染物、主要污染物（PM_{10}，$PM_{2.5}$，SO_2，NO_2，CO，O_3）浓度变化时空特征和常规气象因子的关系。结果表明：（1）华北地区重污染天气为大范围沙尘天气造成，强烈气旋的发展致使蒙古等地的沙尘抽到空中，并在西北风和冷锋的作用下输送至华北地区沉降，造成大范围污染。（2）此次污染的形成和消散过程时间上总体呈现形成迅速、消散急促的特征，华北地区受到此次沙尘污染影响共计约32h，首要污染物为PM_{10}，污染过程中平均浓度一直保持在$511 \sim 6450 \mu m/m^3$区间，其浓度显著增高。（3）空间上整体呈现西南高东北低的特征，城市污染物的传输存在时间$2 \sim 3$小时的间隔。本研究为探索气象要素和污染物变化对沙尘过程的影响提供理论支持，以期为实现区域性沙尘天气治理与城市可持续发展的协调提供参考。

关键词：沙尘污染；时空分布；地理探测器；后向轨迹；华北地区

新时代国内大循环视域下创新生态民生建设对策研究

刘建锋

（四川外国语大学马克思主义学院　重庆沙坪坝　400031）

摘　要：变革和创新生态民生是贯彻和落实习近平新时代中国特色社会主义思想的应有之义，更是提升中国文化软实力和中国特色社会主义文化自信的本质体现。清醒地看待新时代中国依旧在一定范围内存在着人民群众对精神文化生活日益增长的美好生活需要与文化发展的不平衡不充分发展的现实，对从国内大循环的独特视角研究和审视新时代生态民生建设可以起到非常重要的启迪和借鉴作用。立足于新时代创新生态民生建设的现实之"势"和创新生态民生建设的体制机制之"忧"，应充分取国内大循环之"长"去补人民群众对实现美好生态民生新期待之"短"，以此满足人民对美好生活的新期待，狠抓中国特色社会主义生态文明强国建设。

关键词：新时代；国内大循环；生态民生

流域环境健康风险的法律规制

刘 婷

（湘潭大学 湖南湘潭 411105）

摘 要：近年来，经济蓬勃发展而忽视流域的生态与治理，使得流域生态环境遭受人类生产生活等多重污染及损害，也对沿岸的生态安全和公众健康造成极大威胁。2020年伊始，新型冠状病毒局部暴发，有关研究人员从病毒感染者粪便样本中分离出活病毒，遂提出新冠病毒在污水流转过程中有可能最终回到流域等水环境的生态循环系统中，引发对流域环境健康风险的拷问。在水污染防治的探索道路上，我国对水污染防治的工作重心一直放在"治"而非"防"，加之流域环境健康风险在法律理论研究层面还居于起步与探索阶段，所以在生态文明社会的语境下，我国流域环境治理必定要历经从"污染后果控制"过渡到"环境治理管理"的漫长过程，现阶段必须向"风险预防"的方向迈进。以风险预防理念重塑我国环境法治，是我国生态环境保护从管理走向治理、从被动走向主动的必由之路。而流域环境健康风险的法律规制作为流域生态环境保护与治理的又一根本，对于保障公众健康、预防流域水污染事件频发显得尤为必要。因此，研究流域环境健康风险的法律规制，离不开国家通过颁布法律法规、制定针对性政策予以完善。此外，环境健康风险作为一种识别化的管理模式，需加强流域环境健康风险监测、调查和评估的管理制度，准确作出科学客观的风险等级判断，进行一对一的风险防控与预判。同时，也应充分发挥公众参与环境健康风险沟通的作用，严格督促政府及企事业单位积极履行预防和治理责任，保障流域环境健康风险防控落到实处。

关键词：水环境健康风险；生态安全；法律规制

新晃县钡化工产业项目发展与生态环境
协调性综合分析

杨 柱

（怀化市生态环境事务中心 湖南怀化 418000）

摘 要：新晃县依托重晶石资源优势引进企业发展钡化工产业。经多年发展钡化工产业初具规模，属地政府有意通过扩大产业规模来实现经济效应，推动区域经济发展。通过调查新晃工业园内现有 4 家钡盐精深加工企业，发现钡化工属于资源密集型和环境污染型产业，扩大产业规模可行性需通过生态环境协调性综合分析；全文分析了钡化工产业采矿、选矿、原矿石冶炼、钡盐加工等诸多环节产生的大气、水、固体废物、噪声以及环境累积效应等对区域生态环境的影响，充分考虑工业园的位置临近舞水河、园区不属于规范标准化工园区、下游城市饮水安全等制约因素后，建议新晃钡化工产业的发展应结合自身环境容量、园区建设、资源、企业等方面做好以下工作，为后续的可持续发展提供强有力保障。

（一）发挥新晃重晶石资源优势，适度发展钡化工。一是控制原矿石钡化工加工企业规模，原矿石焙烧产生大量钡渣对环境危害大，且处置成本高。二是新建钡化工项目必须远离舞水河一公里以上，独立建设钡化工污水处理系统，做到废水不外排，确保舞水河上游的水质安全。

（二）完善工业园区基础设施建设。建设专用消防站、危化品专用停车场以及天然气站及管网等基础设施，组建应急救援队；根据企业发展需要对园区管网、污水处理设施进行升级改造，为园区企业发展提供基础保障。

（三）调整资源发展战略。构建全市从重晶石资源供应区域到消费区域的供应链保障体系，全面融入大区域乃至全国战略性矿产资源经济新格局。构建与洪江区化工园区的产业联系，将钡化工产业适时向洪江区化工片区迁建。

关键词：重晶石；钡化工；产业发展；生态环境；影响

地源热泵系统助力实现"双碳"目标

杨培志　张拥潜

（中南大学能源科学与工程学院　湖南长沙　410083 ）

摘　要：中国提出"碳达峰，碳中和"目标以来，引起社会各界广泛讨论和研究，关键判断趋于一致，要想早日实现"双碳"目标，必须大力发展节能技术，加快清洁能源替代化石燃料进程。地源热泵技术是利用浅层地热能实现建筑供冷供暖的技术，是清洁能源供暖技术中非常重要的一环。本文从碳减排角度出发，对地源热泵系统的特点、发展现状及碳减排量计算方法进行介绍，总结了其在未来的发展前景。地源热泵技术是依据逆卡诺循环原理，通过输入少量电能，驱动热量从低温端转移到高温端，调节室内热环境的技术。系统由地下换热设备、地源热泵主机和室内换热末端三部分组成，以地下换热设备的换热对象不同，分为土壤源热泵、地下水源热泵和地表水源热泵三类，以土壤源热泵最为常见，是未来地源热泵技术发展的一个趋势。地下水源热泵可能对地下水造成污染，随着我国对地下水资源环境保护监管加严，后续可能减少。地源热泵技术具有应用范围广、运行效率高、低碳环保等特点。在"碳达峰、碳中和"的时代背景下，其碳减排能力的优势得到体现。计算地源热泵系统碳减排量前需确定项目边界和基准线，合理的项目边界保证项目碳排放量计算的准确性；基准线的确定是判断碳减排效果的基础，通常选取所在地已存在常规供能项目碳排放量为基准线。地源热泵系统作为利用浅层地热能的典型系统，在系统原理、使用场景、经济效益方面都有较好的优势，特别在建筑运行领域碳减排上，地源热泵系统项目减排效果显著，有助于国家的碳减排战略实施。

关键词：地源热泵；碳达峰；碳中和

高质量发展视角下湘赣边"红+绿"发展模式探析

杨　维

（中共长沙市雨花区委党校　湖南长沙　410000）

摘　要：推动湘赣边高质量发展对于湘赣边巩固脱贫攻坚成果，大力推进乡村振兴，助力中部崛起有着重要意义。红色文化和绿色生态是湘赣边革命老区两大特色资源和政治优势，本文拟从这两者有效结合入手，探索"红+绿"发展模式，实现文化与生态的同频共振，为有效推进区域经济社会发展探索新途径。

1. 思想上传承：用红色文化注入绿色发展的精神内核。在湘赣边的发展过程中，应该传承红色文化精髓，深入贯彻新发展理念，努力克服发展过程中的挫折与困难，坚持走绿色发展之路，推动湘赣边革命老区的振兴发展。2. 形式上整合：构建生态红色旅游新模式。在推动旅游业发展过程中，要注重"红""绿"特色资源的整合，综合设计红绿融合的特色旅游产品，从而推动整个区域经济转型。3. 投入上加码：打造独特的文旅品牌。首先，加大湘赣边红色景点之间的基础设施建设力度。其次，扩大湘赣边革命老区文旅品牌的宣传力度。最后，研发优质的文创产品。4. 机制上保障：实现促进经济发展的协同局面。

推动湘赣边高质量发展，是认真落实习近平总书记把革命老区振兴发展好重要指示精神、贯彻执行党中央促进中部崛起重要决策部署的有力举措。在这样的背景之下，发挥地域优势，推动"红+绿"融合发展，既能助推湘赣边成为全国革命老区推进乡村振兴的引领区，又能保留地域特色，推进美丽中国建设，满足人们对美好生活向往的现实需要，是推动湘赣边文化、生态和经济取得进步的一条有效路径。

关键词：高质量发展；湘赣边；红色文化；绿色发展

基于双碳目标的长江经济带产业优化研究

杨竣博①　　傅泽鼎②　　阳文林①

（①中南林业科技大学生态环境管理与评估中心　湖南长沙　410003
②长沙理工大学水利与环境工程学院　湖南长沙　410114）

摘　要：中国是世界上最大的发展中国家，也是碳排放大国，对降碳减排有着庄严的承诺和坚定的决心，意味着中国的经济结构和国内当前的社会运转方式将迎来一个巨大变革。本文分析了长江经济带在双碳背景下产业链结构存在一定的不合理性，尤其是工业产业和电力能源危机更为突出。基于双碳目标应加快新能源的研发，优化产业结构，减少电能的消耗，使长江经济带产业链优化升级。

关键词：双碳目标；产业优化；新能源

湖南省绿色发展效率的时空演变及提升策略研究

肖小爱　曾湘杰　邵　发

（湖南科技学院经济与管理学院　湖南永州　425199）

摘　要：党的十九大提出"加快生态文明体制改革，建设美丽中国"，强调人与自然和谐共生的绿色现代化。绿色发展效率同时考察了经济增长、生态环境保护、资源利用效率，可以较为准确地衡量一个区域绿色发展水平。绿色发展效率提升是实现生态文明建设和经济高质量发展的重要途径。湖南省作为一个制造大省、强省，是中国绿色发展总体格局的重要支点。随着工业化和区域城市化的迅速发展，传统产业转型升级步伐过慢，湖南省经济发展存在内生动力不足，区域经济发展不均衡、不充分，生态环境恶化、资源过度消耗等诸多问题。"十四五"时期是实现碳达峰目标的关键期，湖南省区域绿色发展效率提升对湖南省加快绿色低碳转型和经济高质量发展意义深远。本文选取湖南省及各地市作为研究对象，构建一套完善的包含非期望产的绿色发展效率投入产出指标体系，将创新、经济、环境和资源要素等均考虑在内，运用 Super-SBM 方法对湖南省及各地市 2009—2018 年的绿色发展效率进行精确测算，分析其时空演变特征，科学评价区域绿色发展水平。纵向分析表明湖南省绿色发展效率整体水平不高且波动大，呈现先上升后下降再缓慢上升的趋势；横向对比分析表明湖南省绿色发展效率空间差异很大，长沙市的平均效率最高，其次是张家界，而郴州的最低；四大区域中，长株潭是最高的，而大湘西则是最低的，并且长株潭与环洞庭湖区域远高于同期本省水平，而大湘南和大湘西区域则低于本省水平，总体呈现出"东北高，西南低"的空间格局。基于此，本文提出了政府要大力实施"三高四新"战略，因地制宜地实施合理而有效的差异化绿色发展策略、推进产业结构优化升级、加强区域合作与交流、提高人民的绿色消费意识等对策，促进全省绿色发展效率的整体提升，实现区域联动高质量发展，同时也为其他省市在加快绿色低碳转型和经济高质量发展与环境规制平衡发展方面提供理论借鉴和决策参考。

关键词：绿色发展效率；Super-SBM 模型；湖南省；提升策略

碳中和和碳达峰背景下林业碳汇市场化融资机制探讨

陈若涵　　王译萱　　刘欣婷　　熊　曦

（中南林业科技大学　湖南长沙　410004）

摘　要：林业碳汇市场化融资是促进林业产业发展的重要途径，也是纵深推进生态文明建设的重要方面。加强林业碳汇市场化融资机制建设，吸引更多资金参与到林业建设中来，积极推动生态环境价值实现，不断提升森林碳汇能力，有效发挥固碳减排作用，对应对全球气候问题、实现碳达峰碳中和具有重要战略意义和现实意义。

本研究首先从国内外林业碳汇市场化融资的理论和实践分析入手，提炼出对国内林业碳汇市场化融资有益的经验，为国内全面推行林业碳汇市场化融资提供依据。其次从林业碳汇的本质特征出发，结合国外林业碳汇市场化融资机制的经验，剖析了林业碳汇市场化融资机制建立的重点。通过确定林业碳汇市场化融资的多元主体，就林业碳汇市场化融资的基础、问题和可行性进行分析；结合林业碳汇的长远发展需求，构建林业碳汇市场化融资机制；明确提出保障林业碳汇市场化融资机制科学运行的措施，并对一些关键性问题展开探讨；建立科学核算林业碳汇价值的方法体系，实现对林业碳汇市场化融资的推广。随后，通过借鉴建立碳汇交易平台融资、银行贷款渠道融资、设立林业投资基金融资、借助资本市场融资、运用项目融资模式等融资方式，探索林业碳汇市场化融资的方式与途径。通过对这些问题的探讨分析，最后为确保市场化融资的顺利进行和稳定运行，建立林业碳汇市场化融资的内外部保障机制，为林业碳汇市场化融资机制基本理论框架的构建做准备。指出需要站在不同的视角、根据不同阶段的实际情况开展碳汇重要性的宣传，提高宣传的有效性、认可度；需要完善碳汇相关的政策和规章，促进碳汇市场化融资走上规范化、制度化、科学化的轨道；需要做好林业碳汇市场化融资风险防范，遵循低成本原则和科学原则；需要健全林业碳汇市场化融资体系，培育国内有实力的碳排放大户积极参与到林业碳汇投资当中，提高林业碳汇计量与认证技术水平，建立专门的技术咨询体系，促进我国林业碳汇交易市场的发展。

关键词：林业碳汇；林业碳汇市场；市场化融资；融资机制；融资方式

"两山"精神在中国共产党精神家园中的展开

林 洋 杨 琴

（中共绍兴市上虞区委党校 浙江绍兴 312300）

摘 要：中国共产党精神家园是指中国共产党成立后领导中国人民在革命、建设和改革过程中逐步形成的心理、情感以及精神的统一体，也是中国共产党创造的精神财富的总和。2005 年 8 月 15 日，时任浙江省委书记习近平同志考察湖州市安吉县余村，得知该村正关停矿山、发展生态旅游的先进做法后，提出"绿水青山就是金山银山"的科学论断，安吉县也成为"两山"理念的发源地，其孕育出的"两山"精神也是中国共产党精神家园的一员，为全国范围内推进生态文明建设提供了鲜活经验。"两山"精神体现出中国共产党先进性，先转型之痛后转型之利是安吉县经济社会运行的主基调，这里是一批批生态文明践行者安身立命、干事创业的温土；"两山"精神呈现出中国共产党精神面，绿色发展造就安吉县的"华丽转身"，这也是安吉人夯实理想信念的写照、高尚精神追求的彰显；"两山"精神反映出中国共产党价值观。很多党员干部承受各种各样的压力，谨记习近平总书记十几年前的殷勤嘱托，给党和人民交出一份份满意答卷，赢得大地山川的靓丽容颜和基层群众的欢声笑语。中国特色社会主义新时代下，进一步贯彻落实"两山"精神，既要在环境保护上坚守底线，一是开展专项整治，二是狠抓民生实事，三是完善体制机制；又要在绿色经济上涂厚底色，一方面，"深耕"重大战略，另一方面，"细作"科学规划；更要在乡村振兴上增强底气。第一，在脱贫攻坚上"内""外"联动，第二，在发家致富上"主""客"衔接，第三，乡村治理上采用"党建＋""互联网＋""社会组织＋"等新模式。

关键词："两山"精神；中国共产党精神家园；生态文明；绿色发展；乡村振兴

双循环发展新格局下湖南制造业高质量发展基础评判与提升策略研究

罗旭婷① **华静文**① **王宗濠**② **熊曦**①

(①中南林业科技大学商学院 长沙 410004
②湖南师范大学树达学院 长沙 410004)

摘 要：制造业高质量发展对区域经济增长有举足轻重的作用，强大的制造业对国际地位和经济持续繁荣至关重要。湖南有"一带一部"战略定位，肩负着大力实施"三高四新"战略、奋力打造国家重要先进制造业高地的光荣使命。作为传统制造大省，湖南制造业发展取得了一定的成效，但也可能存在如制造业发展大而不强、缺乏中高端品牌等一些问题。因此，如何将湖南打造成为国家重要先进制造业高地成为当前研究的热点问题。有鉴于此，在双循环发展新格局下对湖南制造业高质量发展进行基础评判并分析其提升策略显得尤为重要。本研究在充分考虑高质量发展的内涵和要求的情况下，结合已有相关文献的研究成果，从发展背景、外部环境和内部条件几个方面提出双循环发展新格局下湖南制造业发展的评判依据，这三者有机结合起来，既在一定程度上注重了"量"的增加，也关注了"质"的提升，能够最大限度地推动湖南省制造业在双循环背景下协调发展。本文着重从地理区位、经济建设、制造业的成长基础和交通便利四个方面分析发展背景。开放发展、消费需求和国家政策构成了高质量发展的外部环境；制造业的科技实力、产业基础、人才培养和制造业改革则构成了高质量发展的内在条件。在对湖南基本情况和已有资源分析的基础上，深度剖析双循环发展新格局下湖南制造业高质量发展面临的问题并提出切实可行的解决措施。现阶段湖南制造业高质量发展仍存在一些问题和障碍，主要表现为传统低端产业产能严重过剩，产业结构调整难度较大；高端制造业研发投入不足，成果转化率较低；关键领域、核心环节技术创新不足，人才培养力度不够；对外开放水平不高，与国际交流合作较少。未来湖南省应重点从产业结构、研发投入、创新能力和国际交流四方面着力推动湖南制造业高质量发展。具体来看，要加快产业结构调整，深化供给侧结构性改革；加大关键领域的研发投入，提高市场竞争力；不断提高创新能力和创新水平，加大人才培养力度；搭建对外开放平台，积极开展国际交流合作。

关键词：制造业；双循环；高质量发展；基础评判；提升策略

乡村生态振兴：内生逻辑、现实困境与实践路径

周　波

（中共浏阳市委党校教研室　湖南长沙　410300）

摘　要：党的十八大以来，生态文明建设、乡村振兴等国家战略相继提出，乡村生态振兴摆在了党执政兴国的重要位置，是"习近平生态文明思想"在基层的生动实践。在实现"碳达峰""碳中和"的双重目标下，中国的乡村生态如何振兴？面临着哪些现实难题？如何实现生态振兴与经济发展同步，成为学术界关注的理论和现实问题。

文章认为，乡村生态振兴的提出有着深刻的理论、历史、实践与现实等逻辑，具有坚守马克思主义根本立场、汲取生态环境治理历史智慧、遵循乡村社会发展一般规律、顺应乡村绿色发展未来走向等内在机理，其实质是重塑人与自然、城市与乡村的关系，使乡村功能回归自然本位，构筑起良好的循环系统。

为充分了解乡村生态振兴现状，课题组深入浏阳市竹联村、田溪村、芦塘村、柏铃村等地进行了实地调研。调研显示，在推动"绿水青山就是金山银山"实践创新上，各村采取了一系列措施和行动，特别在整治优化乡村人居环境、保护利用乡村生态资源、培育发展乡村生态产业等方面取得了明显成效，一定程度上实现了生态资源向经济效益的转化。但在生态伦理、法治建设、乡村发展、治理能力上面临着普遍的现实困境，主要体现在乡村生态环境保护与经济发展的有效均衡、乡村生态环境法治供给与需求的结构性失衡、乡村生态资源与产品价值的有效实现机制、乡村生态环境治理能力与治理效能提升等方面。

未来的乡村生态振兴，必须始终坚持马克思主义的立场、观点与方法，以习近平生态文明思想为指导，牢固树立生态优先、科学发展理念，立足实际，因地制宜，正确处理经济发展与生态保护、政府主导与社会协同、产业生态化与生态产业化等多种关系，从生态建设、法治保障、产业培育、治理机制等方面综合实施，着力推进乡村生态建设、强化生态法治保障、大力发展生态经济、提升生态治理能力，使生态资源转化为生态优势、民生福祉，最大限度地实现生态资源的经济效益、社会效益和生态效益，走出一条生产发展、生活富裕、生态良好的文明发展之路。

关键词：乡村振兴；逻辑构建；现实困境；实践向度

我国水循环领域专利分析及布局

袁　焜

（衡阳师范学院　湖南衡阳　410011）

摘　要：当前全球环境形势正遭受前所未有的考验，气候变化所带来的自然灾害和极端气候已经威胁到人类的生存环境，而水体环境是环境问题的重中之重，水是日常生活必不可少的重要资源，是生命的源泉，地球71％的面积被水覆盖。水是人体的重要组成元素，水是一切生命赖以生存的重要自然资源之一。近年来，伴随城市高速发展，工农业生产活动和城市化的急剧发展，对有限的水资源产生了巨大的冲击。日趋加剧的水污染，对人类的生存安全构成重大威胁，成为人类健康、社会经济可持续发展的重大障碍。以习近平新时代中国特色社会主义思想为指导，深入贯彻落实习近平生态文明思想，建设"绿色"新国家，保持水的循环可持续利用逐渐成为时代发展的重点，确保建立水生态平衡。因此，当务之急，应当全面了解我国现今水循环领域的专利情况，以备建立较为完善的水体循环系统设备专利保护体系；在给予专利权人更多的权益保障的同时，逐步促进水循环领域专利的转化和技术再次创新，提升水循环领域整体创新能力，为水环境、生态环境绿色发展增添动能。就目前而言，如何实现水资源的循环利用逐渐成为技术研究的重点，水循环领域的专利主要涉及实现水循环的方法和设备等技术领域，应将分析研究的重点集中在以上领域的技术领域覆盖情况、专利申请人情况以及未来企业发展定位方向，依据企业实际情况，为企业未来的专利发展布局指明方向。

关键词：水循环；系统设备；专利分析；专利布局

我国乡村生态安全治理与总体国家安全

郭　妙

（南华大学经济管理与法学学院　湖南衡阳　421001）

摘　要： 生态安全作为总体国家安全中的一个组成部分，是总体国家安全实现的关键因素，乡村生态安全是实现总体国家安全的基础，乡村地区是总体国家安全实现的载体。总体国家安全是由经济安全、政治安全、文化安全等多个领域的不同安全要素组成的有机整体，生态安全是其中的一个有机组成部分，二者之间为整体和部分的关系，既相互影响又相互依存。我国作为一个农业大国和全世界最大的发展中国家，要想在全球化的背景下实现可持续发展和包容性增长，乡村生态安全便是必须依托和不能忽视的安全要素。总体国家安全处于主导地位，为乡村生态安全的维护和实现提供外在保障。同时，乡村治理是总体国家安全实现的根基。只有重视乡村治理安全，不断完善乡村治理结构、体系，提升乡村治理水平，才能最大程度上保护和利用好乡村这一基层载体，深入贯彻落实国家安全战略，促进总体国家安全的实现。

改革开放以来，人们的生活水平得到了显著的提高，物质需求得到了极大的满足，但与此同时发展不平衡带来的各种弊端也逐渐显露，其中乡村生态安全问题突出，尽管近些年国家一直针对农村生态安全采取补救措施，但在治理过程中仍然存在理念陈旧，主体单一；人才短缺，手段滞后；资金不足，设施欠缺；机制陈旧，法治不彰的问题。要想优化我国乡村生态安全治理必须转变治理理念、丰富治理主体、统筹治理人才、更新治理手段、加大资金投入、强化基础设施、完善法律体系，不断提高乡村生态安全治理水平与能力。总之，我国面临的安全形势复杂多变，乡村生态安全作为影响总体国家安全实现的基础与关键，我们有必要以总体国家安全观和习近平总书记的生态文明思想为遵循，推动乡村生态安全治理能力和治理体系现代化，以实现乡村生态安全与总体国家安全双赢局面。

关键词： 乡村生态；生态安全；总体国家安全；乡村治理

习近平生态文明思想指引筑牢水生态屏障

——基于湘潭市全面推行河长制的创新实践

黄 平

（中共湘潭市委党校 湖南湘潭 411100）

摘 要：水资源和水环境的保护是生态文明建设的重中之重，也是建设富饶美丽幸福新湘潭的基础工程。刚性增长模式下湘潭的环境问题尤其是水污染问题日益突出，严重损害河湖功能，并制约经济社会可持续发展。为破解河流顽疾，湘潭曾采取诸多措施，但条块分割、各管一摊、相互掣肘，形成"九龙治水"的困局，结果是治标不治本。进入新时代，以习近平同志为核心的党中央着眼于人民日益增长的优美生态环境需要，大力推进生态文明建设。在习近平生态文明思想的指引下，湘潭市把河长制作为推进水生态文明建设的重要抓手，紧紧围绕"河畅、水清、岸绿、景美"总目标，突出"一江两水"保护治理这个重点难点，创新开启了全面推行河长制的实践。

首先，以"河长治水"带动"全民护水"。其次，将制度深化作为全面推行河长制的重要任务。最后，采取亮利剑出重拳的治理方式。

落实习近平生态文明思想，使河长制常态化和长效化，必须坚持以"两山"理论引领实践。全面领悟"两山"理论的思想内涵，从根本上打破把发展与保护对立起来的思维束缚，探寻发展和保护协同共进的新路径新方向；必须坚持以人民为中心，构建共治格局。尊重人民群众在管水治水上的发言权、参与权与监督权，扩大河长制的群众基础，在全社会形成守水有责、守水尽责、守水负责的责任意识与强大合力；必须坚持系统的治理观，统筹部署全局。在全面协调、十指联动的同时，抓住关键环节、做到纲举目张，保证当地河长制各项工作有条不紊、齐头并进；必须坚持体制机制创新，讲究治理方法。建立系统完整的制度体系，把生态文明建设纳入法治化、制度化轨道。

关键词：习近平生态文明思想；水生态；湘潭市；河长制

将生态文明摆在乡村振兴的重要位置

——浏阳市探索生态文明和乡村振兴融合发展

黄　松　林亮亮

（湖南省浏阳市集里街道办事处　410300）

摘　要：在全面建设社会主义现代化国家的今天，浏阳市提出了"奋进新征程，挺进前五强"的宏伟目标。通过乡村建设发展过程中存在的问题和取得的经验成绩，探讨在乡村振兴过程中如何确保生态文明建设，实现生态文明和乡村振兴的融合发展，具有较强的现实意义。生态文明是乡村振兴的内在要求，"良好生态环境是最普惠民生福祉"，直接关乎人民群众在生产生活中的切身体验，是满足人民日益增长的美好生活需要的重要体现。乡村振兴促进生态文明的发展，乡村振兴强化了社会经济方面的支撑，给人民群众带来实质性的生活水平的提升，将会有力地促进生态文明的建设与发展。目前，农村生态环境存在以下几方面的问题：一是农民环境保护意识薄弱，缺乏对传统生产方式进行绿色化改造的主动性、积极性和创造性。二是生活垃圾分类混乱，对生态环境带来了较大压力。三是管理规划欠缺，乡镇企业加剧环境污染。四是生态产业开发水平低，创新性不足。五是法律制度在乡村的可操作性不足，缺乏足够清晰的操作细则，以及未考虑环境自主净化能力的影响。要实现生态文明和乡村振兴的有机融合，需抓住多个方向进行破局。加大宣传教育，提升观念认识，牢固树立"绿水青山就是金山银山"的科学信念。加强体系建设，从投放、收集、运输和处理方面进行全体系建设和管理，完善垃圾分类。拓展生态产业化思路，提高产业的生态附加值，提高产业的文化艺术附加值。引入环保新技术和发展循环经济模式。确保人力资源和资金保障投入。加强治理体系建设，完善政策法规强化贯彻落实。实现生态文明与乡村振兴的融合发展，道阻且长，但我们坚信，行则将至。

关键词：生态文明；乡村振兴；融合发展

邻避运动可持续性治理策略研究

——以公民环境权为探讨中心

曹 辰

（湘潭大学法学院 湖南湘潭 411105 ）

摘 要：公民基本环境权，即公民享有的在健康舒适优美的环境中生存和发展的权利。公民基本环境权主要表现为以生命健康权、清洁空气权为首的实体性环境权益及开发利用环境决策与行为知悉权、建言权等程序性环境权益。环境权是公民享有的基本权利之一，也是人权的重要组成部分。而当前邻避事件时有发生，解决路径往往囿于"抗议—妥协—停建"之困境。其重要原因在于未能采取可持续性治理策略，仅仅把邻避运动简单地看成破坏社会稳定事件，采取简单粗暴的压制或压制失败后的妥协手段应对。公民享有环境权决定了不能把公民的邻避运动简单归结为顾惜自身私利而影响公共利益的不理智行为，公民在其享有的健康舒适和优美环境受到影响和破坏时基于维护正当权益的目的采取的抵制与保护措施显然具有合理性，属于正义的邻避；而超出公民环境权利边界部分则属于公民容忍义务的范畴，针对其邻避运动反而会构成对基本环境权的滥用与对容忍义务的违背。本文以公民基本环境权为探讨中心，将邻避运动的本质界定为公民争取平等环境权益的正义运动，分析其合理性来源即公民基本环境权。进而把邻避运动的成因归纳为对公民实体性环境权益漠视，即在邻避设施设立决策时对公民享有的清洁空气权等一系列实体性环境权益的漠视，致使公民在自身权益减损的同时难以获得相应的被认同感与对公民程序性环境权益漠视问题，即当前国内的邻避设施建设决策机制多为"决定—宣布—辩护"模式，这种自上而下的黑箱决策模式的意见更多的来源于专家评估意见，将邻避落址社区公民封闭在了协商议程之外，忽视了公民享有的知悉权、建言权等程序性环境权益，阻碍了公民正当利益诉求的表达。进而从两个维度探讨邻避运动治理路径，即明确公民实体性环境权益边界，加强认同教育以增强公民认同感与重视邻避运动可持续发展治理，在邻避设施决策前加强与居民沟通，在邻避设施建设中重视各项建设信息的公开，在邻避设施建设完成后持续进行监管回访，以保障公民程序性环境权益。

关键词：邻避运动；正当性；公民环境权；可持续治理

产业结构对生态环境影响研究

——基于湘江流域双碳目标

蒋　婕　王　赫　傅晓华

（中南林业科技大学生态环境管理与评估中心　湖南长沙　410004）

摘　要：湘江是湖南省的母亲河，随着工业的快速发展推动经济进步的同时也产生了严重的污染负荷，破坏了湘江地区的生态平衡。在碳中和战略目标下，对湘江流域内的产业结构进行转型和升级、加强水资源保护利用和废水合理排放、调整农业农村发展路径推动乡村振兴、带动区域绿色发展缩小城乡差距已成为湘江流域产业结构调整的重要方向，为湘江流域生态保护和高质量发展找到一条可持续之路。

关键词：湘江流域；产业结构；碳中和

新时代绿色发展的经济体系建构

程丽琴

（浙江生态文明干部学院　浙江湖州　313000）

摘　要：从漫长的人类发展历程来看，人类社会物质文明的获得，绝大部分时间是基于"资源—产品—消费—废物"的单向度的线性过程。在人类向自然索取手段相对单一的前工业文明时代，简单的农业经济对于自然的破坏并不十分严重，因而自然对人类社会的"报复"是一种间歇性的、浅层的伤害。随着工业文明时代的到来，工业经济的快速发展迫使自然成为人类无度索取资源的巨型仓库，技术的胜利让人类自以为站在了主宰者的高度，可以任意处置调配自然资源。人类文明达到了历史上任何阶段都未有的辉煌时刻，自然对人类的报复也接近历史上的最强程度。当自然资源行将耗尽，原生态荒野难觅踪迹，人类社会经济发展陷入了无法持续的困境。从近年来全球不断出现的极端灾害天气、新冠肺炎疫情、地质灾害等不难发现，人类社会只有在尊重自然规律的前提下，才能够真正实现永续发展。因此，发展方式的变革成为摆在人类文明存续这一根本前提之上的重大课题。凝聚着新时代中国共产党发展智慧的绿色发展观，是中国对世界发展的重要理论贡献。实现中国经济社会的高质量发展，推动新时代绿色经济发展，必须坚持以马克思主义政治经济学为根本，树立马克思主义自然价值理念，秉持人与自然共生的价值伦理；坚持以科技创新引领绿色经济发展，通过绿色技术解放与发展"生态生产力"，激发企业的绿色化改革动力，建构成熟完善的绿色消费市场，增强绿色发展的经济制度创新能力，最终实现中国经济社会发展的"绿色化"转型。

关键词：新时代；绿色发展；科技创新；经济体系

浏阳市家具产业高质量发展策略研究

焦 妍 蔡珍贵 熊 曦

（中南林业科技大学商学院 长沙 410004）

摘 要： 浏阳市在二十世纪七八十年代是著名的"家具之乡"，其湘派软体家具曾风靡一时。由于存在管理、设计、技术、规模与效益等方面的不足致使浏阳市家具产业逐渐衰退。随着生态文明建设、供给侧结构性改革、产业转型升级等战略进一步推进，如何重振浏阳市家具产业的辉煌，成为摆在浏阳市委市政府面前的重要问题和棘手难题。随着工业新兴及优势产业链不断壮大，家具产业由大规模批量生产、定制生产逐渐向模块化定制生产转变，全屋定制、高定将成为家具产业发展的主流和热点。浏阳市全面开启中国智能制造特色产业小镇建设，集聚于浏阳家具产业，以家居产业链为核心，补链延链强链，特色产业集群向上下游延伸，推进家具产业智能化高质量发展。实现与现代服务业深度融合，"互联网＋服务"模式将融入全新家居产业链，"产品＋特色＋内容"等智能化新服务快速发展，并加大家具产品的销售，快速占领家具市场的主流。推动智能家居产业做大做强做优，以智慧社区产业互联，以科技创新提升家具产业竞争力，实现大众化定制全系统智能家居。打造浏阳家具品牌，浏阳被称为"中国楼梯之乡"，楼梯在全国家具产业链影响深远。壮大新兴特色产业集群，推动"智能"制造，加强产业联盟，品牌家具企业、家装定制家具企业、特色文创家居产品企业等企业联盟，强强联合，为浏阳家具注入发展新内涵，打造新型特色产业"升级版"。通过 SWOT 分析，得出浏阳家具产业的低成本优势在为区域全面加速与经济发达地区全面合作提供强劲动力的同时，利用自身独特优势发展产业，赋能浏阳市家具产业经济，推进家具产业高质量发展，不断深化供给侧结构性改革，为湖南省社会、经济、文化高质量发展提供强有力的支撑。最后，提出浏阳家具高质量发展的对策建议，寻求优化浏阳家具产业结构、促进产业集群竞争力升级的策略，依靠政府的政策支持和引导，加大力度引进来走出去，推动招商引资，在新的发展机遇下，建设中南地区规模最大、配套功能最全、产业链条更完善的现代家居核心园区。以独特的产业基础和优越的地理位置为驱动，加快产业结构化的转型，以集群高质量发展做强家具产业，促进产业集群竞争力升级，将浏阳湘派系家具品牌与现代化信息技术、科学技术深度融合，打造行业级"家具云"智能家具平台，以数字化信息技术平台为支撑，推进浏阳家具产业数字化转型升级，这将是智能化家具产业的重大引擎，成为湖南省家具产业链的示范品牌。为促进浏阳市家具产业发展，使其重焕生机，为浏阳市家具产业发展成为浏阳重要的富民产业和"名片"产业提供指导和参考。

关键词： 浏阳家具；产业集群；制造业；高新技术园区

中国共产党生态文明思想的百年演进与现实启示

樊高萌

（福建师范大学马克思主义学院　福建福州　350117）

摘　要：正确处理人与自然的关系是进行全方位建设的前提。不管处于哪个时期，中国共产党都结合实际并实施相应措施来保护生态环境，因此，其生态文明思想也在实践中不断发展形成。

百年来，中国共产党生态文明思想的发展主要经历了四个时期。萌芽时期（1921—1949），毛泽东在陕甘宁边区自然科学研究会成立大会上提出要利用自然科学来改造自然，从自然那里获得自由，同时高度重视陕北的植树造林工程。探索时期（1949—1978），毛泽东传达出"绿化祖国"的号召，将"绿化祖国"作为重要的政治任务和经济任务来宣传，将防灾减灾与卫生工作并重，积极参与国际环境会议并完善国内相应政策。发展时期（1978—2012），邓小平坚持环境治理与经济发展并重，江泽民重视可持续发展，胡锦涛注重"两型社会"的构建。成熟时期（2012—），习近平总书记提出"绿水青山就是金山银山"，坚守绿色发展"底线"；"用最严格制度、最严密法治"来督促生态治理，强调环境保护"红线"；"良好生态环境是最公平的公共产品，是最普惠的民生福祉"，注重生态民生"生命线"；提出要"共谋全球生态文明建设"，打造人类生态命运共同体。在这四个时期的生态实践中，中国共产党的生态文明思想不断科学化、系统化。

回望中国共产党生态文明思想的百年历程，我们可以意识到以往的理论与实践可以给当前的生态文明建设提供非常丰富的经验。坚持马克思主义的指导地位，坚持绿色生活方式，坚持新发展理念，并以实现共产主义为最高理想，进一步加快生态文明建设。

在现代化快速发展的今天，理清中国共产党百年生态文明思想并用于指导我国当前的生态文明建设，有助于培养公民的生态文明价值观、生态文明消费观、生态文明伦理观，为发展绿色经济、生产生态产品增强动力，让绿色成为社会的普遍形态。

关键词：中国共产党；生态文明思想；百年演进；现实启示

洞庭湖综合治理法治化研究

潘凤湘 常汶斌 刘 毅 唐 慧 刘 涛 刘 思 李故瑶 陈 旭

（湖南理工学院政法学院 湖南岳阳 414000）

摘 要：洞庭湖作为我国的第二大淡水湖泊，拥有丰富的湿地和生物资源等，具有重要的生态价值。但洞庭湖湿地面临生物多样性骤减、水体污染、水质下降等严峻的环境问题。加之，洞庭湖流域综合治理"河长制"面临制度困境，洞庭湖流域综合治理立法不完善，洞庭湖流域综合治理联合执法机制未建立，洞庭湖流域综合治理机制未协同等。结合"河长制"跨流域治理机制的建构及其实施效果，加之地方不断实践，有必要确立从"河长制"走向"河长治"，构建跨流域联动机制以有效应对如洞庭湖这种跨流域、跨行政区域的治理对象，有效实现行政与社会的双向互动，实现政府、市场、社会公众综合治理。因此要实现洞庭湖综合治理法治化，需要在指导原则上，完善立法原则，贯彻生态优先原则、可持续发展原则、因地制宜与全面协调规划原则，强化治理主体责任以加强生态治理；合理规划洞庭湖保护和资源开发，协调环境保护和资源使用；构建洞庭湖流域政府、市场与社会主体综合治理体系；多元化洞庭湖流域综合治理内容，包括对流域重污染、高排放企业征收税收机制、引入排污权交易机制、水生态损害赔偿机制；加强跨流域司法协助制度的构建与完善，以应对和有效治理洞庭湖这种跨流域、跨行政区的生态环境损害问题；加强洞庭湖综合治理激励机制，加强法治宣传教育等，同时结合国家绿色发展要求，通过对洞庭湖流域进行综合治理，以推进湖南碧水法治新篇章的构建。

关键词：洞庭湖；河长制；综合治理；法治化

后　记

　　《生态文明论丛》是湖南省生态文明研究与促进会在 2021 年组织"红色引领·绿色发展"主题征文的基础上，遴选其中部分优秀论文，结集汇编而成。

　　本书从筹划征文、汇总评审、编辑校对到付梓，历时逾十月，得到了湖南省生态环境厅、湖南省社会科学界联合会、浏阳市委市政府、长沙市生态环境局浏阳分局等单位和领导的大力支持。湖南省生态文明研究与促进会会长周发源研究员担任编委会主任和学术顾问，给予了具体的指导。刘解龙、刘平、彭石序、唐宇、田耕、彭培根、熊曦、张伏中等同志负责论文评审。田耕、熊曦、吴青、彭培根、张红红、王海飞、傅明等承担了征文组织、本书篇章设计、编审和校对任务。湘潭大学出版社为本书出版提供了大力支持。撰写论文的各位作者，对文稿进行了多轮校核、确认，为本书的及时出版提供了保障。在此，我们对关心和支持本书编辑出版的单位和个人一并表示真诚的谢意！

　　由于编校时间较为仓促，编辑水平有限，难免出现疏误之处，敬请各位读者谅解和批评指正！

编　者

2022 年 7 月